普通高等教育"十一五"国家级规划教材
中国石油和化学工业优秀出版物（教材奖）一等奖

过程装备腐蚀与防护

闫康平　王贵欣　罗春晖

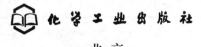

化学工业出版社
·北京·

本书第 2 版为普通高等教育"十一五"国家级规划教材,本次修订基于"过程装备与控制工程"的专业特点,丰富和完善了相关内容,增强了可读性和参考价值。在修订的过程中,融合了学科的新发展和本课程多年的教学经验。

　　本书共有 9 章,其中金属电化学腐蚀基本理论、影响局部腐蚀的结构因素、影响腐蚀的环境因素、防腐方法和腐蚀监控 4 章内容,重点阐明腐蚀理论的应用,分析过程装备典型的腐蚀现象并提出正确的防护途径;金属结构材料的耐蚀性和非金属结构材料的耐蚀特性 2 章内容,重点突出耐蚀共性和过程装备的选材原则,同时图文并茂介绍耐蚀非金属材料的装备结构设计特点;典型化工装置和石油工业装置的腐蚀防护 2 章内容,主要加强理论联系实际进行腐蚀失效分析,丰富工程实践的过程装备防腐蚀应用。

　　本书作为高等院校过程装备与控制工程专业教材,亦可作为化工、机械、冶金、轻工等相关专业教材,同时可供过程装备设计、制造和使用的研究与工程技术人员参考。

图书在版编目（CIP）数据

过程装备腐蚀与防护/闫康平,王贵欣,罗春晖.—3 版.
北京:化学工业出版社,2016.1(2023.7重印)
普通高等教育"十一五"国家级规划教材
ISBN 978-7-122-25633-1

Ⅰ.①过… Ⅱ.①闫…②王…③罗… Ⅲ.①化工过程-化工设备-腐蚀②化工过程-化工设备-防腐 Ⅳ.①TQ050.9

中国版本图书馆 CIP 数据核字（2015）第 264787 号

责任编辑:程树珍　　　　　　　　　　　装帧设计:关　飞
责任校对:边　涛

出版发行:化学工业出版社(北京市东城区青年湖南街 13 号　邮政编码 100011)
印　　装:大厂聚鑫印刷有限责任公司
787mm×1092mm　1/16　印张 18½　字数 490 千字　2023 年 7 月北京第 3 版第 8 次印刷

购书咨询:010-64518888　　　　　售后服务:010-64518899
网　　址:http://www.cip.com.cn

前　言

本修订版是在第 2 版普通高等教育"十一五"国家级规划教材的基础上进行修订编写的，融合了学科的新发展和本课程多年的教学经验；修订内容充分吸收了 2013 年和 2014 年由专业教学指导委员会和化学工业出版社共同组织召开的教材研讨会的相关意见和建议。

考虑到教材的系统性和学科知识的发展，第 1 章增加了电位-pH 图的解释、交换电流密度和等腐蚀速率图，并规范了文中的描述，将极化曲线横坐标移至曲线下方。第 2 章增加了垢下腐蚀，修改了应力腐蚀，鉴于小孔腐蚀和缝隙腐蚀在机理上的相似性，对它们进行了删繁就简的统一修订。第 3 章按照"影响腐蚀的环境因素"修订了耐热金属结构材料、土壤腐蚀、海水腐蚀，并增加了二氧化碳腐蚀。第 4 章修改了部分图例，规范了描述。第 5 章根据非金属结构材料的发展现状和最新国家标准，按照由一般到具体的原则调整了高分子材料腐蚀特性的排列顺序，按照逻辑关系调整了碳-石墨的顺序，增加了降解、耐腐蚀塑料中的聚乙烯和聚醚醚酮、耐腐蚀塑料改性、碳-石墨设备的结构设计特点、钢筋混凝土的防蚀设计特点，修改了老化、渗透与溶胀、溶解、化学腐蚀等内容。为便于学习和跟踪行业的发展需要，第 6 章修改了部分图例，根据腐蚀防护特点把防护方法进行了归纳总结，同时将缓蚀剂纳入到防腐方法的"介质处理"中；并在第 7 和第 8 章中结合实例进行分析运用，加深理解。为了方便学习和突出腐蚀防护重点，在第 7 章、第 8 章增加和简化了相关工艺流程图和装备图，修改了部分文字。第 9 章修改了无损检测技术，增加了电化学阻抗探针、渗透检查法与腐蚀失效分析基本方法；更新了目前的主要腐蚀数据库描述及相关网络地址；并且根据互联网的发展现状，将物联网技术、腐蚀数据库、腐蚀专家系统有机结合在一起，阐述了其内在联系。在附录中更新了部分实验装置图，规范了文字描述。

本次教材修改基于"过程装备与控制工程"的专业特点，丰富和完善了相关内容，增强了可读性和参考价值。

本次教材的修订工作得到同行专家和课程教师的帮助支持，得到陈匡民教授的大力支持，得到四川大学教务处和四川大学化学工程学院的支持，在此一并致谢。

本书由闫康平、王贵欣、罗春晖负责修订，闫康平修订编写绪论、第 6~8 章；王贵欣修订编写第 1、第 5 和第 9 章及附录；罗春晖修订编写第 2~4 章。

限于编者水平，书中存在的缺点和不足之处敬请指教！

编者

2015 年 10 月于四川大学

第 1 版前言

本教材是根据"全国化工高校教学指导委员会过程装备组"的安排，在原高等学校教材"化工机械材料腐蚀与防护"一书的基础上修订而成。由于原"化工机械"专业更名为"过程装备与控制工程"，为适应新专业的需要，本书内容作了较大的修改。主要内容包括金属腐蚀理论、耐蚀金属材料、非金属材料以及防护方法等。腐蚀理论部分注意突出它的应用，其深度以能够分析常见的腐蚀现象和提出正确的防护途径为限；材料部分侧重耐腐蚀的共性和选择原则，其中非金属材料除了分析耐蚀性外，还注重它们的结构设计特点。考虑到专业内涵的扩展，增加了一章腐蚀监控（第九章）；为加强理论联系实际，增加了典型生产装置的腐蚀与防护分析的章节（第七、八章），典型装置既包含了化工装置，又兼顾了炼油及石油化工设备。第二章"影响腐蚀的结构因素"中加了一节"焊接因素"，因为化工设备焊接结构特别多，焊缝腐蚀甚为普遍。第六章"防腐方法"中增加了一节"防蚀结构设计"，更加突出了本专业特点。

本书作为高等学校"过程装备与控制工程"专业的教材，亦可作为化工、机械、冶金、轻工等工科类学生的参考书，亦可供有关工程人员参考。

本书由陈匡民教授主编，并修订绪论、第一、第二、第三、第六章及附录；闫康平修订和编写了第四、第五、第九章；吴旨玉编写了第七章第二、第三、第四节；石油大学（华东）李文戈编写了第八章及第七章第一节。全书由大连理工大学火时中教授审校；此外，大连理工大学张振邦教授对本书的修改提出了宝贵意见，并审阅了部分章节，特此致谢。

限于编者水平，不足之处敬请指教。

编者

2000 年 12 月于四川大学

第 2 版前言

本书 2 版为普通高等教育"十一五"国家级规划教材，在修订和编写的过程中，融合了学科的进展和本课程多年的教学经验。

考虑到教材的系统性，第 1 章增加了化学腐蚀与电化学腐蚀的差异、电位-pH 图、部分电位的计算、电化学腐蚀热力学判据和极化与表征等内容，规范了原书电化学腐蚀的基本术语和概念，将极化曲线统一为电位向上为正。第 2 章增加了氢（致）损伤、E_{br} 的影响因素、结构因素对电偶腐蚀影响等内容，修改了应力腐蚀防护、孔蚀防护、电偶腐蚀防护等内容。第 3 章的腐蚀术语采用了目前通用的提法，并着重从过程装备服役环境对腐蚀的影响进行修改，考虑到石油天然气和核电站的发展增加了微生物腐蚀、硫化氢腐蚀和辐照环境中的腐蚀，氢腐蚀影响因素、土壤腐蚀防护、海水腐蚀防护等内容。第 4 章按新的国家标准编写常用 18-8 奥氏体不锈钢，并增加了合金元素氮的内容，全面修订了结构材料选择原则。第 5 章从过程装备学生的知识结构和应用出发，按非金属材料性能、耐蚀特性和结构设计的思路顺序进行修改编写，并增加了耐腐蚀橡胶，混凝土的耐蚀特性；第 5 章第 3 节按照"耐腐蚀无机非金属材料"内容进行修改编写。为了学习方便和跟踪行业的发展需要，第 7 章增加了相关装备图和流程，第 8 章从石油和天然气的钻、采、输、炼的装备腐蚀进行全面修订编写。第 9 章对腐蚀数据库的内容进行了修改。

本书由闫康平、陈匡民教授主编，由闫康平统稿并修订编写绪论、第 5、第 6 和第 9 章；王贵欣修订编写第 1、第 2 和第 3 章；吉华修订编写第 4、第 7 章；西南石油大学匡飞编写第 8 章和第 3 及第 5 章的第 6 节。

限于编者水平，书中存在的缺点和不足敬请指教。

编者

2009.2

目　录

绪　　论

0.1　腐蚀的危害性与控制腐蚀的重要意义

　　腐蚀现象几乎涉及国民经济的一切领域。例如，各种机器、设备、桥梁在大气中因腐蚀而生锈；舰船、沿海的港工设施遭受海水和海洋微生物的腐蚀；埋在地下的输油、输气管线和地下电缆因土壤和细菌的腐蚀而发生穿孔；钢材在轧制过程因高温下与空气中的氧作用而产生大量的氧化皮；人工器官材料在血液、体液中的腐蚀；与各种酸、碱、盐等强腐蚀性介质接触的化工机器与设备，腐蚀问题尤为突出，特别是处于高温、高压、高流速工况下的机械设备，往往会引起材料迅速的腐蚀损坏。

　　目前工业用的材料，无论是金属材料或非金属材料，几乎没有一种材料是绝对不腐蚀的。对于金属而言，在自然界大多数是以金属化合物的形态存在。例如 Fe_2O_3、FeS、Al_2O_3、$Cu_2(OH)_2CO_3$ 等。冶金的过程就是外加能量将它们还原成金属元素的过程，因此金属元素比它们的化合物具有更高的自由能，必然有自发地转回到热力学上更稳定的自然形态——氧化物、硫化物、碳酸盐及其他化合物的倾向。这种自发转变的过程就是腐蚀过程，显然冶金是腐蚀的逆过程。非金属的腐蚀一般是介质与材料发生化学或物理作用，使材料的原子或分子之间的结合键断裂而破坏。

　　腐蚀造成的危害是十分惊人的。据估计全世界每年因腐蚀报废的钢铁约占年产量的30%，其中除三分之二左右可以回炉外，每年生产的钢铁约 10% 完全成为废物。实际上，由于腐蚀引起工厂的停产、更新设备、产品和原料流失、能源的浪费等间接损失远比损耗的金属材料的价值大得多。各工业国家每年因腐蚀造成的经济损失约占国民生产总值的 1%～4%。英国 1969～1971 年的统计，腐蚀损失每年约 13.6 亿英镑；1975 年美国一年因腐蚀和耗于防腐蚀的费用高达约 700 亿美元之多，2013 年超过 1 万亿，占美国 GDP 的 6.2% 以上。我国目前尚缺乏全国性的统计数字，仅根据化工部门十个化工厂的调查，由于腐蚀造成的经济损失为当年生产总值的 3%～4%。更严重的是由于腐蚀造成设备跑、冒、滴、漏，污染环境而引起公害，甚至发生中毒、火灾、爆炸等恶性事故。

　　腐蚀不仅造成经济上的巨大损失，并且往往阻碍新技术、新工艺的发展。例如，硝酸工业在不锈钢问世以后才得以实现大规模的生产；合成尿素新工艺在本世纪初就已完成中间试验，但直到 20 世纪 50 年代由于解决了熔融尿素对钢材的腐蚀问题才实现了工业化生产。

　　因此，研究材料的腐蚀规律，弄清腐蚀发生的原因及采取有效的防止腐蚀的措施，对于延长设备寿命、降低成本、提高劳动生产率无疑具有十分重要的意义。

0.2　设计者掌握腐蚀基本知识的必要性

　　正确的腐蚀控制，是延长设备的使用寿命，避免事故发生的重要保证。如果在设计阶段就充分考虑了腐蚀控制方案,那么由于设备被腐蚀所需的大笔维修费用就可以大大节约了。

腐蚀控制通常有两种措施,一是补救性控制,即腐蚀发生后再消除它;二是预防性控制,即事先采取防止腐蚀的措施,避免或延缓腐蚀,尽量减少可能引起的其他有害影响。后者主要属于设计者的职责,因为预防性控制包括选择适当的材料,合理的结构设计,正确规定制造工艺与热处理方法,以及采用具体的防腐技术。

毫无疑问,任何一台机器、设备或零件的设计,首先必须满足功能方面的要求。例如,传热设备应尽可能提高传热效率;传质设备必须保证相间有足够的接触面积和高的质量传递速率;截止阀要求密封严密,启闭灵活等。但是仅仅考虑结构的功能性,而忽视其他因素,特别是腐蚀问题,那么即使具有最先进的功能的机器设备,往往也是不可靠的或者寿命很短。而腐蚀控制并不总是能恰如其分的适合设计工作的全部规范,当功能与防腐的要求存在矛盾的时候,就需要寻求一种合理的折中措施。因此,设计者只有在掌握了全面的设计知识,包括腐蚀的基本知识以后,才有可能合理、经济地综合调整自己的功能设计方案。

诚然,对于一个设计工程师来说,并不要求同时成为腐蚀工程师,但是相反的对腐蚀知识一点都不了解,绝不可能成为一个优秀的设计者。以往有些设计人员,在选择材料时,十分注意也很熟悉材料的力学性能,而对于材料的耐蚀性,却认为查查腐蚀手册就能解决。事实上,化工过程中如此众多的介质和工况条件,根本不可能提供完整的腐蚀资料,况且手册上的实验数据并不都能真实反映生产上的实际情况。有时溶液中存在某些极微量的活性介质,或温度仅相差几度,腐蚀速率却成倍地增加。如果缺乏对于温度、压力、浓度等影响腐蚀规律的分析判断能力,那么按照手册相近条件选定的材料,往往会造成设备的过早破坏。结构复杂的机器、设备,出于某种特定功能的需要,常常选用不同材料的组合结构,如果不注意材料之间的电化学特性的相容性,或者两种材料的结构相对尺寸比例不恰当,热处理制度不合理,都会加速设备的腐蚀。可以这样说,腐蚀的问题贯穿在整个设计过程中,因此,过程装备的设计工作者了解一些腐蚀的基本知识是十分必要的。

0.3　腐蚀的定义与分类

"腐蚀"这个词起源于拉丁文"corrodere",意即"损坏"、"腐烂"。根据金属腐蚀的起因和过程,它是在金属材料和环境介质的相界面上反应作用的结果,因而金属腐蚀可以定义为"金属与其周围介质发生化学或电化学作用而产生的破坏"。

随着工业的发展,各种非金属材料越来越广泛地在工程领域得到应用,它们与某些介质接触同样亦会被破坏或变质,因而不少腐蚀学者认为,应将腐蚀的定义扩大到包括非金属材料在内,亦即"材料(包括金属与非金属)由于环境作用引起的破坏或变质叫腐蚀"。这里所指的环境作用不只限于化学或电化学作用,还包括化学-机械、电化学-机械、生物作用以及单纯的物理(溶解)作用等。但它不包括单纯机械作用所引起的材料断裂和磨损等破坏。不过目前习惯上所说的腐蚀,多半仍然是指金属腐蚀,这是因为从使用的数量、腐蚀损失的价值以及腐蚀学科研究的内容来说,迄今金属材料仍占主导地位。显然,随着非金属材料应用的扩大,对它们的腐蚀的研究,必将在腐蚀学科中占有越来越重要的地位。

金属腐蚀科学是研究金属材料与周围介质作用的普遍规律、腐蚀过程机理和各种防腐方法的一门综合性边缘学科,它不仅以金属材料科学和物理化学为基础,还涉及冶金、力学、化学工程、机械工程学、生物学和电学等学科。由于腐蚀现象和机理很复杂,为了寻求共同规律,常常根据研究的不同侧重点,采用不同的分类方法。

按照腐蚀机理可以将金属腐蚀分为化学腐蚀与电化学腐蚀两大类。

（1）化学腐蚀

化学腐蚀是指金属与非电解质直接发生化学作用而引起的破坏。腐蚀过程是一种纯氧化和还原的纯化学反应，即腐蚀介质直接同金属表面的原子相互作用而形成腐蚀产物。反应进行过程中没有电流产生，其过程符合化学动力学规律。例如，铅在四氯化碳、三氯甲烷或乙醇中的腐蚀，镁或钛在甲醇中的腐蚀，以及金属在高温气体中刚形成膜的阶段都属于化学腐蚀。

（2）电化学腐蚀

电化学腐蚀是金属与电解质溶液发生电化学作用而引起的破坏。反应过程同时有阳极失去电子、阴极获得电子以及电子的流动（电流），其历程服从电化学动力学的基本规律。金属在大气、海水、工业用水、各种酸、碱、盐溶液中发生的腐蚀都属于电化学腐蚀。

按照金属破坏的特征，则可分为全面腐蚀和局部腐蚀两类。

（1）全面腐蚀

全面腐蚀是指腐蚀作用发生在整个金属表面上，它可能是均匀的，也可能是不均匀的。碳钢在强酸、强碱中的腐蚀属于均匀腐蚀，这种腐蚀是在整个金属表面以同一腐蚀速率向金属内部蔓延，相对来说危险较小，因为事先可以预测，设计时可根据机器、设备要求的使用寿命估算腐蚀裕度。

（2）局部腐蚀

局部腐蚀是指腐蚀集中在金属的局部地区，而其他部分几乎没有腐蚀或腐蚀很轻微，局部腐蚀的类型很多，主要有以下几种。

① 应力腐蚀破裂　在拉应力和腐蚀介质联合作用下，以显著的速率发生和扩展的一种开裂破坏。

② 腐蚀疲劳　金属在腐蚀介质和交变应力或脉动应力作用下产生的腐蚀。

③ 磨损腐蚀　金属在高速流动的或含固体颗粒的腐蚀介质中，以及摩擦副在腐蚀性介质中发生的腐蚀损坏。

④ 小孔腐蚀　腐蚀破坏主要集中在某些活性点上，蚀孔的直径等于或小于蚀孔的深度，严重时可导致设备穿孔。

⑤ 晶间腐蚀　腐蚀沿晶间进行，使晶粒间失去结合力，金属机械强度急剧降低。破坏前金属外观往往无明显变化。

⑥ 缝隙腐蚀　发生在铆接、螺纹连接、焊接接头、密封垫片等缝隙处的腐蚀。

⑦ 电偶腐蚀　在电解质溶液中，异种金属接触时，电位较正的金属促使电位较负的金属加速腐蚀的类型。

其他如氢脆、选择性腐蚀、空泡腐蚀、丝状腐蚀等都属于局部腐蚀。

此外，还可以按照腐蚀环境将金属腐蚀分为：大气腐蚀、土壤腐蚀、电解质溶液腐蚀、熔融盐中的腐蚀以及高温气体腐蚀等。

第1章 金属电化学腐蚀基本理论

金属与电解质溶液发生电化学作用而遭受的破坏称为电化学腐蚀。在自然环境和各种生产领域中金属所发生的腐蚀，就其机理而言大多数属于电化学腐蚀。例如碳钢、铸铁、低合金钢、各类不锈钢、铜、铝、铅及其合金等工业上常用的金属，在各种酸、碱、盐溶液；大气、土壤；工业用水、海水等中的腐蚀都属于电化学腐蚀，而金属的孔蚀、晶间腐蚀、应力腐蚀破裂等局部腐蚀则是电化学腐蚀的特殊形态。

1.1 金属电化学腐蚀原理

1.1.1 金属的电化学腐蚀历程

金属的腐蚀是金属与周围介质作用转变成金属化合物的过程，实际上就是金属和介质之间发生了氧化还原反应。化合价为零的金属受到介质中氧化剂作用而被氧化成正价离子转移到腐蚀产物中去，与此同时，介质中的氧化剂被还原。考察实际发生的腐蚀过程发现，这种氧化还原反应根据条件不同，将分别按以下两种不同的历程进行。

一种历程是氧化剂直接与金属表面的原子碰撞，化合而形成腐蚀产物，即氧化还原在反应粒子相碰撞的瞬间直接于相碰撞的反应点上完成。例如金属锌在高温的含氧气氛中的腐蚀：

$$Zn + \frac{1}{2}O_2 \longrightarrow ZnO$$

这种腐蚀历程所引起的金属破坏称为**化学腐蚀**（chemical corrosion）。

另一种历程是金属腐蚀的氧化还原反应有着两个同时进行却又相对独立的过程，例如金属锌在含氧的碱性水溶液中的腐蚀：

$$Zn + \frac{1}{2}O_2 + H_2O \longrightarrow Zn(OH)_2$$

虽然也是一个氧化还原反应，即锌被氧化而氧被还原，但是反应产物 $Zn(OH)_2$ 不是通过氧分子与锌原子直接碰撞结合形成的，而是通过了以下步骤：

$$(1) \qquad\qquad Zn \longrightarrow Zn^{2+} + 2e$$

$$(2) \qquad\qquad \frac{1}{2}O_2 + H_2O + 2e \longrightarrow 2OH^-$$

$$(3) \qquad\qquad Zn^{2+} + 2OH^- \longrightarrow Zn(OH)_2$$

$$(1) + (2) + (3): \quad Zn + \frac{1}{2}O_2 + H_2O \longrightarrow Zn(OH)_2$$

其中反应（1）和反应（2）是同时但又相对独立地进行，即反应（1）中的锌原子并没有同反应（2）中的氧分子直接碰撞。锌原子被氧化成锌离子而进入溶液，它释放出的电子从发生反应（1）的表面部位通过金属锌本身传递到发生反应（2）的表面部位，再同氧分子结合而使氧还原。直接生成的腐蚀产物从金属表面进入溶液的 Zn^{2+} 和 OH^- 称为**一次产物**。这两种离子在水溶液中扩散相遇，进而按反应（3）生成白色腐蚀产物 $Zn(OH)_2$，通常称后者为二次产物。

这种通过失去电子的氧化过程（金属被氧化）和得到电子的还原过程（氧化剂被还原），相对独立而又同时完成的腐蚀历程（图 1-1）称为**电化学腐蚀**（electrochemical corrosion）。由于金属的电化学腐蚀是通过电极反应实现的，这就需要先弄清楚与电极有关的一些概念。能够导电的物体称为**导体**，在电场的作用下通过电子或带正电荷的电子空穴的定向移动形成电流的导体称为**电子导体**，而在电场的作用下通过带正电荷或带负电荷的离子的定向移动形成电流的导体称为**离子导体**。腐蚀学科中，通常将电子导体和离子导体构成的体系称

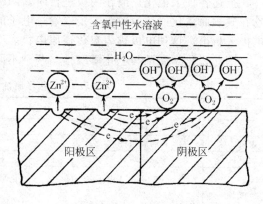

图 1-1　腐蚀的电化学历程

为**电极**（electrode），如浸在电解质溶液中且其界面处进行电化学反应的金属、标准状态（溶液中该种物质的离子活度为 1、温度为 298 K、气体分压为 101325 Pa）下的氢电极（**标准氢电极**，standard hydrogen electrode，SHE）等，电极既是电子的传递介质（电子通过电极和外电路传递），又为电极反应提供场所（氧化反应和还原反应分别在阳极和阴极上发生）；单电极和电解质系统称为**半电池**（half cell）；电极表面附近薄层电解质层中进行的过程和电极表面上发生的过程统称为**电极过程**（electrode process）；电极和溶液界面上发生的电化学反应称为**电极反应**（electrode reaction），把金属氧化的反应（即金属失去电子成为阳离子的反应）通称为**阳极反应**（anode reaction），而把还原反应（即接受电子的反应）通称为**阴极反应**（kathode reaction）；把失去电子发生氧化反应的电极称为**阳极**（anode，简写为A），把得到电子发生还原反应的电极称为**阴极**（kathode 或 cathode，本书中简写为 K）；金属上发生阳极反应的表面部位称为**阳极区**（anode region），发生阴极反应的表面部位称为**阴极区**（kathode region）。

电化学腐蚀过程的阳极反应是一个使金属化合价升高的氧化反应，其通式为

$$M \longrightarrow M^{n+} + ne$$

式中　M——金属原子；

　　　M^{n+}——金属离子；

　　　n——金属转移的自由电子数（等于金属的化合价变化数）。

阴极反应是能够吸收电子的物质［即去极（化）剂，以 D 表示］在阴极区吸收来自阳极的自由电子所发生的还原反应，通常称为去极化反应，其通式为

$$D + ne \longrightarrow D \cdot ne$$

工业上常见的去极化反应有以下几种。

ⅰ. 阳离子还原：

$$2H^+ + 2e \Longrightarrow H_2$$
$$Cu^{2+} + 2e \Longrightarrow Cu$$
$$Fe^{3+} + 3e \Longrightarrow Fe$$

ⅱ. 中性分子离子化：

$$O_2 + 2H_2O + 4e \Longrightarrow 4OH^-$$
$$Cl_2 + 2e \Longrightarrow 2Cl^-$$

ⅲ. 阴离子还原：

$$NO_3^- + 2H^+ + 2e \longrightarrow NO_2^- + H_2O$$

$$S_2O_8^{2-} + 2e \longrightarrow S_2O_8^{4-} \longrightarrow 2SO_4^{2-}$$

上述各种去极化反应在阴极进行时，阴极的电极材料本身不发生任何变化，只是当反应物在其表面氧化或还原时起带走或输送电子的作用，且氧化或还原的产物留在溶液中而不在电极上析出，这种电极称为**氧化还原电极**。

因此，化学腐蚀与电化学腐蚀是两种不同类型的腐蚀，它们的区别归纳在表 1-1 中。

表 1-1　化学腐蚀与电化学腐蚀的区别

项目	化学腐蚀	电化学腐蚀
介质	干燥气体或非电解质溶液	电解质溶液
温度	主要在高温条件下	低温、常温和高温条件下，常温条件下为主
反应区	在碰撞点上瞬时完成	在相对独立的阴、阳区同时独立完成
反应式	$\sum_i \nu_i M_i = 0$（无电子参与反应，ν_i——化学计量系数；M_i——反应物质）	$\sum_i \nu_i M_i^{n+} \pm ne = 0$（有电子参与反应，$\nu_i$——化学计量系数；$M_i$——反应物质；$n$——转移电子数）
过程规律	化学反应动力学	电极过程动力学
推动力	化学位不同，主要依靠外加能量	电位差，通过自身能量也可以完成
能量转换	化学能与机械能和热能	化学能与电能、机械能、热能
电子传递	直接传递，不具备方向性，测不出电流	间接传递，有一定的方向性，能测出电流
产物	在碰撞点上直接形成	一次产物在电极上形成，二次产物在一次产物相遇处形成

1.1.2　金属与溶液的界面特性——双电层

电化学腐蚀是在金属与电解质溶液接触的界面上发生的，因此为了弄清金属的电化学腐蚀机理，有必要首先了解金属与溶液的界面特性。

金属浸入电解质溶液内，其表面的原子与溶液中的极性水分子、电解质离子相互作用，使界面的金属和溶液侧分别形成带有异性电荷的双电层（也称电双层，electrical double layer）。双电层的模式随金属、电解质溶液的性质而异，一般有以下三种类型。

① 金属离子和极性水分子之间的水化力大于金属离子与电子之间的结合力　即离子的水化能超过了晶格上的键能。此时金属晶格上的正离子将在极性水分子吸引力的作用下进入溶液成为水化离子，而将电子遗留在金属上。由于静电引力作用，进入溶液的金属离子只能在金属表面附近活动，并可能随时发生被拉回金属表面的逆过程。当达到动态平衡时，即

$$M^{n+} \cdot ne + mH_2O \Longrightarrow M^{n+} \cdot mH_2O + ne$$

界面上就会形成一个金属侧荷负电、溶液侧荷正电的相对稳定的双电层，见图 1-2(a)。许多负电性比较强的金属如锌、镉、镁、铁等浸入水、酸、碱、盐溶液中，将形成这类双电层。

② 金属离子和极性水分子之间的水化力小于金属离子与电子的结合力　即离子的水化能小于金属上晶格的键能。这种情况下将形成另一种类型的双电层，溶液中的部分正离子被吸附在金属的表面，成为双电层的内层，由于静电作用而被吸引到金属表面的、溶液中过剩的阴离子将成为双电层的外层，如图 1-2(b)所示。通常比较不活泼的金属浸在含有浓度较高的正电性较强的金属离子的溶液中，将形成这类双电层，例如铂浸在铂盐溶液中、铜浸在铜盐溶液中等。

③ 金属离子不能进入溶液，溶液中的金属离子也不能沉积到金属表面　此时可能出现另一种双电层，例如依靠吸附溶解在溶液中的气体而形成双电层。铂浸在溶有氧的中性溶液中，氧分子被吸附在铂表面，并离解为原子，再夺得铂表面的电子而成为荷负电的负离子，即 $O_2 \longrightarrow 2O$；$2O + 4e \longrightarrow 2O^{2-}$，从而形成金属侧荷正电、溶液侧荷负电的双电层，如图 1-2(c)所示。

上述各类双电层都具有以下特点：

ⅰ. 双电层两层"极板"分别处于不同的两相——金属相（电子导体相）和电解质溶液（离子导体相）中；

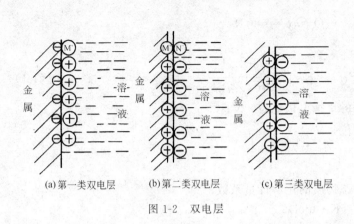

(a)第一类双电层　　(b)第二类双电层　　(c)第三类双电层

图 1-2　双电层

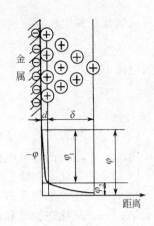

图 1-3　双电层电位跃

ⅱ. 双电层的内层有过剩的电子或阳离子，当系统形成回路时，电子即可沿导线流入或流出电极；

ⅲ. 双电层犹如平板电容器，由于两侧之间的距离非常小（一般约为 5×10^{-8} cm），这个"电容器"中的电场强度高，据估计其电场强度达 $10^7 \sim 10^8$ V/cm。

双电层的形成必然在界面引起电位跃，如图 1-3 所示。双电层总电位跃 $\varphi = \varphi_1 + \varphi_2$，$\varphi_1$ 为紧密层电位跃，φ_2 为分散层电位跃。电位跃是矢量，当金属侧带负电时，双电层电位跃为负值；金属侧带正电时，双电层电位跃为正值。

1.1.3　电极电位

习惯上通常把由电极反应使电极和溶液界面上建立起的双电层电位跃称为**电极电位**（也称为**电极电势**，electrode potential，简称电位），是一个矢量，其数值由电极本身、电解液浓度、温度等因素决定，包括平衡电极电位和非平衡电极电位。绝对的电极电位无法测得，可以通过测量电池电动势的方法测出一个电极相对于某一电极的相对电极电位。常见的电极电位是半电池反应"$O + e \Longleftrightarrow R$"相对于标准氢电极（SHE）而言的，是"氧化态/还原态（O/R）"电位，有正负之分。

1.1.3.1　平衡电极电位

当电极反应正逆过程的电荷运送速度和物质迁移速度相等时，反应达到动态平衡状态。当电极反应正逆过程的电荷和物质都处于平衡状态时的电极电位称为**平衡电极电位**或**可逆电位**，用 E_e 表示，没有特殊说明时一般将"E_e"简写为"E"，是由可逆反应建立起的电位。特别地，当参加电极反应的物质处于标准状态下，即溶液中该种物质的离子活度为 1、温度为 298K、气体分压为 101325Pa（1atm）时，电极的平衡电极电位称为电极的**标准电极电位**（standard electrode potential），用 E° 表示。**国际上规定标准氢电极电位为零，在没有特殊说明条件下，其他电极的电极电位都是以标准氢电极为基准。**

虽然电极电位是基于半电池反应"$O + e \Longleftrightarrow R$"，但是为了讨论和书写方便，将电极反应与氧化还原反应的书写格式一致，本书仍采用习惯的"反应物在反应方程式的左边，生成物在反应方程式的右边，整个反应中电子前面的符号为正"的原则，因此，对于阳极反应，失去电子发生氧化反应的物质写在电极反应左边，电子写在电极反应右边；而对于阴极反应，得到电子发生还原反应的物质写在电极反应左边，电子也写在电极反应左边。

可逆氧化还原反应的电极电位可以由能斯特方程（Nernst equation）进行计算。对于一

般的可逆氧化还原电极反应

$$\nu_1 O + ne \Longrightarrow \nu_2 R$$

其电极电位 $E_{O/R}$ 为

$$E_{O/R} = E_{O/R}^{\circ} + \frac{RT}{nF} \ln \frac{a_O^{\nu_1}}{a_R^{\nu_2}} \tag{1-1}$$

式中　$E_{O/R}$——电极在给定条件下的平衡电极电位，V；

$E_{O/R}^{\circ}$——电极的标准电极电位，V；

O——氧化态物质；

R——还原态物质；

ν_1, ν_2——氧化态物质和还原态物质的化学计量系数；

R——气体常数，8.314J/(K·mol)；

F——法拉第常数，96500C/mol；

T——绝对温度，K；

n——电极反应中转移的电子数，等于金属化合价的变化数；

a_O——氧化态物质的活度；

a_R——还原态物质的活度。

需要指出的是：与常见氧化还原方程式一样，电极反应中氧化态物质和还原态物质的化学计量系数不一定相同。在利用 Nernst 方程进行计算时，当电极反应中氧化态物质和还原态物质的化学计量系数相同时，不用考虑系数的影响；但是，**当电极反应中氧化态物质和还原态物质的化学计量系数不同时，必须考虑化学计量系数对电极反应的影响**，而且有 H^+ 参与时也应考虑 H^+ 活度的影响，如电极反应 $Cr_2O_7^{2-} + 14H^+ + 6e \Longrightarrow 2Cr^{3+} + 7H_2O$ 的 Nernst 方程为

$$E_{Cr_2O_7^{2-}/Cr^{3+}} = E_{Cr_2O_7^{2-}/Cr^{3+}}^{\circ} + \frac{RT}{6F} \ln \frac{a_{Cr_2O_7^{2-}} \cdot a_{H^+}^{14}}{a_{Cr^{3+}}^2}$$

只有当氧化态和还原态的化学计量系数相等时，即 $\nu_1 = \nu_2$，Nernst 方程(1-1) 才可以简化为

$$E_{O/R} = E_{O/R}^{\circ} + \frac{RT}{nF} \ln \frac{a_O}{a_R} \tag{1-2}$$

为了计算方便，往往将自然对数前面乘以 2.3 而转化为常用对数，由于 R、F 为常数，这样 25℃时的 Nernst 方程(1-2) 又可简化为

$$E_{O/R} = E_{O/R}^{\circ} + \frac{0.059}{n} \lg \frac{a_O}{a_R} \tag{1-3}$$

当电极反应中还原态活度为 1 时，即 $a_R = 1$，则 Nernst 方程(1-3) 可以进一步简化为

$$E_{O/R} = E_{O/R}^{\circ} + \frac{0.059}{n} \lg a_O \tag{1-4}$$

特殊的，对于金属作还原态的电极反应，如果金属浸入含有同种金属离子的溶液中，那么参与物质迁移的是同一种金属离子。当金属失去电子成为阳离子进入溶液与溶液中的金属离子沉积到金属表面的速度相等时，反应达到动态平衡，也就是正逆过程的物质迁移和电荷运送速度都相同，即

$$M^{n+} \cdot ne + mH_2O \Longrightarrow M^{n+} \cdot mH_2O + ne$$

此时，该电极上具有一个恒定的平衡电极电位或可逆电位，其数值主要取决于金属的本性，同时又与溶液的浓度、温度等因素有关。由于该电极反应的氧化态和还原态的系数相等，金属在给定溶液中的平衡电极电位 E 可以由金属的标准电极电位 E° 通过 Nernst 方程

(1-2) 进行计算。

将各种金属的标准电极电位按大小从低到高依次排列成表，得到金属的**电动序**（electrochemical series）或**标准电位序**（standard potential series），见表 1-2。金属的电动序表明了金属以离子状态进入溶液的倾向大小，值越小，金属越容易失去电子，以离子状态进入溶液的趋势越大。以规定为零的标准氢电极电位为分界线，电位比氢的标准电极电位负（低）的金属称为**负电性金属**，电位比氢的标准电极电位正（高）的金属称为**正电性金属**。

表 1-2　部分金属的电动序（对于 $M \rightleftharpoons M^{n+} + ne$ 电极反应的标准电极电位）

金　属	电　极　反　应	标准电极电位 E° / V	金　属	电　极　反　应	标准电极电位 E° / V
锂	$Li \rightleftharpoons Li^+ + e$	-3.045	镉	$Cd \rightleftharpoons Cd^{2+} + 2e$	-0.40
铯	$Cs \rightleftharpoons Cs^+ + e$	-3.02	铟	$In \rightleftharpoons In^{3+} + 3e$	-0.34
铷	$Rb \rightleftharpoons Rb^+ + e$	-2.99	铊	$Tl \rightleftharpoons Tl^+ + e$	-0.338
钾	$K \rightleftharpoons K^+ + e$	-2.92	钴	$Co \rightleftharpoons Co^{2+} + 2e$	-0.277
钡	$Ba \rightleftharpoons Ba^{2+} + 2e$	-2.90	镍	$Ni \rightleftharpoons Ni^{2+} + 2e$	-0.25
钙	$Ca \rightleftharpoons Ca^{2+} + 2e$	-2.87	锡	$Sn \rightleftharpoons Sn^{2+} + 2e$	-0.136
钠	$Na \rightleftharpoons Na^+ + e$	-2.71	铅	$Pb \rightleftharpoons Pb^{2+} + 2e$	-0.126
镁	$Mg \rightleftharpoons Mg^{2+} + 2e$	-2.37	铁	$Fe \rightleftharpoons Fe^{3+} + 3e$	-0.036
铝	$Al \rightleftharpoons Al^{3+} + 3e$	-1.66	氢	$H_2 \rightleftharpoons 2H^+ + 2e$	0
钛	$Ti \rightleftharpoons Ti^{2+} + 2e$	-1.63	锑	$Sb \rightleftharpoons Sb^{3+} + 3e$	$+0.20$
钛	$Ti \rightleftharpoons Ti^{3+} + 3e$	-1.21	铋	$Bi \rightleftharpoons Bi^{3+} + 3e$	$+0.23$
钒	$V \rightleftharpoons V^{2+} + 2e$	-1.18	铜	$Cu \rightleftharpoons Cu^{2+} + 2e$	$+0.345$
锰	$Mn \rightleftharpoons Mn^{2+} + 2e$	-1.18	铜	$Cu \rightleftharpoons Cu^+ + e$	$+0.521$
铌	$Nb \rightleftharpoons Nb^{3+} + 3e$	-1.1	银	$Ag \rightleftharpoons Ag^+ + e$	$+0.799$
铬	$Cr \rightleftharpoons Cr^{2+} + 2e$	-0.913	铑	$Rh \rightleftharpoons Rh^{3+} + 3e$	$+0.80$
锌	$Zn \rightleftharpoons Zn^{2+} + 2e$	-0.762	汞	$Hg \rightleftharpoons Hg^+ + e$	$+0.854$
铬	$Cr \rightleftharpoons Cr^{3+} + 3e$	-0.71	钯	$Pd \rightleftharpoons Pd^{2+} + 2e$	$+0.987$
镓	$Ga \rightleftharpoons Ga^{3+} + 3e$	-0.52	铂	$Pt \rightleftharpoons Pt^{2+} + 2e$	$+1.2$
铁	$Fe \rightleftharpoons Fe^{2+} + 2e$	-0.44	金	$Au \rightleftharpoons Au^{3+} + 3e$	$+1.42$

1.1.3.2　气体电极的平衡电位

将金属铂浸入酸性溶液中，不断地向溶液内通入氢气，于是铂的表面上会吸附一些氢气。这些吸附的氢与溶液中的氢离子之间就会发生 $H_2 \longrightarrow 2H^+ + 2e$ 和 $2H^+ + 2e \longrightarrow H_2$ 的反应。反应中放出或吸收的电子均由金属铂存储或供给。当反应达到动态平衡时，即

$$H_2 \rightleftharpoons 2H^+ + 2e$$

铂与溶液界面上形成稳定的双电层并有一个相应的稳定电位。由于参加电极反应的是吸附在铂表面的氢而不是金属铂本身，因此这个电位实质上是氢电极的平衡电极电位，而金属铂只是起氢电极的载体作用，或者说是一个惰性电极。

不仅金属铂能够吸附氢形成氢电极，其他许多金属或能导电的非金属材料也能吸附氢形成氢电极。此外，被吸附的气体除了氢外，还可以是氧、氯等并形成相应的氧电极、氯电极等。同样，在达到动态平衡时

$$O_2 + 4e + 2H_2O \rightleftharpoons 4OH^-$$
$$Cl_2 + 2e \rightleftharpoons 2Cl^-$$

将建立起氧或氯的平衡电极电位。

由于气体电极的平衡电位是由气体可逆吸附得到的，故也可以用 Nernst 方程计算，例如氢电极

$$H_2 \rightleftharpoons 2H^+ + 2e$$

氢的平衡电位 E_H 可以由其标准电极电位 E_H° 通过 Nernst 方程式(1-1)按照下式进行计算

$$E_H = E_H^\circ + \frac{RT}{nF}\ln\frac{a_{H^+}^2}{p_{H_2}} \tag{1-5}$$

式中　a_{H^+}——氢离子活度；

　　　p_{H_2}——氢分压。

由于国际上规定"标准状态下，即温度为 298K、氢离子活度为 1、氢分压为 101325Pa（1atm）时，**氢的平衡电极电位 $E_{e,H}^\circ$（即标准氢电极电位）等于零**"，所以常温下氢电极的平衡电极电位可以简化成

$$E_H = \frac{0.059}{2}\lg\frac{a_{H^+}^2}{p_{H_2}} = 0.0295\lg\frac{a_{H^+}^2}{p_{H_2}}$$

1.1.3.3　非平衡电极电位

当金属浸入不含同种金属离子的溶液中时，例如锌浸入含有氧的中性溶液中，由于氧分子与电子有较强的亲和力，电子很容易在界面的强电场作用下穿过双电层同氧结合而形成 OH^- 离子。此时金属锌的表面将有两个共轭电极反应同时进行，即

阳极　　　　　　　　　　$Zn \longrightarrow Zn^{2+} + 2e$

阴极　　　　　　　$\frac{1}{2}O_2 + H_2O + 2e \longrightarrow 2OH^-$

显然电极上同时存在两种或两种以上不同物质参与的电化学反应，正逆过程的物质始终不可能达到平衡状态。因此这种电极电位称为**非平衡电极电位**或**不可逆电位**。如果从金属到溶液与从溶液到金属的电荷迁移速度相等，也就是说电极反应达到平衡，那么界面上最终也能形成一个稳定的电极电位。反之，电荷亦不平衡，则始终建立不起一个稳定的电位值。

化工设备在绝大多数情况下都不是与含有自身金属离子的溶液接触，所以金属与溶液界面处形成的大多是非平衡电极电位。同样，非平衡电极电位也与金属的本性、电解液组成、温度等有关。由于其电极反应不可逆，不能达到动态平衡，**故非平衡电极电位或不可逆电位的数值不能用 Nernst 方程进行计算得到，而只能通过实验方法进行测定**。表 1-3 列出了某些金属在 3％NaCl 溶液中的非平衡电极电位。因为大多数情况下，金属的电极电位不是立刻达到定值，所以表内有电位的初始值和最终值。

表 1-3　某些金属在 3％NaCl 溶液中的非平衡电极电位

金属	电极电位/V		金属	电极电位/V	
	初　始　值	最　终　值		初　始　值	最　终　值
铝	−0.63	−0.63	镍	−0.13	−0.02
铋	−0.15	−0.18	锡	−0.25	−0.25
铁	−0.34	−0.5	铅	−0.39	−0.26
镉	−0.58	−0.52	银	+0.24	+0.20
钴	−0.17	−0.45	锑	−0.12	−0.009
镁	−1.45	—	铬	−0.02	+0.23
锰	−1.05	−0.91	锌	−0.83	−0.83
铜	+0.02	+0.05			

值得注意的是，金属的非平衡电位序的位次不一定与电动序的位次一致，尤其是序列中比较相近的金属有时它们的位置会发生颠倒，受介质的影响较大。例如在电动序中锌的标准电极电位高于铝，而在 3％NaCl 中锌的非平衡电位却低于铝。

1.1.3.4　电极电位的测量

无论是平衡电位还是非平衡电位，目前均无实验的或理论的方法来确定单个电极电位的

绝对值，但是，可以用一个电位很稳定的电极作参照基准来测量任一电极的电极电位的相对值，这种参照基准电极称为**参比电极**（reference electrode）。将待测电极与所选参比电极组成原电池，其电动势 E 就近似等于待测电极的电极电位 $E_{待测}$ 与参比电极的电极电位 $E_{参比}$ 的电位差，即

$$E = E_{待测} - E_{参比} \tag{1-6}$$

其中，电动势 E 可以用电压表或万用表等仪表进行测定，大小等于仪表的电压读数，这样若知道参比电极的电极电位 $E_{参比}$，就可以求出待测电极的电极电位 $E_{待测}$。当电位差为正值时，说明待测电极比参比电极的电极电位高；当电位差为负值时，说明待测电极比参比电极的电极电位低。如果选择标准氢电极作为基准电极，由于已规定标准氢电极电位为零，那么测得的这个电位差就是待测电极的电极电位，实际上是相对于标准氢电极的相对电极电位，图 1-4 为以标准氢电极作基准测量金属电极电位的示意图。因此，任一电极的电极电位大小均是相对于所选取的参比电极而言的，离开参比电极而谈一个电极的电极电位是毫无意义的。参比电极的电极反应要有稳定的平衡电位，且电极系统的电位不易偏离这个平衡电位。在测量一个电极系统的电极电位时，应该说明选用何种参比电极，因为**不同的参比电极将获得不同的电极电位**，在没有特殊说明情况下，**多选用标准氢电极（SHE）作为参比电极**。

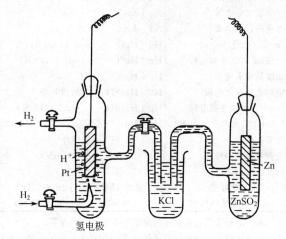

图 1-4　用氢电极作基准测量
金属电极电位示意图

标准氢电极的结构如图 1-4 所示，把镀有铂黑（极细而分散的铂粉）的铂片插入氢离子活度为 1 的溶液中，不断地通入分压为 101325Pa（1atm）的纯氢冲击铂片，其电极反应为

$$H_2(p_{H_2} = 101325Pa) \Longrightarrow 2H^+(a_{H^+} = 1) + 2e$$

由于标准氢电极的实际制作和使用都不方便，实践中广泛使用饱和甘汞电极（saturated calomel electrode，SCE）、氯化银电极、硫酸铜电极、金属单质等作参比电极。这些参比电极的可逆性大，在给定条件下与标准氢电极组成的原电池，可以得到几乎不发生变化的电极电位。**金属相对于其他参比电极测定的电极电位，可以换算成相对于标准氢电极的电极电位，也可以不换算，但必须注明所用参比电极的名称，不加标注的则默认为该电极电位是相对于标准氢电极的**。表 1-4 给出了几种常用参比电极的电极电位。

1.1.3.5　电位-pH 图及其应用

溶液中的 H^+ 或 OH^- 的活度，即溶液的 pH 值，往往对金属腐蚀体系中各种反应的平衡电极电位有较大影响，将二者的函数关系绘制形成电位-pH 图，就能从图中曲线直观判断给定条件下金属发生腐蚀和钝化（由活性溶解状态到非常耐蚀状态的突变过程，后面详细介绍）的可能性。由于它最先是由比利时腐蚀科学家 M. Pourbaix 在 1938 年创立的，所以又称波贝图或布拜图（Pourbaix diagram）。金属的电位-pH 图常指在分压 101325Pa 和温度 25℃时金属在水溶液中不同价态的平衡电位为纵坐标，pH 值为横坐标的电化学平衡相图，揭示了电极电位受 pH 值的影响规律，判断腐蚀有关的电极反应自发进行的可能性。

表 1-4　常用参比电极的电极电位

名　称	结　构	电极电位 /V	温度系数 /mV	一般用途	备　注
标准氢电极	Pt [H_2]$_{1atm}$ ｜ H^+ （$a=1$）	0.000	[1]	酸性介质	SHE
饱和甘汞电极	Hg [Hg_2Cl_2] ｜ 饱和 KCl	0.244	−0.65	中性介质	SCE
1mol/L 甘汞电极	Hg [Hg_2Cl_2] ｜ 1mol/L KCl	0.280	−0.24	中性介质	NCE
0.1mol/L 甘汞电极	Hg [Hg_2Cl_2] ｜ 0.1mol/L KCl	0.333	−0.07	中性介质	
标准甘汞电极	Hg [Hg_2Cl_2] ｜ Cl^- （$a=1$）	0.2676	−0.32	中性介质	
海水甘汞电极	Hg [Hg_2Cl_2] ｜ 海水	0.296	−0.28	海　水	
饱和氯化银电极	Ag [AgCl] ｜ 饱和 KCl	0.196	−1.10	中性介质	
1mol/L 氯化银电极	Ag [AgCl] ｜ 1mol/L KCl	0.2344	−0.58	中性介质	
0.1mol/L 氯化银电极	Ag [AgCl] ｜ 0.1mol/L KCl	0.288	−0.44	中性介质	
标准氯化银电极	Ag [AgCl] ｜ Cl^- （$a=1$）	0.2223	−0.65	中性介质	
海水氯化银电极	Ag [AgCl] ｜ 海水	0.2503	−0.62	海　水	
1mol/L 氧化汞电极	Hg [HgO] ｜ 1mol/L NaOH	0.114		碱性介质	
0.1mol/L 氧化汞电极	Hg [HgO] ｜ 0.1mol/L NaOH	0.169		碱性介质	
标准氧化汞电极	Hg [HgO] ｜ OH^- （$a=1$）	0.098	−1.12	碱性介质	
饱和硫酸亚汞电极	Hg [Hg_2SO_4] ｜ 饱和 K_2SO_4	0.658		酸性介质	
1mol/L 硫酸亚汞电极	Hg [Hg_2SO_4] ｜ 1mol/L H_2SO_4	0.6758		酸性介质	
0.1mol/L 硫酸亚汞电极	Hg [Hg_2SO_4] ｜ 0.1mol/L H_2SO_4	0.682		酸性介质	
标准硫酸亚汞电极	Hg [Hg_2SO_4] ｜ SO_4^{2-} （$a=1$）	0.615	−0.80	酸性介质	
饱和硫酸铜电极	Cu [$CuSO_4$] ｜ 饱和 $CuSO_4$	0.316	+0.02	土壤、中性介质	
标准硫酸铜电极	Cu [$CuSO_4$] ｜ SO_4^{2-} （$a=1$）	0.342	+0.008	土壤、中性介质	
0.1mol/L 氢醌电极	Pt [氢醌（固）] ｜ 0.1mol/L HCl	0.699	−0.73	酸性介质	
0.1mol/L 硫酸铅电极	PbO_2 [$PbSO_4$] ｜ 0.1mol/L H_2SO_4	1.565		酸性介质	

注：1. 标准氢电极在任何温度下电极电位均为零；

　　2. 各电极的电极电位值系指 25℃下相对于标准氢电极（SHE）的电位；

　　3. 温度系数是指每变化 1℃电极电位变化的数值。

Fe-H_2O 体系的 Pourbaix 图如图 1-5 所示，如果不考虑 OH^- 以外的其他阴离子的影响，根据 Nernst 方程，金属的腐蚀过程所涉及的化学反应有以下三类，可以得到图 1-5 中的①、②、③三种反应平衡线，这些平衡线将 E-pH 图分为耐蚀性不同的区域，从而得到 Fe-H_2O 体系的腐蚀行为估计图。

（1）析氢平衡线和析氧平衡线

图中的两条虚线ⓐ和ⓑ分别为析氢平衡线和析氧平衡线，对应着析氢腐蚀和耗氧腐蚀的电极电位 $E_{H^+/H_2} = -0.059\text{pH}$（对应电极反应 $2H^+ + 2e \Longleftrightarrow H_2$，$p_{H_2} = 1\text{atm}$）和 $E_{O_2/OH^-} = 1.229 - 0.059\text{pH}$（对应电极反应 $4OH^- - 4e \Longleftrightarrow O_2 + 2H_2O$，$p_{O_2} = 1\text{atm}$）。析氢和析氧反应都有电子和 H^+（或 OH^-）的参与，与电位和 pH 值都有关系。ⓐ线以下为 H_2 的稳定区，H^+ 或 H_2O（H_2O 电离出 H^+）还原析出氢气，pH 值升高，溶液碱化；ⓑ线以下发生耗氧腐蚀，ⓑ线以上为 O_2 的稳定区，OH^- 或 H_2O（H_2O 电离出 OH^-）氧化析出氧气，pH 值降低，溶液酸化，ⓐ、ⓑ两线之间为 H_2O 的稳定区。

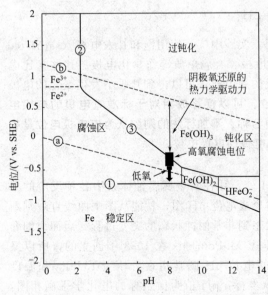

图 1-5　Fe-H_2O 体系的电位-pH 图

（2）电位 E-pH 图上三种平衡线

① 反应只与电极电位有关　反应与溶液的 pH 值无关，在一定温度下，当氧化体和还原体的活度比值不变时，电极电位恒定，随着 pH 值的改变，在 E-pH 图上会得到一条平行于横坐标的水平平衡线①，对应的电极反应为 $Fe \rightleftharpoons Fe^{2+} + 2e$。但是，当氧化体和还原体的活度比值改变时，反应的平衡电位就会发生变化，使得水平平衡线的位置发生变化：比值增大导致电位高于给定条件的平衡线，电极反应的氧化体一侧体系稳定，电极反应按照从还原体向氧化体转化的方向进行；比值降低导致电位低于给定条件的平衡线，电极反应的还原体一侧体系稳定，电极反应按照从氧化体向还原体转化的方向进行。

② 反应只与 pH 值有关　反应与电极电位无关，有可能发生金属离子的水解或生成沉淀等。当温度恒定时，在 E-pH 图上会得到一条平行于纵轴电位 E 的垂直平衡线②，对应的电极反应为 $2Fe^{3+} + 3H_2O \rightleftharpoons Fe_2O_3 + 6H^+$。反应物活度的变化会改变与之平衡的 pH 值，相应的垂直平衡线的横坐标位置会发生变化：溶液的 pH 值高于给定条件下的平衡 pH 值，反应向着 H^+ 增加或 OH^- 减少的方向进行；溶液的 pH 值低于给定条件下的平衡 pH 值，反应向着 H^+ 减少或 OH^- 增加的方向进行。

③ 反应同时与电极电位、pH 值有关：反应有 H^+ 或 OH^- 参与，在 E-pH 图上是倾斜的平衡线③，对应的电极反应为 $2Fe^{2+} + 3H_2O \rightleftharpoons Fe_2O_3 + 6H^+ + 2e$，判断反应的方向要综合考虑电极电位和 pH 值的影响，单一的影响因素的情况与上述两类电极反应的情况一样。

（3）金属的腐蚀趋势

根据电极的反应特性，以临界条件的平衡线为分界线，可以将电位-pH 图分为以下三个耐蚀性不同的区域，得到金属的腐蚀趋势估计图。

① 腐蚀区　金属或金属难溶化合物等固相不稳定的区域，与这些固相处于平衡状态下的溶液中的金属离子或金属的配合离子的活度大于临界活度，发生腐蚀。

② 钝化区　金属发生钝化的区域，可能起保护作用的金属难溶化合物固相稳定，这是因为有时即使金属的难溶化合物稳定，但是未必能形成完整的保护膜。

③ 稳定区（或免蚀区）　金属稳定的区域，不发生腐蚀。

显然，这些耐蚀性不同的区域的具体位置取决于选用的临界条件，随临界条件不同而不同，常用溶液中金属离子或金属配合离子的活度为 10^{-6} 作为临界条件，如图 1-5 所示。

（4）电位-pH 图的应用

① 判断反应自发进行的方向　根据三种电极反应情况和反应条件相对于平衡线的变化进行判断。

② 判断可能的腐蚀行为　根据金属在溶液中的电极电位和 pH 值，在电位-pH 图上找出相应状态点落在哪个区域，估计金属是否稳定、发生腐蚀或钝化。

③ 估计腐蚀产物的组分　根据腐蚀反应发生的条件和电极反应发生的区域，推测腐蚀产物的组分。

④ 预测控制腐蚀的措施　根据腐蚀发生的条件和腐蚀产物的组分，预测控制腐蚀的措施。

但是，由于电位-pH 图采用平衡电极电位，所以存在以下局限性：以热力学为基础，只预测金属腐蚀发生的可能性；以平衡条件为基础，而实际的体系很难达到平衡状态；理论电位-pH 图只考虑了 H^+ 或 OH^- 对平衡的影响，没有考虑其他阴离子的影响；以 $10^{-6}\,mol/L$（$56\mu g/L$）作为 Fe 是否发生腐蚀的界线，理论电位-pH 图中的 pH 值只是平衡时主体溶液的 pH 值；理论电位-pH 图不能反映生成的固体产物膜是否有保护性。

1.1.4　腐蚀电池

腐蚀电池是只能导致金属材料破坏而不对外界做有用功的原电池，根据组成腐蚀电池的电极大小、形成腐蚀电池的主要影响因素和腐蚀破坏的特征，一般将实际中的腐蚀电池分为宏电池（宏观腐蚀电池）与微电池（微观腐蚀电池）两大类，微电池进一步可以发展为超微观电池。宏电池的阴、阳极可以用肉眼或不大于 10 倍的放大镜分辨出来，而微电池的电极无法凭肉眼分辨。

（1）宏电池

如图 1-6 所示，当锌与铜直接接触或彼此连通并置于稀盐酸中，此时电位较负的锌为阳极不断溶解，即遭受了腐蚀，而铜上将连续析出氢气泡。两个共轭电极反应为

阳极锌上发生氧化反应使锌原子离子化　　　　$Zn \longrightarrow Zn^{2+} + 2e$

铜上发生消耗电子的去极化反应　　　　$2H^+ + 2e \longrightarrow H_2$

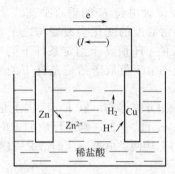

图 1-6　宏观腐蚀电池工作原理示意图

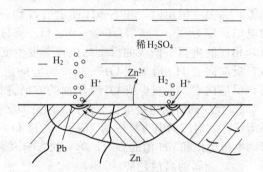

图 1-7　含杂质铅的锌在硫酸中的微电池腐蚀

消耗于阴极还原反应的电子来自阳极锌的溶解。这种腐蚀系统的工作原理与大家熟知的原电池（如锌锰干电池）并无本质区别，所不同的只是腐蚀系统的电子回路短接，电流不对外做功。因此，**腐蚀电池实际上是一个不对外做有用功的短路原电池**。

生产上常见的宏观腐蚀电池除了**异种金属偶接电池**的形式外，浓度差或温度差也会构成这类腐蚀电池，形成所谓**浓差电池**或**温差电池**。例如，接触氯化钠稀溶液的碳钢设备，一般温度较高部位为阳极，温度较低部位为阴极，形成温差电池。当设备中不同区域的溶液存在浓度差，或者溶解的氧量不同，将会构成浓差电池，常见有盐浓差电池和氧浓差电池。如：敞口储槽液面的水线腐蚀是最常见的氧浓差电池引起的腐蚀。

（2）微电池

工业用金属或合金表面因电化学不均一性而存在大量微小的阴极和阳极，它们在电解质溶液中就会构成短路的微电池系统。微电池系统中的电极不仅很小，并且它们的分布以及阴、阳极面积比都无一定规律。图 1-7 为含杂质铅的锌在硫酸中的微电池腐蚀示意图。

构成金属表面电化学不均一性的主要原因如下。

① 化学成分不均一　工业用的金属常常含有各种杂质，有时为了改善金属的力学或物理化学性能，还人为地加入某些微量元素。实际上绝对纯的金属不仅在冶金技术上难以做到，并且亦无使用价值。因此工业用金属或合金的化学成分不均一总是存在的，而这些微量组分或杂质相对基体金属可能是阴极也可能是阳极，不同组分对金属微电池腐蚀的影响是不一样的。

② 组织结构不均一　金属和合金微观组织结构的不均一性是显而易见的。例如：铸铁存在着铁素体、渗碳体和石墨三相；固溶体合金的偏析；金属结晶的各向异性、位错、空位以及晶粒与晶界的存在等。各种组织结构在溶液中常常具有不同的电极电位。

③ 物理状态不均一　金属在机械加工过程中，由于受力、变形不均而引起残余应力，这些高应力区通常只有更低的电位而成为阳极。例如：铆钉头、铁板弯曲处、焊缝附近的热影响区等。

④ 表面膜不完整　金属表面具有的保护性薄膜（金属镀层、钝化膜等）如果不完整，则膜与未被覆盖的金属基体的电极电位将会不同，这也是引起金属表面电化学不均一性的一个原因。

综上所述，**腐蚀电池实质上就是一个短路的原电池**，反应所释放的化学能不能被利用，都是

以热能的形式散耗掉。宏观腐蚀电池和微电池仅仅在形式上有区别，都属于腐蚀电池，工作原理完全相同。它们都是由阳极过程、阴极过程和电荷（电子、离子）传递三个相互联系的环节构成的，三个环节缺一不可。如果其中某个环节受到阻滞，则整个腐蚀过程就会缓慢或完全停止。

（3）腐蚀电池工作历程

从腐蚀电池的形成可以看出，一个腐蚀电池必须有阳极、阴极和电荷等三个关键组成单元，这样就构成了腐蚀电池工作历程的三个基本过程。

① 阳极溶解过程　阳极发生氧化反应，金属失去电子并以离子形式进入溶液，而等电量的电子留在金属表面并通过电子导体向阴极区迁移，即 $M \longrightarrow M^{n+} + ne$；

② 阴极去极化过程　阴极发生还原反应，电解液中能够接受电子的去极剂从阴极表面捕获电子形成新物质，即 $D + ne \longrightarrow D \cdot ne$；

③ 电荷传递过程　体系中电荷的流动形成电流，电荷传递在金属中依靠电子从阳极流向阴极，在溶液中主要依靠离子的电迁移。

因此，腐蚀电池的阳极过程、阴极过程、电荷传递（电子传递和离子传递）缺一不可，否则腐蚀电池就不能形成，这就为以后的腐蚀防护提供了理论依据。

1.2　金属电化学腐蚀倾向——热力学

由热力学第二定律可知，如果一个体系由一种状态转变为另一种状态时，自由能的变化 ΔG 为负值，则表明在转变过程中系统失去自由能，状态的转变是自发进行的。反之，如果转变前后系统自由能的变化 ΔG 为正值，则表明在转变过程中系统获得了能量，状态的转变不是自发地进行的，必定有额外的能量加入体系。化学反应和电化学反应也是这样，如果反应过程能量（自由能）降低，即 ΔG 为负值，则此反应就可以无需外加能量而自发地进行。

前面已经讨论过，金属的电化学腐蚀历程包含着两个同时进行而又相对独立的过程，即阳极的氧化反应和阴极的还原反应。根据平衡时电极反应的电极电位和热力学条件，在等温等压条件下可逆电池所做的最大有用功 W 等于系统反应吉布斯自由能 G 的减少，即

$$W = nF(\Delta E) = -(\Delta G)_{T,p} \tag{1-7a}$$

$$(\Delta G)_{T,p} = -nF(\Delta E) \tag{1-7b}$$

式中　n——参加电极反应的电子数；

$\quad\quad F$——法拉第常数，96500C/mol；

$\quad\quad \Delta E$——可逆电池的电动势（electromotive force，emf）。

这样，当电极反应自发进行时，系统反应吉布斯自由能变 ΔG 为负值，可逆电池的电动势 ΔE 为正值。反应越容易自发进行，ΔG 越负，ΔE 越正。

当两个不同种类或不同浓度的溶液直接接触时，由于浓度梯度或离子扩散使离子在相界面上产生迁移，迁移速率不同时产生的电位差称为液接电位。液接电位可以用盐桥消除，常用"琼胶＋饱和 KCl 溶液"制备盐桥。在忽略液接电位条件下，原电池电动势 ΔE 等于正极平衡电极电位与负极平衡电极电位之差，即等于阴极反应的平衡电极电位 E_K 与阳极反应的平衡电极电位 E_A 之差，$\Delta E = E_K - E_A$。只有当 $\Delta E > 0$ 时，$\Delta G < 0$，由阴极和阳极组成的电池反应会自发进行，所以要使可逆电池反应自发进行，阴极电位 E_K、阳极电位 E_A 必须满足

$$E_K > E_A \tag{1-8}$$

工业上常用的一些金属，与其周围的介质发生化学或电化学反应时，其自由能变化大多是负值（见表 1-5），所以这些金属都有自发地由单质被腐蚀为化合物的倾向。下面利用 Nernst 方程对阳极反应或阴极反应的自发进行情况进行探讨。

表 1-5　金属在恒温、恒压下转变为离子状态的自由能变化

反　　应	1摩尔金属转入离子状态时的 $\Delta G/(J\times10^3)$		反　　应	1摩尔金属转入离子状态时的 $\Delta G/(J\times10^3)$	
	在析出氢的情况下(pH=0)	在吸收氧的情况下(pH=7)		在析出氢的情况下(pH=0)	在吸收氧的情况下(pH=7)
$K \rightleftharpoons K^+ + e$	−282.19	−360.90	$Sn \rightleftharpoons Sn^{2+} + 2e$	−13.10	−91.82
$Ca \rightleftharpoons Ca^{2+} + 2e$	−265.02	−356.30	$Pb \rightleftharpoons Pb^{2+} + 2e$	−12.14	−90.85
$Mg \rightleftharpoons Mg^{2+} + 2e$	−228.60	−307.31	$H \rightleftharpoons H^+ + e$	±0.0	−78.71
$Al \rightleftharpoons Al^{3+} + 3e$	−160.77	−239.48	$Cu \rightleftharpoons Cu^{2+} + 2e$	+32.57	−46.14
$Mn \rightleftharpoons Mn^{2+} + 2e$	−113.46	−192.17	$Hg \rightleftharpoons Hg^{2+} + 2e$	+69.29	−9.42
$Zn \rightleftharpoons Zn^{2+} + 2e$	−74.94	−153.66	$Ag \rightleftharpoons Ag^+ + e$	+70.13	−8.54
$Cr \rightleftharpoons Cr^{3+} + 3e$	−71.59	−150.31	$Pd \rightleftharpoons Pd^{2+} + 2e$	+95.25	+16.54
$Fe \rightleftharpoons Fe^{2+} + 2e$	−48.57	−127.28	$Ir \rightleftharpoons Ir^{3+} + 3e$	+96.55	+17.84
$Cd \rightleftharpoons Cd^{2+} + 2e$	−38.52	−117.23	$Pt \rightleftharpoons Pt^{2+} + 2e$	+114.72	+36.01
$Co \rightleftharpoons Co^{2+} + 2e$	−26.80	−105.51	$Au \rightleftharpoons Au^{3+} + 3e$	+144.44	+65.73
$Ni \rightleftharpoons Ni^{2+} + 2e$	−23.86	−102.58			

1.2.1　阳极溶解反应自发进行的条件

金属作为阳极的氧化反应也就是金属失去电子形成离子的溶解反应，当阳极反应达到动态平衡时，即 $M \rightleftharpoons M^{n+} + ne$ 时，相应的金属平衡电极电位为 $E_{e,M}$，等于金属的初始阳极电位 E_A。显然，若使金属的电极电位偏离 $E_{e,M}$，则动态平衡就遭到破坏。要使电极反应自发向右进行，需要增大 M 的活度 a_M 或降低 M^{n+} 的活度 $a_{M^{n+}}$，根据 Nernst 方程 $E_{e,M} = E_M^{\circ} + \dfrac{RT}{nF}\ln\dfrac{a_{M^{n+}}}{a_M}$，金属平衡电极电位 $E_{e,M}$ 将会减小，小于初始阳极电位 E_A，所以**阳极氧化反应自发进行的条件**为

$$E_{e,M} < E_A$$

1.2.2　阴极去极化反应自发进行的条件

金属溶解的氧化反应要持续不断地进行，金属溶解时遗留在金属上的电子必须源源不断地移走，否则其电位就不能维持在比 $E_{e,M}$ 更正的数值上。由前述的电化学腐蚀历程可知，从金属上移走电子主要依靠去极剂在阴极进行还原反应来完成。当去极化反应达到动态平衡 $D + ne \rightleftharpoons D \cdot ne$ 时，其相应的平衡电位 $E_{e,K}$ 称为氧化还原电位，因为它表征的是溶液中的氧化态（D）和其还原态（$D \cdot ne$）之间建立的平衡，等于阴极初始电位 E_K。表 1-6 给出了某些去极化反应的标准氧化还原电位，其氧化态和还原态物质的活度都等于 1。

表 1-6　部分标准氧化还原电位（对于去极化反应 $D + ne \rightleftharpoons D \cdot ne$ 的平衡电位）

电极反应	氧化还原电位/V	电极反应	氧化还原电位/V
$[Ni(CN)_4]^{2-} + e \rightleftharpoons [Ni(CN)_3]^{2-} + CN^-$	−0.820	$MnO_4^- + e \rightleftharpoons MnO_4^{2-}$	+0.564
$2H^+ + 2e \rightleftharpoons H_2 (pH=7)$	−0.414	$Sb(V) + 2e \rightleftharpoons Sb(III)$	+0.750
$Cr^{3+} + e \rightleftharpoons Cr^{2+}$	−0.410	$Fe^{3+} + e \rightleftharpoons Fe^{2+}$	+0.771
$Sn^{3+} + e \rightleftharpoons Sn^{2+}$	−0.400	$O_2 + 2H^+ + 4e \rightleftharpoons 2OH^- (pH=7)$	+0.815
$CrO_4^{2-} + 2H_2O + 3e \rightleftharpoons CrO_2^- + 4OH^-$	−0.120	$O_2 + 4H^+ + 4e \rightleftharpoons 2H_2O (pH=0)$	+1.229
$2H^+ + 2e \rightleftharpoons H_2 (pH=0)$	0.000	$Cr_2O_7^{2-} + 14H^+ + 6e \rightleftharpoons 2Cr^{3+} + 7H_2O$	+1.330
$TiO^{2+} + 2H^+ + e \rightleftharpoons Ti^{3+} + H_2O$	+0.100	$Au^{3+} + 2e \rightleftharpoons Au^+$	+1.410
$Sn^{4+} + 2e \rightleftharpoons Sn^{2+}$	+0.154	$MnO_4^- + 8H^+ + 5e \rightleftharpoons Mn^{2+} + 4H_2O$	+1.510
$Cu^{2+} + e \rightleftharpoons Cu^+$	+0.160	$Ce^{4+} + e \rightleftharpoons Ce^{3+}$	+1.610
$Ti^{4+} + 2e \rightleftharpoons Ti^{2+}$	+0.370	$Pb^{4+} + 2e \rightleftharpoons Pb^{2+}$	+1.760
$\frac{1}{2}O_2 + H_2O + 2e \rightleftharpoons 2OH^- (pH=14)$	+0.401	$Co^{3+} + e \rightleftharpoons Co^{2+}$	+1.817

显然，与阳极反应同样的道理，当阴极初始电位 E_K 偏离平衡电极电位 $E_{e,K}$ 时，去极化反应 $D+ne \Longrightarrow D \cdot ne$ 的平衡遭到破坏。要使反应自发向右进行，需要增大去极剂 D 的活度 a_D 或降低其还原态（$D \cdot ne$）的活度 $a_{D \cdot ne}$，根据 Nernst 方程 $E_{e,K} = E_K^o + \dfrac{RT}{nF} \ln \dfrac{a_D}{a_{D \cdot ne}}$，阴极平衡电极电位 $E_{e,K}$ 将会增大，大于阴极初始电位 E_K，所以**阴极去极化反应自发进行的条件为**

$$E_K < E_{e,K}$$

1.2.3　金属电化学腐蚀的热力学条件

从上述讨论中可以得出以下两个结论：

ⅰ．金属溶解的氧化反应要不断地进行，金属的初始电位 E_A 必须维持在比金属的平衡电极电位 $E_{e,M}$ 更正的数值上，即 $E_{e,M} < E_A$；

ⅱ．去极剂从金属上取走电子的去极化反应（还原反应）要持续不断地进行，金属的电极电位必须维持在比去极剂的氧化还原电位更负的数值上，即 $E_{e,M} < E_{e,K}$。

金属电化学腐蚀历程包括金属溶解和去极化两个共轭的电极反应，电化学腐蚀要连续进行，以上两个条件必须同时满足，也就是说金属的电位值必须维持在既比 $E_{e,M}$ 正而又比 $E_{e,K}$ 负的数值区间内，即 $E_{e,M} < E < E_{e,K}$。

换句话说，**金属自发地产生电化学腐蚀的条件必须是溶液中含有能从金属上夺走电子的去极剂，并且去极剂的氧化还原电位要比金属溶解反应的平衡电极电位更正。**

1.2.4　金属电化学腐蚀倾向的热力学判据

从表 1-5 和表 1-6 可以看出，常见去极剂 H^+ 和 O_2 的氧化还原电位比大多数金属的平衡电极电位 $E_{e,M}$ 高，从热力学上说金属发生电化学腐蚀的倾向比较大，如碱金属、碱土金属、锌、镁、铁等；而对于少数平衡电极电位很正的金属（如金、银、铂等）则不容易发生电化学腐蚀，即它们具有较高的热力学稳定性。因此，通常用金属的标准电极电位可以近似地判断它们的热力学稳定性，如表 1-7 所示。根据气体分压为 1atm、pH＝7（$a_{H^+} = 10^{-7}$）的中性溶液和 pH＝0（$a_{H^+} = 1$）的酸性溶液中氢电极和氧电极的平衡电位 $E_{e,H} = -0.414V$ 与 $0.000V$ 和 $E_{e,O} = +0.815V$ 与 $1.229V$，可以把金属划分为热力学稳定性不同的五个区。

第 1 区为**热力学很不稳定的金属（贱金属）**，$E_{M^{n+}/M} < -0.414V$，在不含氧或氧化剂的中性介质（甚至碱性介质）中由于发生 H^+ 还原而被腐蚀。

第 2 区为**热力学不稳定的金属（半贱金属）**，$-0.414V < E_{M^{n+}/M} < 0.000V$，在不含氧或氧化剂的中性介质中稳定，但在酸性介质中能被腐蚀。

第 3 区为**热力学上中等稳定的金属（半贵金属）**，$0.000V < E_{M^{n+}/M} < 0.815V$，在不含氧或氧化剂的中性介质和酸性介质中稳定，在有氧或氧化剂的中性介质中发生腐蚀。

第 4 区为**热力学上高稳定性的金属（贵金属）**，$0.815V < E_{M^{n+}/M} < 1.229V$，在有氧的中性介质中稳定，在有氧或氧化剂的酸性介质中可能发生腐蚀。

第 5 区为**热力学上完全稳定的金属**，$1.229V < E_{M^{n+}/M}$，在有氧的酸性介质中稳定，但在有络合剂的氧化性溶液中由于电极电位负移，可能会发生腐蚀。

综合上面的讨论结果，金属电化学腐蚀倾向的电极电位判据是：

$\Delta E > 0$　$E_K > E_A$　电位为 E_A 的金属自发进行腐蚀；

$\Delta E = 0 \Longrightarrow E_K = E_A$　电极反应达到平衡；

$\Delta E < 0$　$E_K < E_A$　电位为 E_K 的金属自发进行腐蚀，电位为 E_A 的金属被保护（参见 6.1.1 节）。

也就是说，同种条件下，电极电位低的金属会自发进行腐蚀。

金属的标准平衡电极电位可以从物理化学手册或电化学书籍中查到，也可以从电极反应的热力学数据由 Nernst 方程计算得到。

表 1-7　金属的标准电极电位 E° 及其热力学稳定性（对于电极反应 $M \Longrightarrow M^{n+} + ne$）

	金属及其电极反应	E°/V		金属及其电极反应	E°/V
1. 热力学上很不稳定的金属（贱金属）。甚至能在不含氧和氧化剂的中性介质中腐蚀	$Li \Longrightarrow Li^+ + e$	-3.045	3. 热力学上中等稳定的金属（半贵金属）。当没有氧和氧化物时在酸性介质和中性介质中是稳定的	$Sn \Longrightarrow Sn^{4+} + 4e$	$+0.007$
	$K \Longrightarrow K^+ + e$	-2.925		$Bi \Longrightarrow Bi^{3+} + 3e$	$+0.216$
	$Ca \Longrightarrow Ca^{2+} + 2e$	-2.87		$Sb \Longrightarrow Sb^{3+} + 3e$	$+0.24$
	$Na \Longrightarrow Na^+ + e$	-2.714		$As \Longrightarrow As^{3+} + 3e$	$+0.30$
	$Mg \Longrightarrow Mg^{2+} + 2e$	-2.37		$Cu \Longrightarrow Cu^{2+} + 2e$	$+0.337$
	$Al \Longrightarrow Al^{3+} + 3e$	-1.66		$Co \Longrightarrow Co^{3+} + 3e$	$+0.418$
	$Ti \Longrightarrow Ti^{2+} + 2e$	-1.63		$Cu \Longrightarrow Cu^+ + e$	$+0.521$
	$Ti \Longrightarrow Ti^{3+} + 3e$	-1.21		$Pb \Longrightarrow Pb^{4+} + 4e$	$+0.784$
	$Mn \Longrightarrow Mn^{2+} + 2e$	-1.18		$Hg \Longrightarrow Hg^+ + e$	$+0.789$
	$Nb \Longrightarrow Nb^{3+} + 3e$	-1.10		$Ag \Longrightarrow Ag^+ + e$	$+0.799$
	$Cr \Longrightarrow Cr^{2+} + 2e$	-0.913		$O_2 + 2H^+ + 4e \Longrightarrow 2OH^-$ (pH=7, $p_{O_2}=1atm$)	$+0.815$
	$Cr \Longrightarrow Cr^{3+} + 3e$	-0.74			
	$Zn \Longrightarrow Zn^2 + 2e$	-0.762	4. 高稳定性的金属（贵金属）。在有氧的中性介质中不腐蚀，在有氧或氧化剂的酸性介质中可能腐蚀	$Hg \Longrightarrow Hg^{2+} + 2e$	$+0.854$
	$Fe \Longrightarrow Fe^{2+} + 2e$	-0.440		$Pd \Longrightarrow Pd^{2+} + 2e$	$+0.987$
	$2H^+ + 2e \Longrightarrow H_2$ (pH=7)	-0.414		$Ir \Longrightarrow Ir^{3+} + 3e$	$+1.00$
2. 热力学上不稳定的金属（半贱金属）。没有氧时在中性介质中是稳定的，但在酸性介质中能被腐蚀	$Cd \Longrightarrow Cd^{2+} + 2e$	-0.402		$Pt \Longrightarrow Pt^{2+} + 2e$	$+1.19$
	$Mn \Longrightarrow Mn^{3+} + 3e$	-0.283		$O_2 + 4H^+ + 4e \Longrightarrow 2H_2O$ (pH=0)	$+1.229$
	$Co \Longrightarrow Co^{2+} + 2e$	-0.277			
	$Ni \Longrightarrow Ni^{2+} + 2e$	-0.250	5. 完全稳定的金属。在有氧的酸性介质中是稳定的，有氧化剂时能溶解在络合剂中		
	$Mo \Longrightarrow Mo^{3+} + 3e$	-0.2			
	$Sn \Longrightarrow Sn^{2+} + 2e$	-0.136		$Au \Longrightarrow Au^{3+} + 3e$	$+1.50$
	$Pb \Longrightarrow Pb^{2+} + 2e$	-0.126		$Au \Longrightarrow Au^+ + e$	$+1.68$
	$W \Longrightarrow W^{3+} + 3e$	-0.110			
	$Fe \Longrightarrow Fe^{3+} + 3e$	-0.037			
	$2H^+ + 2e \Longrightarrow H_2$ (pH=0)	0			

　　但是，发生电化学腐蚀倾向大的金属的腐蚀速率不一定大，腐蚀速率大的金属发生电化学腐蚀的倾向不一定大，因为金属的电化学腐蚀的倾向大小是根据热力学条件推断的，而腐蚀速率属于动力学范畴，取决于各种因素对反应过程的影响。

1.3　金属电化学腐蚀速率——动力学

　　前面讨论的腐蚀电化学热力学条件，仅仅反映了金属发生电化学腐蚀的倾向程度，而不能直接表明腐蚀的快慢，也就是腐蚀速率的大小。因为具有很大腐蚀倾向的金属不一定必然对应着高的腐蚀速率，譬如，铝的平衡电极电位很负，从热力学角度看它的腐蚀倾向很大，但在某些介质中铝却比一些腐蚀倾向小得多的金属更耐蚀。因此弄清电化学腐蚀动力学规律及其影响因素，在工程上具有更现实的意义。

1.3.1　极化与超电压

1.3.1.1　极化现象

　　将铜和铁浸入电解质溶液内构成一个宏观腐蚀电池（图 1-8），当电池回路未接通时，阳极（铁）的开路电位为 E_A°，阴极（铜）的开路电位为 E_K°，腐蚀系统的电阻为 R（包括外线路及溶液的电阻）。电池回路接通后，根据欧姆定律，这时的电流 I_0 为

$$I_0 = \frac{E_K^\circ - E_A^\circ}{R}$$

实验发现，仅仅在电池回路刚接通的瞬间，电流表上指示出相当大的 I_0 值，之后电流迅速下降，逐渐稳定到 I 值，$I \ll I_0$，如图 1-9 所示。

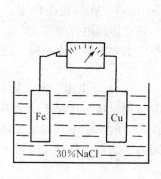

图 1-8　极化现象观测图

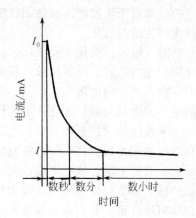

图 1-9　极化引起的电流变化

腐蚀电池工作后，电路中的欧姆电阻在短时间内不会变化，电流减小只能是电池电动势降低所致。这可能是阴极电位降低了，也可能是阳极电位升高了，或两者都发生了变化。实验证明，在有电流流动时，E_A° 和 E_K° 都改变了，如图 1-10 所示。这种电池工作过程中由于电流流动而引起电极电位偏离初始值的现象称为**极化现象**（polarization phenomenon）。通阳极电流后，阳极电位向正方向偏离的现象称为**阳极极化**（anodic polarization）；通阴极电流后，阴极电位向负方向偏离的现象，称为**阴极极化**（kathodic polarization）。极化现象的存在将使腐蚀电池的工作强度大为降低，因此了解极化作用的原因及其影响因素有着重要的意义。

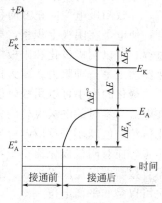

图 1-10　腐蚀电池接通前、
后电池电动势的变化

1.3.1.2　阴极极化与阳极极化

产生极化现象的根本原因是阳极或阴极的电极反应与电子迁移（从阳极流出或流入阴极）速度存在差异引起的。电子在金属导体中的流动速度是非常迅速的，而任何物质的化学反应或电化学反应速度由于受各种动力学因素的影响，比电子迁移速度要缓慢得多。因此，只要阴、阳极之间有电流流动，必然出现极化现象，有以下三种情况。

（1）电化学极化（electrochemical polarization）　阴极上由于去极剂与电子结合 $D + ne \longrightarrow D \cdot ne$ 的反应速度迟缓，来不及全部消耗由阳极送来的电子，必然有电子堆积，造成阴极电子密度增高，导致阴极电位向负方向移动；阳极上金属失去电子成为水化离子 $M + mH_2O \longrightarrow M^{n+} \cdot mH_2O + ne$ 的反应速度落后于电子流出阳极的速度，这样就破坏了双电层的平衡，使双电层内层电子密度减小，导致阳极电位向正方向移动，这种由于电化学反应与电子迁移速度差异引起的极化，称为**电化学极化**。电子流出端（电流流入端）的电极电位升高，而电子流入端（电流流出端）的电极电位降低。换句话说，因为阳极或阴极的电化学反应需要较高的活化能，所以必须使电极电位正移或负移到某一数值才能使阳极反应或阴极反应得以进行。因此，电化学极化又称为**活化极化**（active polarization）。

（2）浓差极化（concentration polarization）　在溶液中去极剂向阴极表面的输送是依靠浓度梯度推动的扩散过程，亦即是质量传递过程。如果这一过程的速度跟不上去极剂与电子反应的需要，或者在阴极表面形成的反应产物不能及时离开电极表面，都会阻碍阴极反应的进行而造成阴极上的电子堆积，使电极电位向负方向移动。阳极反应产生的金属离子从金属溶液界面附近逐渐向溶液深处扩散，如果迁移速度比金属离子化反应速度慢，就会造成阳极表面附近的金属离子浓度增高而使阳极电位向正方向移动。阴极或阳极的这种由于浓度差异引起的极化称为浓差极化。

（3）膜阻（电阻）极化〔resistance（ohmic）polarization〕 在一定条件下，金属表面上会形成保护性的薄膜，导致阳极过程受到强烈地阻滞，并使阳极电位急剧正移。同时由于保护膜的存在，系统的电阻大大增加，当电流流过时将产生很大的欧姆电压降。这种保护膜引起的极化，通常称为膜阻极化或电阻极化。

对于一个实际的腐蚀系统来说，上述三种极化作用不一定同时出现。有时即使都存在，但作用程度往往相差很大。例如，溶液处于流动状态或有强烈搅拌的情况下，浓差极化的作用就很弱；金属处于活性状态下腐蚀时，阳极的电化学极化一般都很小；如果金属由于钝化形成了保护膜，那么膜阻极化往往成为整个过程的主要阻力。随着极化程度的增大，金属的阴极过程受阻越严重，阳极溶解越难进行。

1.3.1.3 极化作用与表征

极化现象是由电子迁移的速度比电极反应及其相关步骤完成的速度快引起的。阳极反应时，金属离子转入溶液的速度小于电子从阳极流到外电路的速度，使阳极上产生过剩的正电荷，导致阳极电位向正方向移动；阴极反应时，接受电子的物质来不及与流入阴极的电子结合，使电子在阴极上积累，导致阴极的电位向负方向移动。由于阴极过程和阳极过程为共轭过程，所以阴极极化和阳极极化都有利于减缓金属的腐蚀，降低腐蚀造成的危害。因此，**极化实质上是一种阻力，增大极化，有利于降低腐蚀电流和腐蚀速率，对防腐有利**。

极化的大小可以用极化值来表示，极化值是一个电极在一定大小外电流时的电极电位与外电流为零时的电极电位的差值，即 $\Delta E = E - E_{(i=0)}$，反映电极过程进行的难易程度。极化值绝对值越小，反应越容易进行。根据外电流不同，极化值有正负之分，对阳极极化值大于零，而对阴极极化值小于零。因此，极化只同电极是否有外电流及其大小与方向有关，而不直接与电极反应相关联。通常称外电流为零时的电极电位为静止电位，可以是平衡电位，也可以是非平衡电位。

1.3.1.4 超电压（过电位）

腐蚀电池工作时，由于极化作用使阴极电位降低或阳极电位升高，其偏离平衡电位的差值，**称为超电压或过电位**（overpotential），与电极反应有关，通常以 η 表示。为了方便计算和讨论，一般超电压取绝对值，由下式进行计算

$$\eta = \mid E - E_e \mid \Rightarrow \begin{cases} \eta_K = E_{e,K} - E_K \\ \eta_A = E_A - E_{e,A} \end{cases}$$

超电压越大，极化程度越大，电极反应越难进行，腐蚀速率越小，反之亦然。超电压 η 与极化值 ΔE 不同，与一定的电极反应相联系，反映电极反应偏离平衡的大小，是一个电极反应以某一速度不可逆进行时的电极电位与该电极反应的平衡电位间的差值。只有当一个电极的静止电位是某一电极反应的平衡电位时，电极的极化值 ΔE 才等于这个电极反应的过电位 η。当一个电极的静止电位是某一电极反应的非平衡电位时，电极的极化值 ΔE 不等于这个电极反应的过电位 η，二者之间的关系可以根据它们的定义求出。由于超电压直接从量上反映出极化的程度，对于研究腐蚀动力学十分重要，常用的有以下几种。

（1）活化超电压 η_a

由电化学极化引起的电位偏离值称为**电化学超电压或活化超电压**，它与电极材料的种类、电极上的电流密度以及溶液的组成和温度等有关，实际上是进行净电极反应时在一定步骤上受到阻

力所引起的电极极化而使电位偏离平衡电位的结果，是极化电流（净电流）密度的函数，因此**描述超电压时要给出极化电流值**。根据极化作用的大小，可以分为弱极化区和强极化区。

① 弱极化区　一般当电极上电流密度很小时，超电压与电流密度成线性关系，即

$$\eta_a = R_F i \tag{1-9}$$

式中，R_F 称为法拉第电阻或极化电阻，是随电极材料、溶液种类及温度而异的常数。

② 强极化区　当发生较强的极化作用时，电极上相应会有较高的电流密度，此时超电压与电流密度的关系将遵循塔菲尔（Tafel）公式

$$\eta_a = a + b \lg i \tag{1-10}$$

或

$$\eta_a = a + \frac{b}{2.3} \ln i$$

式中　a——与电极材料、表面状态、溶液组成及温度有关的常数；

b——与电极材料无关的常数，为常用对数的塔菲尔斜率。

塔菲尔公式是一个经验式，它与电极动力学推导的结果基本一致。

（2）扩散超电压 η_d

由浓差极化引起电位的偏离值称为扩散超电压。因为参与阴极或阳极反应的物质依靠电极表面附近和溶液本体中的浓度梯度而进行的扩散运动，一般它的速度远比阴、阳极电极反应建立平衡的速度缓慢得多，因此可以将电化学反应过程始终看做处于平衡状态。这样就可以用能斯特方程计算发生浓差极化前后的电极电位。

当回路中电流为零时，电极表面附近和溶液本体中的参与电极反应的物质浓度相同，等于 C_M（阳极反应物质的浓度）或 C_D（阴极反应物质的浓度），则阳极或阴极的电位（由下标 A 及 K 分别表示）为

$$E_{A(K)} = E^{\circ}_{A(K)} + \frac{RT}{nF} \ln C_{M(D)}$$

电池工作后，由于浓差极化作用，阳极表面附近的金属离子浓度由 C_M 升高到 C'_M；阴极表面附近的去极剂浓度由 C_D 降至 C'_D，此时阳极或阴极的电位为

$$E'_{A(K)} = E^{\circ}_{A(K)} + \frac{RT}{nF} \ln C'_{M(D)}$$

因为 $C'_M > C_M$，$C'_D < C_D$，所以 $E'_A > E_A$，$E'_K < E_K$。故扩散超电压为

$$\eta_{d(A,K)} = |E'_{A(K)} - E_{A(K)}| = \left| \frac{RT}{nF} \ln \frac{C'_{M(D)}}{C_{M(D)}} \right| \tag{1-11}$$

（3）膜阻超电压 η_r

膜阻引起的阳极极化程度以膜阻超电压 η_r 表示。由于金属表面生成的保护膜具有较大的电阻值，所以 η_r 实际上就是电流通过膜时的欧姆电位降，即

$$\eta_r = R_e i \tag{1-12}$$

式中，R_e 为保护膜的电阻值。

在阴极或阳极过程中，电极反应、反应物质和生成物质的扩散以及通过膜等步骤都是连续的，电极过程的速度将受其中最慢步骤的控制。所以阴极或阳极过程的超电压，实际上就取决于速度最慢的步骤。

1.3.1.5　交换电流密度

半电池中，交换电流密度（exchange current density）是单电极 $O + ne \Longleftrightarrow R$ 在平衡条件下所容许通过的氧化或还原电流密度，此时电极正、逆反应方向上的速度（该反应速度称作交换反应速度）相等，净反应速率（net reaction rate）和净电流密度（net current density）为零。对电化学反应电极而言，净电流是能够用电流表直接测量的电流，即是同一电极上氧化电流与还原电流之差的绝对值，俗称外电流；而净电流密度是指单位面积电极上的外电流大小。交换电流密度与电极材料、电极表面状态与杂质、电解液、温度和反应物浓度等关系密切，对实际腐蚀速率影响较大。对于一个腐蚀体系，交换电流密度大小只能通过实验进行确定，没有理论方法进行准确预测。作为一个重要的电极反应动力学参数，交换电流密度在一定温度下表征电极的可逆程度。从 Butler-Volmer 公式 $i = i_0 \times [e^{\frac{anF}{RT}\eta} - e^{-\frac{(1-a)nF}{RT}\eta}]$ [式中，α、η、n、F、R 和 T 分别为电荷传递系数（或阳极或阴极反应的对称系数，接近 0.5）、过电位 $E_{applied} - E_{eq}$、参加反应的电子数、法拉第常数 96500C/mol、气体常数 8.314J/(K·mol)、绝对温度 K] 可以看出，其他因素不变时，在阴极或阳极电流密度 i 一定时，交换电流密度 i_0 越大，过电位越小，电极的可逆性越强，可以较大速率交换电子而不导致电位偏离其平衡值，一般是可逆电极，如甘汞电极、Ag、Au 等；相反，i_0 越小，过电位越大，可逆程度越小，一般是不可逆电极，如氧电极，如下表所示。

交换电流密度 i_0 电极体系的 动力学性质	$i_0 \to 0$	i_0 小	i_0 大	$i_0 \to \infty$
电极的极化性质	理想极化电极	易极化电极	难极化电极	理想不极化电极
电极反应的"可逆程度"	完全"不可逆"	"可逆程度"小	"可逆程度"大	完全"可逆"
净电流密度 i 与超电压 η 关系	电极电位可以任意改变	一般为半对数关系	一般为直线关系	电极电位不通过外电流而改变

1.3.2 极化曲线和极化图

（1）极化曲线

通常用电位-电流强度关系曲线或电位-电流密度关系来描述电极电位随通过的电流强度或电流密度的变化情况，这种关系曲线称为**极化曲线**，反映极化电位与极化电流或极化电流密度之间的关系。根据极化曲线的形状能够很清楚地判断电极材料的极化特性。图 1-11(a)、(b) 分别为阴极极化曲线和阳极极化曲线。

极化曲线的斜率称为极化率，阴、阳极极化率 P_K、P_A 分别为

$$P_K = \frac{dE_K}{di_K}, \quad P_A = \frac{dE_A}{di_A}$$

显然极化率低的曲线趋于平坦，它表示电极电位随极化电流的变化很小，也就是说电极材料的极化性能弱，电极过程容易进行。反之，极化率高，极化曲线越陡，表明电极材料的极化性能强，电极过程进行的阻力大。

同一种金属在不同电解质溶液中的极化性能不同，而不同的金属在同一种溶液内，表现出的极化性能也是不一样的。图 1-12 为锌、铁、铜三种金属在溶有氧的 0.5mol/L NaCl 溶液中的阴极极化曲线。

极化曲线可以由实验进行测定，实验装置如图 1-13 所示。这种用实验方法测出的极化曲线称为**实测极化曲线**或**表观极化曲线**。

另一种极化曲线叫做**理论极化曲线**，它是以理想电极得出的。所谓理想电极是指该电极上无论处于平衡状态或极化状态时只发生一个电极反应，例如只发生 $M \longrightarrow M^{n+} + ne$ 的阳极氧化反应，或者只发生 $D + ne \longrightarrow D \cdot ne$ 的阴极还原反应。但实际金属由于电化学不均匀性，总是同时存在阴极区和阳极区，在电极表面常常有两个或两个以上相互共轭的电极反应，而局部的阴极区和阳极区又很难区分或根本分不开，所以理论极化曲线往往是无法直接得到的。

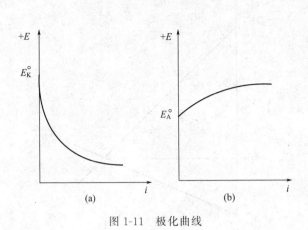

图 1-11　极化曲线

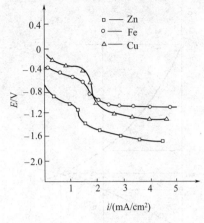

图 1-12　锌、铁、铜在氧气氛下
0.5mol/L NaCl 溶液中的阴极极化曲线

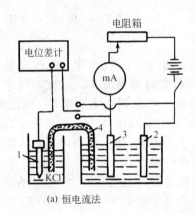

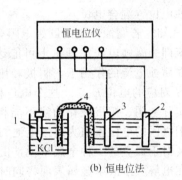

图 1-13　极化曲线测定装置示意图

1—参比电极；2—试验电极；3—试验电极；4—盐桥

（2）腐蚀极化图

把构成腐蚀电池的阴极和阳极的极化曲线绘在同一个 $E\text{-}I$ 坐标上，得到的图线称为**腐蚀极化图**，或简称**极化图**。由于阴、阳极面积常不相同，所以腐蚀电池工作时，流经阴、阳极的电流强度相同而电流密度常不相等，故**极化图的横坐标采用电流强度 I**。

一个给定的腐蚀电池，如果工作达到稳定状态时的腐蚀电流为 I_{corr}，则腐蚀电池的初始电动势 $E_K^{\circ}-E_A^{\circ}$ 必然等于腐蚀电流流经阴极、阳极、电解质溶液引起的电压降的总和（见图 1-14），即

$$E_K^{\circ}-E_A^{\circ}=\Delta E_K+\Delta E_A+I_{corr}\cdot R$$

ΔE_K 和 ΔE_A 分别为阴、阳极的极化阻力，$I_{corr}\cdot R$ 则为欧姆电阻 R（溶液内阻＋线路电阻）所引起的电位降。

腐蚀极化图是研究电化学腐蚀动力学的重要工具。有时为了更直观、方便地分析腐蚀问题，可以略去电位随电流变化的详细过程，只从极化性能相对大小、电位和电流的状态出发，将极化曲线简化成直线，这种简化了的极化图称为**伊文思（Evans）极化图**（图 1-15）。

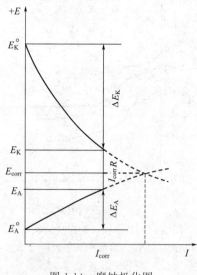

图 1-14 腐蚀极化图

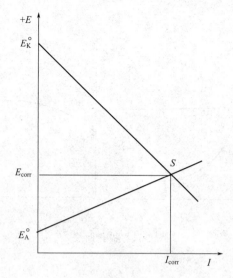

图 1-15 伊文思极化图

（3）腐蚀电位（混合电位）

由图 1-15 知，若腐蚀系统的欧姆电阻等于零，则阴、阳极极化曲线相交于 S 点。该点所对应的电流即为腐蚀电池在理论上可能达到的**最大腐蚀电流** I_{max}。此时这个短路偶接的腐蚀系统，在腐蚀电流的作用下，阴极和阳极的电位将分别从 E_K° 和 E_A° 极化到同一电位，如图上交点 S 对应的电位 E_{corr}，这个电位称为系统的腐蚀电位。由于系统中总有欧姆电阻存在，所以实际上阴、阳极极化曲线不能相交，只是接近于 S 点而已，除去阴极和阳极阻力外的阴、阳极区的电位差值为腐蚀电池的欧姆电位降。

前已述及对于孤立的一种金属来说，由于金属表面的电化学不均一性，存在很多微阴极和微阳极，在电解质溶液中金属表面将同时进行着至少两个共轭的电极反应。因为孤立金属并没有与外系统连成回路，所以既无电流流入也无电流流出，金属上总的阳极反应速度必然等于总的阴极反应速度，亦即从阳极释放出的电子刚好为阴极反应所消耗。当达到稳定状态时，金属上的阴极和阳极将彼此相互极化至同一电位，即**腐蚀电位**（corrosion potential），或称**自腐蚀电位**。这个电位既非金属上阳极的平衡电位，也不是阴极的平衡电位，而是两个电极反应互为耦合的**混合电位**（mixed potential）。腐蚀电位是腐蚀过程作用的结果，大小介于阴极的平衡电位和阳极的平衡电位之间，本身不是一个热力学参数。

显然，用外加电流方法测定金属极化曲线时，无论是阴极极化曲线还是阳极极化曲线，在电流为零时的起始电位都是该金属的腐蚀电位 E_{corr}，如图 1-16 所示。

1.3.3 腐蚀极化图的应用

（1）判断腐蚀过程的控制因素

在腐蚀过程中如果某一步骤与其他步骤相比阻力最大，则这一步骤就成为影响腐蚀速率的主要因素，通常称为腐蚀过程的控制因素。弄清腐蚀过程的控制因素，就能更好的有目的地采取相应的防腐措施。

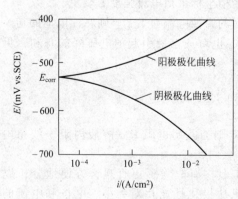

图 1-16 铁在 0.5mol/L H_2SO_4 中的
实测阴、阳极极化曲线

从前面的讨论可知

$$\Delta E^{\circ} = E_{K}^{\circ} - E_{A}^{\circ} = \Delta E_{K} + \Delta E_{A} + IR$$

而

$$\Delta E_{K} = I P_{K} , \quad \Delta E_{A} = I P_{A}$$

所以

$$E_{K}^{\circ} - E_{A}^{\circ} = I P_{K} + I P_{A} + IR$$

因此腐蚀电池工作时的腐蚀电流

$$I_{corr} = \frac{E_{K}^{\circ} - E_{A}^{\circ}}{P_{K} + P_{A} + R} \tag{1-13}$$

对于一个给定的腐蚀系统，根据腐蚀极化图能够很容易地判断 I_{corr} 主要取决于 P_K 还是 P_A 或 R，有以下两种情况。

① 当欧姆电阻 R 非常小或为零时　即 $R \ll P_A + P_K$ 时，如果 $P_K \gg P_A$，则 I_{corr} 的值主要取决于 P_K 的大小，亦即系统受阴极控制，如图 1-17(a) 所示；如果 $P_K \ll P_A$，则 I_{corr} 主要受阳极极化影响，即系统为阳极控制，如图 1-17(b) 所示；如果 $P_K \approx P_A$，则 I_{corr} 为阴、阳极混合控制，腐蚀电位位于初始电极电位的中间位置，如图 1-17(c) 所示。

② 当欧姆电阻 R 非常大时　即 $R \gg P_A + P_K$ 时，腐蚀受电阻控制，也称欧姆控制，如图 1-17(d) 所示。

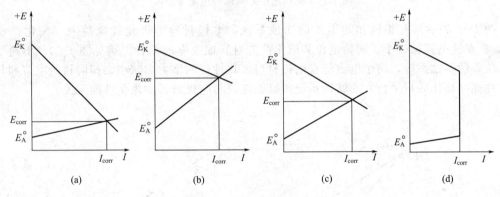

图 1-17　伊文思腐蚀极化图

如果以其中某一步骤的阻力对于整个过程总阻力的比值，以百分率表示，就能定量地反映各步骤的控制程度，即

阳极控制程度

$$C_{A} = \frac{P_{A}}{P_{K} + P_{A} + R} = \frac{\Delta E_{A}}{\Delta E^{\circ}} \times 100\% \tag{1-14}$$

阴极控制程度

$$C_{K} = \frac{P_{K}}{P_{K} + P_{A} + R} = \frac{\Delta E_{K}}{\Delta E^{\circ}} \times 100\% \tag{1-15}$$

欧姆电阻控制程度

$$C_{R} = \frac{R}{P_{K} + P_{A} + R} = \frac{IR}{\Delta E^{\circ}} \times 100\% \tag{1-16}$$

例如，铁在 3%NaCl 溶液中，其腐蚀电位 $E_{corr} = -0.3V$，而铁上微电池的阴、阳极的起始电位分别为：$E_{K}^{\circ} = +0.805V$、$E_{A}^{\circ} = -0.463V$，欧姆电阻很小可忽略，则阴、阳极对过程的控制程度分别为

阴极控制程度 $C_{K} = \dfrac{\Delta E_{K}}{\Delta E^{\circ}} = \dfrac{E_{K}^{\circ} - E_{corr}}{E_{K}^{\circ} - E_{A}^{\circ}} = \dfrac{+0.805 - (-0.3)}{0.805 - (-0.463)} \times 100\% = 87\%$

阳极控制程度 $C_{A} = \dfrac{\Delta E_{A}}{\Delta E^{\circ}} = \dfrac{E_{corr} - E_{A}^{\circ}}{E_{K}^{\circ} - E_{A}^{\circ}} = \dfrac{-0.3 - (-0.463)}{0.805 - (-0.463)} \times 100\% = 13\%$

说明该系统的控制因素为阴极过程。

　　另外，利用腐蚀极化图可以非常直观地分析比较不同腐蚀系统的初始电位差以及电极的极化性能对腐蚀电流的影响。

　　图 1-18 表示一种阳极或阴极材料，分别与极化率相同的各种阴极或阳极构成腐蚀电池时，其初始电位差越大，则腐蚀电流越大。

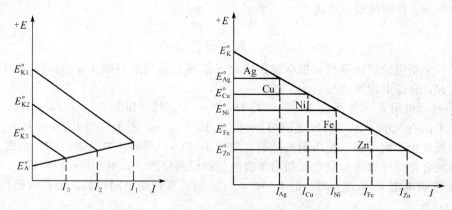

图 1-18　初始电位差对腐蚀电流的影响

　　图 1-19 表示具有相同初始电位的腐蚀系统，电极材料的极化性能越大（极化曲线陡峭），则腐蚀电流就越小。初始电位和极化性能对腐蚀速率的综合影响见图 1-20。不高于初始电位差的腐蚀系统，腐蚀电流随着电极材料极化性能的增大而减小；相同初始电位和相同极化性能（极化曲行平行）的腐蚀系统，腐蚀电流与电极材料的极化性能无关。

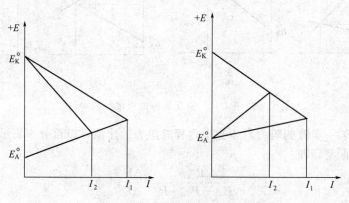

图 1-19　极化性能对腐蚀电流的影响

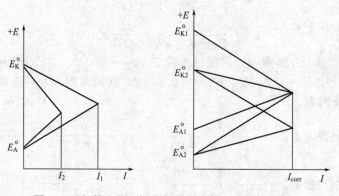

图 1-20　初始电位、极化性能对腐蚀电流的综合影响

（2）确定金属的腐蚀速率

用电化学技术确定金属腐蚀速率的一个常用方法是利用极化曲线外延法求自腐蚀电流 I_{corr}。

金属发生电化学腐蚀时，其微阴极和微阳极的理论极化曲线（图 1-21 中的 $E_K^{\circ}S$ 和 $E_A^{\circ}S$）与实测的表观极化曲线之间存在着一定关系。

前已述及，两条理论极化曲线的交点 S，对应着腐蚀体系在稳定状态下的自腐蚀电位 E_{corr} 和自腐蚀电流 i_{corr}。这时金属溶解放出的电子，全部为阴极上的还原反应所消耗，即

$$i_A = |i_K| = i_{corr} \tag{1-17}$$

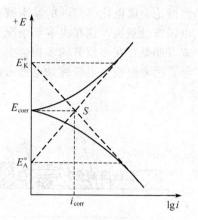

图 1-21　极化曲线外延法求腐蚀速率

用外加电流极化方法测定极化曲线时（图 1-13），极化曲线上每一点对应的外加电流必等于局部阳极反应和局部阴极反应电流的代数和，即 $i_{外}=i_A+i_K$。当 $i_{外}=0$ 时，阳极极化曲线的起始电位为 E_{corr}，随着 $i_{外}$ 的增大，电位逐步往正方向移动，当阳极极化到微阴极的初始电位 E_K° 时，则 $i_K=0$，$i_{外}=i_A$。自此点开始，实测的阳极极化曲线与理论的阳极极化曲线重合，同理，阴极极化曲线亦是从 E_{corr} 为起点，到阴极极化到微阳极的初始电位 E_A° 时，则 $i_A=0$，$i_{外}=i_K$。从该点以后的实测阴极极化曲线与理论的阴极极化曲线重合，且此后继续极化。对于活化极化控制的体系来说，其极化电流与电位的关系将遵循指数规律，即在 E-$\lg i$ 坐标上极化曲线呈现线性关系。因此对于活化极化起控制作用的腐蚀体系，只要通过实验测出阴极极化曲线和阳极极化曲线，在 E-$\lg i$ 坐标上作图，再将两者的直线段延长相交，其交点对应的电流密度就是该金属的自腐蚀电流 i_{corr}。因为自腐蚀电位 E_{corr} 是可以实测出来的，所以也可以只延长阴极极化曲线或阳极极化曲线，使之与 E_{corr} 的水平线相交而求出 i_{corr}。图 1-22 是用极化曲线外延法求自腐蚀电流 i_{corr} 的几种情况，腐蚀电位、腐蚀电流、阴极极化曲线反向延长线与阳极极化曲线反向延长线四线共点。

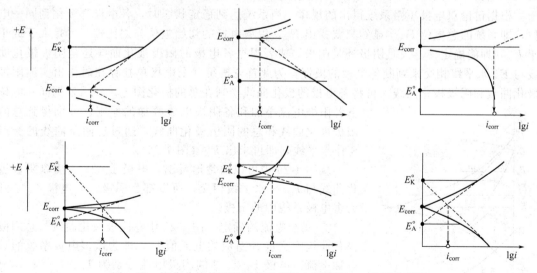

图 1-22　极化曲线外延法测定自腐蚀电流密度 i_{corr} 的几种情况

（3）多电极系统图解分析

工程上不少构件有时为了满足某些功能的需要，常常采用多种金属组合的结构，例如流体机械中常用的机械密封（图 1-23）。实用金属几乎也都属于多电极系统，如图 1-24 所示。

但讨论金属电化学腐蚀的基本规律和分析腐蚀机理时，为了简化问题，常将金属腐蚀看作双电极腐蚀系统，这在大多数情况下，从工程角度来说是合理的。然而一个宏观的多电极系统或者明显存在多组分的多相合金，如果仍按双电极系统处理，就会与实际情况产生较大的差异，因而要按多电极腐蚀电池考虑。

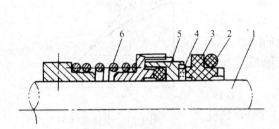

图 1-23　机械密封结构图

1—转轴（碳钢）；2—静环密封圈（橡胶）；3—静环
（石墨）；4—动环（碳化钨）；5—动环座圈
（1Cr18Ni9Ti）；6—弹簧（18-8 或 1Cr13）

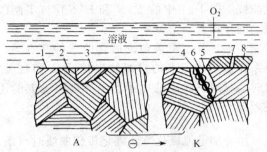

图 1-24　在表面不均匀充气的情况下合金的
不均匀组织作为包括微观和宏观电极的复杂多
电极系统的实例

1，2—不同方向的结晶；3—矿渣夹杂物；4—晶粒间界面；
5—固溶体中合金组分贫乏区；6—从固溶体中析出的金属间
化合物；7—膜中之小孔；8—保护性膜由于氧到达右面的区
域较多，左面的区域（A）对于右面的区域（K）为阳极

无论是多种金属零件的组合结构或多相合金，各电极之间大多数都是彼此短路接触，所以研究短路多电极电池，亦即欧姆电阻可以忽略的完全极化系统具有实际意义。利用腐蚀极化图能够较方便地确定系统各个电极的极性、腐蚀电流，以及对多电极系统特性的分析。

① 极性的确定　假设已知五个电极的短路腐蚀系统，各电极的初始电位依次为 $E_1^\circ >$ $E_2^\circ > E_3^\circ > E_4^\circ > E_5^\circ$。无疑电位最正的电极 1 肯定是阴极、电位最负的电极 5 为阳极，那么中间几个电极在腐蚀过程中究竟起阳极作用还是阴极作用呢？

根据讨论双电极短路系统得出的规律，当系统达到稳定状态时，各电极都极化到同一电位，即系统的总电位 E_x。显然只要找出 E_x，以各电极的初始电位与之比较，看是大于或小于 E_x，即能确定该电极是阴极还是阳极。或者根据各电极的阳极极化曲线还是阴极极化曲线与 E_x 水平线相交来判断各电极的极性。为此首先按每一个电极单独存在时作出实测阳极化曲线和阴极极化曲线，再将各电极的极化曲线绘制在总的极化图上。然后依据同一电位下各阳极电流叠加和各阴极电流叠加的原则，分别得到总的阳极极化曲线和总的阴极极化曲线，通过这两条曲线的交点 S 作水平线，即可求出 E_x（图 1-25）。

从图 1-25 中可以清楚地看出，电极 1、2、3 均以阴极极化曲线与 E_x-S 水平线相交，所以都是阴极，而电极 4、5 则为多电极系统中的阳极。

② 腐蚀电流的确定　图 1-25 中总阴极极化曲线与总阳极极化曲线的交点 S 对应的电流值 I_x，即为该多电极系统的总腐蚀电流。电极 1、2、3 的阴极电流分别为 I_1、I_2、I_3，电极 4、5 的阳极电流分别为 I_4、I_5。当多电极系统处于稳定状态时，各电极上电荷不随时间而积累，因而系统的总阴极电流必然等于总阳极电流，即

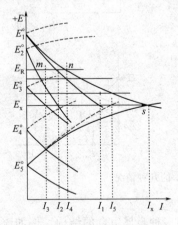

图 1-25　多电极系统极化图

$$I_x = I_1 + I_2 + I_3 = I_4 + I_5 \qquad (1\text{-}18)$$

③ 多电极系统的工作特性 从多电极系统极化图上还可以看出,其中某一电极的极化率越小,即极化曲线越平坦,在电流加和作总极化曲线时所占比重就越大,则该电极对其他电极特性的影响也就越显著。例如,增加最有效阴极的面积,或添加去极剂、搅拌等,将使 E_x-S 水平线向正方向移动,就有可能使中间原来的阴极转化为阳极;如果减小最强阳极的极化率就可能使中间的阳极转化为阴极。对于防腐技术具有实际意义的是,在系统中加入另一个阳极性更强的电极,则 E_x-S 水平线必然向负方向移动,这不仅能够减缓原来阳极的腐蚀,甚至可能使系统中的主阳极转化为阴极而停止腐蚀,这就是电偶腐蚀和护屏保护(牺牲阳极阴极保护,阴极保护的一种方式)的理论依据——混合电位理论。

1.3.4 腐蚀速率

1.3.4.1 腐蚀速率计算

金属在电解质溶液中构成腐蚀电池而发生电化学腐蚀,其腐蚀速率可以用腐蚀电池的腐蚀电流来表征。电化学腐蚀过程严格遵守电量守恒定律:即阳极失去的电子数与阴极得到的电子数相等。金属溶解的数量与电量的关系遵循法拉第定律(Faradic Law),即电极上发生 1mol 电极反应的物质所需要的电量为 96500C。因此,已知腐蚀电流或腐蚀电流密度即能算出所溶解(或析出)物质的质量,即

$$W = \frac{QM}{Fn} = \frac{ItM}{Fn} \tag{1-19}$$

式中 W——在时间 t 内被腐蚀的金属量,g;

Q——在时间 t 内从阳极上流过的电量,C;

t——金属遭受腐蚀时间,s;

I——电流强度,A;

M——摩尔质量,g/mol;

n——参加反应的电子数,等于金属的化合价变化数;

F——法拉第常数,96500 C/mol。

如果式(1-19)中的电流强度 I 是阳极的电流密度 i_A,则单位时间单位面积上的腐蚀量(即腐蚀速率)应为

$$K = \frac{3600IM}{FnS} = 3600 \frac{i_A M}{Fn} \tag{1-20}$$

式中 K——腐蚀速率,g/(m^2·h);

S——阳极区面积,m^2;

i_A——阳极区电流密度,A/m^2,也称作腐蚀速率的电流指标。

对于单一金属的腐蚀速率计算,由于单一金属的微阳极和微阴极很难区分,式中面积 S 通常取包括所有微阳极和微阴极的总面积,电流密度 i_A 就是金属的自腐蚀电流密度。

法拉第定律是从大量实践中总结出来的经验定律,由英国学者法拉第在 1833 年发现,不受温度、压力、电解质溶液的组成与浓度、溶剂的性质、电极与电解槽的材料与现状等的影响。但是,**法拉第定律成立的条件是:在电子导体中不能存在离子导电的成分和在离子导体中不能有任何的电子导电性。**

金属经腐蚀后,其质量、重量、力学性能及组织结构都会发生变化,这些物理和力学性能的变化率可以表示金属腐蚀的快慢程度,即腐蚀速率。工业中常用表观检查、挂片实验、电针法(电阻探针、电位探针、线性极化探针、交流阻抗探针、电偶探针、电流探针、氢探

针、离子选择探针)、腐蚀裕量监测(又称警戒孔监视或哨孔监视)、无损探测技术(超声监测、涡流技术、热像显示技术、射线照相术、声发射技术)等手段评价腐蚀的快慢。其中,表观检查是一种最基本的方法,多用肉眼或低倍放大镜(通常 2~20 倍)观察设备的受腐蚀表面,提供设备的综合观察结果和局部腐蚀的定性评价,缺乏灵敏性和定量评价标准;而挂片法是工厂设备腐蚀监测中用的最多的一种方法,使用专门的夹具固定试片(要求试片和夹具间相互绝缘、试片的受力点和支撑点尽量少),将装有试片的支架固定在设备内,经一定时间的腐蚀后取出,检查表面和分析重量、厚度等的损失,提供试验周期内的平均腐蚀速率,反映不出瞬间的腐蚀行为和偶发的局部严重腐蚀状态。在均匀腐蚀的情况下,常用重量指标和深度指标来表示腐蚀速率。

(1) 重量法

以腐蚀前后金属质量的变化来表示,分为失重法和增重法两种。

① 失重法 (losing weight method) 当腐蚀产物能很好地除去而不损伤主体金属时用此法较恰当。

$$K_{LW} = \frac{W_0 - W_1}{St} \qquad (1-21)$$

式中 K_{LW}——腐蚀速率,$g/(m^2 \cdot h)$;

$\qquad W_0$——腐蚀前金属的质量,g;

$\qquad W_1$——腐蚀后金属的质量,g;

$\qquad t$——腐蚀作用的时间,h;

$\qquad S$——金属与腐蚀介质接触的面积,m^2。

② 增重法 (adding weight method) 当腐蚀产物全部附着在金属上,且不易除去时可用此法。

$$K_{AW} = \frac{W_1 - W_0}{St} \qquad (1-22)$$

(2) 深度法

以腐蚀后金属厚度的减少来表示,用重量法表示腐蚀速率时,没有考虑金属的密度,当质量损失相同时,密度大的比密度小的金属被腐蚀的深度更浅。所以工程上更多的是以单位时间内腐蚀深度,通常用 mm/a (1a=365d, 1d=24h) 来表示腐蚀速率。腐蚀深度可由重量法测出的 K 值换算得到,即

$$D = \frac{24 \times 365 K}{1000 \gamma} = 8.76 \frac{K}{\gamma} \text{ mm/a} \qquad (1-23)$$

式中 D——腐蚀深度,mm/a;

$\qquad \gamma$——金属的密度,g/cm^3。

(3) 线性极化法

然而,上述重量法和深度法得到的腐蚀速率都是测量一段时间内累计腐蚀量的平均值,不能快速测出某一状态下的腐蚀速率。为此,人们经常采用电化学方法中的线性极化法测定腐蚀速率,该法能够灵敏反映金属的瞬时腐蚀速率和腐蚀速率的连续变化,在电极表面状态没有改变的无干扰腐蚀体系中可以迅速简便操作,广泛应用于实验室或现场腐蚀速率的连续检测与监控。

线性极化法基于阳极和阴极的极化曲线,利用 Stern-Geary 方程测定腐蚀速率,其原理、注意事项及操作过程见附录的实验四(线性极化法测定金属腐蚀速率)。

除了以上最常用的腐蚀速率表示方法外,有时还采用容量法以及腐蚀前后力学性能(如强度极限 σ_b)变化率(K_σ),或电阻变化率(K_R)等来表示腐蚀速率。

$$K_V = \frac{V_0}{St} \quad \text{cm}^3/(\text{cm}^2 \cdot \text{h}) \tag{1-24}$$

$$K_\sigma = \frac{\sigma_b^0 - \sigma_b^1}{\sigma_b^0} \times 100\% \tag{1-25}$$

$$K_R = \frac{R_1 - R_0}{R_0} \times 100\% \tag{1-26}$$

式中　V_0——换算为 0℃和 101325Pa（1atm）时的气体体积，cm^3；

σ_b^0 或 R_0——腐蚀前强度极限或电阻；

σ_b^1 或 R_1——腐蚀后强度极限或电阻。

各种腐蚀速率表示方法相互换算见表 1-8。

表 1-8　常用腐蚀速率换算表

腐蚀速率各种单位	换　算　因　子				
	$\text{g}/(\text{m}^2 \cdot \text{h})$	$\text{mg}/(\text{dm}^2 \cdot \text{d})$	mm/a	in/a	mpy
克/(米²·小时)[$\text{g}/(\text{m}^2 \cdot \text{h})$]	1	240	$8.76/\gamma$	$0.345/\gamma$	$345/\gamma$
毫克/(分米²·天)[$\text{mg}/(\text{dm}^2 \cdot \text{d})$]	4.17×10^{-3}	1	$3.65 \times 10^{-2}/\gamma$	$1.44 \times 10^{-3}/\gamma$	$1.44/\gamma$
毫米/年(mm/a)	$1.44 \times 10^{-1} \times \gamma$	$274 \times \gamma$	1	3.94×10^{-2}	39.4
英寸/年(in/a)	$2.9 \times \gamma$	$696 \times \gamma$	25.4	1	10^3
毫英寸/年(mpy)	$2.9 \times 10^{-3} \times \gamma$	$0.696 \times \gamma$	2.54×10^{-2}	10^{-3}	1

注：1毫英寸（1mil）$= 10^{-3}\text{in} = 25\mu\text{m}$；$\gamma$—材料的密度，$\text{g}/\text{cm}^3$。

1.3.4.2　腐蚀速率的影响因素

金属的实际腐蚀过程比较复杂，影响因素较多，包括金属自身的因素和处理工艺与所处环境等的外在因素，这样就会产生不同的腐蚀速率，下面进行简单的总结，以后分别详细阐述。

（1）金属本身

金属本身包括金属的电极电位、超电压、钝性、组成（尤其合金元素）、组织结构、表面状态、腐蚀产物性质等。

前面已经讲过，金属电极电位的相对高低决定了它在电化学过程中的地位，是金属腐蚀的热力学因素，形成了腐蚀热力学中的五个区，电位越正的金属越稳定，耐蚀性越好，而电位越负的金属越不稳定，发生腐蚀的倾向越大。超电压是金属腐蚀的动力学因素，超电压越大，极化越大，腐蚀速率越小。金属的钝化能力越强，越稳定，耐蚀性越好，腐蚀速率越小。金属的组成对腐蚀速率的影响较大，合金元素的加入往往会因为电化学的不均匀性而形成微电池而加速腐蚀，单相固溶体合金的腐蚀速率随合金化组元含量（原子百分比）的变化呈台阶形的有规律变化，符合塔曼（Tamman）规律，即 $n/8$ 律，但是加入的合金元素也会通过提高金属的热力学稳定性或促进钝化或使合金表面形成致密腐蚀产物保护膜等方式而提高耐蚀性；复相合金中，相与相之间存在电位的差异，易形成腐蚀微电池，一般认为单相固溶体比复相组织的合金耐蚀性好。材料的表面粗糙度直接影响腐蚀速率，一般粗加工比精加工的表面易腐蚀。腐蚀产物如果是不易溶解的致密固体膜（如 TiO_2、Al_2O_3 等），材料则不易发生腐蚀。

（2）处理工艺

热处理工艺可以改善合金的应力状态、晶粒和第二相形貌与大小及分布、相中组元再分配和组织结构等，机械加工、冷变形、铸造或焊接等处理产生变形与应力等，这些都会影响金属的腐蚀状态及腐蚀速率。

（3）介质环境

介质环境包括介质组成、浓度、pH 值、温度、压力、流速等。

① 组成　金属的腐蚀速率往往与介质中的阴离子种类有关，阴离子增加金属的腐蚀速

率的作用顺序如下：$NO_3^- < CH_3COO^- < Cl^- < SO_4^{2-} < ClO_4^-$。软钢（0.1% C）在钠盐溶液中的腐蚀速率随阴离子的种类和浓度不同而有差异，铁在卤化物中的腐蚀速率依次为：$I^- < Br^- < Cl^- < F^-$。

② pH 值 在腐蚀反应中，pH 值对腐蚀速率的影响比较复杂，其重要性反映在 E-pH 图中，有稳定区、钝化区和腐蚀区之分。对于阴极过程为氢离子还原过程的腐蚀体系，pH 值降低（氢离子浓度增加）多增加金属的腐蚀速率，但是 pH 值的变化也会影响到金属表面膜的溶解度和保护膜的形成，进而又影响到金属的腐蚀速率，有以下三种情况。

ⅰ. 化学稳定性较高的金属：电极电位较正，如 Au, Pt 等，腐蚀速率不受 pH 值影响。

ⅱ. 两性金属：如 Al, Pb, Zn, Cu 等，由于表面上的氧化物或腐蚀产物在酸性或碱性溶液中都可溶解，不能形成保护膜，腐蚀速率较大，只有在中性溶液（pH=7.0）的范围内腐蚀速率才较小。

ⅲ. 钝性的金属：如 Fe, Ni, Cd, Mg 等，表面生成碱性保护膜，溶于酸而不溶于碱。

③ 温度 一般说来，温度升高，电化学反应速度增加，同时溶液的对流和扩散也增大，电解质溶液电阻减少，阳极过程和阴极过程加速，腐蚀速率也得到提高。但是对于有氧参加的腐蚀过程，腐蚀速率与温度的关系要复杂些。随着温度升高，虽然氧的扩散速度增大了，但是溶解度降低了，受氧浓度和扩散速度的综合控制，这样的腐蚀速率会出现极大值。

④ 浓度 大多数金属在非氧化性酸（如盐酸）中的腐蚀速率随酸浓度的增加而增大，但是在氧化性酸（如硝酸、浓硫酸、高氯酸）中的腐蚀速率随酸浓度的增加有一个最大值，如果再增加浓度会在金属表面形成保护膜，使腐蚀速率下降。非氧化性酸性盐水解会生成相应的无机酸，加速金属的腐蚀。中性和碱性盐类的腐蚀性比酸性盐小得多，主要是氧的去极化腐蚀，具有钝化作用，被称为缓蚀剂。对于中性的盐溶液（如 NaCl），大多数金属的腐蚀速率受盐浓度和溶解的氧控制，随盐浓度的增加也有一个最大值。金属在稀碱溶液中的腐蚀产物为金属的氢氧化物，不易溶解，会降低腐蚀速率，但是碱的浓度增加会溶解生成的氢氧化物，导致腐蚀速率增大。实际金属的腐蚀多是耗氧（吸氧）腐蚀，氧的存在是把双刃剑，既增加金属在酸和碱中的腐蚀，又能促进钝化膜的形成和改善钝化膜性质，阻碍金属的腐蚀。一般情况下，氧由于浓度较大，主要依靠去极化加速腐蚀。因此，对于没有钝化或钝化不明显的体系，除氧有利于防腐，这就是很多工厂的锅炉装有除氧槽的原因。

⑤ 流速 腐蚀速率与介质的运动速度（流速）关系复杂，主要取决于金属与介质的特性。对于受活化极化控制的腐蚀过程，流速对腐蚀过程没有影响，如铁在稀盐酸中、不锈钢在硫酸中的腐蚀。当阴极过程受扩散控制时，腐蚀速率随流速增加而增大，如铁或铜在加氧的水中的腐蚀。如果过程受扩散控制而金属又易钝化，流速增加时金属将由活性变成钝性，减少腐蚀。对于某些金属，在一定介质中由于生成的保护膜有好的耐蚀性，但当流速非常大时，保护膜会遭到破坏，加速腐蚀，如铅在稀盐酸中和钢在浓硫酸中的腐蚀。

⑥ 压力 腐蚀速率随介质压力的增大而增加，这是因为压力增加会使参加反应的气体的溶解度加大，加速了阴极过程的腐蚀，如在高压锅炉中，水中很少的氧就会引起剧烈的腐蚀。

（4）其他环境

其他环境包括接触电偶效应、微量氯离子、微量氧、微量高价离子、析出氢等。

实际生产过程中，环境变化多端，在考虑腐蚀时应特别注意和掌握各种变化，找出主要的影响因素，一定要具体问题具体分析。

1.3.5 等腐蚀速率图

作为描述材料腐蚀行为的一种常见形式，等腐蚀速率图（iso-corrosion diagram 或 iso-corrosion chart）是三维腐蚀数据的二维表达，由腐蚀行为相同的曲线或区绘制在腐蚀介质浓度与温度组成的二维坐标图中得到，容易区分出腐蚀速率受温度或浓度影响变化的规律。每种材料在特定的腐蚀介质中都有独特的等腐蚀速率图，反映了材料在该环境中的腐蚀行为。金属的腐蚀行为多以腐蚀率 mm/a 为表征，非金属的腐蚀行为多以定性词（如：推荐、质疑、不推荐）表示。图 1-26 为盐酸溶液中不同材料的等腐蚀速率图，没有达到沸点时，在盐酸浓度变化不大情况下，随着温度的升高（或在温度变化不大时，随着盐酸浓度的增加），腐蚀环境变得恶劣，可选用的材料种类减少。

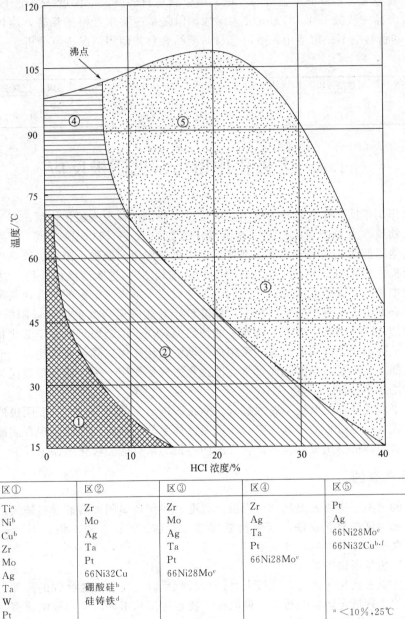

区①	区②	区③	区④	区⑤
Ti[a]	Zr	Zr	Zr	Pt
Ni[b]	Mo	Mo	Ag	Ag
Cu[b]	Ag	Ag	Ta	66Ni28Mo[e]
Zr	Ta	Ta	Pt	66Ni32Cu[b,f]
Mo	Pt	Pt	66Ni28Mo[e]	
Ag	66Ni32Cu	66Ni28Mo[e]		
Ta	硼酸硅[b]			
W	硅铸铁[d]			
Pt				
20Cr30Ni[c]				a ＜10%，25℃
66Ni32Cu[b]				b 无空气
66Ni28Mo				c ＜2%，25℃
硼酸硅[b]				d 无 FeCl₃
硅铸铁[d]				e 无氯
				f ＜0.05%

图 1-26　盐酸中不同材料的等腐蚀速率图

1.3.6 耐蚀性能评价

金属的耐蚀性亦称化学稳定性，是指金属抵抗腐蚀介质作用的能力，对于全面均匀腐蚀的耐蚀性用腐蚀速率来评定。针对均匀腐蚀的金属，常以年腐蚀深度来评定耐蚀性的等级。对于一些要求严格的场合往往采用十级标准评定，但工程上一般分成三级或四级就足够了。表 1-9 为耐蚀性的四级评定标准。

耐腐蚀性标准的划分不是绝对的，化工用金属材料的腐蚀的深度一般低于 $1mm/a$ 为耐蚀，而机械产品一般低于 $0.125mm/a$ 为耐蚀，但是某些要求严格的场合，腐蚀率即使小于 $0.5 \, mm/a$ 的材料也不一定适用，所以选材时要结合具体使用情况进行分析。

表 1-9　耐蚀性评价标准

耐蚀性评定	耐蚀性等级	腐蚀速率/(mm/a)	耐蚀性评定	耐蚀性等级	腐蚀速率/(mm/a)
耐 蚀	1	<0.05	可 用	3	0.5~1.5
较耐蚀	2	0.05~0.5	不可用	4	>1.5

1.4　去极化作用与常见阴极反应

与极化作用相反，凡是能减弱或消除极化过程的作用称为**去极化作用**，其过程称为去极化过程，其物质称为去极（化）剂。在溶液中增加去极剂（H^+、O_2 等）的浓度、升温、搅拌以及其他降低活化超电压的措施都将促进去极化作用的增强；阳极去极化作用是指减少或消除阳极极化的作用，例如搅拌、升温等均会加快 M^{n+} 进入溶液的速度，从而减弱阳极极化。溶液中加入络合剂或沉淀剂，它们会与金属离子形成难溶解的络合物或沉淀物，不仅可以使金属表面附近溶液中的金属离子浓度降低，并能一定程度上地减弱阳极电化学极化。如果溶液中加入某些活性阴离子，就有可能使已经钝化了的金属重新处于活化状态。

显然，从控制腐蚀的角度，总是希望如何增强极化作用以降低腐蚀速率。但是对于电解过程、腐蚀加工，为了减少能耗而常常力图强化去极化作用。用作牺牲阳极保护的材料也是要求极化性能越小越好。

金属处于活化状态的电化学腐蚀过程，通常阳极溶解的阻力较小，而阴极的去极化反应阻力较大，成为腐蚀过程的控制因素，所以腐蚀体系的一些特性往往体现在阴极过程上。析氢腐蚀和耗氧腐蚀就是阴极过程各具特点的两种最为常见的去极化腐蚀形式。

1.4.1 析氢腐蚀

溶液中的氢离子作为去极剂，在阴极上放电，促使金属阳极溶解过程持续进行而引起的金属腐蚀，称为**氢去极化腐蚀**，或叫**析氢腐蚀**。碳钢、铸铁、锌、铝、不锈钢等金属和合金，在酸性介质中常常发生这种腐蚀。

（1）发生析氢腐蚀的条件

金属发生氢去极化腐蚀时，阴极上将进行析氢反应。发生析氢腐蚀的条件是：腐蚀电池中的阳极电位必须低于阴极的析氢电极电位。**析氢电位**是指在一定阴极电流密度下，氢的平衡电位和阴极上的氢的超电压之差，即

$$E_H = E_{e.H} - \eta_H \tag{1-27}$$

式中　E_H——已知阴极电流密度下的析氢电位；

　　　$E_{e.H}$——氢的平衡电极电位；

　　　η_H——在该阴极电流密度下的氢超电压。

根据能斯特方程，氢的平衡电极电位

$$E_{e.H} = E_H^\circ + \frac{RT}{2F} \ln \frac{a_{H^+}^2}{p_{H_2}} \tag{1-28}$$

当温度为 25℃、$p_{H_2} = 1atm$ 时，上式可简化为 $E_{e.H} = -0.059pH$，溶液的酸性越强，pH 值越小，其氢的平衡电极电位 $E_{e.H}$ 就越大，进而阴极氢的析出电位升高的可能性就越大。因此 Zn、Fe、Cr、Ni 等电位不太正的金属，在酸性溶液内都容易发生析氢腐蚀。一些电位很负的金属，如 Al、Mg 等，在中性溶液甚至碱性溶液中也能发生析氢腐蚀。

（2）析氢腐蚀的阴极过程和氢的超电压

析氢腐蚀属于阴极控制的腐蚀体系，一般认为氢去极化的过程包括以下几个连续的步骤：

ⅰ. 水化氢离子迁移、对流、扩散到阴极表面

$$H_3O^+ \longrightarrow 阴极表面$$

ⅱ. 水化氢离子脱水后，放电成为氢原子，被吸附在金属上

$$H_3O^+ \longrightarrow H^+ + H_2O$$
$$H^+ + e \longrightarrow M\text{—}H_{吸附}$$

ⅲ. 复合脱附或电化学脱附后氢原子结合成氢分子

$$(M\text{—}H_{吸附}) + (M\text{—}H_{吸附}) \xrightarrow{\text{复合脱附}} H_2$$

或

$$(M\text{—}H_{吸附}) + (H_3O^+ + e) \xrightarrow{\text{电化学脱附}} H_2$$

ⅳ. 电极表面的氢分子通过扩散、聚集成氢气泡逸出。

四个步骤中任何一步迟缓，均会减慢整个析氢过程。

研究表明，H^+ 放电步骤亦即第二步，是造成整个析氢过程阻滞的控制因素，也有人认为第三步即氢原子复合成氢分子的过程阻力最大。无论是第二步或第三步引起电化学极化的结果，必然导致析氢电位偏离氢的平衡电位，这个偏离值就是氢的超电压。

氢的超电压 η_H 是电流密度的函数，从析氢的阴极极化曲线［图 1-27，图 1-28（a）］可以看出，η_H 随 i 增加而增大。当 $i < 10^{-5} \sim 10^{-4} A/cm^2$ 时（弱极化区），$\eta_H\text{-}i$ 呈直线关系，超过这个范围后进入强化区，则服从塔菲尔公式

$$\eta_H = a_H + b_H \lg i$$

即 η_H 与电流密度的对数呈线性关系，如图 1-28(b) 所示。其中 a_H 是与电极材料的种类、电极的表面状态、溶液的组成和浓度、温度以及溶液中加入的某些添加剂等有关的常数，常数 b_H 就是直线的斜率 $b_H = \tan\varphi$。b_H 值与电极材料无关，实验表明，大多数金属的洁净表面上，b_H 值很接近，约为 $100 \sim 140mV$，说明**电极表面的电场对析氢反应的活化效应大致相同**。

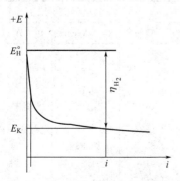

图 1-27　析氢过程的阴极极化曲线

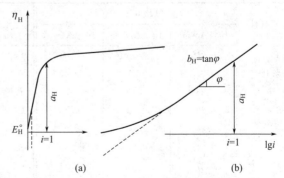

图 1-28　氢的超电压与电流密度［图(a)］和电流密度的对数［图(b)］的关系

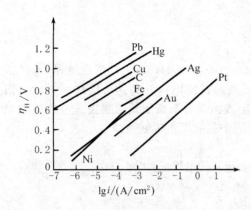

图 1-29 不同金属上氢的超
电压与 $\lg i$ 的关系

当 $i=1$ 时，$\eta_H = a_H$，所以常数 a_H 的物理意义是电流为 1 单位时的超电压，影响 a_H 的因素如下。

① 材料本身 如铅、铊、汞、镉、锌、镓、铋、锡等金属具有高的氢超电压，其 $a_H = 1 \sim 1.5V$；铁、钴、镍、铜、钨、金等金属上具有中等的氢超电压，其 $a_H = 0.5 \sim 0.7V$；而铂和钯等铂族金属上氢的超电压很低，$a_H = 0.1 \sim 0.3V$。这些数据说明了不同电极材料对析氢反应的催化作用有很大的差异。图 1-29 为各种金属材料上氢的超电压和电流密度对数之间的关系图线。

② 电极表面状态 通常是粗糙表面比光滑表面具有更低的氢超电压，因为粗糙表面的有效面积大。

③ 溶液的 pH 值 一般在酸性溶液中 η_H 随 pH 增加而增大，而在碱性溶液中 η_H 随 pH 增加而减小。

④ 温度 温度升高，η_H 则减小，温度每升高 $1℃$，η_H 约减小 $2mV$。

⑤ 溶液中加入某些添加剂 一些添加剂的加入会明显地引起 η_H 的变化，例如胺、醛类等有机物质被吸附在电极表面时，会使 η_H 急剧升高，这类物质就是通常所说的缓蚀剂。

表 1-10 列出了 $20℃$ 当 $i=1A/cm^2$ 时，各种金属上析氢反应的常数 a_H 和 b_H 值。表 1-11 则列出了在不同电流密度下，某些电极上氢的超电压。

表 1-10 各种金属上析氢反应的常数 a_H 和 b_H

金 属	溶 液	a_H/V	b_H/V	金 属	溶 液	a_H/V	b_H/V
Pb	1mol/L H$_2$SO$_4$	1.56	0.110	Ag	1mol/L HCl	0.95	0.116
Hg	1mol/L H$_2$SO$_4$	1.415	0.113	Fe	1mol/L HCl	0.70	0.125
Cd	1.3mol/L H$_2$SO$_4$	1.4	0.120	Ni	0.11mol/L NaOH	0.64	0.100
Zn	1mol/L H$_2$SO$_4$	1.24	0.118	Pd	1.1mol/L KOH	0.53	0.130
Cu	1mol/L H$_2$SO$_4$	0.80	0.115	光亮 Pt	1mol/L HCl	0.10	0.130

表 1-11 某些电极材料在不同电流密度下的氢超电压

电极材料	氢超电压/V			电极材料	氢超电压/V		
	$10^{-3}A/cm^2$	$10^{-2}A/cm^2$	$10^{-1}A/cm^2$		$10^{-3}A/cm^2$	$10^{-2}A/cm^2$	$10^{-1}A/cm^2$
镀 Pt	0.015	0.03	0.01	Fe	0.40	0.53	0.64
光亮 Pt	0.025	0.27	0.29	Ag	0.44	0.66	0.76
Ni$_3$Si	—	0.10	0.20	石墨	0.47	0.76	0.99
NiS	0.20	0.30	0.40	Cu	0.60	0.75	0.82
Fe$_3$C	0.05	0.80	—	Zn	0.72	0.75	1.06
Au	0.24	0.39	0.59	Sn	0.85	0.98	0.99
焦炭	0.27	0.34	0.41	Cd	0.91	1.20	1.25
Mn	0.30	0.44	0.57	Pb	0.91	1.24	1.26
Ni	0.33	0.42	0.51	Hg	1.01	1.15	1.21

（3）析氢腐蚀的特点

根据发生的条件和过程及影响因素，析氢腐蚀有以下特点。

① 阴极材料的性质对腐蚀速率影响很大　除铝、钛、不锈钢等金属在氧化性酸中可能钝化而存在较大的膜阻极化以外，一般情况下的析氢腐蚀都是阴极起控制作用的腐蚀过程，因此腐蚀电池中阴极材料上氢超电压大小，对于整个腐蚀过程的速度有着决定性的作用。例如图 1-30 为锌含有不同杂质时，对锌在 $0.5mol/L$ 的 H_2SO_4 中腐蚀速率的影响。很明显，虽然汞的电位比铜、铁等金属正得多，但汞属于具有高氢超电压的金属，因此含汞杂质的锌在该溶液中的腐蚀速率却远远低于含铜、铁杂质的锌。

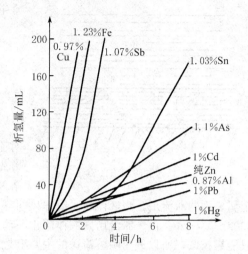

图 1-30　不同杂质对锌在 $0.5mol/L\ H_2SO_4$ 中腐蚀速率的影响

② 溶液的流动状态对腐蚀速率影响不大　因为阴极过程的主要阻力是电化学极化（η_H），而氢离子在电场的作用下向阴极的输送，相对说来并不困难，因此溶液是否流动或有无搅拌等对析氢腐蚀的腐蚀速率无明显的影响。

③ 阴极面积增加，腐蚀速率加快　阴极面积加大，则同时到达阴极表面的氢离子总量增加，必然加速阴极过程而使腐蚀速率增高。若电流强度一定，阴极面积增大，则电流密度降低，η_H 也随之减少，腐蚀过程也会加速。所以，对析氢腐蚀而言，阴极面积加大，不管是微电池还是宏观腐蚀电池，总是促使腐蚀加剧的。

④ 氢离子浓度增高（pH 下降）、温度升高　氢离子浓度升高会使氢的平衡电位 $E_{e,H}$ 变正，初始电位差加大。温度升高使去极化反应加快，这些都将促使析氢腐蚀加剧。

1.4.2　耗氧腐蚀

溶液内的中性氧分子 O_2 在腐蚀电池的阴极上进行离子化反应，称为**耗氧反应**或**吸氧反应**。根据溶液的 pH 值不同，可以分为以下三种情况。

在酸性溶液中　　　　　　　$O_2+4H^++4e\longrightarrow 2H_2O$

在中性溶液中　　　　　　　$O_2+2H^++4e\longrightarrow 2OH^-$

在碱性溶液中　　　　　　　$O_2+2H_2O+4e\longrightarrow 4OH^-$

阴极上耗氧反应的进行，促使阳极金属不断溶解，这样引起的金属腐蚀称为**耗氧腐蚀**，也称为**吸氧腐蚀**或**氧去极化腐蚀**。

（1）发生耗氧腐蚀的条件

发生耗氧反应的阴极，实际上可以看做是一个氧电极，故发生耗氧腐蚀的条件是：腐蚀电池中的金属阳极的初始电位 E_M° 必须低于该溶液中氧的平衡电位 E_{e,O_2}，即

$$E_M^\circ < E_{e,O_2} \tag{1-29}$$

氧的平衡电极电位 E_{e,O_2} 可根据能斯特方程计算。温度为 25℃，pH＝7 的中性溶液，溶解的氧分压等于空气中的氧分压 $p_{O_2}=0.21$（atm）时，氧的平衡电位为

$$E_{e,O_2}=0.401+\frac{0.059}{4}\lg\frac{0.21}{[10^{-7}]^4}$$

$$=0.805V$$

而在相同条件下，氢的平衡电位 $E_{e,H}=-0.414V\ll E_{e,O_2}=0.805V$（氧的平衡电位），所以耗氧腐蚀比析氢腐蚀更容易发生。实际上工业用金属在中性、碱性或较稀的酸性溶液以及大气、土壤、

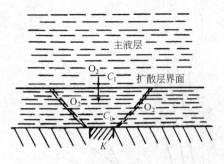

图 1-31　氧向阴极的输送

水中的电位多小于 0.805V，几乎都会发生耗氧腐蚀。

（2）耗氧腐蚀的阴极过程和氧的超电压

与析氢腐蚀比较，耗氧腐蚀显得更加普遍，更为重要，但是人们对它的认识却远不如析氢腐蚀清楚。已经进行的研究认为，氧去极化的过程包括氧向阴极输送和氧的离子化反应两个基本环节。

① 氧向阴极输送　氧是中性分子，其输送主要靠对流和以浓度梯度为动力的扩散运动。大气中的 O_2 首先通过空气-溶液界面进入溶液，靠对流、扩散通过溶液的主液层，然后穿过滞流层到达阴极（图 1-31）。金属表面的滞流层，当液体静止时厚度可达 1mm，即使有搅拌的情况下，滞流层的厚度也有 0.02～0.1mm。由于滞流层内液体静止不动，主液层的对流搅动对其影响不大，故 O_2 的通过只能靠扩散，所以氧向阴极输送的主要阻力是通过滞流层。

② 氧离子化反应过程　氧离子化反应的总反应式为

$$O_2 + 2H_2O + 4e \longrightarrow 4OH^-$$

过程究竟有几个分步骤，至今尚无统一看法，有些研究者认为在酸性溶液或中性溶液中主要有以下五个基本步骤，第一个步骤是控制步骤。

形成半价氧离子　　　　　　　　　$O_2 + e \longrightarrow O_2^-$

形成二氧化一氢　　　　　　　　　$O_2^- + H^+ \longrightarrow HO_2$

形成二氧化一氢离子　　　　　　　$HO_2 + e \longrightarrow HO_2^-$

形成过氧化氢　　　　　　　　　　$HO_2^- + H^+ \longrightarrow H_2O_2$

形成氢氧离子　　　　　　　　　　$H_2O_2 + 2e \longrightarrow 2OH^-$

在碱性溶液中没有 H^+ 参与，主要有以下三个基本步骤，第二个步骤是控制步骤。

形成半价氧离子　　　　　　　　　$O_2 + e \longrightarrow O_2^-$

形成二氧化一氢离子　　　$O_2^- + HO_2 + e \longrightarrow HO_2^- + OH^-$

形成氢氧离子　　　　　　$HO_2^- + H_2O + 2e \longrightarrow 3OH^-$

或　　　　　　　　　　　　　$HO_2^- \longrightarrow \frac{1}{2}O_2 + OH^-$

氧向阴极输送和氧的离子化反应这两个基本环节中任何一环都可能成为阴极过程的控制因素而直接影响腐蚀速率，因此耗氧反应的阴极极化曲线要比析氢反应的极化曲线复杂，它明显地分为电化学极化区域（塔菲尔线区）和浓差极化区域。如果腐蚀介质中存在大量氧化剂，或者溶液有强烈搅拌，或者如大气腐蚀条件下有充分的氧到达阴极表面，那么阴极过程将由氧的离子化超电压起控制作用，如图 1-32 所示阴极极化曲线的 $E_{e,O_2}PBC$ 段。在较大电流密度范围内氧的离子化超电压 η_o 与电流密度 i 的关系也服从塔菲尔公式

$$\eta_o = a_o + b_o \lg i \tag{1-30}$$

式中　a_o——与阴极材料、表面状态以及温度有关的常数，数值上等于电流为 1 单位时的超电压；

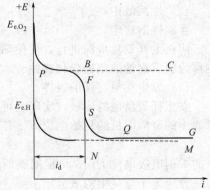

图 1-32　氧去极化过程的极化曲线
$E_{e,O_2}PFSQG$——耗氧过程总曲线；
$E_{e,O_2}BC$——氧的离子化超电压曲线；
$E_{e,H}M$——氢的阴极析出曲线；
i_d——极限扩散电流密度

b_o——与电极材料无关，25℃时 $b_o \approx 116 \text{mV}$。

当电流密度很小时，氧的过电位与电流密度成线性关系，即

$$\eta_o = R_F i$$

表 1-12 列出了各种电极材料上的氧离子化超电压。

表 1-12　氧离子化超电压

电　极	电　流　密　度		电　极	电　流　密　度	
	0.5mA/cm²	1mA/cm²		0.5mA/cm²	1mA/cm²
铂	0.66	0.70	钴	1.15	1.25
金	0.77	0.85	四氧化三铁	1.11	1.26
银	0.87	0.97	镉	1.38	
铜	0.99	1.05	铅	1.39	1.44
铁	1.00	1.07	钽	1.38	1.50
镍	1.04	1.09	汞	0.80	1.62
石墨	0.83	1.17	锌	1.67	1.75
不锈钢	1.12	1.18	镁	<2.51	<2.55
铬	1.15	1.20	氧化处理后的镁	<2.84	<2.94
锡	1.17	1.21			

如果溶液中的氧化剂或溶解氧量少；或者阴极电流密度 i_K 不断增大而出现氧的供应迟缓，则阴极过程的氧的扩散就成为过程的控制因素。这个由于扩散步骤阻滞引起的阴极超电压称为**浓差极化超电压**或称**扩散超电压** η_d。

假定扩散层（滞流层）的厚度是 δ，氧在扩散层溶液一侧的浓度为 c_1，紧靠金属表面层一侧的浓度为 c_0，则单位时间内扩散通过单位面积的氧量 M 为

$$M = \frac{D(c_1 - c_0)}{\delta} \tag{1-31}$$

式中　D——氧的扩散系数。

很明显，当氧在扩散层中的浓度梯度为最大时，扩散速度也将最大。如果扩散到达阴极表面的氧立刻发生离子化反应而不积累，则 c_0 接近于零，此时浓度梯度 $c_1 - c_0$ 最大，所以

$$M_{最大} = \frac{Dc_1}{\delta} \tag{1-32}$$

通过电极的电流密度 i_K 与扩散至电极的氧量是成正比的，即

$$i_K = MnF = \frac{DnF(c_1 - c_0)}{\delta} \tag{1-33}$$

式中　M——扩散至电极上的单位面积氧量，mol/m^2；

　　　n——一个分子氧在阴极上得到的电子数，$n = 4$；

　　　F——法拉第常数，96500 C/mol。

则可能达到的最大扩散速度所对应的就是可能达到的最大电流，亦即极限扩散电流密度 i_d

$$i_d = \frac{DnFc_1}{\delta} \tag{1-34}$$

由式(1-11) 可知，氧的扩散超电压 η_d 与氧在溶液中的浓度 c_1 和氧在阴极表面的浓度 c_0 之间的关系如下

$$\eta_d = \frac{RT}{nF} \ln \frac{c_1}{c_0} \tag{1-35}$$

由于 c_0 是一个很难测得的数据，所以用极限扩散电流密度来表示它，由式 (1-33) 和式 (1-34)

$$\frac{i_K}{i_d}=\frac{DnF(c_1-c_0)}{DnFc_1}=\frac{c_1-c_0}{c_1}=1-\frac{c_0}{c_1}$$

则

$$\frac{c_0}{c_1}=1-\frac{i_K}{i_d}\Longrightarrow\frac{c_1}{c_0}=\frac{i_d}{i_d-i_K}$$

所以

$$\eta_d=\frac{RT}{nF}\ln\frac{c_1}{c_0}=\frac{RT}{nF}\ln\frac{i_d}{i_d-i_K} \tag{1-36}$$

从式(1-36)知道，当阴极的电流密度 i_K 接近极限扩散电流密度 i_d 时，氧的扩散超电压 $\eta_d\rightarrow\infty$，如图 1-32 中 $E_{e,O_2}PFSN$ 线所示。实际上这种情况一般不会出现，因为当阴极电位向负方向移动到某一数值时，阴极上除了氧的去极化反应外，将伴随着有某种新的电极过程发生，例如水溶液中的析氢过程。所以当阴极极化电位负到 $E_{e,H}$ 以后，析氢反应和耗氧反应就会同时进行，如图 1-32 中的 SQG 段。

（3）耗氧腐蚀的特点

① 腐蚀过程的控制步骤随金属在溶液中的腐蚀电位而异　如果腐蚀金属的阳极处于活性溶解状态，则耗氧腐蚀也是阴极过程起控制作用的腐蚀体系。

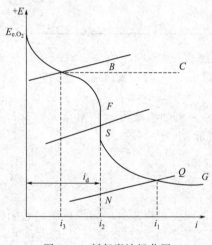

图 1-33　耗氧腐蚀极化图

当阳极金属在溶液中电位较正时，其阳极极化曲线将与阴极极化曲线相交于图 1-33 的 $E_{e,O_2}BC$ 段，其腐蚀电流密度小于极限扩散电流密度，过程的控制步骤是氧的离子化反应。

金属在溶液中电位较负时，例如锌、铸铁和碳钢等金属在天然水或中性溶液中，它们的阳极极化曲线往往与阴极极化曲线的 FSN 段相交，此时氧向金属表面的扩散成为过程的控制步骤，其腐蚀电流密度等于极限扩散电流密度。

如果金属在溶液中的电位很负，则阳极极化曲线与阴极极化曲线相交于 SQG 段，腐蚀的阴极过程既有氧的去极化反应又有氢离子的去极化反应，此时腐蚀电流密度大于极限扩散电流密度。

② 腐蚀速率与金属本身的性质关系不大　在氧的扩散控制情况下，腐蚀速率与金属本身的性质关系不大。因为扩散控制的腐蚀速率主要取决于氧的扩散速度，其腐蚀电流密度等于极限扩散电流密度。而对于给定的某一条件下，其极限扩散电流密度是一个常数，因此

$$i_{corr}=\frac{E_K-E_A}{R}=i_d=常数$$

一般欧姆电阻 R 变化很小，则 E_K-E_A 应为常数，说明在阴极和阳极之间始终有一个数值不变的起着作用的电位差 E_K-E_A，它的数值由阴极极化决定。也就是说阳极金属本身的性质对腐蚀电流几乎没有什么影响，如图 1-34（不同金属示为 1、2、3）所示。

③ 溶液的含氧量对腐蚀速率影响很大　溶液内氧含量（氧的浓度 c_1）高，则氧的平衡电位 E_{e,O_2} 和极限扩散电流 i_d 都高，从而使腐蚀加速，如图 1-35 所示。氧在水溶液内的溶解度是温度和溶液浓度的函数，对于水和空气达到平衡的体系，温度为 10℃ 时，水中氧的溶解量仅为 8mL/L，在通常情况下，温度和溶液浓度升高，氧的溶解量均会降低，从而使腐蚀速率减小，如图 1-36 中的曲线 2、图 1-37、图 1-38 所示；但对于封闭系统，温度升高会使气相中氧的分压增大，从而增加了氧在溶液中的溶解度，因此腐蚀速率在一定时间内随温度升高而增大，如图 1-36 中的曲线 1 所示，但是当时间足够长时，腐蚀速率也会随着氧量的降低而降低。

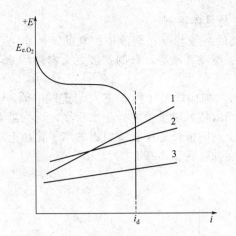

图 1-34　不同金属发生扩散控制的耗氧腐蚀时，
其腐蚀电流密度相等 $i_{corr} = i_d$

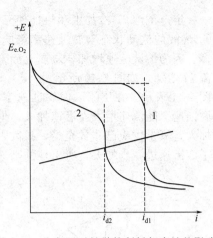

图 1-35　含氧量对扩散控制耗氧腐蚀的影响
1—高含氧量；2—低含氧量

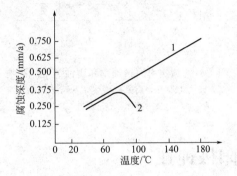

图 1-36　铁在水中耗氧腐蚀时，腐蚀速率
与温度的关系
1—封闭系统；2—敞口系统

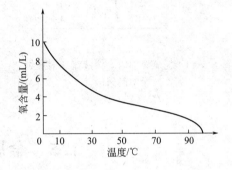

图 1-37　氧在水中的溶解度与温度的关系曲线

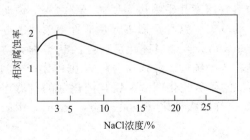

图 1-38　NaCl 浓度对铁的耗氧腐蚀的影响

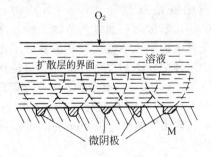

图 1-39　滞流层中氧向微阴极扩散的途径

④ 阴极面积对腐蚀速率的影响视腐蚀电池类型而异　宏观腐蚀电池的阴极发生耗氧反应时，其阴极面积对腐蚀速率的影响，与析氢腐蚀一样，即阴极面积增加，到达阴极的总氧量增多，所以腐蚀电流加大。

对于腐蚀微电池，其阴极面积的大小（金属或合金中阴极性杂质的多少），对腐蚀速率则无明显的影响。因为氧向微阴极扩散的途径类似一个圆锥体，如图 1-39 所示。一定数量的微阴极就已经利用了全部输送氧的扩散通道，微阴极增加，并不能增加扩散到微阴极上氧的总量。因此不同类型的钢在水中的全面腐蚀速率几乎是相同的。船板钢的全面腐蚀与钢材成分（一定范围内）、冷加工和热处理无关，这就是具体实例。

　　⑤ 溶液的流动状态对腐蚀速率影响大　流动的溶液较静止溶液中的氧的扩散超电压要小得多，因为溶液流速增加，金属表面上的滞流层厚度 δ 减小，氧的扩散更为容易，极限扩散电流 i_d 增加，如图 1-40 所示。

　　图 1-41 表示，在层流区内腐蚀速率随流速的增加而缓慢上升，进入湍流区（$V > V_{临}$）后，腐蚀速率随流速增大而迅速加大，但达到某一数值后腐蚀速率处于水平线，因为随着流速的加大，氧量供应已非常充足，扩散阻力已很小，阴极反应速度就由氧的离子化超电压所决定了。流速进一步加大，所出现的高速区空泡腐蚀将在第 2 章介绍。

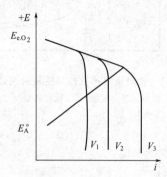

图 1-40　耗氧腐蚀时，溶液流速对腐蚀速
率的影响
（流速 $V_1 < V_2 < V_3$）

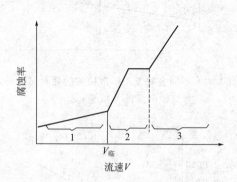

图 1-41　流速对腐蚀速率和腐蚀类型的影响
1—层流区全面腐蚀；2—湍流区湍流腐蚀；
3—高速区空泡腐蚀

1.5　金属的阳极钝性

1.5.1　钝化现象

　　室温下将一块铁或碳钢片浸入稀硝酸中，发现铁的溶解速度随着硝酸浓度增高而迅速增大，当硝酸浓度增至 30% ~ 40% 时，溶解速度达到最大值。若继续增高硝酸浓度（>40%），铁的溶解速度将急剧下降，降低后的溶解速度几乎为最大值的万分之一。说明这时的金属表面已从活性溶解状态变成了比较耐蚀的状态。这种金属表面从活性溶解状态变成了非常耐蚀的状态的突变现象称为"**钝化**"（passivation），金属钝化后所处的状态称为"**钝态**"（passive state），处于钝态下的金属耐蚀性质称为"**钝性**"（passivity）。根据钝化产生的条件不同，可以分为**化学钝化**（chemical passivation，也称**自钝化**，由金属与钝化剂的自然作用产生）和**电化学钝化**〔electrochemical passivation，也称**阳极钝化**（anodic passivation），由阳极极化产生〕。

　　金属的钝化现象早在 19 世纪 30 年代就已发现，由于钝化作用对于提高金属的耐蚀性具有很重要的实际意义，因此人们对它进行了广泛地研究，并发现不少金属在一定条件下都可能发生钝化。大量实验表明，各种金属的钝化现象有许多共同的特征。

　　(1) 金属钝化受金属本性、合金元素、钝化介质和温度等因素影响

　　① 金属本性　不同的金属具有不同的钝化趋势，一些工业常用金属的钝化趋势按下列顺序依次减小：Ti > Al > Cr > Mo > Mg > Ni > Fe > Mn > Zn > Pb > Cu，这个顺序只是表示钝化倾向的难易程度，并不代表它们的耐蚀性亦是依次递减。某些易钝化金属（如钛、铝、铬）在空气及很多介质中易发生钝化，当钝化膜被破坏时还可以重新恢复钝态，故称为**自钝化金属**。金属的自钝化是由于腐蚀介质中氧化剂（去极剂）的还原而促成的金属

钝化，也称化学钝化。金属发生自钝化时，介质中的氧化剂必须满足两个条件：

ⅰ. 腐蚀过程的氧化剂阴极还原反应的平衡电位 $E_{e,K}$ 要高于该金属的初始稳态钝化电位 E_P，即 $E_{e,K} > E_P$；

ⅱ. 氧化剂的还原反应的阴极极限扩散电流密度 i_L（理论电流密度，在极化曲线上得到）必须大于金属的临界致钝电流密度 i_{CP}，即 $i_L > i_{CP}$。

② 合金元素　合金化对金属的腐蚀速率影响较大，也是改善金属钝性的一种有效方法。合金元素常是一些稳定性的组分元素，如贵金属或自钝化能力强的金属可以促进钝化，如铁中加入铬或铜可提高其耐大气腐蚀性能。一般的，如果两种金属组成的耐蚀合金是单相固溶体，则在一定的介质条件下有较高的化学稳定性和耐蚀性，但是合金的钝性与合金元素的种类和含量有直接关系，并且所加入的合金元素的量必须达到一定值时才有显著效果。

③ 钝化介质　钝化介质是能使金属钝化的物质，一般分为氧化性介质和非氧化性介质。能使金属钝化的介质通常是氧化剂，如 HNO_3、H_2O_2、$HClO_3$、$K_2Cr_2O_7$、$KMnO_4$、$AgNO_3$ 和 O_2 等，并且氧化性愈强，金属的钝化趋势越大；而某些金属在非氧化性介质中，如钼和铌在盐酸中、镁在氢氟酸中亦可能钝化。钝化不仅受钝化剂的性质、浓度和 pH 值的影响较大，而且还与活性离子的特性有关。介质中含有不同的阴离子，如 Cl^-、Br^-、I^- 等卤素离子时，会破坏钝化膜引起孔蚀，若浓度足够高时还可能引起整个钝化膜被破坏，引起活化腐蚀。溶液中各种活化阴离子的活化能力大小依次为：$Cl^- > Br^- > I^- > F^- > ClO_4^- > OH^- > SO_4^{2-}$。

金属在不同介质中发生钝化的临界浓度不同，存在一个能够处于稳定钝化状态的适宜浓度范围，浓度不足或过大都会使金属活化而造成腐蚀。

介质 pH 值对钝化的影响较大，一般的，溶液的 pH 值增大，E_P 电位降低，钝化稳定的区间变宽，钝化电流密度 i_{CP} 降低，钝化越容易。但是，实际上金属在中性溶液中钝化较容易，在酸性溶液中困难得多，这往往与阳极反应产物的溶解度有关。若溶液中不含络合剂和其他能使金属离子生成沉淀的阴离子，很多金属的阳极反应生产物是溶解度很小的氧化物或氢氧化物，而在强酸性溶液中则生成溶解度很大的金属盐。但是，某些金属在强碱性溶液中，能生成具有一定溶解度的酸根离子，如 ZrO_2^{2-}、PbO_2^{2-} 等，在碱性溶液中也难钝化。

介质中溶解的氧对金属的腐蚀有双重作用。在扩散控制情况下，一方面氧可作为阴极去极剂引起金属腐蚀，另一方面如果氧在充足的条件下，当去极化的阴极极限电流密度超过钝化电流密度时，又会促使金属进入钝态，二者处于竞争反应。

④ 温度　温度越低越易钝化，温度越高越难钝化。溶液的温度升高，金属钝化变难，如铁在 >40% 的 HNO_3 中，25℃ 时能钝化，但温度升高到 75℃ 以上，即使 85% 的浓硝酸也难以使铁钝化。反之，降低温度可以促进钝化，例如常温下铜在硝酸中将发生强烈的腐蚀，而当温度低于 -11℃ 时也会钝化。

（2）金属钝化后电位往正方向急剧上升

如铁的电位在钝化后从原来的 -0.5~+0.2V 上升到 +0.5~+1.0V；铬钝化后电位从 -0.6~-0.4V 升高到 +0.8~+1.0V。钝化后的金属电位几乎接近于贵金属（如 Pt、Au 等）的电位，并且钝化后的金属性质往往失去它原来固有的某些特性，例如钝化后的铁在铜盐溶液（如 $CuSO_4$）中就不能再置换铜了。

（3）金属钝态与活态之间的转换具有一定程度的不可逆性

例如将在浓硝酸中钝化后的铁转移到本来不可能致钝的稀硝酸中，仍能保持一定程度的钝态稳定性，其稳定程度取决于钝化剂的氧化性和作用时间。

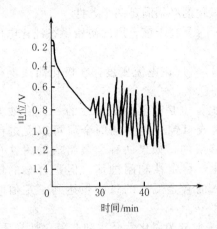

图 1-42 电位振荡示意图

不锈钢在 0.1mol/L NaCl＋0.1mol/L
K_2CrO_4 溶液中（不通电时）

当实际环境中同时存在钝化因素和活化因素时，金属究竟处于钝态或活态则视它们之间的相对强度而定。如果两种因素的作用强度彼此相当，就会呈现钝态与活态相互交替的现象，在极化曲线上可以观察到电位振荡（恒电流法）或电流振荡（恒电位法）。如图 1-42 所示为不锈钢在 0.1mol/L NaCl＋0.1mol/L K_2CrO_4 溶液中，不通电流时测得的电位-时间曲线。其中 CrO_4^{2-}、Cl^- 分别起"钝化因素"与"活化因素"的作用，从图上可以看出，电位的振荡频率很高，它表明活态和钝态之间的转换过程可以迅速完成。

（4）利用外加阳极电流或局部阳极电流也可以使金属从活态转变为钝态

一些可钝化的金属，在一定条件下采用电化学方法致钝时，其阳极极化曲线都具有类似的共同特征，如图 1-43 所示。

1.5.2 钝化理论

由于钝态建立的过程是一个相当复杂的暂态过程，其中涉及电极表面状态的变化、表面层中的扩散和电迁移以及新相的析出过程等。因此尽管对钝化现象的研究已有一百多年历史，积累了大量的表观现象，但是对于发生钝化的作用机理，至今仍无一个统一的、完整的理论。目前比较为大多数人接受的是成相膜理论和吸附理论。

（1）成相膜理论（薄膜理论）

成相膜理论认为：钝化是由于金属溶解时，在金属表面生成了致密的、覆盖性良好的固体产物保护膜，这层保护膜作为一个独立的相而存在，它或者使金属与电解质溶液完全隔开，或者强烈地阻滞了阳极过程的进行，结果使金属的溶解速度大大降低，亦即使金属转变为钝态。

成相膜理论有大量的实验依据，例如，采用椭圆偏光法可以直接观察到成相膜的存在，并且还能用 X 射线和电子衍射、电子探针或穆斯堡尔（Mössbauer）谱仪以及原子吸收光谱等方法测出膜的结构、成分和厚度。一般钝化膜的厚度约 1～10nm，大多数膜是由金属氧化物组成，在一定的条件下，铬酸盐、磷酸盐及难溶的硫酸盐和氯化物也可以构成钝化膜。

成相膜理论虽然能够很好地解释许多钝化现象，但仍然有一些重要事实难于解释。

（2）吸附理论

吸附理论认为，金属钝化并不需要形成固态产物膜，而只要在金属表面或部分表面上生成氧或含氧粒子的吸附层就足够使金属钝化了。当这些粒子在金属表面上吸附以后，就改变了金属-溶液界面的结构，并使阳极反应的活化能显著升高，因而金属表面本身的反应能力降低了，亦即呈现出钝态。

使金属表面钝化的吸附层物质究竟是氧原子或 O^-、OH^-，各说不一。而对于吸附粒子如何降低了金属本身的反应能力，也有不同解释，有人认为主要是金属表面原子的未饱和键，被吸附的氧饱和后，降低了表面原子的化学活性；有的认为金属上所形成的氧吸附层能将原来吸附着的 H_2O 分子层排挤掉，因而金属离子化的速度降低；也有人认为氧吸附层增高了金属阳极过程的超电压。

同样，吸附理论也有许多实验事实根据。例如，不锈钢和镍钝化时界面电容改变不大，表示并无成相膜生成；不少阴离子对处在钝态的金属有程度不同的活化作用，但几种阴离子同时存在所表现出的活化效应，却并不等于个别离子所引起的活化效应的总和，而是个别效应的某种平均值。这就意味着，各种离子对钝态的活化效应是互相排斥的。成相膜理论很难解释这类事实，而按吸附理论，则可得到较恰当的解释。因为钝化是表面上吸附了某种含氧粒子所引起，而各种阴离子在足够正的电位下，都可能或多或少地通过竞争而被吸附，从电极表面上排除引起钝化的含氧粒子，所以被排除的含氧粒子的数量不是个别阴离子存在时所排除的数量的总和。

由于成相膜理论和吸附理论都能较好地解释大部分事实，且都有实验证实，因而要在两者之间作出肯定的选择是困难的。实际上，不少研究者们认为这两种理论可以适当地统一起来，因为金属钝化过程中，根据不同的条件，吸附膜和成相膜均有可能分别起主导作用。阿基莫夫曾经表述过一种观点，认为不锈钢表面的钝化膜，大部分区域是成相膜，在成相膜的缝隙和孔洞处，氧的吸附起着保护作用。查全性对钝化的成相膜理论和吸附理论之争的实质作了分析，他指出无论从厚度或者键能来看，两者之间没有明确的界限，判明谁是谁非相当困难，这涉及钝化定义、吸附膜和成相膜的定义问题。他认为关于金属的钝化过程应该具有这样一种基本观点："当金属表面上直接形成"第一层氧层"后，金属的溶解速度已大幅度下降，这种氧层是由吸附在金属电极表面上的含氧离子参加电化学反应后生成的。这种氧层的生成与消失是比较可逆的，当减小极化或降低钝化剂浓度后，金属很快再度转变为活化态。在这种氧层的基础上继续生长形成的成相氧化层进一步阻滞了金属的溶解过程，而且当改变极化和介质条件后，往往具有一定的保持钝态的能力，即成相氧化物层的生长与消失往往不可逆性较大。绝大多数对金属溶解具有实际保护价值的钝化膜可认为均与成相的氧化膜有关"。

1.5.3　钝化特征曲线分析

采用恒电位法测得的金属钝化过程的典型阳极极化曲线（图 1-43），可以根据成相膜理论进行分析。图中的阳极极化曲线被四个特征电位值（金属电极的平衡电位 $E_{e,M}$、金属的临界钝化电位 E_{CP} 或致钝电位 E_{PP}、初始稳态钝化电位 E_P、过钝化电位 E_{TP}）分成活态区、过渡区、稳态区和过钝化区四个区段，它们有以下的特点。

① 活态区　曲线 AB 段，即从金属的初始电极电位 E_A^0（等于金属电极的平衡电位 $E_{e,M}$）至金属的**临界钝化电位** E_{CP}（critical passive potential），为金属的**活态区**（active region），也称**活化溶解区**。此时金属表面没有钝化膜形成，金属处于活性溶解状态，按正常的阳极溶解规律进行，金属以低价的形式溶解并形成水化离子，即 $M + mH_2O \longrightarrow M^{n+} \cdot mH_2O + ne$。当 $E = E_{CP}$ 时，金属的阳极电流密度达到最大值 i_{CP}，称为**临界钝化电流密度**（critical passive current density）。由于临界钝化

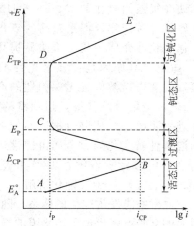

图 1-43　可钝化金属的阳极极化曲线

状态是钝化的最初状态，所以临界钝化电位 E_{CP} 也称为致钝电位 E_{PP}（primary passive potential），其对应的临界钝化电流密度 i_{CP} 也称为致钝电流密度 i_{PP}（primary passive current density）。

② 过渡区　曲线 BC 段，即从临界钝化电位 E_{CP} 到初始稳态钝化电位 E_P（passive potential）是**活态-钝态过渡区**（active-passive transition region）。当电位达到 E_{CP} 时，金属发开始发生钝化，金属表面开始有钝化膜形成，金属开始从活性状态转变为钝态，阳极电流密度急剧下降，在金属表面可以生成不同价态的过渡氧化物，如铁的表面可能生成二价或三价的过渡氧化物，膜的保护性能很差，金属表面不断处于钝化与活化相互转变的不稳定状态。

在恒电位下，阳极电流密度往往出现剧烈的振荡，很难测得一个稳定值。初始稳态钝化电位 E_P 与 Flade 电位 E_F（也称活化电位）往往十分接近，很难区分，这也是有人用 E_F 代替 E_P 的原因。对已经处于钝化状态的金属，将电极电位从高于 E_P 电位区负移到 E_P 附近时，金属表面将从钝化状态转变为活化状态，对应转变点的电位就是 Flade 电位 E_F。

③ 稳态区　曲线 CD 段，即从初始稳态钝化电位 E_P 到过钝化电位 E_{TP}（transpassive potential）为钝态区（passive region），也称为维钝区。当电位达到 E_P，也就是能达到形成稳定钝化膜的氧化电位时，金属表面处于稳定的钝化状态。此时金属表面能形成一层耐蚀性好的钝化膜，如铁的表面生成了具有足够保护性的三价铁离子的氧化膜（$\gamma\text{-}Fe_2O_3$），电流密度变得很小，并在 CD 段的电位内，其值只有微小的变化，这个电流密度 i_P 称为维钝电流密度（passive current density），是维持稳定钝态所需的最小电流密度，基本上与维钝区的电位变化无关，不服从金属腐蚀的动力学方程式，因为金属氧化物的化学溶解速度决定了金属的溶解速度。维钝电流是金属在给定环境条件下维持钝化状态所需的最小电流，单位面积的维钝电流称为维钝电流密度，其大小表示被保护金属在给定环境中钝化的难易程度，反映了阳极保护正常操作时所耗用电流的大小，同时也决定了处于阳极保护下金属进入钝态后，对应于钝化稳定区电位的电流密度。维钝电流越小的体系越易钝化，而维钝电流越大的体系越难钝化。因此，维钝电流越小越好，它在某种意义上代表着阳极保护时钝态金属的腐蚀速率。值得注意的是，腐蚀介质中某些成分或杂质往往在阳极上产生副反应导致维钝电流偏高，此时的维钝电流不能代表腐蚀速率，须用失重法、极化法等方法实测后加以校正以求得真正的腐蚀速率。

④ 过钝化区　曲线 DE 段，即电位高于过钝化电位 E_{TP} 的区段，称为过钝化区（transpassive region）。从过钝化电位 E_{TP} 开始，阳极电流密度再次随着电位的升高而增大，金属氧化膜在很高的电位下可能氧化生成更高价的可溶性氧化膜，钝化膜遭到破坏，如铁在很强的氧化剂（$>90\%$ HNO_3）中又重新由钝态变成活态。溶液的氧化能力越强，金属越容易钝化，但是过高的氧化能力又会使已钝化的金属活化，这种已经钝化的金属在强氧化性介质中或电位明显提高时又发生由钝态变成活态的现象称为过钝化（transpassivation）。其原因是在强氧化性的介质或电位很高时，金属表面的不溶性保护膜（钝化膜）转变成易溶解且无保护性的产物（高价金属氧化物），并且在阴极发生新的耗氧腐蚀（当电极电位继续升高，达到氧的析出电位后，发生氧的析出反应，OH^- 放电引起电流密度进一步增大，所以也称后面的部分为氧的析出区）。氧化物中的金属价态变化和氧化物的溶解性质变化导致金属由钝性向活性转变，一般低价的氧化物比高价氧化物相对稳定，高价氧化物易于溶解，如周期表中 Ⅴ、Ⅵ、Ⅶ 族的变价金属（如铁、钒、铌、钽、铬、钼、钨、锰）易于过钝化溶解。

对有些能发生钝化的体系，随着电极电位的正移，在尚未达到过钝化电位 E_{TP} 时，金属表面的某些点就出现了钝化膜的局部破坏，金属发生活性溶解，导致阳极电流密度的增大，阳极极化曲线上没有过钝化区，则局部发生破坏的电位就称为破裂电位或击穿电位 E_{br}（breakdown potential），此时金属表面将萌生腐蚀点，也就是后面要介绍的点蚀。

1.5.4　金属钝化特征曲线的特点

综上所述，金属钝化的特性曲线至少有以下两大典型特点。

ⅰ. 整个阳极极化曲线常存在四个特征电位（金属电极的平衡电位 $E_{e,M}$、金属的临界钝化电位 E_{CP} 或致钝电位 E_{PP}、初始稳态钝化电位 E_P、过钝化电位 E_{TP}），四个特征区（活态区、过渡区、稳态区、过钝化区）和两个特征电流密度（临界钝化电流密度 i_{CP} 或致钝电流密度 i_{PP}、维钝电流密度 i_P），是研究金属或合金钝化的重要指标。

ⅱ. 金属在整个阳极极化过程中，由于电极电位所处的范围不同，电极反应不同，腐蚀速率也不同。若金属的电极电位保持在钝化区，则可极大的降低金属的腐蚀速率，而在其他区域会不同程度的增大腐蚀速率。

由于金属的腐蚀过程是在金属上同时进行着阳极反应和阴极反应，因此对于一个给定的腐蚀体系，金属究竟处于钝态或活态，不仅取决于阳极过程的特性，同时与局部的阴极平衡电位和阴极极化曲线有关。假设阳极过程是同样的，随着阴极过程特性的不同，腐蚀过程将有下列三种情况（图 1-44）。

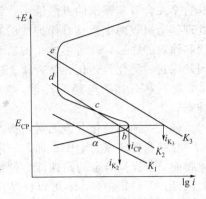

图 1-44　阴极过程对金属钝化的影响

① 腐蚀电位位于活态区　阴极极化曲线 K_1 与阳极极化曲线交于 a 点，金属的腐蚀电位落在活化区，表示金属将发生活性溶解，例如铁在稀硝酸中的腐蚀就属于这种情况。

② 腐蚀电位位于活态区、过渡区和钝态区　阴极极化曲线 K_2 与阳极极化曲线有三个交点 b、c、d 点，它们的腐蚀电位分别落在活态区、过渡区和钝态区，此时金属处于不稳定的钝化状态。从图中可以看出，对应钝化电位 E_{CP} 下的阴极电流密度 i_{K_2} 小于钝化电流密度 i_{CP}，即 $E=E_{CP}$ 时，$i_{K_2}<i_{CP}$，因此在这种腐蚀体系中，不可能依靠阴极的去极剂促使金属自动进入钝化状态，一旦钝化膜遭到破坏，不能自动修复。例如不锈钢在脱氧酸中，当钝化膜被破坏后就会发生腐蚀。

③ 腐蚀电位位于钝态区　阴极极化曲线 K_3 与阳极极化曲线交于 e 点，腐蚀电位落在钝化区，金属处于稳定的钝态。当 $E=E_{CP}$ 时，$i_{K_3}>i_{CP}$，说明这种腐蚀体系的钝化膜即使偶尔被破损也能立即自动修补，也就是说不必依靠外加阳极极化电流，仅依靠溶液中氧化剂的作用就能使金属自动进入钝态，这种体系称为自钝化体系。例如不锈钢、钛等金属在含氧化剂的酸溶液中，就属于此情况。

1.5.5　金属钝性的应用

利用金属钝化的特性来提高金属的耐蚀性，在工业上已经得到广泛的应用。

（1）阳极保护技术（电化学钝化）

根据可钝化金属的阳极极化曲线，金属的致钝电流密度 i_{CP} 越小，维钝电流密度 i_P 越小，稳定钝化区电位 E_P-E_{TP} 范围越宽，越易钝化。利用外加电源使可钝化金属阳极极化，如图 1-43 所示，当金属的电位极化到钝化电位 E_{CP}，或者说阳极电流密度达到钝化电流密度 i_{CP} 以后，金属即由活态转变为钝态，然后只要使阳极电位维持在稳定钝化区内，则金属就始终保持钝态。这时金属的腐蚀速率很小（i_P 对应的值），也就是说金属得到了保护，这种方法称为**阳极保护**。阳极保护的关键是建立和维持钝态，所以不是阳极极化曲线都有明显钝化特征的腐蚀体系都能实现阳极保护，还必须对阳极保护的主要参数进行分析和优化（详见第 6 章）。

（2）化学钝化提高金属耐蚀性

在工业介质中加入某些钝化剂，例如对碳钢来说，加少量铬酸盐、重铬酸盐、硝酸钠、亚硝酸钠等，可以使碳钢在一定条件下发生钝化，使阳极过程受到强烈阻滞而降低腐蚀速率。但必须注意，这类氧化性钝化剂具有双重作用，它既能促使阳极钝化，亦可作为阴极的去极剂，所以如果用量不足，不仅不能使金属表面形成保护性的钝化膜，反而会加速腐蚀的阴极过程，因此这类钝化剂常被称为"危险性"的缓蚀剂。

另外，利用金属钝态与活态之间的转化存在一定程度的不可逆性特点，可以将金属在某些化学介质中预先进行氧化处理或铅酸盐、磷酸盐等处理以提高金属的耐蚀性。例如，铝及其合金在含有缓蚀剂的碱溶液中；钢铁在含有氢氧化钠和亚硝酸钠的溶液中，进行化学氧化处理使金属表面生成具有保护性的氧化膜。不过这类膜的保护性并不太高，通常主要用作油漆和涂料的底层，或者半成品的暂时性保护等。由于对钝化的定义至今还没有统一的看法，因此像这一类化学转化膜是否属于钝化膜尚有争议，有的认为这种膜的厚度比钝化膜的大得多，并且具有高的电绝缘性能，它主要起金属和溶液间的机械隔离作用，是一种"机械钝态"。

（3）添加易钝化合金元素，提高合金的耐蚀性

在某些金属或合金中，加入一定量的易钝化合金元素，可以使合金在一些介质中形成钝化膜而显著提高合金的耐蚀性。例如，铁中加 Cr、Al、Si 等元素可显著提高在含氧酸中的耐蚀性；不锈钢中加 Mo 可以提高在含 Cl^- 溶液中的耐蚀性等。

（4）添加活性阴极元素提高可钝化金属或合金的耐蚀性

在某些不具备自钝化条件的金属或合金中加入少量阴极性元素，可以增大合金在介质中的腐蚀电流，当钝化电位对应的阴极电流密度大于钝化电流密度时，就促进合金发生钝化。也就是说加入微量阴极元素促使可钝化金属或合金满足自钝化条件，即 $E = E_{CP}$ 时，$i_K > i_{CP}$。例如，碳钢中加入 0.2% 左右的铜可以显著提高在大气中的耐蚀性；铬镍不锈钢中加入微量 Pd、Ag、Cu 等，能扩大铬镍不锈钢自钝化的介质范围。

通过化学钝化或添加合金元素或添加活性阴极元素可以降低钝化电流，负移钝化电位，促使金属表面由活态转换成钝态，减少腐蚀危害，这也是开发阳极型缓蚀剂的基础。

第2章 影响局部腐蚀的结构因素

按照金属破坏的特征，腐蚀分为全面腐蚀和局部腐蚀，二者具有不同的特征。全面腐蚀是在材料表面进行金属溶解反应和去极剂物质还原反应的地区，即阳极区和阴极区尺寸非常微小，甚至是超显微级的，并且彼此紧密接近。腐蚀过程通常在整个金属表面上以均匀的速度进行，最终使金属减薄至某一强度极限值而破坏。从工程技术上说，这类腐蚀形态并不危险，可以事先预测，因为只要根据试件浸入所处介质的试验，就能准确地估计设备的寿命，还可以用增加壁厚的办法延长设备的使用年限，设计时可以根据机器、设备要求的使用寿命估算腐蚀裕度。

局部腐蚀是腐蚀仅集中在金属表面局部地区，而其余大部分地区腐蚀很微弱，甚至几乎不发生腐蚀。局部腐蚀的阴极区和阳极区能截然分开，通常能够宏观地识别，至少在微观上可以区分。大多数情况下阴极区面积很大，阳极区面积相对很小，致使局部的金属溶解速度远远高于全面腐蚀，在局部地区形成深孔或裂纹，并且往往在失效破坏之前没有任何预兆，最终大多因脆性断裂而破坏，因此危害性特别大。在化工生产系统中，由于局部腐蚀造成的化工机械的腐蚀损坏事故要比全面腐蚀引起的事故多得多。据日本三菱化工机械公司对 10 年中化工设备破坏事例的调查统计结果表明，全面腐蚀仅占 8.5%，其余为局部腐蚀，其中，应力腐蚀占 45.6%，小孔腐蚀占 21.6%，腐蚀疲劳占 8.56%，晶间腐蚀占 4.9%，高温氧化占 4.9%，氢脆占 3.0%。因此，近年来对于局部腐蚀的研究与控制愈益受到重视。

腐蚀过程总是从材料与介质界面上开始的，因此任何可能引起材料或介质特性改变的因素都会使整个腐蚀进展发生变化。结构设计、制造方法以及安装上的错误或者考虑不周，都可能造成材料的表面特性和力学状态的改变，譬如应力集中，焊接后的残余应力，传热设备温度场差异引起的热应力，刚性连接产生的附加应力等，在相应介质作用下会出现应力腐蚀破裂；机械加工过程的锤击或焊条打弧时形成的伤痕与凹坑都将促进孔蚀的发生；设计结构的几何形状不合理，使局部地区溶液由于长时间滞留而增高浓度或 pH 值发生变化，产生浓差电池腐蚀、缝隙腐蚀；流体流道形状的突变或过窄，使流体形成湍流或涡流而产生磨损腐蚀；异种材料组合的机器部件或设备还可能产生电偶腐蚀。这些不同形式的腐蚀都属于局部腐蚀。

因此，局部腐蚀的类型很多，如：应力腐蚀破裂、腐蚀疲劳、孔蚀、浓差电池腐蚀、缝隙腐蚀、磨损腐蚀、电偶腐蚀、晶间腐蚀等，影响因素亦很复杂。本章着重从结构设计的角度，讨论力学因素、几何因素、异种金属偶接、焊接等因素对局部腐蚀的影响，以及避免或减轻局部腐蚀的途径。

2.1 力学因素

随着机械设备结构上存在或外加不同性质的应力如：拉、交变、切应力在与腐蚀介质共同作用下，将分别产生应力腐蚀、腐蚀疲劳、磨损腐蚀，它们的腐蚀特征和机理各不相同。

2.1.1 应力腐蚀破裂

应力腐蚀破裂是金属结构在拉应力和特定腐蚀环境共同作用下引起的破裂，简称**应力腐蚀**，常以英语缩写 SCC（stress corrosion cracking）表示。

（1）应力腐蚀实例

图 2-1 是处理工作压力为 1.8MPa，介质为 H_2S 溶液的塔设备人孔衬里结构。由于不锈钢衬里与高颈法兰内壁贴合不好，致使局部有间隙处，3mm 衬里薄板几乎承受了全部介质压力，产生过高的局部应力，在介质腐蚀的共同作用下，结果运行 45 天后沿平行轴线位置出现 100mm 长的裂纹。后来改用 10mm 的 316L 不锈钢衬里，在衬筒两端焊接时，由于未待第一道焊缝完全冷却就焊第二道，两道焊缝收缩时间重叠，造成衬筒过大的轴向焊接残余应力，结果在运行 90 天后沿垂直轴线处又发生腐蚀破裂。

图 2-2 所示的碳钢碱泵，由于泵的出口管与管道的刚性连接，使泵壳靠近法兰处因流体流动造成很大的附加轴向拉应力，因发生应力腐蚀而产生环向破坏。

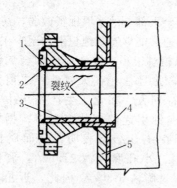

图 2-1 塔设备人孔衬里结构

1—316L 焊环；2—20Mn Mo 法兰；3—316L 衬里；

4—316L 人孔接管；5—塔壁复合板（22g-316L）

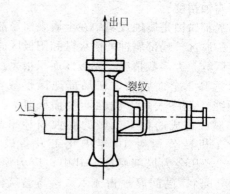

图 2-2 泵体与管线刚性连接的腐蚀破裂

图 2-3 为立式不锈钢冷凝器，由于和其他设备管线连接的位差考虑不周，造成管间空间的死区，结果溶液喷溅引起交替的湿态和干态，本来水中含量极低的氯化物被浓集了，致使不锈钢胀管颈部因存在环向的加工残余应力而出现应力腐蚀破裂。

（2）应力腐蚀产生条件与特征

应力腐蚀是应力与腐蚀介质综合作用的结果，有**敏感材料**、**特定环境**和**拉应力**三个基本条件，三者缺一不可。其中应力的性质必须是拉应力，而压应力的存在不仅不会引起 SCC，甚至可以使之延缓。但是现在有研究表明，在某些情况下压应力也可能产生 SCC，但与拉应力相比危险性小得多。拉应力的来源除了载荷造成的工作应力外，更多的来自制造加工过程，比如剪、冲、切削等冷加工，锻造、焊接、热处理以及装配过程都会产生残余应力。据报道残余应力造成的 SCC 事故远高于工作应力所占的比例，其中尤以焊接应力为最。

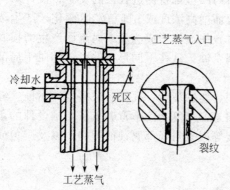

图 2-3 不锈钢胀管颈部的破裂

对应于应力腐蚀产生的基本条件，SCC 具有以下主要特征。

ⅰ. 材料本身对 SCC 的敏感性，需要综合考虑环境，尤其是介质的影响。一般认为纯金属不会发生 SCC，含杂质的金属或合金才能发生 SCC。

ⅱ．一般有效应力（指工作应力与残余应力之和）如果低于某一应力水平就不会发生 SCC，从应力与破裂时间关系的曲线上（图 2-4）可以看出，应力值越大，到达破裂的时间越短。这里必须指出，SCC 的概念不同于普遍意义上均匀腐蚀使承载构件的截面减小或器壁减薄，导致工作应力超过了材料的强度极限而发生强度破坏的现象。后者通常在设计时只要留有足够的腐蚀裕量即可解决，而 SCC 往往是在结构尺寸变化不大（亦即均匀腐蚀甚微）的情况下发生的。

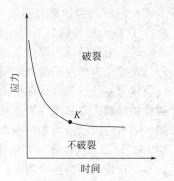

图 2-4　应力与破裂
时间的关系

ⅲ．特定组合环境。对于某种材料其对应的环境条件（包括腐蚀介质性质、浓度、温度）是特定的，也就是说只有在一定的材料和一定环境的组合情况下才能发生这类腐蚀破坏。这种特定组合比较多，典型的有"黄铜-氨溶液"、"奥氏体不锈钢-Cl^- 溶液"、"碳钢-OH^- 溶液"、"低合金高强钢-潮湿的大气（甚至蒸馏水）"等。表 2-1 列出了一些工程上常用材料可能产生 SCC 的环境介质。

表 2-1　常用材料可能产生应力腐蚀破裂的特定腐蚀环境

材　料		环　境
低碳钢		NaOH 溶液、NaOH＋Na_2SiO_3 溶液、NO^- 溶液
低合金钢		NO_3^- 溶液、HCN 溶液、H_2S 溶液、Na_3PO_4 溶液、HAC 溶液、NH_4CNS 溶液、液氨（水＜0.2％）碳酸盐和重碳酸溶液、湿的 CO-CO_2-空气、海洋大气、工业大气、浓硝酸、硝酸和硫酸混合物
高强度钢		蒸馏水、湿大气、H_2S 溶液、Cl^-
马氏体及铁素体不锈钢		NaOH、Cl^-、F^-、Br^-、海水、工业及海洋大气、H_2S 溶液、H_2SO_4、HNO_3、氨溶液、$NH_4H_2PO_4$
奥氏体不锈钢		Cl^-、海水、有机氯化合、湿的氯化镁绝缘物、F^-、Br^-、H_2S 溶液、连多硫酸、硫酸、锅炉水、含氯化物的冷凝水气、高温高压含氧高纯水
铝合金	Al-Mg Al-Cu Al-Cu-Mg Al-Mg-Zn Al-Zn-Mg-Mn(Cu) Al-Zn-Cu	$NaCl＋H_2O_2$、NaCl 溶液、大气、海水、$CaCl_2$、NH_4Cl、$COCl_2$ 溶液 NaCl、KCl、$MgCl_2$、$NaCl＋NaHCO_3$
铜及铜合金	Cu Cu-Zn-(Sn、Al、Pb、Mn) Cu-Ni（＜33％）	NH_3 气及溶液 NH_3 气及溶液、含 NH_3 大气、$FeCl_3$、$Cu(NO_3)_2$、KCl、$K_2Cr_2O_7$、$KMnO_4$、湿 SO_2、湿 CO_2、HNO_3、胺、$HgCl_2$
镍及镍合金	Ni（99％） Ni-Cu-Fe（76-16-7） Ni-Cu（66-32）	NaOH、KOH、氟硅酸、硫、$NaNO_3$ NaOH、Na_2S、HF（蒸气及无氧溶液）、高温水（＞350℃） NaOH 及 KOH（熔态及浓溶液）、$MgCl_2$、$NaNO_3$、铬酸、HF（蒸气及溶液）、有机氯化物
钛及钛合金		红发烟硝酸、Na_2O_4（含 O_2、不含 NO、24～74℃）HCl、Cl^-、海水、甲醇（溶液蒸气）、三氯乙烯、CCl_4
铅		乙酸铝＋硝酸、大气、土壤

20 世纪 80 年代以来，材料环境组合的实例不断增多，尤其最近开发的低合金高强钢，在潮湿的大气内，甚至蒸馏水中都可能发生破裂，实际上几乎谈不上什么环境的特殊性了。

SCC 是一种典型的滞后破坏，一般经历孕育期、裂纹扩展期和快速断裂期三个阶段，其裂纹形态有晶间型、穿晶型和混合型三种类型，与金属-环境体系密切相关。

（3）应力腐蚀破裂速度与裂纹形貌

① 应力腐蚀破裂历程　金属在无裂纹、无蚀坑或缺陷的情况下，SCC 过程可分为以下三个阶段。第一阶段为腐蚀引起裂纹或蚀坑的阶段，也即导致应力集中的裂纹源形成的孕育阶段，常把相应的这一阶段时间称为**孕育期**，也称为**潜伏期**或**诱导期**；接着为裂纹扩展阶段，即由裂纹源或蚀坑发展到单位面积所能承受最大载荷的所谓极限应力值时的阶段，这段时间称为**裂纹扩展期**；最后是纯力学作用导致失稳的裂纹扩展阶段，这段时间称为**快速断裂期**或**破裂期**。第一阶段受应力影响很小，时间长，约占破裂总时间的 90%，后两阶段仅占总破裂时间的 10%。如果构件在一开始使用时就存在微裂纹或蚀坑等缺陷，则 SCC 破裂过程只有裂纹扩展和失稳快速断裂两个阶段。所以 SCC 可能发生在很短时间内，也可能发生在几年后。

② 应力腐蚀破裂速度　SCC 断裂速度约为 0.01～3mm/h，远远大于无应力存在下的局部腐蚀速率（如孔蚀等），但又比单纯力学断裂速度小得多。例如，钢在海水中的 SCC 断裂速度为孔蚀的 10^6 倍，而比纯力学断裂速度几乎低 10 个数量级，这主要是纯力学断裂通常对应的应力水平要高得多。

③ 应力腐蚀裂纹形貌　应力腐蚀裂纹形态有晶间型、穿晶型和混合型三种。混合型是以一种形态为主，支缝中出现另一种形态。几种裂纹形态的示意图见图 2-5。不同的金属-环境体系，将出现不同的裂纹形态。SCC 裂纹起源于表面，裂纹的长宽不成比例，可相差几个数量级，裂纹扩展方向多垂直于主拉伸应力方向，裂纹一般呈树状。例如，碳钢、高强钢、铝合金、铜合金多半是沿晶间断裂，奥氏体不锈钢、镁合金大多是穿晶型，钛合金为混合型。裂纹断口的形貌，宏观上属于脆性断裂，即使塑性很高的材料也是如此。但从微观上观察，在断裂面上仍有塑性流变痕迹。断面有裂纹分叉现象，断面形貌呈海滩条纹、羽毛状、撕裂岭、扇子形和冰糖块等征状，这也是 SCC 的形貌判据。

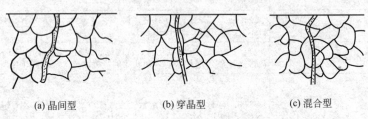

(a) 晶间型　　　　(b) 穿晶型　　　　(c) 混合型

图 2-5　裂纹形态的主要模式

（4）应力腐蚀机理

由于影响 SCC 的因素众多而复杂，对于各种金属-环境体系，目前要提出一个统一的理论尚有困难。现在解释 SCC 机理的学说很多，如电化学阳极溶解理论、氢脆理论、膜破裂理论、化学脆化-机械破裂两阶段理论、腐蚀产物楔入理论以及应力吸附破裂理论等。这些理论都只能解释部分实验现象，并且带有不同学科的侧重点，但是对于裂纹的发展和断裂，认为与化学因素及力学因素密切相关的观点是一致的。下面仅对电化学阳极溶解理论作扼要介绍。

电化学阳极溶解理论的观点认为合金中存在一条阳极溶解的"活性途径"，腐蚀沿这些途径优先进行，阳极侵蚀处就形成狭小的裂纹或蚀坑，小阳极的裂纹内部与大阴极的金属表面构成腐蚀电池。

所谓"活性途径"通常多半是晶粒边界、塑性变形引起的滑移带以及金属间化合物、沉淀相，或者由于应变引起表面膜的局部破裂。当有较大应力集中时，会使这些活性途径处进一步产生变形，形成新的活性阳极。

随着腐蚀过程的进行，裂纹中的阳极金属不断溶解产生金属离子，为保持溶液的电中性，必然出现裂纹内部的金属离子与外部的阴离子相向扩散迁移。因为裂纹尺寸很小，内部的溶液不易与外部发生对流交换，必然在裂纹中产生金属离子富集，此时会由于离子半径较小的活性阴离子（如氯离子）的进入而在裂纹内部形成二次腐蚀产物（如氯化物），其进一步发生水解而使裂纹中的溶液酸化。布朗（Brown）等人曾经直接测量出其 pH 值达 $3.2 \sim 3.4$，这样就使腐蚀大大加快。荷尔（Hoar）等人以 18-8 钢在 42% $MgCl_2$ 溶液中测定，裂纹内部的腐蚀电流密度 $i \approx 10^{-5}A/cm^2$（图 2-6 中的 A' 区），而裂纹尖端（A 区）则高达 $i \geqslant 0.5A/cm^2$，说明腐蚀速率是相当大的。在拉应力的联合作用下，裂纹尖端被撕裂，不断地暴露出新鲜的金属表面，进一步加速了裂纹的扩展，直至最终破裂。

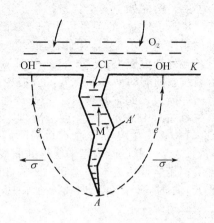

图 2-6　应力腐蚀破裂模型

SCC 断口之所以呈现脆性断裂特征，可能是裂纹内溶液被酸化后形成的 H^+，在获得阳极反应生成的电子后成为氢原子扩散到裂纹尖端金属内部，使这一区域变脆，在拉应力作用下发生脆断。

电化学阳极溶解理论已被合金的阴极极化所证实，因为采用阴极保护可以抑制合金裂纹的产生和发展，如果取消阴极保护，裂纹又继续扩展。

（5）应力腐蚀的防护

由于 SCC 发生的三个基本条件是**敏感材料**、**特定环境**和**拉应力**，所以影响 SCC 的因素有**冶金**、**环境**和**应力**三个方面。因此，有效的防护方法就是消除这三个方面一切有害的因素。对于一定的材料来说，主要是从控制环境条件和消除应力两方面采取措施。关于控制环境，近年来虽然找到了一些方法，但在实际应用中，除了个别情况外尚有许多困难。比较有效而广泛应用的方法是消除或降低应力值。

① 降低设计应力　使最大有效应力或应力强度降低到临界值以下。常规设计方法中采用的名义抗拉强度或屈服强度，并未考虑材料存在的缺陷。而实际上，所有工程材料都不是完美无缺的，必然存在各种缺陷，除了原有的裂纹和微裂纹外，由于环境影响又会造成新的裂纹，因此很多设备和构件往往发生低应力下意外的脆性断裂。

对于存在裂缝的材料在低应力下破坏的现象，用定量方法解析裂纹尖端的应力场，计算材料的破坏应力，用工程方法评价构件的安全性等，都属于断裂力学范畴。根据断裂力学观点，在空气环境条件下，如果满足以下条件，则构件是安全的。

$$K_1 < K_{1c}$$

而

$$K_1 = Y\sigma\sqrt{\pi a}$$

式中　K_1——反映裂纹尖端附近局部应力大小的参数，称为应力场强度因子，或简称应力强度，角标 1 表示拉应力与裂纹垂直的第一种变形方式（张开型）；

　　　σ——与裂纹垂直的无限远处的均匀拉应力；

　　　a——裂纹深度；

　　　Y——非无限大平板的形状修正系数。

当载荷逐渐增大，σ 达到某一临界值 σ_c，构件中裂缝将发生急速的失稳扩展而脆断。此时与 σ_c 相对应的 K_{1c} 称为材料的"临界断裂韧性"，它与试件的形状和尺寸无关，是表示材料固有韧性的特性值，反映有裂纹材料对破裂的实际抗力。K_{1c} 可以通过实验测定。

在腐蚀环境中具有裂缝的试件的应力场强度因子 K_1 同样存在一个临界值 K_{1SCC}，称为应力腐蚀破裂临界强度因子。显然 K_{1SCC} 低于 K_{1c}。

如图 2-7 所示，当加应力 σ 于构件上，如果材料缺陷深度超过 a_c，立即产生机械断裂；缺陷深度为 a_i 时，如果无腐蚀介质存在，则长时间不断裂，但在腐蚀环境中，裂缝将自动延伸，当扩展到 a_c 时就发生断裂。如裂缝深为 a_0，因裂缝前缘 K_1 值小于 K_{1SCC}，裂缝不会扩展，构件处于安全状态。

K_{1c} 与 K_{1SCC} 的关系可用图 2-8 的曲线来描述。没有腐蚀介质的作用，外加应力 $\sigma = \sigma_c$ 时，相应 $K_1 = K_{1c}$，构件迅速发生纯力学断裂，如图中的 C_0 点所示。在腐蚀介质的作用下，若外加恒应力 $\sigma_1 < \sigma_c$，此时对应的应力场强度因子为 K_{11}，由于应力腐蚀的作用，初始裂纹会随着时间不断扩展，应力场强度因子沿 $A_1 B_1$ 曲线逐渐增大，当增大到 $K_{11} = K_{1c}$ 时构件断裂，此时所对应的时间 t_1 即是外加恒应力 σ_1 时构件发生应力腐蚀断裂的时间，这一关系在图中表示为 C_1 点。同理，外加恒应力 σ_2 作用下对应的初始应力场强度因子为 K_{12}，构件发生应力腐蚀断裂的时间为 t_2，此时对应于图中的 C_2 点。以此类推，将 C_0、C_1、C_2、…等点连接起来获得的曲线，即描述了不同应力状态与发生应力腐蚀破裂的时间关系。显然，应力水平越低，使构件到达断裂的时间亦越长。当外加应力所对应的 K_1 值小于 K_{1SCC} 时，$C_0 C_1 C_2$ 曲线接近水平，也就是说，在很长时间内构件都不会发生断裂。

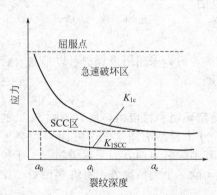

图 2-7 应力与裂纹深度关系

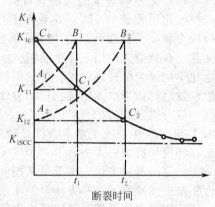

图 2-8 瞬时 K_1 与时间曲线

每一种材料在特定的腐蚀介质中的 K_{1SCC} 是个常数，可用实验方法测定。一般 $K_{1SCC} = \left(\dfrac{1}{5} \sim \dfrac{1}{2} \right) K_{1c}$，且随材料强度级别的提高，$K_{1SCC}/K_{1c}$ 的比值下降。

② 合理设计与加工减少局部应力集中　结构设计时应尽可能想办法降低最大有效应力。例如，选用大的曲率半径，采用流线型设计，使结构的应力分布趋向均匀，避免过高的峰值。关键部位可适当增厚或改变结构型式，焊接结构最好采用对接以减小残余应力集中。

图 2-9 薄壳与厚板的焊接，型式 (a) 容易引起过烧而产生很大的残余应力，型式 (b) 就能得到改善。图 2-10、图 2-11 中所示的壳体或厚平板与接管的连接，改成型式 (b) 的挠性结构，或在厚壳体上设计一个与接管等厚的凸缘，同时焊接由角焊变为对焊，无疑可使应力集中大大降低。

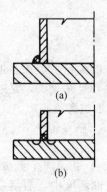

图 2-9 薄壳与厚板的焊接

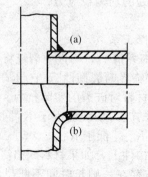

图 2-10 壳体接管焊接

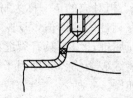

图 2-11 厚平板上的凸缘

厚薄悬殊的焊接结构会因刚性和受热状态的差异，使焊接应力增大。当不可避免时，可将厚件削薄实现等厚连接（图 2-12）。厚度大的工件，为了减小焊接应力，可以采取局部降低焊接刚性的结构，如开缓和槽（图 2-13）。

焊接容器时，为避免热影响区的交叉，焊缝之间的距离不能过小，如图 2-14 所示。大型球形容器的焊缝拼接法，对于塑性较好的材料，为了便于采用自动化程度较高的工艺设备以提高生产率，常常采用十字交叉焊缝结构 [图 2-15(b)]。但对于 SCC 敏感的材料，应尽可能使焊缝错开 [图 2-15(a)]，以避免交叉焊缝而出现三向复杂应力。

卧式容器的最大轴向拉应力可能出现在 A 点或 B 点处（图 2-16），因此容器的环焊缝尽量避开支座和重心的位置。

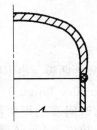
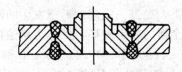
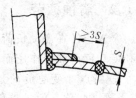

图 2-12　壳体与顶盖的等厚对焊　　图 2-13　厚壁容器开孔接管焊接　　图 2-14　焊缝之间的最小距离

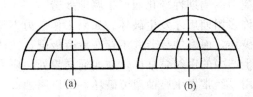
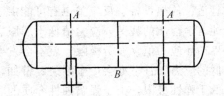

(a)　　　　　　　　(b)

图 2-15　球形容器两种拼接法　　　　　图 2-16　筒体中最大径向应力位置

图 2-17 的汽轮机叶轮，由于水中含有微量的 NaOH 在键槽处浓缩，加上键槽边缘的应力集中（图 2-18），曾经发生应力腐蚀破裂事故，先沿 $A—A$ 腐蚀开裂，继而沿 BCD 产生机械撕裂。为了改善应力分布，除了从制造上提高键槽的加工精度外，也可以在结构设计上将轴向键槽改为径向键槽。

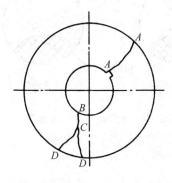
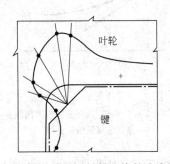

图 2-17　汽轮机叶轮的 SCC　　　　　图 2-18　叶轮旋转时键槽边缘的应力分布

③ 降低材料对 SCC 的敏感性　采用合理的热处理方法消除残余应力，或改善合金的组织结构以降低对 SCC 的敏感性。

例如，采用退火处理消除内应力。钢铁在 $500\sim600℃$ 处理 $0.5\sim1h$，然后缓慢冷却；奥氏体不锈钢可以加热到 $900℃$ 左右再缓冷。但高温处理有可能引起金属表面氧化，形状复杂的结构还会产生变形，为此可采用降低温度、延长时间的热处理方式。

又如，高强度铝合金，通过时效处理，可以改善合金的微观结构，避免晶间偏析物的形成，能提高抗 SCC 的敏感性。

④ 其他方法　合理选材。例如，接触海水的换热器，用普通碳钢比用不锈钢更耐蚀；采用含高镍量的奥氏体钢或含 $1\%\sim2\%$ Ti 的低碳钢，可提高抗 SCC 的性能。

如果条件允许的场合，亦可采用去除介质中有害成分，或添加缓蚀剂的办法防止 SCC。

此外，采用阴极保护也可减缓或阻止 SCC。

2.1.2　腐蚀疲劳

金属构件在变动负荷作用下，经过一定周期后所发生的断裂称为疲劳断裂。由于腐蚀介质和变动负荷联合作用而引起金属的断裂破坏，则称为**腐蚀疲劳**（corrosion fatigue）。

① 特点　变动负荷是指负荷的大小、方向，或大小和方向都随时间发生周期性变化（或无规则变化）的一类负荷。例如，往复泵的缸体，在活塞运动时，拉应力大小不断变化，而应力方向不变；单程的活塞杆只是压应力大小的变化，而双程活塞杆则出现拉压交变应力；刮刀离心机的转轴，在过滤、卸料阶段，负荷发生周期性变化。此外，间隙性输送热流体的管道、传热设备、反应釜也有可能由于温度应力的周期性变化而产生腐蚀疲劳。

纯力学性质的疲劳，应力值低于屈服点经过许多周期后才发生破坏。如果工作应力不超过临界循环应力值（疲劳极限）就不会发生疲劳破坏，而腐蚀疲劳并不存在疲劳极限，往往在很低的应力条件下亦会产生断裂。譬如，尿素生产中的甲铵泵缸体，在四通交界处的应力远远低于弹性极限，由于强腐蚀性介质的联合作用，经常发生腐蚀疲劳破坏。所以腐蚀疲劳的危害性并不亚于应力腐蚀破裂。

图 2-19 表示有和没有腐蚀介质条件下的疲劳曲线，腐蚀疲劳与大多数有色金属的纯力学疲劳一样，都不存在疲劳极限。

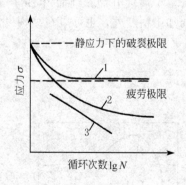

图 2-19　疲劳的 σ-N 曲线

1—纯力学疲劳曲线；2—腐蚀疲劳曲线；
3—非铁金属的疲劳曲线

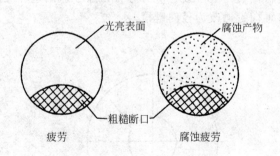

图 2-20　疲劳断口特征示意图

② 判据　腐蚀疲劳的产生条件与应力腐蚀比较，它没有特定的腐蚀介质的限定，也就是说，在任何腐蚀环境中都可能发生。从撕裂特征来看，应力腐蚀裂纹既可为穿晶型，也可

能为晶间型，且裂纹分枝多，呈树根状。而腐蚀疲劳裂纹多为穿晶型，裂纹分支亦较少。它所产生的裂纹数量往往比纯力学疲劳的多得多。从破坏的断面来看，纯力学疲劳破坏的断面大部分是光滑的，小部分是粗糙面，呈现一些结晶形状。腐蚀疲劳破裂的断面大部分被腐蚀产物所覆盖，小部分呈粗糙的碎裂状，如图 2-20 所示。

③ 影响因素　腐蚀疲劳与介质的 pH 值、含氧量、温度以及变动负荷的性质、交变应力的幅度和频率都有关系。一般随 pH 值减小、含氧量增高、温度上升，腐蚀疲劳寿命就缩短。变动负荷以对称的拉压交变应力的影响最大，大幅度、低频率的交变应力更容易加快腐蚀疲劳。

④ 机理　腐蚀疲劳过程比较复杂，因此关于腐蚀疲劳的机理至今尚无统一的认识。其中有一种观点认为：腐蚀疲劳是一个力学-电化学过程。当构件受交变应力作用时，金属的结晶结构将发生位错，处于滑移面上的金属原子具有更高的自由能，它们相对于未受应变的部分成为阳极，在电化学和应力的联合作用下，产生微裂纹并沿滑移面不断扩展。如果金属处于容易产生孔蚀的腐蚀介质中，那么蚀孔将增强应力的作用，并诱发成裂纹。腐蚀疲劳最后阶段的断裂与普通疲劳一样，是纯力学性质的，所以有小部分的断口呈现脆性断裂特征。

⑤ 防护　腐蚀疲劳的防护方法有各种途径，提高金属或合金的抗拉强度对改善纯力学疲劳是有利的，但对腐蚀疲劳却反而有害。因为提高合金强度可以阻止裂纹形核，不过一旦产生了裂纹，高强合金比低强材料的裂纹扩展速度要快得多。而腐蚀疲劳中的裂纹常常为腐蚀作用所诱发，所以高强合金抗腐蚀疲劳的性能相当低。最为有效的办法是降低部件的应力，这可以通过改变设计和正确的热处理予以改善。例如，为减轻甲铵泵体的腐蚀疲劳，设计时应对四通交界处的尖角提出倒圆的要求。比较彻底的办法，最好将往复泵改为离心泵。此外采用镀锌、镉；加缓蚀剂，表面氮化和喷丸处理，以及阴极保护等方法都能延长腐蚀疲劳寿命。

2.1.3　磨损腐蚀

腐蚀性流体与金属构件以较高速度作相对运动而引起金属的腐蚀损坏，称为**磨损腐蚀**或**磨耗腐蚀**。尤其当流体中含有固体颗粒时，会更加剧这种破坏。化工生产装置中的离心泵叶轮、填料密封转轴、机械密封摩擦副、搅拌器、离心机刮刀或推盘、换热器入口管以及阀门、弯头等经常出现这类腐蚀。结构设计不当时，往往可在很短时间内造成装置的破坏。例如，大型合成氨厂的脱碳液再沸器（图 2-21），自底部进入的脱碳液被加热不断气化，由于上部蒸发空间太小，以至管束上方平均气液流速达 21.4～52.7m/s，造成上面几排管子强烈的磨损腐蚀，管子寿命只有几个星期，有些甚至只有十几天就发生穿漏，其腐蚀速率达 32.6mm/a，花板上部局部地区的腐蚀速率竟高达 1100mm/a。

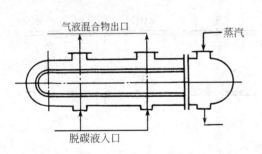

图 2-21　脱碳液再沸器

磨损腐蚀有湍流腐蚀（hydraulic flow corrosion）、空泡腐蚀（cavitation corrosion）、微振腐蚀（fretting corrosion）等几种形式，化工生产装置中最常见的是前两种。

（1）湍流腐蚀

湍流腐蚀是流体速度达到湍流状态而导致加速金属腐蚀的一种腐蚀形式。湍流腐蚀过程由于高速流体击穿了紧贴金属表面几乎静态的边界液膜，一方面加速了去极剂的供应和阴、阳极腐蚀产物的迁移，使阴、阳极的极化作用减小；另一方面高速湍流对金属表面产生了附加的剪切力，这种剪切力有可能不断的剥离金属表面的腐蚀产物（包括保护膜），如果流体中含有固体颗粒，还会增强剪切力的作用，使金属的磨损腐蚀更严重。必须指出，这种磨蚀与喷砂处理那样的纯机械力破坏是不同的，因为磨损腐蚀过程金属仍以金属离子形式溶入溶液，而不是以金属粉末形式脱落。

遭受湍流腐蚀的金属表面常呈现深谷或马蹄形凹槽（图 2-22），蚀谷光滑没有腐蚀产物积存，根据蚀坑的形态很容易判断流体的流动方向。

（2）空泡腐蚀

空泡腐蚀简称**空蚀**或**气（汽）蚀**，是由于腐蚀介质与金属构件作高速相对运动时，气泡在金属表面反复形成和崩溃而引起金属破坏的一种特殊腐蚀形态。在高速流有压力突变的区域最容易发生空蚀，例如，离心泵叶轮的吸入侧和叶片的出口端、螺旋桨叶的背部、调节阀的排出端等。由于这些部位产生涡流而形成低压区，根据伯努利方程

$$p + \frac{\rho u^2}{2} = C \text{（常数）}$$

当流速足够高时，液体的静压力将低于液体的蒸气压，使液体蒸发形成气泡，金属表面上所含的微量气体和液体中溶解的气体将提供足够的气泡核。低压区产生的气泡又迅速受到高压区压过来的流体的压缩而崩溃，气泡在崩溃时产生的冲击波将对金属表面起强烈的锤击作用，这种锤击作用的压力可高达 140MPa 左右，它不仅能破坏表面膜，甚至可使膜下金属的晶粒产生龟裂和剥落。空泡腐蚀的历程如图 2-23 所示，大致按如下步骤进行：

图（a）保护膜上形成气泡；

图（b）气泡破灭，保护膜被破坏；

图（c）暴露的新鲜金属表面遭受腐蚀，由于再钝化，膜被修补；

图（d）在同一位置形成新气泡；

图（e）气泡又破灭，表面膜再次破损；

图（f）暴露的金属进一步腐蚀，重新钝化形成新膜。

如此反复连续作用，使表面形成空穴，由于许多气泡在金属表面不同点上同时作用，结果出现紧密相连的空穴，使金属表面显得十分粗糙。

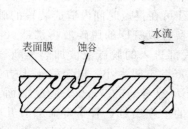

图 2-22　湍流腐蚀破坏形态示意图

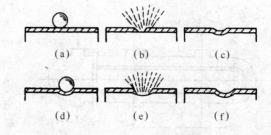

图 2-23　空泡腐蚀历程

（3）磨损腐蚀的防护

为了避免或减缓磨损腐蚀，最有效的办法是合理的结构设计与正确的选择材料。结构设计时，应尽可能使几何形状的变化不致产生涡流、湍流，设计的结构应尽量避免流道截面的突然变化。截面骤然缩小，可能产生湍流，突然扩大容易发生涡流；选择能形成保护性好的表面膜的材料，以及提高材料的硬度，可以增强抗磨损腐蚀的能力。采用适当的涂层或阴极保护也能减轻磨损腐蚀。

结构设计时，应尽可能使几何形状的变化不致产生涡流、湍流。例如，泵叶轮的进口侧，如果曲率半径 R_1、R_2 过小，会造成 A、B 区域的速度分布的很大差异，在 A 区域很容易产生边界层分离而出现涡流（图 2-24）。弯管的曲率半径过小，同样会出现类似的情

况。因此，为了避免产生空蚀，应适当增大流体转向部分的曲率半径。对于等截面流道的装置或直管，设计时不要使流速达到湍流状态，当然加大管径会增高基本投资费，这就需要作经济核算。如果无法避免湍流的产生，可以采取某些保护措施。例如，列管式换热器，流体从封头部分进入管口的一小段区域容易形成湍流流动，因而可以插入一小节保护管。总之，设计的结构应尽量避免流道截面的突然变化。截面骤然缩小，可能产生湍流，突然扩大容易发生涡流。

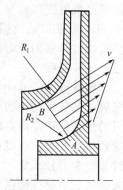

图 2-24 叶轮入口侧的速度分布

选择能形成保护性好的表面膜的材料，以及提高材料的硬度，可以增强抗磨损腐蚀的能力。例如，钢管或低合金钢管输送含硫介质时，在金属表面能形成致密的、黏附力很强的硫化膜。这种膜具有良好的耐磨蚀性能。钛是一种钝化能力很强的金属，在许多介质中都能形成很稳定的表面膜，即使局部破损也能很快修复，因此常常被用来制造抗含有氯化物介质腐蚀的设备。又如，含 14.5%Si 的硅铸铁，由于有很高的硬度，所以在很多介质中都具有抗磨蚀的良好性能。

2.1.4 氢（致）损伤

由氢引起的金属材料力学性能的破坏现象，在外界应力存在情况下更容易发生，会导致材料变脆、鼓泡、开裂、结构变化及形成氢化物等，称为**氢（致）损伤**（hydrogen damage），包括**氢腐蚀、氢鼓泡与氢致开裂和氢脆**，是化工、石油、天然气、冶金、核工业、能源、煤转化等工业设备失效的一个主要原因。氢（致）损伤与金属中缺陷的捕氢量 c_T 和缺陷开裂的临界氢浓度 c_{CT} 有关，降低 c_T 和提高 c_{CT} 的措施有利于减少氢（致）损伤的危害。由于氢腐蚀、氢鼓泡与氢致开裂使材料永久性损伤，塑性和强度不能恢复，所以也称为不可逆氢脆。造成氢损伤的氢来自内氢和外氢：内氢指金属内部原有的氢，如材料在冶炼、热处理、铸造、焊接、酸洗、电镀等工艺过程中吸收的氢；而外氢指金属在使用过程中与含氢介质接触或进行电化学反应时所吸收的氢，如金属设备在含氢物质（H_2、H_2S、H_2O 等）工作或存在析氢腐蚀或氢还原的阴极反应。

氢腐蚀（hydrogen attack，HA）一般称氢与金属由于化学作用引起的腐蚀，尤其指高温（约 200℃ 以上）高压下氢与钢材中的渗碳体发生作用而导致破裂的现象，是一个不可逆的化学过程，其危害比钢的氢脆严重。氢腐蚀的机理是氢与碳作用生成甲烷，导致材料脱碳直至失效（将在第 3 章高温气体腐蚀中进行详细介绍）。

（1）氢鼓泡与氢致开裂

当钢中的氢扩散到金属的空洞或缺陷处，尤其夹杂物与基体的交界处，形成氢分子并在局部积聚成很高的压力，引发表面**氢鼓泡**（hydrogen blistering，HB）或**内部氢致开裂**（hydrogen induced cracking，HIC）裂纹。裂纹平行于轧制的板面，接近表面的形成鼓泡，称**氢鼓泡**；靠近内部的裂纹呈直线状或阶梯状，其中阶梯状裂纹的危险性最大，也称**氢致阶梯状开裂**（hydrogen induced stepwise cracking，HISC）。裂纹主要在非金属夹杂物处形核，尤其与基体膨胀系数不同的 Ⅱ型 MnS 夹杂，夹杂与基体界面存在缝隙。另外，硅酸盐、串链状氧化铝和较大的碳化物、氮化物也能成为裂纹的起始位置。HB 或 HIC 主要发生在低强钢上，甚至不需要应力作用也能发生，降低构件的有效厚度，是湿 H_2S 环境中钢的一种主要破坏形式，在含硫油或天然气、气管线、储罐、炼制设备及煤的气化装置中常见。

HB 或 HIC 受介质、温度和钢中夹杂物的影响较大。H_2S 溶液的酸性或浓度增大，裂纹出现的倾向增大，而且 Cl^- 由于影响电极过程而促进氢的渗透，所以实验室常用 5%NaCl+0.5% HAc 的饱和 H_2S 溶液检查钢的抗 HIC 性能；HB 主要出现在室温下，提高或降低温度可减少开裂倾向；降低钢中夹杂物（尤其硫化物）数量，有利于改善材料对钢中 HB 或 HIC 的敏感性；另外，加入少量 Cu、Cr、Mo、V、Nb、Ti 等元素也可以提高基体抗裂纹扩展的能力。

（2）氢脆

氢脆（hydrogen embrittlement）一般称氢与金属由于物理作用引起的腐蚀，属于可逆氢脆，是氢损伤中的一种最主要的破坏形式，对材料的韧性和塑性影响较大。金属中的氢在应力梯度作用下向高的三向拉应力区富集，当氢压力达到临界值时，在应力场的联合作用下导致材料开裂。所以可逆氢脆对三向应力很敏感，属于滞后破坏。裂纹源通常不在表面，裂纹很少有分枝现象，裂纹扩展一般不连续。氢脆敏感性与氢含量、温度、缺口、应变速率有关；氢脆敏感性随氢含量的增大而增加；氢脆多发生在 $-100\sim100℃$ 的温度范围内，在室温附近（$-30\sim30℃$）氢脆敏感性最高；在相同外加应力情况下，氢脆敏感性随缺口曲率半径的减小而增大；通常应变速率低于一定值时氢脆才容易发生，并且氢脆敏感性随应变速率的降低而增大。氢脆一般通过适当的热处理使氢从材料中逸出进行消除。

2.2 表面状态与几何因素

实际上，许多工程构件除了因力学因素发生的应力腐蚀、疲劳腐蚀、磨损腐蚀和氢（致）损伤外，不适当的表面状态与几何构形还会引起孔蚀、缝隙腐蚀以及浓差电池腐蚀等。实际上很多工程构件发生的应力腐蚀、疲劳腐蚀和磨损腐蚀，大多也是由于几何形状设计不合理造成的，但它们的破坏本质上是力学因素与腐蚀环境共同作用的结果，这些已在上一节进行了讨论。

2.2.1 孔蚀

孔蚀（pitting corrosion）又叫**坑蚀**，俗称**点蚀**、**小孔腐蚀**，它只发生在金属表面的局部地区。粗糙表面往往不容易形成连续而完整的保护膜，在膜缺陷处，容易产生孔蚀；加工过程的锤击坑或表面机械擦伤部位将优先发生和发展孔蚀。一旦形成了蚀孔，如果存在力学因素的作用，就会诱发应力腐蚀或疲劳腐蚀裂纹。当然，孔蚀的发生不一定非要表面初始状态存在机械伤痕或缺陷，尤其对于孔蚀敏感的材料，即使表面非常光滑同样也会发生。孔蚀时，虽然金属失重不大，但由于腐蚀集中在某些点、坑上，阳极面积很小，因而有很高的腐蚀速率，加之检查蚀孔比较困难，因为多数蚀孔很小，通常又被腐蚀产物所遮盖，直至设备腐蚀穿孔后才被发现，所以孔蚀是隐患性很大的腐蚀形态之一。

易钝化的金属在含有活性阴离子（最常见的是 Cl^-）的介质中，最容易发生孔蚀。孔蚀的过程大体上有蚀孔的形成与成长两个阶段，现以 18-8 不锈钢在充气的 NaCl 溶液中的腐蚀过程为例加以说明（图 2-25）。

（1）孔蚀核

18-8 不锈钢是钝化能力比较强的金属，在无活性阴离子的介质中，其钝化膜的溶解和修复（再钝化）处于动平衡状态。而在 NaCl 溶液中，由于存在 Cl^- 将使平衡受到破坏，因为氯离子能在某些活性点上优先于氧原子吸附在金属表面，并和金属离子结合成可溶性氯化物，形成孔径很小（约 $20\sim30\mu m$）的蚀孔活性中心，亦称孔蚀核。蚀核可在钝化金属的光滑表面上任何地点形成，随机分布。但当钝化膜局部有缺陷（金属表面有伤痕、露头位错等）、金属内部有夹杂的硫化物、晶间上有碳化物等沉积时，蚀核将在这些特定点上优先形成。有些蚀核可能再钝化而不再长大，而大部分蚀核将继续长大。当蚀核长大到孔径约大于 $30\mu m$ 时，金属表面即出现宏观可见的蚀孔。

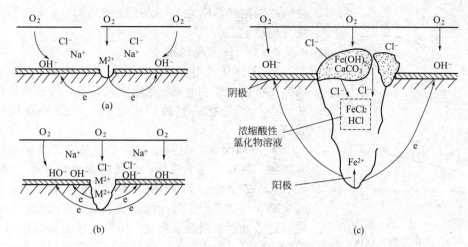

图 2-25　18-8 钢在充气 NaCl 溶液中孔蚀过程示意图

（2）闭塞电池模型

形成蚀孔以后，由于孔内金属表面处于活态，电位较负；蚀孔外的金属表面处于钝态，电位较正，于是孔内外构成了一个活态—钝态微电池。孔内的主要阳极反应有 $Fe \longrightarrow Fe^{2+} + 2e$。孔外的主要阴极反应为 $\frac{1}{2}O_2 + H_2O + 2e \longrightarrow 2OH^-$。由于孔的面积相对很小，阳极电流密度很大，蚀孔迅速加深。孔外金属表面将受到阴极保护，可继续保持钝态。

孔内介质基本上处于滞留状态，溶解的金属离子不易往外扩散，溶解氧也不易扩散进孔内。随着腐蚀的进行，孔内带正电的金属离子浓度增加，为保持溶液的电中性，带正电的金属离子如 Fe^{2+} 向孔外迁出，而带负电的 Cl^-、OH^- 等向孔内迁入。金属离子在孔口和 OH^- 离子相遇，在含氧的环境中反应生成金属氢氧化物的沉淀如 $Fe(OH)_3$ 淤积在孔口，使孔内形成一个闭塞的环境。此时，孔内、外的物质交换更加困难，而离子半径很小的 Cl^- 可以继续穿过无保护性的沉积物进入蚀孔，在孔内生成金属氯化物如 $FeCl_2$ 等，而后进一步发生水解反应产生盐酸

$$M^{2+} + 2Cl^- + 2H_2O \longrightarrow M(OH)_2 \downarrow + 2HCl$$

金属氯化物的浓度随 Cl^- 的进入在蚀孔内不断增大，水解后使孔内溶液的酸度进一步提高，有时甚至可使 pH 值接近于零，高浓度的酸液将急剧地加快阳极溶解速度。这种闭塞电池内进行的所谓"自催化酸化作用（autocatalytic acid function）"，将使蚀孔沿重力方向迅速深化，以至把金属断面蚀穿。

从以上腐蚀过程的分析可以看出，孔蚀主要发生在具有钝化膜的金属表面，因此产生孔蚀的电位必然处于会促使钝化膜破损的某一区域，它可以通过电化学测量方法（电化学滞后技术）确定。当做动电位阳极扫描时，在极化电流密度达到某个预定值后，立即自动回扫，将得到一个典型的"环状"阳极极化曲线（图 2-26），一般情况下易钝化金属有这种滞后现象。i_e 为开始反向回扫时的预定电流值，E_{br}（breaking-down potential）称为**孔蚀电位**也称**临界破裂电位**、**击穿电位**、**孔蚀成核电位**，正反向极化曲线的交点 E_p 称为**保护电位**或叫**自钝化电位**。当电位高于 E_{br} 时，钝化的金属表面将发生孔蚀，电位低于 E_p 时，钝化的金属表面不会产生新的蚀核，原有的蚀孔也会再钝化而停止发展，整个金属表面重新保持钝态；当电位处于 E_{br} 和 E_p 之间时，不会产生新的蚀核，但原已产生的蚀孔点将继续发展。E_{br} 反映了钝化膜被破坏的难易程度，是评价钝化膜的保护性和稳定性的特性参数，E_p 则反映蚀孔重新钝化的难易，是评定钝化膜重新修复能力的特征值。显然，E_{br} 越高，表明金属耐孔

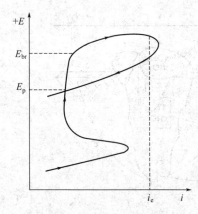

图 2-26 可钝化金属典型的
"环状"阳极极化曲线

蚀的性能越好；E_p 越高（越接近 E_{br}），金属表面的钝化膜就越稳定。

（3）E_{br} 的影响因素

E_{br} 的测量采用上述的电化学滞后技术，其对应着金属阳极极化曲线上电流迅速增大的位置，即钝化遭到局部破坏产生了局部点腐蚀，其大小主要受材料和环境的影响。

① 材料因素　材料的点蚀电位越高，说明耐点蚀能力越强，具有自钝化特性的金属或合金相对耐点蚀，Al、Fe、Ni、Zr、Cr、Ti 的耐点蚀能力依次增强。金属的表面粗糙和位错易产生点蚀坑，多采用电解抛光或机械抛光进行精整处理以消除蚀孔源。而当金属表面存在匀质致密的钝化膜时，耐点蚀能力随钝化膜厚度的增加而增大，孔隙率高的钝化膜不利于抗点蚀。对奥氏体不锈钢进行固溶处理可以提高耐点蚀能力。

② 环境因素　主要有介质类型与成分、介质浓度、介质 pH 值、介质流速、环境温度等的影响。

（4）防护

① 合理选材和改善材料性能　孔蚀的防护方法，主要从材料上考虑如何降低有害杂质的含量和加入适量的能提高抗孔蚀能力的合金元素，改善热处理工艺或表面处理，提高材料钝态稳定性，例如铝合金避免在 500℃ 左右退火，以减少沉积相的析出。

② 降低环境介质的有害元素　设法降低介质中某些元素（尤其是卤素离子）的浓度。

③ 合理进行结构设计　结构设计时注意消除死区，防止溶液中有害物质的浓缩。

④ 采用阴极保护　通过阴极极化将电位降低到保护电位 E_p 以下，使设备材料处于稳定的钝化区或阴极保护电位区。

⑤ 用缓蚀剂　尤其在封闭系统中使用缓蚀剂最有效，不锈钢常用的缓蚀剂有硝酸盐、铬酸盐、硫酸盐和碱，最有效的是亚硝酸钠，然而，缓蚀剂用量不足时反而增大腐蚀。

2.2.2　缝隙腐蚀

当金属与金属或金属与非金属之间存在很小的缝隙（一般为 0.025～0.1 mm）时，缝内介质不易流动而形成滞留状态，促使缝隙内的金属加速腐蚀，这种腐蚀称为**缝隙腐蚀**（crevice corrosion）。

许多工程结构都普遍存在这类间隙，例如，铆接板的接合面，螺纹连接、螺母压紧面、法兰垫片接合面、设备底板与基础的接触面等。有些缝隙是设计不合理造成的，而有些从设计上是很难避免的。此外，泥沙、污垢、灰尘等沉积在金属表面上，无形中亦形成了缝隙。

大多数工业用金属或合金都可能会产生缝隙腐蚀，主要依靠表面形成钝化膜而耐蚀的金属或合金对缝隙腐蚀尤为敏感。几乎所有的腐蚀介质（包括淡水）都能引起缝隙腐蚀，但其中以充气的含有活性阴离子的中性介质最容易发生。遭受缝隙腐蚀的金属，在缝内呈现深浅不一的蚀坑或深孔，缝口常有腐蚀产物覆盖。

（1）机理

以往一直认为缝隙腐蚀是由于缝隙内与缝隙外存在金属离子或氧的浓度差所引起的，因此就用浓差腐蚀的概念来解释这类腐蚀形态。近期的研究表明，金属离子或氧的浓差只是缝隙腐蚀的起因，它进一步的发展，与孔蚀一样属于闭塞电池的自催化腐蚀过程。

　　现以铆接的钢板在充气的海水中的腐蚀为例简要说明之。腐蚀初期阶段，缝隙内外发生氧去极化的均匀腐蚀。由于缝隙内的介质不能对流流动，氧的扩散补充困难，氧参与的还原反应逐步停止。随后就构成了宏观的氧浓差电池，缺氧的缝内成为阳极，缝外为阴极。因为作为阳极的缝内面积比缝外面积小得多，于是将以较大的速度进行阳极溶解反应 $Fe \longrightarrow Fe^{2+} + 2e$；而缝外发生 $\frac{1}{2}O_2 + H_2O + 2e \longrightarrow 2OH^-$ 反应，并受到一定程度的保护。阴、阳极的腐蚀产物在缝口相遇形成二次产物而沉积，逐步发展为闭塞电池，闭塞电池的形成标志着腐蚀进入了发展阶段。此时缝隙中产生的金属离子 Fe^{2+} 因难于往缝隙外扩散而使缝内正电荷增高，必然有氯离子迁移进来以保持电荷平衡，尽管带负电荷的氢氧离子也可能迁入，但是由于体积效应使它们的迁移速度比 Cl^- 慢得多。结果缝内的金属氯化物浓度不断增加，氯化物进一步水解产生不溶性的氢氧化物和游离酸。这样就造成了闭塞电池的自催化腐蚀过程（图 2-27），加速了缝隙内的腐蚀。

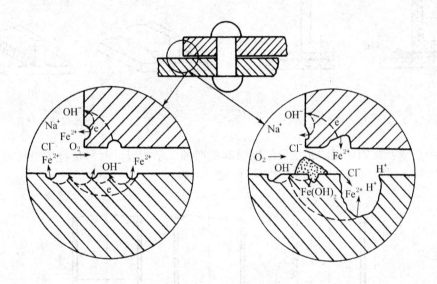

图 2-27　碳钢在海水中缝隙腐蚀过程示意图

　　易钝化金属对缝隙腐蚀比碳钢敏感，它们的腐蚀过程与碳钢基本相同，只是腐蚀刚开始时，缝内、外几乎处于等电位状态，缝内由于供氧不足，钝化膜的溶解速度（即活化过程）很慢，往往有一个很长的孕育期。当缝内一旦活化以后，缝内、外即构成了钝化-活化电池，随后腐蚀速率便急剧增加。对于缝隙腐蚀的快速发展，可以用闭塞电池的自催化过程来说明。由于缝隙区的闭塞条件，使物质迁移困难，从而导致缝隙区内腐蚀条件强化，发生具有自催化特征的腐蚀过程。

　　（2）防护

　　缝隙腐蚀的防护，主要是在结构设计上如何避免形成缝隙和能造成表面沉积的几何构形。工程中常采用以下措施减少缝隙腐蚀：平底储槽（图 2-28）最好不要直接放置在基础上 [图 2-28(a)]，而采用裙式支座如图 2-28(b) 所示，大型的平底槽，底部可加工字梁 [图 2-28(c)]。法兰垫片不要伸出结合面（图 2-29），否则极易引起缝隙腐蚀，并且垫片材料最好不要采用吸湿性比较强的石棉。某些构件从承受载荷的角度来看，即使采用非连续焊甚至点焊也能满足要求，但会形成缝隙 [图 2-30(a)]，所以从防腐蚀的角度最好采取图 2-30(b) 的连续焊等。

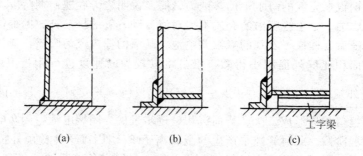

图 2-28　平底储槽在基础上的支承方式

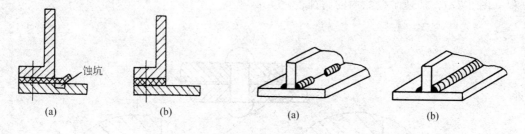

图 2-29　法兰垫片处的缝隙腐蚀

图 2-30　非连续焊造成缝隙

　　为了防止浓差腐蚀，或防止溶液浓缩引起的腐蚀，结构设计时尽量避免积液和死区。图 2-31、图 2-32、图 2-33 列出几种正确与不正确的结构。

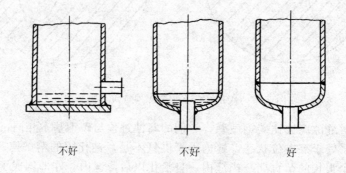

图 2-31　储槽出口接管

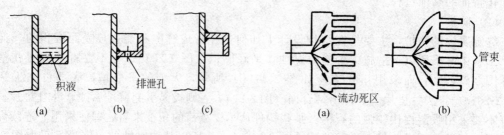

图 2-32　塔体刚性圈

图 2-33　列管换热器水箱示意图

若在结构设计上不可能采用无缝隙方案，也应使结构能够妥善排流，以利于沉积物及时清除，亦可采用固体填充料将缝隙填实。例如，对于海水介质中使用的不锈钢设备，可采用铅锡合金作填充料，同时它还可以起牺牲阳极的作用。

设计选材时，采用某些耐缝隙腐蚀的材料，可以延长设备寿命。例如采用高钼铬镍不锈钢、哈氏合金等，但由于价格昂贵，未能广泛使用。此外，也可以采用阴极保护。

2.2.3　垢下腐蚀

在化工生产过程中，都会涉及流体在管道、机器、储罐等设备中的输送、反应、储存等过程以满足生产工艺的要求。由于某些设备结构复杂，或者因工艺过程中传热传质条件苛刻，不可避免地使流体介质在处理的过程中在流体接触的金属表面沉积出固相的集合体，也就是所谓的结垢。垢层的组分因介质的组成不同而异，例如：热交换器采用的冷却水形成的垢层中主要成分是不溶性的 Ca^{2+}、Mg^{2+}、Al^{3+} 等氧化物或碳酸盐、磷酸盐、硫酸盐以及金属自身的腐蚀产物，除此之外还可能含有其他如泥沙、有机生物如滋生的细菌、藻类等。垢层的存在不仅使工艺过程的效率降低（如热交换效率），能耗增加（如流体输送动力），而且还会在结垢区下部使金属的腐蚀加剧，即发生垢下腐蚀。

（1）机理

垢下腐蚀是一种特殊的局部腐蚀形态，属于电化学腐蚀的范畴，其腐蚀机理类似于缝隙腐蚀。在垢层形成的初期为均匀腐蚀的阶段，金属表面如铁作为阳极与介质发生反应 $Fe \longrightarrow Fe^{2+} + 2e$，氧气作为去极剂发生阴极反应 $1/2O_2 + H_2O + 2e \longrightarrow 2OH^-$。随着沉积物的增多，垢层逐渐变宽变厚，不溶性腐蚀产物 $Fe(OH)_2$ 和 $Fe(OH)_3$ 加速了垢层的成长，在垢层下部形成了一个相对闭塞的环境，垢层下部与外部介质的物质交换变得越来越困难，氧气和腐蚀产物 Fe^{2+} 的扩散都非常缓慢直至最终停止。此时，小面积的垢层下部金属因反应的进行致使狭窄环境中氧气匮乏，和外部直接与介质接触的大面积金属形成了"大阴极小阳极"的氧浓差腐蚀电池，从而导致垢层下金属作为阳极而加速溶解。此时，类似于缝隙腐蚀的发展历程，阳极腐蚀产物 Fe^{2+} 向垢层外部的扩散受阻，而活性阴离子如 Cl^- 因体积效应而易于向垢层下部迁移，从而发展成为自催化酸化的闭塞电池。不断迁入的 Cl^- 与垢层下的 Fe^{2+} 反应逐渐生成高浓度的氯化物，水解之后产生不溶性的氢氧化物和大量游离的 H^+，使垢层下的 pH 值降低，进一步加速了垢层下金属的溶解速度，导致垢层下金属局部的快速减薄直至穿孔。此外，细菌、藻类等微生物易于在垢层中存活繁殖，也是导致垢下腐蚀加剧的重要原因（关于微生物腐蚀会在第 3 章中介绍）。

影响垢下腐蚀的因素主要有材料本身和介质两个方面。不均匀的金属表面容易导致介质中固相不溶物的淤积，如金属中的 MnS 等夹杂物、表面缺陷、轧制氧化皮和表面附着物（特别是疏松的硫化物）都能促进在金属表面形成垢层。多孔的硫化物膜不仅能够阻碍介质的扩散，还能借助毛细作用在垢层下维持一个有利于腐蚀的介质环境，由此形成的阻塞电池一般在 3～24 个月内可导致 3mm 厚的钢板穿孔。静止或流速较慢的介质环境中容易在金属表面形成垢层，介质中含有活性阴离子如 Cl^- 会促进自催化酸化进程，而较高的介质温度会使垢下腐蚀的速度增加。

（2）防护

由于垢下腐蚀的机理类似于缝隙腐蚀，能够减缓缝隙腐蚀的方法对于防止或减缓垢下腐蚀都是有利的。机器、设备、管道设计成避免容易沉积固相物或形成死区的结垢，通过机加工适当降低介质流经金属表面的粗糙度，也可定期对表面进行清洁处理，减少固相物沉积。此外，由于重力的作用，垢层容易首先于管道、设备或容器的底部形成，且腐蚀向下发展的速度比其他方向都快，因此，在这些部位设计上着重考虑避免易导致流体滞留的结构是非常重要的。在接触介质的金属表面涂覆防腐涂料可以有效地控制垢下腐蚀的发生。液相中夹杂有固相的介质可适当地提高流体的流速，容易结晶的介质在输送的过程中控制好流体的温度，用作换热器的冷凝水做净化处理，减少水中固相物成分并降低有害离子浓度。在介质中加入缓蚀剂、杀菌剂或采用阴极保护对于防止或减缓垢下腐蚀也是有效的。

2.3 异种金属组合因素

异种金属彼此接触或通过其他导体连通，处于同一个介质中，会造成接触部位的局部腐蚀。其中电位较低的金属，溶解速度增大，电位较高的金属，溶解速度反而减小，这种腐蚀称为**电偶腐蚀**（galvanic corrosion），或称**接触腐蚀、双金属腐蚀**（bimetallic or two-metal corrosion）、**异金属腐蚀**（dissimilar metal corrosion），实际上这就是两种不同电极构成的宏观腐蚀电池。

工程中很多机器、设备，它们的零部件出于某些特殊功能的要求或经济上的考虑，采用不同的材料组合，甚至不可避免，这样会导致不同电位的金属接触，所以电偶腐蚀广泛存在。图 2-34(a) 为二氧化硫石墨冷凝器，管间通冷却介质——海水，由于石墨花板、管子与碳钢壳体构成电偶腐蚀，不到半年壳体便被腐蚀穿孔；镀锌钢管与黄铜阀连接〔图 2-34(b)〕，先是促使镀锌层加速腐蚀，随后碳钢管基体加速溶解；图 2-34(c) 是维尼纶醛化液（含有 H_2SO_4、Na_2SO_4、HCHO）受槽，不锈钢（316L）上衬铅锑合金（Sb 6.4% 及微量 Cu、Fe 等），由于衬里缝隙出现裂纹而引起不锈钢的强烈腐蚀。石墨密封的泵〔图 2-34(d)〕，造成铜合金轴的电偶腐蚀。有时，两种金属（或能导电的非金属材料）并未直接接触，通过间接的途径也会引起电偶腐蚀，例如，图 2-34(e) 所示的碳钢换热器，由于输送介质的泵采用石墨密封，摩擦副磨削下来的石墨微粒在列管内沉积，加速了碳钢管的腐蚀。

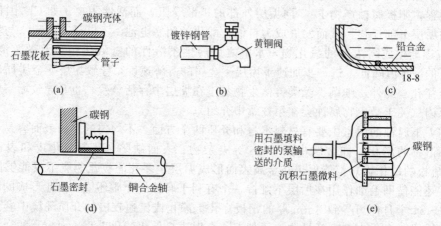

图 2-34 异种材料组合结构实例

2.3.1 电偶腐蚀原理

根据原电池腐蚀机理不难解释电偶腐蚀现象，如果从混合电位的角度分析，可以更清楚地理解电偶腐蚀过程。下面用混合电位理论阐述电偶腐蚀过程。

设等面积的两种金属 M_1 和 M_2，当它们分别处于含 H^+ 为去极剂的腐蚀介质中时，由于微电池的作用，将各自发生共轭电极反应

$$金属\ M_1 \begin{cases} M_1 \longrightarrow M_1^{n+} + ne \\ 2H^+ + 2e \longrightarrow H_2 \uparrow \end{cases}$$

$$金属\ M_2 \begin{cases} M_2 \longrightarrow M_2^{m+} + me \\ 2H^+ + 2e \longrightarrow H_2 \uparrow \end{cases}$$

M_1 和 M_2 的腐蚀电流分别为 i_{corr1} 及 i_{corr2}（图 2-35）。在彼此偶接以后，电位比较低的 M_2 成为阳极，电位较正的 M_1 为阴极，并有电偶电流从 M_1 流向 M_2，因而 M_2 发生阳极极化，M_1 发生阴极极化。当极化达到稳定时，总阴极极化曲线与总阳极极化曲线的交点所对应的电位 E_c 即为偶对的**混合电位**，对应的腐蚀电流 i_c 即为**电偶电流**。此时 M_2 的腐蚀电流从 i_{corr2} 增加到 i'_{corr2}，说明比其单独存在时腐蚀速率增加了，而 M_1 则相反，它的腐蚀电流从 i_{corr1} 降到 i'_{corr1}，说明偶合后比单独存在时腐蚀速率下降了。电偶腐蚀电池中，阳极体金属腐蚀速率增加的效应，称为接触腐蚀效应；阴极体金属腐蚀速率减小的效应，称为阴极保护效应。两种效应同时存在，互为因果。

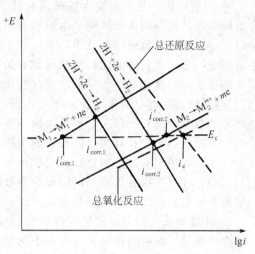

图 2-35　M_1 和 M_2 偶接后的电极动力学行为

2.3.2　面积比与"有效距离"

（1）小阳极、大阴极结构的危害

偶对结构中的阴极和阳极面积的相对大小，对腐蚀速率影响很大。一般情况下随阴、阳极面积比 S_K/S_A 的增加，阳极金属的腐蚀速率也增大。因为当发生析氢腐蚀时，控制因素主要是阴极活化极化。增大阴极面积，相对阴极电流密度减小，氢的超电压就降低，阴极析氢反应加速，导致阳极溶解速度增高。而发生耗氧腐蚀时，氧的扩散为控制因素，增加阴极面积，则溶解氧扩散到阴极表面的总量增多，提高了扩散电流，必然使阳极溶解加速。

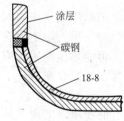

图 2-36　钢与不锈钢衬里焊接结构

因此，大阴极、小阳极的结构是危险的，从防腐的角度，应该采用小阳极、大阳极的结构，二者的比较如表 2-2 所示。例如有个普通碳钢制造的大型储槽，原先内部全部涂上酚醛烘漆，将底部材料改用不锈钢-碳钢复合钢板（图 2-36）。底部不锈钢没有再涂漆，结果使用几个月后发生槽壁穿孔，其原因就是涂膜小孔下裸露的碳钢相对于底部不锈钢构成了小阳极、大阳极的电偶腐蚀。

表 2-2　小阳极、大阴极结构与小阴极、大阳极结构的比较

	小阳极、大阴极	小阴极、大阳极
特征	阳极面积小，阴极面积大，阳极上电流密度大，阴极上电流密度小，对于阴极活化极化控制的析氢腐蚀，氢的超电压降低，阴极析氢反应加速，导致阳极溶解速度增大；而对于扩散为控制因素的耗氧腐蚀，溶解氧扩散到阴极表面的总量增多，提高了扩散电流，会使阳极溶解加速	阴极面积小，阳极面积大，阳极上电流密度小，阴极上电流密度大，对于阴极活化极化控制的析氢腐蚀，氢的超电压升高，阴极析氢反应减缓，导致阳极溶解速度降低；而对于扩散为控制因素的耗氧腐蚀，溶解氧扩散到阴极表面的总量减少，降低了扩散电流，会使阳极溶解减缓
效果	加速腐蚀，工程上应避免	减缓腐蚀，有利于腐蚀防护

（2）电偶腐蚀的主要影响因素

① 金属材料的电极电位　一般情况下，两种金属材料的电极电位差值越大，电偶腐蚀的倾向就越大。

② 面积效应　避免小阳极、大阴极结构。

③ 溶液电阻　从实际发生的电偶腐蚀损坏状态可以观察到，阳极的腐蚀主要集中在接合处的附近，这说明阳极区腐蚀电流的分布是不均匀的，离接合处越远则腐蚀电流就越小，越过一定范围，电偶效应就几乎为零，这个范围称为"有效距离"，它与腐蚀电池的电动势、溶液的电导率、接合处的几何形状等都有关系。电池的电动势不仅与两种金属的初始电位有关，而更主要的往往取决于它们的极化性能；接合处的几何形状如果有突起部分，会产生所谓"屏蔽效应"，即电流集中在阳极突出部位，而在突起零件的后面电流急剧减小；高导电性溶液"有效距离"比较大，如果溶液的电导率很小，则阴、阳极之间的溶液引起的欧姆降很大，腐蚀就会集中在离接合处较近的阳极表面上。例如在海水中，电流的有效距离可达到几十厘米，阳极上腐蚀分布比较均匀也比较宽，而在蒸馏水中，有效距离只有几厘米，腐蚀比较集中，往往在接合处附近的阳极金属被腐蚀成较深的沟槽。所以有时候误认为溶液电导率低而不采取必要的防护措施是危险的。

④ 环境介质　与金属的稳定性和所处介质关系密切一样，电偶腐蚀中的阴、阳极因不同的介质而异，而且腐蚀电流分布的不均匀性受介质电导率的影响较大，所以电偶序总是要规定在什么条件下才适用。如：Cu-Fe 电偶对在中性 NaCl 溶液中铁为阳极，而在含氨介质中，铜为阳极。

2.3.3　电偶腐蚀的防护

影响电偶腐蚀的因素很多，因此防止电偶腐蚀的办法必然也有多种途径，但最有效的还是从设计上解决，正确选择相容性材料和设计合理的结构，主要采用以下方法。

（1）选择相容性材料

产生电偶腐蚀的动力来自接触的两种不同金属的电位差。开始人们试图利用电动序来判断电偶腐蚀的倾向，但是，实际应用的大部分金属材料是合金，并且所处的介质大多不含有金属本身的离子，因而实际电位不仅数值上不同于标准电位，甚至序列也可能发生倒置。所以为了确切判断选择的材料是否会产生电偶腐蚀，最好实际测量某些金属在给定介质条件下的稳定电位（自腐蚀电位）和进行必要的电偶试验。

表 2-3 及表 2-4 分别为某些金属及合金在海水和土壤中的电偶序。不难发现，工程上使用量最大的碳钢的电位比较负，与其他合金组合时多半成为阳极。而某些合金处于活态与钝态时的电位相差很大，与其他合金偶对时，特别要注意是否会引起钝态的破坏。选择材料时，电偶序中相隔距离越远的金属彼此偶对就越危险，比较接近的（尤其表中加有括号的）则属于相容性较好材料，它们相互组合，一般电偶腐蚀不严重。经验认为电位差小于 50mV 时，电偶效应通常可以忽略不计。

当然，初始电位差只是标志电偶腐蚀的倾向，实际腐蚀率主要决定于材料的极化性能。例如钛在海水中有很强的阴极极化趋势，即使电位较负的金属与它接触，腐蚀率亦不高。所以选择材料时，如果缺乏实践经验和必要的资料，最好通过实验确定。

（2）合理的结构设计

ⅰ. 尽量避免小阳极大阴极的结构。相反，阳极面积大、阴极面积小的结构，往往电偶腐蚀并不显著。因此焊缝（正确选择焊条）相对于被焊金属应该是阴极性的，螺钉、铆钉相对于被紧固部件也应该是阴极性的。不过当溶液电导率比较低的情况下（如大气腐蚀环境），电偶腐蚀主要集中在接合处附近，结构的阴阳极面积比并不十分重要，所以面积比要针对实际情况具体分析。

表 2-3　某些金属和合金在海水中的电偶序

阳极性 ↑	镁和镁合金 工业纯锌 镉 杜拉铝 钢、铸铁 1Cr13(活态) 高镍铸铁 18-8 型不锈钢(活态) 锡焊条 铅 锡 因科镍(铬镍铁合金)、镍(活态) { Hastelloy B(60Ni,30Mo,6Fe,1Mn) { Chlorimet 2(66Ni,22Mo,1Fe) { 黄铜、铜、青铜 { 铜镍合金(60~90Cu,40~10Ni) { 蒙耐尔(70Ni,30Cu) 银焊条 因科镍、镍(钝态) 1Cr13,18-8 型不锈钢(钝态) Hastelloy C(62Ni,17Cr,15Mo) Chlorimet 3(62Ni,18Mo) 银 钛 石墨 金 铂
阴极性 ↓	

表 2-4　某些金属和合金在土壤中的电偶序 （相对于标准氢电极 SHE）

金　属	电位（近似值）/V	金　属	电位（近似值）/V
镁	−1.3	铅	−0.2
锌	−0.8	低碳钢	+0.1
铝	−0.5	铜、黄铜、青铜	+0.1
干净的低碳钢	−0.5~+0.2	高硅铸铁	+0.1
生锈的低碳钢	+0.1~+0.2	碳、石墨	+0.1
铸铁	−0.2		

ⅱ. 将不同金属的部件彼此绝缘。图 2-37 为一种正确的绝缘结构示意。

ⅲ. 插入其他金属或采用涂层方法。当绝缘结构设计有困难时，可以在其间插入能降低两种金属间电位差的另一种金属 （如图 2-38 所示）。或者采用镀层过渡，例如与铝合金接触的钢件镀 25~35μm 的镉层。

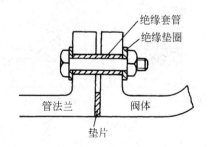

图 2-37　法兰连接的正确绝缘

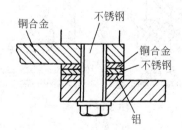

图 2-38　加中间金属的结构

ⅳ. 将阳极性部件设计成为易于更换且价廉材料，可通过适当增厚以延长寿命。如水加热器采用青铜管束和加厚的碳钢管板，比用青铜管板在经济上更合理。当然在腐蚀较强的介质中，这种组合是不可取的。

（3）电化学保护

外加电源使金属都变成阴极，对整个设备进行阴极保护，或安装电极电位比两种金属更负的第三种金属，通过牺牲阳极保护阴极。

（4）电偶效应的正确利用——牺牲阳极保护

根据电偶腐蚀原理，偶合的阳极被腐蚀，阴极受到保护。因此有时人为地在设备上附加一种负电性较强的金属构件，依靠它的溶解产生电流，使主体设备得到保护，这就是所谓的"牺牲阳极保护"（将在第 6 章做详细地阐述）。

作为牺牲阳极的材料，不仅要求具有足够负的腐蚀电位，并且希望阳极极化性能越小越好。为了使阳极溶解产生的电流主要用来供给被保护设备，因此牺牲阳极本身微电池作用所消耗的电流应尽可能地小。

工业上最常用的牺牲阳极材料有锌及锌合金、铝合金、镁合金等。

2.4 焊接因素

化工设备几乎都是焊接结构，由于焊接工艺不当或材料选择的问题，常常产生各种不同的焊接缺陷而导致设备的腐蚀，其腐蚀类型随焊接缺陷的形式而异。

2.4.1 焊接缺陷与腐蚀

（1）焊接表面缺陷

通常在焊接过程可能出现的表面缺陷有焊瘤、咬边、飞溅及电弧熔坑等。

焊瘤是熔化金属流淌到焊缝之外未熔化部位堆积而成，它与母材没有熔合。如图 2-39所示。一般在角焊、立焊、横焊、仰焊时容易产生焊瘤，其原因主要是电弧拉得太长或焊速太慢或焊条角度不正确等。

咬边是在工件上沿焊缝边缘所形成的沟槽或凹陷，常常因为电流过大、电弧拉得太长或焊条角度不当，使工件被熔化了一定深度后，填充金属却未能及时流过去补充所致，一般亦是角焊、立焊、横焊和仰焊时易产生咬边。如图 2-40 所示。

飞溅是熔敷金属的小粒子飞散而附着在母材表面的缺陷，当电流过大、焊皮中有水分、电弧太长、粉性熔渣或焊条角度不当时都可能出现这种缺陷。

(a) 横焊缝的焊瘤   (b) 角焊缝的焊瘤

图 2-39 焊瘤

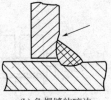

(a) 横焊缝的咬边   (b) 角焊缝的咬边

图 2-40 咬边

焊瘤或咬边常形成可见的狭缝，而飞溅往往亦在母材板和金属粒的接触区形成缝隙，从而产生缝隙腐蚀。

焊接过程如果焊条直接在工件表面起弧，常常促使表面出现熔坑，而成为孔蚀的发源地。

（2）异种金属焊接

　　化工设备采用异种金属焊接，如碳钢-不锈钢、奥氏体不锈钢-铁素体不锈钢、复合钢板的焊接等并不少见，而某些钎焊结构如铜焊、锡焊、银焊更为常见。这种情况下。由于熔敷金属与母材的组成成分都不相同，在腐蚀环境中常常由于存在电位差而构成电偶腐蚀。尤其当焊缝金属电位远低于母体金属时，成为大阴极小阳极，焊缝金属将被迅速腐蚀。因此工程上常选用比母材电位更高的金属作焊条，这样在大阳极小阴极情况下，焊缝不被腐蚀，而母材腐蚀轻微。不过当溶液导电性比较低时，腐蚀将集中在焊缝周围的局部地区而出现较严重的局部腐蚀。

　　（3）焊接残余应力

　　焊接应力是焊接过程中焊件体积变化受阻而产生的，当已凝固的焊缝金属在冷却的时候，由于垂直焊缝方向上各处温度差别很大，结果高温区金属的收缩会受到低温区金属的限制，而使这两部分金属中都引起内应力。高温区金属内部产生残余拉应力，低温区金属内部产生残余压应力。焊接碳钢板应力分布情况举例如图 2-41 所示。

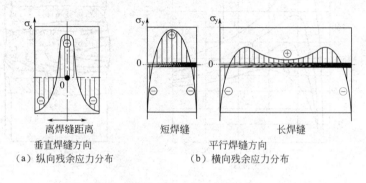

（a）纵向残余应力分布　　　　　　（b）横向残余应力分布

图 2-41　焊接碳钢板应力分布情况举例

　　由于焊接时仅产生局部的体积变化，故焊接应力也仅是一个局部效应。通常在焊缝两侧200～300mm 以外就基本上不存在残余应力。因此，只要母材塑性好，这种局部效应对刚性不太大的焊件不会带来多大的危害。但是当焊接构件处于某些腐蚀环境中时，由于应力腐蚀破裂具有在垂直于最大拉伸应力方向破裂的特性，并且应力水平即使不太高的情况下亦会发生，所以为了防止应力腐蚀破裂，应尽可能降低焊接残余应力。

　　降低焊接残余应力的措施，在设计上应尽可能做到正确布置焊缝，避免应力叠加，以降低应力峰值。在工艺上可采用不加外力的反变形、长焊缝的逆向分段焊、厚板的多层焊和锤击焊接区的方法。或者焊后进行热处理，这是生产中最常用的消除焊接残余应力的方法，一般其消除应力的效果可达 90% 以上。

　　（4）焊接热影响区

　　焊接过程在焊缝两侧距焊缝远近不同的各点，所经历的焊接热循环是不同的，距焊缝越近的点，其加热最高温度越高，越远则越低。也就是说，焊接热影区的各点实际上相当于经受一次不同规范的热处理，因此必然有相应的组织变化，如出现晶粒长大、相变、重结晶等。不过对于低碳钢来说，这种组织变化主要影响力学性能，而对耐蚀性的影响不大，因为它们的晶间、相间与晶粒本体的活性差异较小，一般在使用中仍发生均匀腐蚀。但当金属含有大量合金元素时，其组织变化就复杂得多。在某些情况下，晶间行为变得非常活泼，而发生严重的局部腐蚀，如焊缝晶间腐蚀，下面就以奥氏体不锈钢为例阐述之。

2.4.2　晶间腐蚀

　　（1）特征

　　晶间腐蚀（intergranular corrosion）是一种微电池作用而引起的局部破坏现象，是金属材料在特定的腐蚀介质中沿着材料晶间产生的腐蚀。晶间腐蚀并不一定都发生在焊接结构上，但焊缝晶间腐蚀却是生产上最常见的腐蚀破坏形式之一。常用的金属与合金基本上都是多晶体结构，其表面有大量晶界，而晶间区仅 500nm 以下，腐蚀沿如此狭窄的部位向纵深发展，肉眼是根本无法辨认的。因此其**腐蚀特征**是：在表面还看不出破坏时，晶粒间已几乎完全丧失了结合强度，并失去金属声音，严重时只要轻轻敲打即可破碎，甚至形成粉状。特别是不锈钢材料，有时即使晶间腐蚀已发展到相当严重的程度，其表观仍保持着光亮无异的原态。所以，这是一种危害性很大的局部腐蚀。

焊缝晶间腐蚀通常发生在热影响区的熔合线附近一个较窄的区域，如图 2-42 所示。

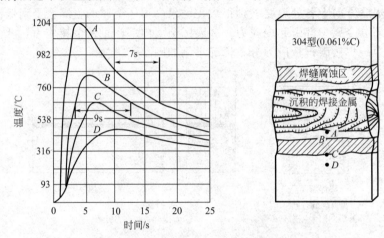

图 2-42　304 型不锈钢电弧焊焊缝热影响区的温度分布

（2）机理

以**贫铬理论**被大家广泛用来解释奥氏体不锈钢产生晶间腐蚀的原因及机理，其主要观点是：奥氏体不锈钢在 450～850℃长时间加热，例如焊接时，焊缝两侧 2～3mm 处将被加热到这个温度范围的所谓晶间腐蚀敏化区，此时晶间的铬和碳化合成为 $(Cr、Ni、Fe)_4C$、$(Cr、Fe、Ni)_7C_3$ 或 $Cr_{23}C_6$，从固溶体中沉淀出来，生成的碳化物，每 1%C 约需 10%～20% Cr，导致晶间铬含量降低。这时由于晶内与晶间的元素存在浓度梯度，晶内的碳及铬将同时向晶间扩散，但在 450～850℃时，Cr 比 C 的扩散速度慢（原子半径 Cr＝1.28，C＝0.771），因此进一步形成的碳化铬所需的 Cr 仍主要来自晶粒边缘，致使靠近碳化铬的薄层固溶体中严重缺 Cr，使 Cr 量降到钝化所必需的最低含量（11%）以下。这样，当与腐蚀性介质接触时，晶间贫铬区相对于碳化物和固溶体其他部分将形成小阳极对大阴极的微电池，而发生严重的晶间腐蚀。

晶间贫铬既然是固态下原子扩散的结果，故除化学成分外，温度和时间亦将影响贫铬状态。温度与时间的作用关系如图 2-42 所示。

由于温度影响扩散能力，当温度很低时，碳原子等没有足够的扩散能量，不会析出碳化物；当温度很高时，例如超过 1000℃，碳化物可能会析出，但很快又会重新溶入奥氏体中，因此都不会造成晶间贫铬。只有当处于 450～850℃的敏化温度范围时最易产生晶间腐蚀，其中的 700～750℃温度区最为危险。

时间影响浓度梯度。即使处于 450～850℃温度区，若经历时间很短，碳来不及扩散到边界，贫铬亦不致发生，如图 2-43 的"一次稳定区"。反之，若时间很长，则铬会充分扩散到晶界进行补充，使晶间的贫铬消失或至少达到钝化所需的铬浓度，即出现"二次稳定状态"，晶间腐蚀也不会发生。而处于两种稳定状态之间的时间内为不稳定状态，将产生晶间腐蚀。

（3）防护

① 固溶处理　加热到 1050～1150℃，使焊接时析出的碳化铬重新分解溶入奥氏体内，再在水中冷却，即经淬火进入一次稳定区。此法工艺比较复杂，且构件淬火易变形，仅适宜于小工件。

② 稳定化退火　加热到 850～900℃保温 2～5h 后空冷，因为在这个温度区内，元素在金属中的扩散相当迅速，使晶粒各处的铬量均匀，进入二次稳定区。

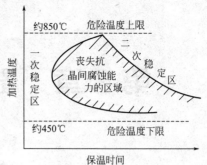

图 2-43　晶间腐蚀与温度、时间关系

③ 超低碳法　控制焊缝的含碳量低于 0.04%，可大大降低碳化铬的析出量。随着冶炼技术的提高，现在超低碳不锈钢的应用日益广泛。

④ 合金化法　加入钛、铌、钽等比铬亲碳能力更强的合金元素，使用碳与这些合金元素优先形成碳化物析出，起到稳定奥氏体内铬含量的作用，避免了贫铬。这些合金元素中，以钛最好，因为它能同时起到细化晶粒的作用，所以如 1Cr18Ni9Ti 这类稳定型的 18-8 钢，应用十分广泛。

⑤ 通过焊接材料向焊缝掺入铁素体形成元素　加入钛、铝、硅等铁素体元素，使焊缝呈奥氏体-铁素体双相组织，也能提高抗晶间腐蚀能力。因为铬在铁素体内浓度大，扩散速度也大，这样当奥氏体晶界形成碳化铬后，铁素体内的铬就能迅速扩散到晶界，以弥补铬的损失，防止了贫铬区的出现。同时铁素体在奥氏体内能打破贫铬区的连续性，可减轻晶间腐蚀的危害。铁素体相的量要适当，一般控制在 5% 以下。

第 3 章　影响腐蚀的环境因素

3.1　高温腐蚀

在石油化工生产中，处于高温气体中工作的设备很多，例如乙烯裂解炉、合成氨转化炉、废热锅炉、氨合成塔等。这里所谓的高温是指在金属表面不致凝结出液膜，又不超过金属表面氧化物熔点的温度。金属在高温气体中的氧化是一种很普遍而又重要的腐蚀形式，因此，了解金属氧化的机理及其规律，对于正确选用高温结构材料、防止或减缓金属在高温气体中的腐蚀是十分必要的。

3.1.1　金属的高温氧化与氧化膜

（1）高温氧化的热力学条件

金属的氧化有两种含义，狭义的氧化是指金属与环境介质中的氧化合而生成金属氧化物的过程。在反应中，金属原子失去电子变成金属离子，同时氧原子获得电子成为氧离子，可用下式表示

$$M + \frac{x}{2}O_2 \Longleftrightarrow MO_x \tag{3-1}$$

实际上能获取电子的并不一定是氧，也可以是硫、卤素元素或其他可以接受电子的原子或原子团。因此，广义的金属氧化就是金属与介质作用失去电子的过程，氧化反应产物不一定是氧化物，也可以是硫化物、卤化物、氢氧化物或其他化合物，可以下式表示

$$M \longrightarrow M^{n+} + ne \tag{3-2}$$

或

$$yM + nX = M_yX_n \tag{3-2'}$$

式中　X——可以是氧、硫、卤素或其他可以接受电子的物质。

金属的高温氧化从热力学角度看是一个自由能降低的过程。对于一个金属的氧化反应 $M + \frac{1}{2}O_2 \Longleftrightarrow MO$，根据 Van't Hoff 等温方程 $\left(\Delta G_T = \Delta G_T^0 + RT \ln \dfrac{a_{MO}}{a_M p_{O_2}^{1/2}} \right)$ 与反应平衡方程 $\left(\Delta G_T^0 = -RT \ln K = -RT \ln \dfrac{a'_{MO}}{a'_M p'^{1/2}_{O_2}} = -RT \ln \dfrac{a'_{MO}}{a'_M p'^{1/2}_{MO}} \right)$，可以通过比较氧的分压（$p_{O_2}$）与氧化物的分解压力（$p_{MO}$）的高低来判定氧化反应能否自发进行，即在给定温度下，如果氧的分压高于氧化物的分解压力（$p_{O_2} > p_{MO}$），则金属氧化反应能自发进行；反之（$p_{O_2} < p_{MO}$），则金属不能被氧化。表 3-1 列出了几种金属氧化物在不同温度下的分解压力数值。

由表 3-1 可以看出，金属氧化物的分解压力随温度升高而急剧增加，即金属氧化的趋势随温度的升高而显著降低。例如空气中，Cu 在 1800K 时能被氧化，但是当温度高达 2000K 时，Cu_2O 的分解压力就已超过空气中氧的分压（0.21atm），因而 Cu 就不可能被氧化了。而对于 Fe，即使在这样高的温度下，其氧化物的分解压力还是远小于氧的分压，因此氧化

反应仍然可能进行。只有剧烈地降低氧的分压，例如将金属转移到无氧的或还原性气氛中，金属才不会发生氧化反应。

（2）高温氧化过程

金属与高温气体接触而发生的氧化过程一般认为有两个步骤：吸附并化合成膜与膜成长。

表 3-1　金属氧化物在各种温度下的分解压力

温度 /K	各种金属氧化物按下式分解时的分解压力/(atm)[①]					
	$2Ag_2O \rightleftharpoons$ $4Ag+O_2$	$2Cu_2O \rightleftharpoons$ $4Cu+O_2$	$2PbO \rightleftharpoons$ $2Pb+O_2$	$2NiO \rightleftharpoons$ $2Ni+O_2$	$2ZnO \rightleftharpoons$ $2Zn+O_2$	$2FeO \rightleftharpoons$ $2Fe+O_2$
300	8.4×10^{-5}					
400	6.9×10^{-1}					
500	24.9×10	0.56×10^{-30}	3.1×10^{-38}	1.8×10^{-46}	1.3×10^{-68}	
600	360.0	8.0×10^{-24}	9.4×10^{-31}	1.3×10^{-37}	4.6×10^{-56}	5.1×10^{-42}
800		3.7×10^{-16}	2.3×10^{-21}	1.7×10^{-26}	2.4×10^{-40}	9.1×10^{-30}
1000		1.5×10^{-11}	1.1×10^{-15}	8.4×10^{-20}	7.1×10^{-31}	2.0×10^{-22}
1200		2.0×10^{-8}	7.0×10^{-12}	2.6×10^{-15}	1.6×10^{-24}	1.6×10^{-19}
1400		3.6×10^{-6}	3.8×10^{-9}	4.4×10^{-12}	5.4×10^{-20}	5.9×10^{-14}
1600		1.8×10^{-4}	4.4×10^{-7}	1.2×10^{-9}	1.4×10^{-16}	2.8×10^{-11}
1800		3.8×10^{-3}	1.8×10^{-5}	9.6×10^{-8}	6.8×10^{-14}	3.3×10^{-9}
2000		4.4×10^{-2}	3.7×10^{-4}	9.3×10^{-6}	9.5×10^{-12}	1.6×10^{-7}

① 1atm=101325Pa。

① 吸附并化合成膜　当金属与气体介质（例如 O_2）接触后，氧分子被吸附在金属表面上，进一步分解为氧原子，氧原子从金属上夺得电子后变成氧离子，并随即与金属离子在金属表面上化合反应生成金属氧化膜。即

$$O_2 \xrightarrow{\text{吸附、分解}} O \xrightarrow{+2e} O^{2-} \xrightarrow{+M^{2+}} MO$$

② 膜成长　金属氧化膜形成以后，金属与氧气便被膜分隔开，彼此不能接触与相互作用，氧化反应的继续进行（即膜的成长）则是一个电化学过程，如图 3-1 所示。

在氧化膜两侧的界面上，进行着不同的电化学反应。在 M/MO 界面，金属原子离子化，即进行阳极反应

$$M \longrightarrow M^{2+} + 2e \tag{3-3}$$

在 MO/O_2 界面，氧原子吸收电子而离子化，即进行阴极反应

$$\frac{1}{2}O_2 + 2e \longrightarrow O^{2-} \tag{3-4}$$

金属氧化膜相当于电化学腐蚀电池中的外电路和电解质溶液，它能在一定程度上同时传导电子和离子。因此，当氧化膜形成以后，氧化反应的继续进行则将取决于阴阳极界面反应和参加反应的物质（M^{2+} 与 O^{2-}）通过氧化膜的扩散过程。可以设想，当金属与氧气作用的初始阶段（形成单分子层膜）以

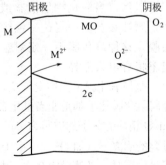

图 3-1　高温氧化膜成长的电化学过程示意图

及氧化膜极薄时，起主导作用的是界面反应。但随着密实氧化膜的增厚，则扩散过程逐渐起显著作用，以至成为整个氧化过程的控制因素。

M^{2+} 与 O^{2-} 通过氧化膜的扩散方式有以下三种可能（如图 3-2 所示）：

ⅰ. M^{2+} 单向往外扩散，在 MO/O_2 界面上与 O^{2-} 进行反应，结果，膜就在该界面处成长，如 Cu 的氧化过程等；

ⅱ. O^{2-} 单向往内扩散，在 M/MO 界面上与 M^{2+} 进行反应，这样膜将在该界面处成长，如 Ti 的氧化过程等；

ⅲ. 两个方向相向扩散，即 M^{2+} 往外与 O^{2-} 往内扩散，两者在氧化膜内部相遇进行反应，从而使膜在该处成长，如 Co 的氧化过程等。

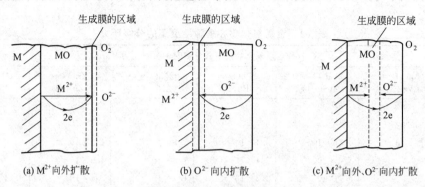

图 3-2 金属氧化膜成长的扩散方式

在扩散过程中，反应物质（M^{2+} 或 O^{2-}）通过膜进行扩散的方式以及扩散速率的大小等，主要决定于金属氧化膜的结构与形态。

（3）氧化膜结构与形态

金属被高温氧化时，所生成的氧化物的形态和性质对金属的氧化速度有直接影响。

金属氧化物可能有三种形态：固态或液态或气态。例如，在1093℃的空气中，Cr、V、Mo 被氧化时

$$2Cr + \frac{3}{2}O_2 \longrightarrow Cr_2O_3（固体） \tag{3-5}$$

$$2V + \frac{5}{2}O_2 \longrightarrow V_2O_5（液体） \tag{3-6}$$

$$Mo + \frac{3}{2}O_2 \longrightarrow MoO_3（气体） \tag{3-7}$$

显然，当氧化物呈液态或气态时，生成后即流失或散逸了，金属不断地暴露出新鲜表面，腐蚀必然以一定速率继续进行下去。当氧化物为固态时，则直接留在金属表面上形成一层膜。这种氧化膜不一定对金属都有保护作用，随着氧化膜的结构和性质不同，金属的氧化速率将有很大差异。

金属氧化膜是固体电解质，其导电与扩散特性是氧化物的属性和晶格内部缺陷结构的反映。金属氧化膜几乎都是非当量化合的离子晶体，即它们的真实成分偏离它们的分子式，例如 ZnO 和 Cu_2O 精确的分子式应写为 $Zn_{>1}O$ 和 $Cu_{1.8}O$，也就是说，晶体内有过剩的金属离子（如 M^{2+}）或过剩的阴离子（如 O^{2-}）。由于晶体内始终要保持电中性，因此，在晶体中存在金属离子过剩或不足的同时，必然对应存在等电荷的电子过剩或不足，即金属氧化膜中存在晶格缺陷。这类离子晶体具有半导体性质，既有电子导电性，亦有离子导电性，其导电性介于导体和绝缘体之间。

当氧化膜中金属离子过剩时，则过剩的金属离子可能处于两种位置：一种是过剩的金属离子处于晶格的间隙位置上，膜内晶格缺陷便是间隙金属离子和被束缚在间隙金属离子周围的等价自由电子，如 ZnO、CdO 等，在氧化期间，间隙金属离子和电子通过膜中的间隙向外扩散，并在MO/O_2界面与 O_2 反应生成 MO [图 3-3（a）]；另一种是膜中过剩的金属离子也可能处于正常晶格位置，膜内晶格缺陷则是阴离子（如 O^{2-}）空位和被束缚在阴离子空位附近的等价自由电子，一般表现为阴离子空位附近金属离子价态降低，如 Al_2O_3、

TiO_2、Fe_2O_3、ZrO_2 等，在氧化期间，电子向外运动，O^{2-} 通过 O^{2-} 空位向内扩散，并在 M/MO 界面与 M^{2+} 反应生成 MO［图 3-3（b）］。这两类半导体主要都是通过带负电荷的自由电子而导电的，通常称之为 **N 型半导体**。

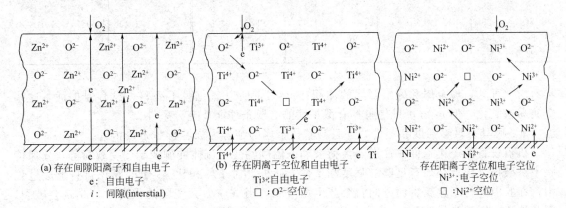

(a) 存在间隙阳离子和自由电子	(b) 存在阴离子空位和自由电子　　　存在阳离子空位和电子空位
e：自由电子	Ti^{3+}：自由电子　　　　　　　　Ni^{3+}：电子空位
i：间隙(interstial)	□：O^{2-} 空位　　　　　　　　　□：Ni^{2+} 空位

图 3-3　金属离子过剩的氧化膜　　　　　　　图 3-4　金属离子不足的氧化膜

当氧化膜中金属离子不足时，则膜内晶格缺陷是金属离子空位和被束缚在金属离子空位周围的电子空位，一般表现为金属离子空位附近的金属离子价态升高，如 NiO、FeO、Cu_2O、Cr_2O_3。在氧化期间，金属离子和电子通过金属离子空位和电子空位向外扩散，并在 O_2/MO 界面与 O_2 反应生成 MO（图 3-4）。这类半导体氧化膜主要是通过电子空位（即正孔）的运动而导电的，通常称为 **P 型半导体**。

可见，不论氧化膜中存在何种类型的晶格缺陷，膜的成长都是依靠电子和离子（金属离子或阴离子）通过膜中缺陷的迁移来实现的，而电子的迁移速度比离子的迁移速度快得多（电子传导率比离子传导率约快 1000 倍），因此，离子的迁移速度对氧化过程起着决定作用，即离子迁移速度愈快，氧化速率就愈快。离子扩散的方向取决于晶格缺陷的类型，而离子扩散速度的快慢则取决于晶格缺陷浓度的高低。晶格缺陷浓度愈高，金属离子或氧离子通过缺陷进行扩散就愈容易，即扩散系数愈高，氧化速率就愈快。说明氧化膜的结构对于金属的高温氧化影响很大。

（4）氧化膜的保护性

氧化膜保护性能主要取决于氧化膜的完整性与致密性，也和膜的热稳定性、膜的结构及厚度、膜与金属的相对热膨胀系数以及膜中的应力状态等因素有关。因此氧化膜要具有保护性，必须满足以下条件。

ⅰ．膜必须是完整的。氧化膜完整性的必要条件是：金属氧化物的体积(V_{MO})要大于氧化消耗掉的金属体积(V_M)，即

$$r = \frac{V_{MO}}{V_M} = \frac{Md}{mD} > 1 \tag{3-8}$$

式中　r——由单位体积的金属生成的氧化物体积（即氧化物与所耗金属之体积比）；

　　　M——金属氧化物的分子量；

　　　m——氧化所耗去的金属重量（$m = nA$）；

　　　n——一个分子氧化物中金属原子的个数；

　　　A——金属的原子量；

　　d，D——金属和金属氧化物的密度。

不难理解，体积比 r 是衡量氧化膜是否完整的主要参数，若 $r < 1$，则生成的氧化膜疏松多孔，就没有保护性。上述关系式最早由庇林（N. B. Pilling）和贝德沃斯（R. E. Bedworth）提出，故体积比 r 常称之为庇林-贝德沃斯比。表 3-2 列出了一些金属的 r 值。

表 3-2　氧化物-金属体积比 r

保护性氧化物		非保护性氧化物		保护性氧化物		非保护性氧化物		保护性氧化物		非保护性氧化物	
Be	1.59	Li	0.57	Mn	1.79	Ti	1.95	Pd	1.60	W	3.40
Cu	1.68	Na	0.57	Fe	1.77	Mo	3.40	Pb	1.40	Ta	2.33
Al	1.28	K	0.45	Co	1.99	Nb	2.61	Ce	1.16	U	3.05
Si	2.27	Ag	1.59	Ni	1.52	Sb	2.35			V	3.18
Cr	1.99	Cd	1.21								

由表可见，碱金属和碱土金属的体积比 $r<1$，所以氧化膜不完整，没有保护性，这些金属易被氧化。但 $r>1$，只是膜具有保护性的必要条件而非充分条件。

ⅱ. 膜具有足够强度和塑性，并且与基体金属的结合力强、膨胀系数相近。

机器设备的工作条件往往有热负荷波动、温度剧变、流体冲刷或承受变载荷等，要保持膜不被破损，膜就必须有足够的强度和塑性。此外，对于体积比 $r>1$ 的膜在自身形成过程中，在膜内平行于金属表面方向将会产生压应力，当该应力大于膜的强度时，膜就会破裂。因此体积比 r 很高的膜不一定具有保护性，如钨的氧化膜 WO_3 $(r=3.4)$。一般 $r=1.3\sim2.0$ 较好。如果膜有较高的强度和塑性，而与基体金属的结合力差，则可能出现膜的剥离或鼓泡。

ⅲ. 膜内晶格缺陷浓度低。氧化膜晶格缺陷浓度越高，表明金属离子或氧离子通过缺陷进行扩散也越容易，氧化速度就越快。例如，FeO 是 P 型氧离子过剩的半导体，属岩盐（NaCl）立方结构，晶格中有许多金属离子空位，故膜的保护性差；反之，磁性氧化铁 Fe_3O_4 具有尖晶石型的晶体结构，晶格的缺陷浓度低，因而膜具有高的保护性。

ⅳ. 氧化膜在高温介质中是稳定的，表现为高的熔点和高的生成热。

3.1.2　金属氧化的动力学规律

金属的氧化膜就是高温下形成的腐蚀产物，所以金属的高温氧化腐蚀速率即单位时间内金属的氧化增量，可用单位时间内氧化膜的厚度增加来表示。不同的金属在不同条件下的氧化所产生的氧化膜的厚度及其保护性能不同，因而金属的氧化速率有不同的规律，金属氧化的动力学曲线大体上遵循直线、抛物线、立方、对数和反对数五种规律。

（1）直线规律

如果金属表面上形成的氧化膜多孔或破裂，膜就没有保护性，那么，氧化膜内的扩散很快，界面反应速度则相对较慢而成为氧化速率的控制因素。这种氧化膜对进一步氧化没有阻止作用，金属的氧化速率为常数，与膜的厚度无关，可用下式表达

$$\frac{\mathrm{d}y}{\mathrm{d}t}=K \tag{3-9}$$

式中　$\dfrac{\mathrm{d}y}{\mathrm{d}t}$——金属的氧化速率，即膜的增长速度；

　　　y——膜的厚度；

　　　t——氧化的时间；

　　　K——常数（与氧化反应的温度有关）。

积分上式，得　　　　　　　　　$y=Kt+A \tag{3-10}$

式中，A 为直线的截距，表示金属表面的膜厚。如果氧化一开始就在光洁的金属表面进行，亦即表面没有任何氧化膜，则 $A=0$，$y=Kt$ 的直线将通过原点（图 3-5）。说明膜的厚度与氧化时间成正比，常数 K 是直线的斜率，它与温度有关（图 3-6）。

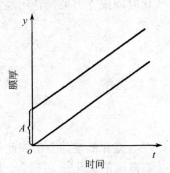
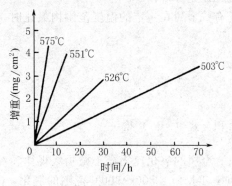

图 3-5　膜的厚度与时间成直线关系示意图　　　　图 3-6　纯镁在不同温度下的氧气中的氧化

碱金属和碱土金属如 K、Na、Ca、Ba、Mg 以及 W、Mo、V、Ta、Nb 或含有这些金属较高合金的氧化都遵循这一直线规律。

（2）抛物线规律

如果金属表面上形成的膜具有保护性，即膜层完整而致密，那么生成的膜将反应物质隔离开来，金属与介质的进一步作用必须通过膜的扩散进行。显然，金属的氧化速率就由扩散速度决定。随着膜的加厚，氧化速率便愈来愈慢，即金属的氧化速率与膜的厚度成反比，即

$$\frac{dy}{dt} = K \frac{1}{y} \tag{3-11}$$

积分此式，得

$$y^2 = 2Kt + A \tag{3-12}$$

式中　$\dfrac{dy}{dt}$——金属的氧化速率，即膜的生长速度；

y——膜的厚度；

t——氧化的时间；

K——常数，与温度有关；

A——积分常数，若氧化从光洁金属表面开始，则 $A=0$。

以上说明膜厚度的增加与时间成抛物线关系。很多金属如 W、Fe、Co、Cu、Ni、Mn、Zn、Ti 等，在一定温度范围内，其氧化速率都遵循抛物线规律。例如 Fe 在高温空气中的氧化，Cu 在800℃的空气中的氧化，如图 3-7、图 3-8 所示。

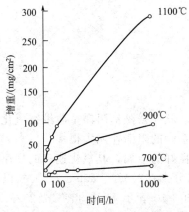
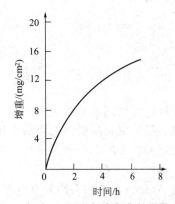

图 3-7　铁在高温空气中氧化的抛物曲线　　　　图 3-8　铜在800℃空气中氧化的抛物曲线

（3）立方规律

有些金属在一定的温度范围内氧化时，氧化膜厚与氧化时间成立方关系，用数学式可表达为

$$\frac{\mathrm{d}y}{\mathrm{d}t} = \frac{k_1}{y_2} \tag{3-13}$$

积分式（3-13）得
$$y^3 = Kt + A \tag{3-14}$$

此时，金属的氧化速率介于抛物线规律和对数规律之间，在高温和低温都会出现此规律，如 Zr 在 0.1 MPa、600～900℃范围的氧化，Cu 在 100～300℃范围的氧化。

值得注意的是，同一金属在不同条件下（如温度、时间、介质成分等），其氧化速率规律往往是不同的。例如，Cu 在 100℃以下按对数规律氧化，而在 300～1000℃则按抛物线规律进行氧化；Fe 在 400℃以下按对数规律氧化，而在 500～1100℃则按抛物线规律进行氧化。按抛物线规律或对数规律氧化的金属在氧化初期阶段通常也是按直线规律氧化。

将不同的金属氧化速率方程式曲线的一般形状归纳在图 3-9 中，不难发现，直线型氧化速率最快，按抛物线规律氧化的金属要比直线型的耐蚀，而按对数规律氧化的金属只要形成一定厚度的膜，就能使氧化速率显著降低。因此，上述氧化规律的研究对于寻求高温合金具有重要的实际意义。

（4）对数规律

有些金属在某一条件下氧化时，其氧化速率比按抛物线规律进行得还要缓慢，若不考虑膜成长的初始状态，则金属的氧化速率与膜厚的指数函数成反比，用数学式可表达为

$$\frac{\mathrm{d}y}{\mathrm{d}t} = \frac{K}{\mathrm{e}^y} \tag{3-15}$$

式中 $\dfrac{\mathrm{d}y}{\mathrm{d}t}$——金属的氧化速率，即膜的生长速率；

y——膜的厚度；

t——氧化酸时间。

e——自然对数的底；

K——常数，与温度有关。

积分上式，得

$$\mathrm{e}^y = Kt + A \tag{3-16}$$

取对数

$$y = \ln(Kt) + A' \tag{3-17}$$

说明膜的厚度与时间成对数关系。当形成很薄的膜时，就能强烈地阻滞金属继续氧化，随着膜的增厚，膜的成长所受到的阻滞作用要比抛物线关系中的阻滞作用大得多。

实验证明，金属在较低温度以及某些抗氧化性能良好的金属，其氧化速率的规律服从对数关系。例如，Fe 在 375℃以下的氧化，Zn、Ni、Cu 分别在 225℃、650℃、100℃以下的氧化，以及 Al、Cr、Si 和它们的合金都服从此规律，图 3-10 表示 Fe 在 305℃及 252℃的空气中氧化的对数曲线。

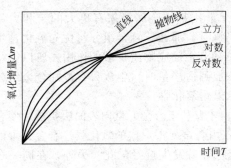

图 3-9　氧化速率规律

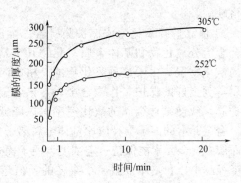

图 3-10　铁在温度不很高的
空气中氧化的对数曲线

（5）反对数规律

与对数规律相反，金属的氧化速率与膜厚的指数函数成正比，用数学式可表达为

$$\frac{\mathrm{d}y}{\mathrm{d}t}=K\,\mathrm{e}^{y}$$

积分并取对数后可以得到

$$\frac{1}{y}=-\ln(Kt)+A' \tag{3-18}$$

说明膜的厚度与氧化时间成反对数关系。在某一条件下氧化时，金属的氧化速率比按对数规律的还要慢。金属在一定温度范围内氧化服从此规律，如 Al、Ta 在 100～200℃ 下的氧化。由于对数和反对数曲线比较接近，实际上有时很难区分二者。

3.1.3　高温合金的抗氧化性能

（1）合金化原理

为了提高金属的抗高温氧化性能，主要是采用合金化的途径，下面分别阐述合金化原理和高温合金的抗氧化性能。在工业生产中，用合金化提高金属的抗高温氧化性时，一般不采用在本质上就耐氧化的贵金属（如 Cu、Ag、Pt 等），而是应用另一类耐氧化金属（如 Al、Cr、Si 等）作为合金元素，这些元素与氧的亲和力强，易生成氧化物且氧化膜缺陷少。利用合金化提高金属的抗氧化性有以下几种途径。

① 减小氧化膜的晶格缺陷浓度　由于在半导体氧化膜中，离子或离子空位的迁移相对电子电导慢得多，是金属氧化扩散过程的控制环节，因此间隙金属离子浓度或金属离子空位浓度或阴离子空位浓度愈高，则氧化速率就愈快。当人为加入少量合金元素，减少氧化膜中的间隙离子浓度或离子空位浓度，即控制晶格缺陷，可以提高金属的抗氧化性能。

对于金属离子过剩型的氧化膜（N 型半导体），加入少量较高化合价的金属离子，通过引入过量的阴离子（如 O^{2-} 离子）构成空间架构以增加阳离子晶格结点数，使间隙金属离子回到正常的晶格位置，从而减少间隙金属离子浓度，使金属氧化速率降低。例如在 Zn 中加入 0.1%～1% 原子数的 Al 时，Al_2O_3 与 ZnO 形成的固溶体大大降低了 ZnO 中间隙 Zn^{2+} 浓度，Zn 在390℃的氧化速率降低至原有速率的 1/200～1/100。

对于金属离子不足型的氧化膜（P 型半导体），则加入少量较低化合价的金属离子，例如在 NiO 中加入少量 Li，引入的过量金属离子占据原晶格结点的空位，使金属离子空位浓度减低，从而提高了金属的抗氧化能力。

但是，这种方法只有在少量的合金组分形成的氧化物游离地、均匀分布在基体金属氧化膜中才是正确的，即添加的合金组分的氧化物与基体金属的氧化物能相互固溶时，才能控制晶格缺陷。

② 依靠选择氧化生成保护膜　若添加的合金元素比基体金属对氧有更大的亲和力，并且合金组分氧化物和基体金属氧化物几乎是互不溶解时，那么，合金组分将优先氧化，生成新的氧化物层。由于这种氧化物的晶格缺陷较少，有阻止反应物质扩散的作用，所以使基体金属得到更好的保护。作为合金，当该合金元素添加到适当量时，生成只有添加合金组分的保护膜，致使基体金属的氧化速率得以降低，显示出耐氧化性。

合金元素的离子半径应比基体金属离子半径小，才有利于合金元素向表面层扩散，使合金表面层中合金元素能保持一定浓度，便于优先生成仅由合金元素形成的氧化膜。合金元素的离子半径越小，和基体金属离子半径的差值越大，就越容易发生选择氧化。另外，在同一合金系，其添加量越多，越能在低的加热温度下发生选择氧化。例如表 3-3 中列出的钢铁，在含 Cr18% 以上或 Al10% 以上时，由于 Cr、Al 与氧的亲和力比 Fe 更大，因而加入 Fe 中在高温下发生选择性氧化，分别形成 Cr_2O_3 或 Al_2O_3 的氧化膜，这些氧化膜薄致密，阻碍氧化的继续进行。同样，Fe-Si 合金，Si 含量为 8.55%，1000℃ 加热，在极薄的 Fe_2O_3 膜下，能生成白色的 SiO_2 保护膜。此外，如果合金元素联合加入使其合金化，则发生选择氧化所需的合金元素各组分的含量可减少。例如在 Fe-Cr-Al 系的 Al 与 Cr 共存的合金，发生选择氧化所需的 Al 量，700℃ 时为 4%～5%；1000℃ 时为 2%～3%，即能生成 Al_2O_3 的保护膜。

表 3-3　选择氧化

合　　金	发生选择氧化的合金元素含量	选择氧化发生温度	选择氧化生成的氧化物	合　　金	发生选择氧化的合金元素含量	选择氧化发生温度	选择氧化生成的氧化物
Cr 钢	＞18%Cr	1100℃	Cr_2O_3	Al-Be 合金 {	0.2%Be	630℃	BeO
Al 钢	＞10%Al	1100℃	Al_2O_3		3%Be	500℃	BeO
黄铜	＞20%Zn	＞400℃	ZnO		0.03%Mg	650～660℃	MgO
Al 青铜	＞2.5%Al	—	Al_2O_3	Al-Mg 合金 {	0.1%Mg	620℃	MgO
Cu-Be 合金	＞1%Be	赤热	BeO		1.4%Mg	400℃	MgO

③ 生成复合氧化物之类的稳定的新相　加入的合金元素与基体金属氧化物能够相互溶解形成新的复合氧化物，使反应物质在其中的扩散速度非常小，因而能提高金属的抗氧化性能。

例如，在 Fe 或 Ni 的金属离子不足型的氧化物（FeO、NiO）中，当加入少量的 Cr 使其合金化时，由于 Cr 相对于基体金属有较高原子价而使金属离子空位缺陷浓度增加，导致金属氧化速率加快。但是，将 Cr 的加入量提高到 10% 以上时，由于生成了由 $FeO \cdot Cr_2O_3$、$NiO \cdot Cr_2O_3$ 这类尖晶石型的复合氧化物组成的氧化膜，离子在其中的扩散速度迟缓，因而显示了出色的耐氧化性。加入合金元素后形成的新相中离子的移动速度迟缓的原因，不是由于晶格缺陷浓度减少，而是由于离子移动所需的活化能增大，但是其晶格中离子的扩散机理目前尚未明确。尖晶石型的复合氧化物一般为 $XO \cdot Y_2O_3$ 的形式，即使 X 或 Y 的金属不同，晶格常数也只有微小差异，并且其结构在相当宽的温度范围内均是稳定的，在加热、冷却时，也不会产生裂纹，所以具有出色的机械性保护作用。

（2）合金的抗氧化性

合金在高温下的化学稳定性，最重要的是抗氧化性，因为氧化问题，是高温合金的最普遍问题。

所谓抗氧化性并不是指在高温下完全不被氧化，而通常是指高温下迅速氧化，但在氧化后能形成一层连续而致密的、并能牢固地附着在金属表面的薄膜，从而使金属具有不再继续被氧化或氧化速率很小的特性。

钢铁在空气中加热时，在较低的温度下（200～300℃）表面已经开始出现可见的氧化膜。随着温度升高，氧化速率逐渐加快，但在570℃以下，氧化膜由 Fe_3O_4 和 Fe_2O_3 组成，它们的结构致密，有较好的保护性，离子在其中的扩散速率较小，所以氧化速率较慢，表 3-4 列出了钢在不同温度时氧化速率的大小。

表 3-4 钢在热空气中的氧化

温 度 /℃	腐蚀率[1] /[mg/(dm²·d)]	温 度 /℃	腐蚀率[1] /[mg/(dm²·d)]	温 度 /℃	腐蚀率[1] /[mg/(dm²·d)]	温 度 /℃	腐蚀率[1] /[mg/(dm²·d)]
100	0	400	45	700	1190	1000	13500
200	3.3	500	62	800	4490	1100	20800
300	12.7	600	463	900	5710	1200	39900

[1] 低碳钢在给定温度下的空气中暴露 24h。

钢铁在570℃以上高温氧化时生成的氧化膜结构是十分复杂的，它由三种氧化物组成，即从内到外为 FeO、Fe_3O_4 和 Fe_2O_3，其结构示于图 3-11。

由图可见，钢铁在570℃以上氧化膜的增长机理为：FeO 是 P 型半导体，具有高浓度的 Fe^{2+} 空位（晶格缺陷浓度可高达 9%～10%）。导致 Fe^{2+} 快速向外扩散，在 FeO/Fe_3O_4 界面与 O^{2-} 结合成 FeO，并以非常高的速度使其增厚；Fe_2O_3 是具有阴离子（O^{2-}）空位的 N 型半导体，O^{2-} 通过空位向内扩散，在 Fe_2O_3/Fe_3O_4 界面与 Fe^{2+} 结合并氧化成 Fe_2O_3；Fe_3O_4 中 P 型半导体占优势，它的电导率比 FeO 要低得多，有时也表示为 $FeO \cdot Fe_2O_3$。这层膜的成长是由于离子电导的 80% 是 Fe^{2+} 向外扩散，20% 是 O^{2-} 的扩散。

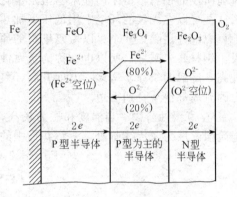

图 3-11 铁在570℃
以上氧化时的氧化膜增长机理

在这些氧化物中，FeO 结构疏松，易于破裂，保护作用较弱，而 Fe_2O_3 和 Fe_3O_4 结构较致密，有较好的保护性。因此，在570℃以下，钢铁在空气中仅生成 Fe_3O_4 和 Fe_2O_3，相对说来，它们有保护作用，氧化速率较低。而当温度超过570℃以后，氧化层中出现大量有晶格缺陷的 FeO，使 Fe^{2+} 易于扩散，氧化速率就大大增加。

为了提高钢的抗氧化性，主要是采用合金化的途径。由于 FeO 是金属离子不足的半导体，加入一价的金属，其氧化速率应该减少。但是一价的金属即碱金属不溶于 Fe，因此，想通过控制晶格缺陷来改善 Fe 的抗氧化性是不可能的。一般是加入 Cr、Al、Si 及其他微量元素，按选择氧化或生成复合氧化物（新相）等方面进行，而这些途径一般都不是单独作用，很多情况下显示出综合效果。例如，组成耐热钢基础的高 Cr-Fe 合金，显示出优异的抗氧化性，就是因为在氧化时发生以下反应：Cr 的选择性内部氧化生成 Cr_2O_3，Cr_2O_3 与 FeO 生成固溶体并形成尖晶石型复合氧化物 $FeO \cdot Cr_2O_3$ 等。

Fe-Si 合金在1000℃以上的高温氧化时，生成橄榄石型的 $2FeO \cdot SiO_2$，而具有极好的抗氧化性。在 Fe-Cr 中加入 Si，即使在 700～900℃加热，由于 Si 在基体金属和氧化层的界面浓缩，发生内部选择氧化，在氧化初期已经形成非结晶的 SiO_2 薄膜，由于该薄膜阻碍了 Fe 和 Cr 向外扩散，使其抗氧化性增高。含有 0.5%～2.5% Si 的 19Cr-9Ni 钢、20Cr-10Ni 钢等耐热钢，之所以具有优异的抗氧化性能，原因之一就是由于 SiO_2 膜的保护作用。

3.1.4 高温氢腐蚀与硫化

高温条件下，除了常见的高温氧化外，也会出现高温氢腐蚀和硫化等局部热腐蚀形态。

3.1.4.1 氢腐蚀

钢材受高温高压的氢气作用而变脆甚至破裂的现象称为**氢腐蚀**。随着石油、化学工业的发展，出现了设备大型化和高温高压化的倾向。如合成氨、合成甲醇、合成橡胶、石油加氢等，许多反应过程都是在高温高压的氢介质中进行的，因此，钢制设备均可能遭受严重的氢腐蚀。

(1) 氢腐蚀的发生阶段

钢材发生的氢腐蚀可分为两个阶段，即氢脆阶段和氢侵蚀阶段。

① 氢脆阶段　当温度和压力比较低，或者温度、压力虽不低，但钢材与氢气接触时间不长时，钢的氢腐蚀不严重，只是韧性降低，材料变脆。这是因为钢材与氢气接触后，氢被吸附在钢表面上，然后分解为氢原子并沿晶粒边界向钢材内部扩散。尤其当钢材受力变形时，会剧烈地加速氢原子的扩散，高速扩散的氢原子在滑移面上转变成为分子状态，而分子氢不具有扩散能力，在晶间积聚产生内压力，使钢材进一步变形受到限制而呈现脆性。处于氢脆阶段的钢材，由于内部未与氢发生化学作用，组织结构并未遭受破坏，而溶解在钢中的氢往往可以在无氢的环境中用低压下加热或常温下静置的方法使之从钢中脱出，则钢材的脆性可以部分消除，甚至可以恢复钢材的原来的韧性（暂时脆化，可逆的）。由于处在氢脆阶段，钢材并未破坏，所以也常称为氢腐蚀的孕育期。孕育期的长短与温度、压力有关，压力升高，溶解的氢原子增多；温度升高，氢原子在钢材内部的扩散速度加快，因此，温度和压力的升高都使孕育期缩短。

② 氢侵蚀阶段　当温度和压力较高，或者钢材与氢气接触的时间很长，则钢材将由氢脆阶段发展为氢侵蚀阶段，溶解在钢中的氢将与钢中渗碳体发生脱碳反应生成甲烷

$$Fe_3C + 2H_2 \longrightarrow 3Fe + CH_4 \uparrow \tag{3-19}$$

$$\begin{bmatrix} Fe_3C \longrightarrow 3Fe + C \\ C + 2H_2 \longrightarrow CH_4 \end{bmatrix}$$

随着反应的不断进行，钢中 Fe_3C 不断脱碳变成铁素体，并不断生成 CH_4，而 CH_4 在钢内扩散困难，积聚在晶界原有的微观空隙内，随着反应的不断进行而愈聚愈多，产生很大的内压力，形成局部高压，造成应力集中，使细微的空隙开口、扩大、传播，引起钢材中出现大量细小的晶界裂纹和气泡，这就使钢的强度和韧性大为降低（永久脆化，不可逆的），甚至开裂，导致设备破坏。钢内裂纹的产生，除了上述甲烷积聚形成局部高压、钢材脱碳强度降低以外，有人认为还由于渗碳体（Fe_3C）转变为铁素体（Fe）后，体积缩小了 0.7%，因而使钢材内部产生裂纹。

产生氢腐蚀的钢材，由于裂纹很小而数目非常多，从外观上又很难凭肉眼直接观察到明显的痕迹，往往设备突然出现破裂。所以氢腐蚀是一种很危险的腐蚀。

氢在常温常压下不会使钢材遭受明显的腐蚀，只有当温度和压力达到一定数值后，氢腐蚀才会发生。在一定的氢气压力下，渗碳体与氢发生反应有一最低温度，称为**氢腐蚀的起始温度，它是衡量钢材抗氢腐蚀的性能指标。低于这个温度时氢腐蚀反应极慢，可以认为对钢材无害。**

渗碳体与氢反应生成甲烷是一个体积缩小的反应，氢的压力升高将加速氢腐蚀的进行，所以存在一个产生氢腐蚀的最低氢分压，低于这一压力时，不管温度多高，氢腐蚀均不会发生。这是因为氢分压很低时，氢原子向钢材内部的扩散深度很小，所产生的甲烷压力也很低，而且生成的甲烷可能又从钢内逸出（因为反应区接近金属表面），残存的甲烷不足以产生高压而引起钢材裂纹。所以钢材在高温低压下并不发生氢腐蚀，只发生表面脱碳反应。

几种主要钢材发生氢腐蚀的起始温度和压力的组合条件表示在 Nelson 线图中（图 3-12）。该图主要根据许多加氢设备中的损伤事例和使用成功的事例而制成的，并经受了实际的检验。并且线图是以氢的分压和温度这种简单的因子绘制的，所以使用很方便。目前世界各国在炼油、化工设备设计中，广泛应用 Nelson 线图来选用抗氢腐蚀的钢材。线图上的曲

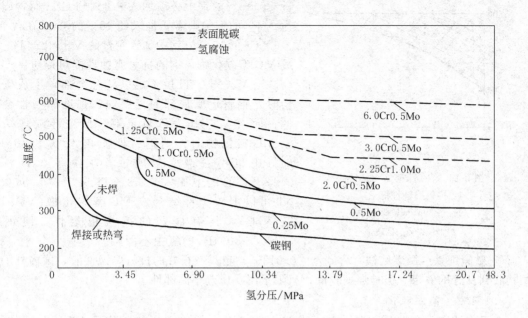

图 3-12　钢材的氢腐蚀曲线（Nelson 线图）

线为安全-危险的临界线，每条曲线的下方为不发生氢腐蚀的区域，上方为氢腐蚀区。从线图可以看出：温度比压力对氢腐蚀的影响更大，加有合金元素后，钢材抗氢腐蚀能力有显著提高。

（2）氢腐蚀的影响因素

① 环境温度和氢分压　氢腐蚀是由碳和氢的化学反应造成的，氢的分子态由于体积较大很难进入钢中，只有转变成原子态或离子态才容易进入钢中。当体系达到一定的温度和氢分压时才会发生氢腐蚀，而且温度越高，氢分压越大，越容易发生氢腐蚀。工程设计中确定钢材在氢介质中的使用温度和压力范围时多根据经验的 Nelson 曲线，曲线上方是氢腐蚀区，下方为钢的使用安全区。由于奥氏体不锈钢有很好的抗氢腐蚀能力，所以图中没有列出。

② 钢中碳含量　甲烷的生产量和聚集状态对氢腐蚀影响较大，钢中碳含量越高越容易发生氢腐蚀，孕育期越短。钢的力学性能因氢腐蚀而恶化所达到的最终程度，即氢腐蚀的最终程度，取决于钢中的总碳含量。工程上有时利用介质中的水蒸气脱去表面碳的方法来降低碳素钢中的含碳量，也可以往钢中加入稳定碳化物元素（Ti、Zr、Nb、V、W、Mo、Cr等）抑制甲烷的生成，提高钢的抗氢腐蚀能力。

③ 合金元素　钢中加入某些合金元素可以抑制碳与氢的反应，减缓氢或碳的扩散速度，减少钢晶粒的界面能，降低裂纹的成核速度，提高钢的高温强度，在钢表面形成致密保护膜，能够提高抗氢腐蚀或抗氢脆性能。

（3）氢腐蚀防护方法

① 降低碳含量　工程上有时利用介质中的水蒸气脱去表面碳的方法来降低碳素钢中的含碳量，这样做尽管会降低钢材的表面强度，但是提高了钢的塑性、韧性及抗氢腐蚀能力。

② 加入强碳化物形成元素　强碳化物形成元素 Cr、Mo、W、V、Nb、Ti，能够和钢中的碳优先结合成稳定的碳化物$(Cr、Fe)_7C_3$、$(Cr、Fe)_{23}C_6$、TiC、$W_{23}C_6$、VC、NbC 等，可以提高钢的抗氢腐蚀性能，并且这一性能受添加元素的含量影响较大。非碳化物形成元素 Si、Ni、Cu 及 Al 对抗氢腐蚀没有影响。钢中含 Cr 量增高，钢抗氢腐蚀的临界温度也随之升高（图 3-13）。实验证明，为了避免在 600℃、80MPa 的氢中遭受氢腐蚀，含碳

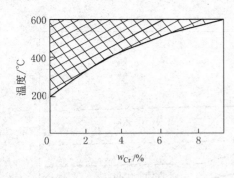

图 3-13 含 0.16%C 的铬钢
抗氢腐蚀性能

（p_{H_2}＝30MPa 影线区为

产生氢腐蚀的区域）

量≤0.15%的钢中必须加入 8.4%的 Cr；而含碳量为 0.4%的钢中则需要加入约 10%的 Cr。在含 3%～6%Cr 的 Cr-Mo 钢中加入少量的 V、Nb、Ti，生成 MC 型碳化物，钢的抗氢腐蚀性能可以进一步提高。当 V、Nb、Ti 量不足以结合全部碳生成碳化物时，钢将遭受局部的氢腐蚀，强度和塑性会降低；而当 V、Nb、Ti 量足够，使全部碳均结合成 MC 碳化物时，则钢材即使在 600℃、80MPa 的氢中也不会遭受氢腐蚀。在含有 0.16%～0.18%C 的钢中加入 0.68%Ti 或 2%V，或 2%Nb 可以把碳全部结合成 MC 型碳化物（VC、TiC 或 NbC），具有最好的抗氢稳定性，使钢在 600℃、80MPa 的氢中不脱碳。

③ 微碳纯铁 微碳纯铁（含碳量＜0.015%）也具有很好的抗氢腐蚀性能，国内外的应用均收到良好的效果。但是强度较低，只限于用在压差小的部件。

3.1.4.2 高温硫化

高温气体中常含有 S 蒸气、SO_2 或 H_2S 等成分，这些成分在高温下可起氧化剂作用。金属与含硫气体（S 蒸气、SO_2 或 H_2S 等）接触，反应生成硫化物，使金属不断腐蚀的现象，称为**硫化**。

硫化是广义的氧化，它比氧化作用更严重。在大气或在燃烧产物（烟气）中，有含 S 气体存在时，都会加速金属的腐蚀，如表 3-5、表 3-6 所示。

表 3-5 不同气体混合组成对低碳钢和 18-8 钢氧化的影响

（900℃，24h 质量增加 mg/cm²）

混合气体组成	低碳钢 (0.17%C)	18-8 钢 (17.7%Cr, 8%Ni)	低碳钢/ 18-8 钢	混合气体组成	低碳钢 (0.17%C)	18-8 钢 (17.7%Cr, 8%Ni)	低碳钢/ 18-8 钢
纯空气	55.2	0.40	138	大气＋5%SO_2＋5%H_2O	152.4	3.58	43
大气	57.2	0.46	124	大气＋5%CO_2＋5%H_2O	100.4	4.58	22
纯空气＋2%SO_2	65.2	0.86	76	纯空气＋5%CO_2	76.9	1.17	65
大气＋2%SO_2	65.2	1.13	58	纯空气＋5%H_2O	74.2	3.24	23

表 3-6 不同燃烧产物组成对铁氧化的影响（1000℃）

燃　料	燃烧产物组成（体积分数）/%			铁的氧化后的质量增加/（mg/cm²）			
	H_2O	CO_2	N_2	无 SO_2	0.05%SO_2	0.1%SO_2	0.2%SO_2
干燥高炉煤气	2	18	80	4.4	11.2	14.6	18.6
煤油发生炉煤气	10	10	80	7.5	17.5	22.5	26.5
焦炉煤气	20	10	70	12.0	21.5	27.8	32.0

硫化比氧化作用更严重的原因，主要是由于金属硫化物（腐蚀产物）的一系列特性造成的。与金属氧化物相比较，硫化物具有以下更特殊的性能。

ⅰ. 庞林-贝德沃斯比（体积比 r）更大，例如 FeS、NiS、MnS、CrS 和 CuS 等的体积与其相应的金属体积之比，一般在 2.5～3.0 之间，因而生成的硫化物膜有更大的内应力，易使膜破裂；

ⅱ. 晶格缺陷浓度高得多。例如 FeO 的过剩 O^{2-} 为 9%～10%，800℃时 FeO 的精确分子式为 $Fe_{0.89}O$，而 FeS 中 S^{2-} 的过剩达 15%，800℃时 FeS 的精确分子式为 $Fe_{0.8}S$。也就

是说，FeS 中的 Fe^{2+} 空位浓度比 FeO 中 Fe^{2+} 空位浓度要高得多，因而 Fe^{2+} 通过 Fe^{2+} 空位向外扩散的速率也就大得多。

ⅲ. 膜的熔点低，尤其当生成某些硫化物的共晶物时，熔点更低，如表3-7、表3-8所示。

表 3-7　金属、氧化物、硫化物的熔点　　℃

金属的熔点		氧化物的熔点		硫化物的熔点	
Fe	1539	Fe_2O_3	1565		
		Fe_3O_4	1457	FeS_2	分解
		FeO	1377	FeS	1195
Mn	1244	MnO	1790	MnS	1620
		Mn_3O_4	1580	MnS_2	分解
Ni	1455	NiO	1990	NiS	787

表 3-8　硫化物的共晶温度

共　晶	共晶温度/℃
Ni-NiS	645
FeO-FeS	950
Fe-FeS	985
MnS-FeS	1181
MnO-MnS	1350

Fe 硫化时，Fe^{2+} 通过 FeS 膜中 Fe^{2+} 空位的扩散是硫化反应速度的控制因素，膜按抛物线规律成长。在 S_2 或 H_2S 中的硫化生成的膜，由 FeS（内层）和 FeS_2 薄层组成。

Ni 在 630℃ 的硫化速率，与 S_2 气体分压的平方根成正比，即 Ni 的硫化反应速率的控制因素是 S_2 分子的分解和吸附的表面反应过程，Ni 的硫化速率与硫化膜的厚度无关，按直线规律进行。并且由于 NiS 的熔点和 Ni＋NiS 的共晶点均低，Ni 和含 Ni 多的合金不耐硫化。因此，对一些使用高 Ni 合金的场合，例如合成氨生产中的 Cr25Ni20 转化炉管，对于进炉管之前的气体，必须经过严格的脱 S 处理[$H_2S<0.01\times10^{-6}$（质量），有机 $S<1\times10^{-6}$（质量）]。

在钢中加入 Al、Cr、Si 等合金元素，可提高抗硫化的能力，因为 Al、Cr、Si 的硫化物都具有一定的保护性，从图 3-14 可见，Al 对抗硫化的效果最好。

3.1.5　耐热金属结构材料简介

碳钢的力学性能和耐蚀性能受温度影响较大，在温度高于475℃时，机械强度显著下降；而当温度高于

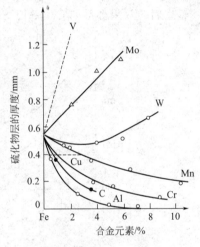

图 3-14　合金元素对铁在 S_2
蒸气（445℃、1000h）
中硫化程度的影响

570℃时就会剧烈地被氧化。因此，碳钢只能用于压力小于 5MPa，温度低于475℃的场合。如果温度再高，就必须采用耐热钢。**耐热钢是指在工作温度高于450℃时，具有一定强度和抗氧化能力的钢种，是抗氧化钢和热强钢的通称**，广泛用于制造锅炉、高温炉和石油化工等设备的构件。

高温下（一般在 550～1200℃）具有较好的抗氧化性能及抗高温腐蚀性能，并有一定高温强度的钢称为**抗氧化钢**，又叫**热稳定钢**或**耐热不起皮钢**，多用于制造各类加热炉用零件和热交换器，制造燃气轮机的燃烧室、锅炉吊挂、加热炉底板和辊道以及炉管等。在高温下（通常在450～900℃）既能承受相当的附加应力又要具有优异的抗氧化、抗高温气体腐蚀能力的钢称为**热强钢**，通常还要求承受周期性的可变应力，一般用作汽轮机、燃气轮机的转子和叶片，锅炉的过热器、高温下工作的螺栓和弹簧、内燃机的进排气阀、石油加氢反应器等。对于高温化工过程来讲，一般有两种情况，一种是温度高，但压力较低；另一种则是高温又是高压。前者对材料的主要要求是高温抗氧化性，部件本身不承受很大的应力，选用抗氧化钢即可；而后者除了要有抗氧化能力外，还应有足够的机械强度，因此必须选用热强钢才能满足要求。

提高钢的抗氧化性能的合金元素，主要是 Cr、Al 和 Si，而为了提高钢的高温强度，在最近发展的高级耐热合金中，加入的合金元素是 Cr、Ni、Ti、Mo、W、V、Nb、N 等。表 3-9 列出了各种合金元素对钢耐热性的影响效果。

表 3-9 不同合金元素对耐热钢的影响

合金元素	影响效果	合金元素	影响效果
Al、Si、Cr	增加抗高温氧化、硫化能力	Ni、Mn、N	稳定奥氏体组织
Nb、Ti、V、Cr、Mo、W	防止高温高压下氢的脱碳和脆化	Ti、Nb、Ta	产生稳定碳化物，析出的碳化物能防止脆化
Ni、Co、Cu	耐氮化	N、Ti、Nb、Mo、V	防止高 Cr 钢的晶粒长大
Ni、Cu、Al、Si、Ti、Cr（>18%）	减轻渗碳	Mo、W、V、Nb、Ti、Al、Si	增加高温强度和高温抗蠕变能力

（1）抗氧化钢

合金元素 Cr、Al、Si 对钢铁高温氧化性能的影响示于图 3-15，钢中分别含 16% Cr，5% Al，6.5% Si 时，在 1000℃ 下的氧化量，只有普通碳钢的 1/100。其他元素 Mn、Mo、Ni、Cu、Co、V、W 的影响，示于图 3-16，这些元素使 Fe 的氧化量减少为原来的 1/3～2/3，显然它们的效果都不如 Cr、Al、Si。

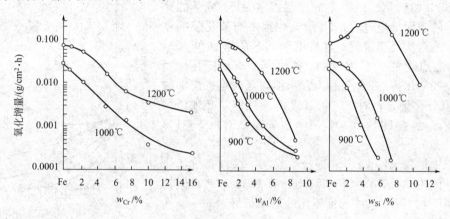

图 3-15　Cr、Al、Si 对铁高温氧化的影响（氧化时间：1h）

从图上还可以看出，Al、Si 比 Cr 有更好的效果；对于抗硫化性，Al 也比 Cr 好。但 Al、Si 都是促进钢石墨化的元素，Al、Si 含量高的钢，抗氧化能力很强，高温强度性能却大大降低，并呈现脆性。而 Cr 却是阻止钢石墨化的元素，能提高钢的高温强度，所以 Cr 是提高钢的抗氧化性的不可缺少的主要合金元素。不过一般不单独加 Cr，而是同时加入 Cr、Si，Cr、Al，或 Cr、Al、Si。抗氧化钢一般只适宜于制造高温下不受压或压力较低的设备。例如抗氧化钢 1Cr13Si3、1Cr13SiAl，可用于 800～900℃ 以下、低负荷及含 S 气体条件下的结构部件，如过热器支架、喷嘴及石油工业用管式加热炉吊挂等。1Cr18Si2 钢，因其 Cr 含量更高，适用于在 1000～1050℃ 以下、低负荷和不受冲击负荷的构件，如热交换器和接触含 S 气体的部件。

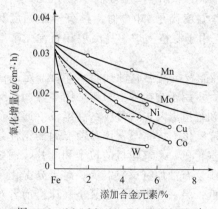

图 3-16　Mn、Mo、Ni、Cu、Co、V、W 对铁的高温氧化的影响

（2）热强钢

目前，热强钢的主要系列有 Cr 钢、Mo 钢、Cr-

Mo 钢、Cr-Mo-V 钢，以及 18-8 型钢。钢中添加的 Cr、Mo、W 及 V、Ti、Nb 等能有效地提高钢的热强性指标（蠕变极限和持久极限）和抗氧化性。Cr、Mo、W、V、Ti 等合金元素溶于钢中，能减小 Fe^{2+} 的扩散速度，从而提高钢的再结晶温度，减缓钢的软化过程。并且，在高温下，这些元素的碳化物呈分散状态由固溶体中析出，阻塞滑移面，妨碍变形，可以提高钢的热强性。此外，这些元素都是碳化物形成元素，它们的加入还可以提高钢的抗氢腐蚀能力。

例如 16Mo 这种成分最简单的低合金热强钢，其热强性能显著优于碳钢，而工艺性能仍与碳钢大致相同，是世界各国广泛应用的钢种，主要用作≤530℃条件下工作的低、中压锅炉受热器和联箱管道。低合金热强钢 12CrMo 与 16Mo 钢相比，由于钢中含有 0.5%Cr，所以具有更高的耐热性，主要用于蒸汽温度为 510℃的高、中压蒸汽管，和壁温为 520～540℃的高压、超高压锅炉受热面管等。低合金热强钢 12CrMoV 与 12CrMo 钢相比较，Cr 含量增加了一倍多，又添加了 V，其热强性和持久塑性更好，此钢工艺性能良好，是我国使用较广泛的低合金热强钢之一，主要用于壁温≤580℃的高压、超高压锅炉过热器管、联箱和主蒸汽管等。又如 1Al3MoWTi 钢是一种无 Cr 的热强钢，它具有良好的抗硫化性能，作为石油炼厂加热炉管及塔器构件使用时，比 1Cr5Mo 钢有更高的抗硫化性能。此钢种由于铁素体和索氏体双相组织的强化作用，抑制了铁素体组织的脆性破断，使此种含有近 3%Al 的钢仍然有较好的韧性。

除了上述合金元素外，Ni 的影响也不可忽视。尽管耐热钢中加入 Ni 对抗氧化性几乎没有作用，在铬钢中只有加入比较大数量的 Ni 时才能对抗氧化性有好的影响。但 Ni 能溶解于铁素体，从而使铁素体强化并能提高钢的韧性。钢中同时加入 Cr 和 Ni，能获得奥氏体组织，可以使钢兼有抗氧化性和足够的强度和韧性。Ni 是非碳化物元素，能够稳定奥氏体组织，由于奥氏体组织的再结晶温度较铁素体高，所以奥氏体钢有更好的高温强度和高温抗蠕变性能，适合于高温使用。因此耐热钢中含 Ni 主要是为了形成奥氏体，以提高热强性和改善工艺性能。

高 Cr-Ni 奥氏体钢具有良好的抗氧化性能以及较高的高温强度和抗蠕变性能。如 1Cr18Ni9Ti 是一种广泛应用的奥氏体耐热钢，在850℃以下抗氧化，热强钢工作温度为650℃，用来制作610℃以下长期使用的锅炉中的过热器管及结构部件等。奥氏体热强钢 1Cr18Ni12Ti 因含 Ni 量更多，所以组织更稳定，在850℃以下抗氧化，在650℃以下具有良好的热强性，并在长期使用过程中具有较好的塑性，广泛用于制造锅炉中的管子和在650℃以下长期工作的过热器管、再热器管等。奥氏体热强钢 1Cr23Ni13 适用于在 850～1050℃工作的各种耐热构件，如炉内支架、热裂解管等。奥氏体热强钢 1Cr23Ni18 的最高使用温度可达1150℃，通常用于制造在较高温度使用的耐热部件，如热交换器、石油精炼和石油化工设备及其他炉用部件。

但是，由于 **Ni 和含 Ni 高的合金不耐硫化**，所以在高温含硫气体中，不应选用高镍钢制作设备。

值得注意的是，尽管不锈钢也有铁素体高 Cr 钢和奥氏体高 Cr-Ni 钢，但是不锈钢与耐热钢不同，不能将二者混为一谈。不锈钢和热强钢中添加合金元素的目的以及对某些组成含量的要求是不完全一样的。例如不锈钢中碳化物是腐蚀的原因，所以含碳量要求控制在 0.08% 以下；而对耐热钢，为了获得高温强度，在高 Cr 铁素体钢中的碳含量为 0.4%，高 Cr-Ni 奥氏体钢的含碳量在 0.2% 左右。

（3）几种特殊的耐热钢种

10MoWVNb 钢是一种无 Cr、Ni 低合金抗氢钢（包括含 NH_3、N_2 及 H_2S 介质），主要用于合成氨生产中的高压管、管件和阀等，在400℃和 32MPa 压力下应用情况良好。

12Cr2MoWVTiB、12Cr3MoVSiTiB 钢也是多元素低合金热强钢，具有优良的综合力学性能和工艺性能，其热强性和使用温度都超过了国外同类型钢种，它们可以代替在低于620℃条件下工作的国外同类用途的高 CrNi 奥氏体耐热钢。

4Cr22Ni4N、3Cr24Ni7SiN 钢是节 Ni 奥氏体耐热钢。4Cr22Ni4N 钢在 1000℃ 以下可以代替 3Cr18Ni25Si2、1Cr25Ni13、1Cr25Ni20Si2 等高铬镍耐热钢，具有较高的高温强度及良好的抗氧化性能，此钢常用作石油裂化炉的吊挂、合成氨设备的支承板及炉管等。3Cr24Ni7SiN 钢有较好的综合力学性能，适于制造在 950～1100℃ 使用的、强度要求较高的各种耐热构件，可以代替高铬镍的 Cr18Ni25Si2、Cr23Ni18、Cr25Ni20Si2、Cr25Ni40 等钢。

3Cr19Ni4SiN 钢是节 Ni、Cr 的奥氏体耐热钢，这种钢的 Cr、Ni 含量较低，高温强度较高，在 850～1000℃ 下抗氧化性较好，可以代替高铬镍钢，用来制造在该温度范围内的各种耐热构件。

3.2 大气腐蚀

大气腐蚀是金属在大气环境下发生的腐蚀，由大气中的水和氧等的电化学作用引起。由于很多设备、机器、管道等外表面都暴露在大气中，大气腐蚀导致损失的金属约占总腐蚀量的一半以上，所以大气腐蚀（尤其是化工机械的大气腐蚀）相当普遍而且严重。

大气的组成受地域、季节、时间等的影响，但是主要成分几乎是不变的，见表 3-10。其中参与大气腐蚀过程的是氧和水汽。

表 3-10　大气的基本组成（不包括杂质，10℃）

成　分	质量分数/%	成　分	质量分数/%	成　分	质量分数/%
空气	100	水汽(H_2O)	0.70	氦(He)	0.7
氮(N_2)	75	二氧化碳(CO_2)	0.01	氙(Xe)	0.4
氧(O_2)	23	氖(Ne)	12×10^{-6}	氢(H_2)	0.04
氩(Ar)	1.26	氪(Kr)	3×10^{-6}		

大气中除表 3-10 所列基本组成外，由于地理环境不同还含有其他杂质，这些杂质也称大气污染物质，见表 3-11，某些杂质的典型浓度见表 3-12。因此，金属表面凝结出的水膜成分并不是纯净的水，而是大气中的杂质溶解在水膜中形成相应的电解质溶液，对大气腐蚀有不同程度的影响。

表 3-11　大气杂质组分（大气污染物质）

固　体		灰尘、砂粒、$CaCO_3$、ZnO 金属粉或氧化物粉、NaCl	气体	氮化物	NO,NO_2,NH_3,HNO_3
				碳化物	CO,CO_2
气体	硫化物	SO_2,SO_3,H_2S		其他	Cl_2,HCl,有机化合物

表 3-12　大气杂质的典型浓度

杂　质	浓　度/($\mu g/m^3$)	杂　质	浓　度/($\mu g/m^3$)
二氧化硫(SO_2)	工业大气:冬季 350;夏季 100 农村大气:冬季 100;夏季 40	氯化物(空气样品) （雨水样品）	内陆工业大气:冬季 9.2;夏季 2.7 沿海农村大气:平均值 5.4
三氧化硫(SO_3)	近似于二氧化硫的 1%		内陆工业大气:冬季 79;夏季 5.3 沿海农村大气:冬季 57;夏季 18 （mg/L）
硫化氢(H_2S)	工业大气:1.5～90 城市大气:0.5～1.7 农村大气:0.15～0.45	尘粒	工业大气:冬季 250;夏季 100 农村大气:冬季 60;夏季 15
氨(NH_3)	工业大气:4.8 农村大气:2.1		

3.2.1　大气腐蚀特点

大气中的水汽会在金属表面形成液膜，根据它的存在状态不同，可以将大气腐蚀分为干大气腐蚀、潮大气腐蚀和湿大气腐蚀三种类型。干大气腐蚀是在空气非常干燥、不存在液膜层时的腐蚀，金属表面形成很薄的氧化膜，属于化学作用引起腐蚀，腐蚀速率很小；潮大气腐蚀是在空气相对湿度足够高但没有接近或达到 100%、金属表面存在肉眼看不见的薄液膜层时的腐蚀，水蒸气会在金属构件的缝隙间或金属表面附着了灰尘、炭粒等的缝隙处以及表面氧化膜、锈层的孔或脱落的地方凝聚出很薄的水膜，厚度约为 $100\text{Å} \sim 1\mu m$，如铁在没有雨雪淋到时的生锈；湿大气腐蚀是在空气相对湿度接近或达到 100%、金属表面存在肉眼可见的液膜时的腐蚀，水汽会从大气中凝结成水滴，在金属表面形成一层较厚的水膜，厚度约为 $1\mu m \sim 1mm$，而且，当雨、雪或水沫等直接落在金属表面上时，形成的水膜更厚，可达 $1mm$ 以上，水汽在夜间气温降低时也会在金属表面上冷凝出来形成露水。潮大气腐蚀和湿大气腐蚀属于电化学腐蚀，腐蚀速率较大。通常所说的**大气腐蚀**是指在常温下的潮湿空气中发生的，包括潮大气腐蚀和湿大气腐蚀，实际上是在金属表面上的薄层电解液膜中进行的电化学腐蚀，受液膜层的厚度影响较大。

大气腐蚀过程既遵循电化学腐蚀的一般规律，又有自身的特点。大气中的氧通过薄层液膜扩散到达金属表面比通过浸没的液层要容易得多，所以大气腐蚀时，阴极过程主要发生氧的去极化作用。即使酸性水膜，如溶解 SO_2 以后使水膜的 pH 值降低至 $3 \sim 4$，在阴极上虽然也发生析氢反应，但由于氧极易通过薄膜到达阴极，因而耗氧腐蚀仍然起主导作用。例如纯铁在 $1\ mol/L$ 硫酸溶液薄膜下腐蚀时，氧去极化程度比氢去极化大 100 倍，而当铁沉浸在同样浓度的硫酸溶液中时，氢去极化程度却比氧去极化大很多倍。大气腐蚀的阳极过程在薄层液膜下会受到较大的阻滞。因为在很薄的液层下，金属离子的水化过程变得困难，甚至还有可能由于氧的作用而发生钝化，引起强烈的阳极极化。

大气的成分和湿度是决定大气腐蚀程度的两个主要因素。腐蚀程度最大的是潮湿的、受严重污染的工业大气。大气污染越厉害，液膜的腐蚀性就越强，在大气污染物质中，SO_2（石油、煤的燃烧产物）和 NaCl（沿海地区大气中含量较多）的影响最大。有的灰尘本身虽然无腐蚀性，但能吸附腐蚀活性物质，所以也能加速腐蚀。湿度影响金属表面液膜的厚度，从而影响到电极过程的特征和腐蚀速率。随着湿度减小和金属表面电解液层变薄，大气腐蚀的阴极过程将容易进行，而阳极过程则相反，变得困难。在湿度很大的大气中，腐蚀过程主要受阴极控制；而在湿度较低的大气中，腐蚀过程则主要受阳极控制。大气腐蚀与金属表面水膜层厚度之间的关系可以定性地用图 3-17 表示，它有四个典型区域。

区域Ⅰ：湿度特别低，金属表面只有极薄的一层吸附液膜，还不能认为是连续的电解液，相当于金属在干燥大气中的腐蚀，金属表面将形成一层保护膜，腐蚀速率很小。

区域Ⅱ：湿度增大，金属表面的液膜厚度也逐渐增加，形成连续的电解液膜，腐蚀速率急剧增加。

区域Ⅲ：湿度继续增加，由于金属表面的液膜继续增厚，使氧通过液膜扩散变得困难了，所以腐蚀速率有所下降。

区域Ⅳ：湿度很大，金属表面的液膜变得很厚，已相当于完全浸在电解液中的腐蚀情况，所以腐蚀速

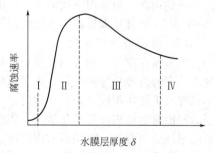

图 3-17　大气腐蚀与金属表面水膜厚度之间的关系

Ⅰ　$\delta = 1 \sim 10nm$

Ⅱ　$\delta \approx 10nm \sim 1\mu m$

Ⅲ　$\delta \approx 1\mu m \sim 1mm$

Ⅳ　$\delta > 1mm$

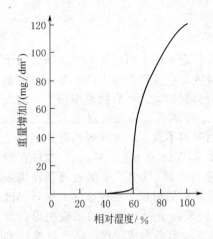

图 3-18　铁的腐蚀量与
相对湿度的关系
（在含 0.01%SO₂
的空气中暴露 55 天）

率基本不变。

各种金属都有一个相当于凝结条件的临界湿度，超过这个湿度时，大气腐蚀的量就急剧增加。钢、铜、镍、锌等金属的临界湿度约在 50%～70% 之间。由图 3-18 可见，小于临界湿度时，腐蚀速率极慢，可以认为几乎不被腐蚀。

在实际大气腐蚀情况下，由于大气中水蒸气的含量将随着地域、季节、时间等条件而变化，所以当环境条件变化时，金属表面液膜的厚度就会相应改变，这样导致各种腐蚀形式可能相互转换。此外，大气腐蚀的特征不同于一般受氧扩散控制的腐蚀过程，由于金属表面液膜很薄和经常处在往复干湿交替的状态，所以阳极过程进行的难易以及腐蚀产物的保护性能，对金属的大气腐蚀行为影响极大。

3.2.2　大气腐蚀防护

大气腐蚀是金属材料与大气中的不同组分发生的腐蚀，所以应从以下几方面提高材料的耐大气腐蚀性能，实际操作时要根据具体的情况选用相应的保护技术，或者采用两种及其以上的联合保护技术。

（1）选用耐蚀金属材料

由于阳极过程进行的难易程度和腐蚀产物的保护性能对金属的大气腐蚀行为影响很大，所以可以通过添加少量合金元素（如 Cu、P、Ni、Cr 等）得到耐大气腐蚀的低合金钢，利用合金化促使阳极钝化或提高阳极相的热力学稳定性以及改善腐蚀产物的保护性能，从而提高钢材在大气中的耐蚀性。Al、Cu 及其合金在一般大气环境中通常有较好的耐蚀性。我国耐大气腐蚀用低合金钢主要包括铜系、磷钒系、磷稀土系与磷铌稀土系，世界上广泛应用的耐候钢是美国的 Cor-Ten A，其耐大气腐蚀能力是碳钢的 4～8 倍，主要质量组成为：$w_C \leqslant 0.12\%$，$w_{Mn} = 0.2\% \sim 0.5\%$，$w_{Si} = 0.25\% \sim 0.75\%$，$w_S \leqslant 0.04\%$，$w_P = 0.07\% \sim 0.15\%$，$w_{Cu} = 0.25\% \sim 0.60\%$，$w_{Cr} = 0.3\% \sim 1.25\%$，$w_{Ni} \leqslant 0.65\%$。在腐蚀性不强的一般大气环境中，耐候钢和碳钢相差不大，但是在腐蚀性较强的工业、海洋大气环境中，耐候钢比碳钢有更好的耐蚀性。

不锈钢在一般情况下也能耐大气的腐蚀，但是铬含量较低时会发生孔蚀，所以往往通过提高 Cr 或 Ni 的含量来提高不锈钢的耐蚀性，如奥氏体不锈钢 1Cr18Ni8、1Cr18Ni9Ti 等。

（2）镀层或涂层保护

对暴露在空气中的金属材料进行保护，常用金属镀层或无机、有机涂层，也可以在油漆中加入一定的铬酸盐等钝化剂，也可以使用气相缓蚀剂（如亚硝酸二环己胺保护钢铁和铝制品、苯三唑三丁胺保护铜合金）和暂时性防护涂层（如防锈油、防锈水、脂、塑料等）。镀层或底层涂料能对金属表面起钝化缓蚀、阴极保护的作用，其与金属表面的结合强度影响整个涂装体系的耐蚀性和寿命。镀层多采用电镀、热喷镀、热浸镀、微弧氧化、火焰喷涂、真空等离子体喷涂、离子注入、气相沉积、磁控溅射、热等静压等技术，对基体金属要求较高，涂层保护容易操作，根据大气腐蚀环境和涂料的性质，常采用多层涂装或几种防护层组合使用。

（3）控制环境

通过加热空气、冷冻除湿、惰性气体置换（如氮气置换空气）、加吸水剂（如分子筛、活性炭、硅胶、氯化钙、氧化钙、氮化锂等）等手段，降低金属所处环境的相对湿度至临界湿度以下，适合于处在有限范围内的金属。

3.3　土壤腐蚀

埋设在地下的金属设备和油、气、水管以及电缆等在土壤作用下常发生腐蚀，以致造成漏泄等事故，而这些设备腐蚀损坏后往往又很难检查，给生产带来很大的损失和危害。

3.3.1　土壤中的腐蚀特点

土壤是由含有多种无机物和有机物的土粒、水、空气所组成的极其复杂的不均匀多相体系。在土粒间存在大量细微的孔隙，孔隙中充满空气和水，盐类溶解在水中，土壤就成为电解质。土壤的固体部分相对于埋设在土壤中的金属表面，可以认为是固定不动的，仅有土壤中的气相和液相可作有限的运动。土壤的导电性与土壤的含水量、含盐量有关，土壤愈潮湿、含盐量愈多，其电阻就愈小，腐蚀性往往也愈严重。

金属在土壤中的腐蚀与在电解液中的腐蚀本质是一样的，但由于土壤作为腐蚀性介质所具有的特性，使土壤腐蚀的电化学过程具有它自身的特点。

（1）土壤中的氧腐蚀

与普通电解液中的腐蚀相比，金属在土壤腐蚀时阴极过程主要是氧的去极化作用（在强酸性土壤中也发生氢去极化过程），氧离子化的阴极反应和在普通的电解液中相同，也是生成氢氧根离子，但氧到达阴极的过程则更复杂，进行得更慢。空气中的氧是通过土壤的微孔输送，再通过金属表面上的静止液层而到达阴极，因此，土壤的结构和湿度对氧的流动有很大影响。土壤越疏松，透气性越好，氧的渗透和流动就越容易，在没有保护的情况下金属的腐蚀也就越严重。在不同的土壤中，氧的渗透率有显著变化，相差可达几万倍，易形成因充气不匀引起的供氧差异腐蚀电池（氧浓差电池），这是在水溶液及大气中的腐蚀所不具备的。

土壤腐蚀的阴极过程和大多数中性电解液中一样，会生成不溶性腐蚀产物，阳极过程受这种物质和阳极钝化的影响较大。例如，铁在土壤中生成氢氧化亚铁和氢氧化铁，但由于紧靠着电极的腐蚀介质缺乏机械搅动，氢氧化铁、氢氧化亚铁和土粒黏结在一起，形成一种紧密层，遮盖了钢铁表面，随着时间的延长，阳极过程受到阻碍，导致腐蚀速率降低。当然，如果是在酸性很强的土壤中，金属将以水化离子的状态溶入土壤，阳极过程就比较容易进行。阳极钝化是阻碍阳极过程的另一个重要原因，在比较干燥疏松的土壤中，氧的渗透率很高，如果土壤中没有氯离子存在，铁很容易转为钝态，阳极过程便受到显著阻碍，腐蚀产物的遮盖减少了阳极面积，将更加促进阳极钝化，从而使腐蚀速率大为降低。如果土壤非常干燥，不能满足金属离子成为水化离子所必要的水分，则阳极过程更难进行。

在土壤腐蚀中，常见因充气不匀引起的腐蚀现象。氧化还原电位是土壤充气程度的一个基本指标，其值高表明含氧量高，土壤的氧化性强；其值低表明土壤的还原性强，有利于厌氧微生物活动。由于土壤具有多相性、不均一性等特点，尤其是在不同的土壤中，氧的渗透率有显著差异（其变化幅度可达 3～5 个数量级），所以和不同区域土壤相接触的金属各部分的腐蚀电位就会相差很远，极易形成因充气不匀引起的供氧差异腐蚀电池（氧浓差电池）。另外，即使金属设备被埋在均匀的土壤中，由于埋设深度或长度不同，也会引起供氧差异腐蚀电池。这种腐蚀电池在土壤腐蚀中往往起着很大的作用，造成地下金属设备和管线严重的局部腐蚀，如图 3-19 所示，当管线埋设通过氧的渗透性明显不同的土壤时（如通过黏土和砂土），在渗透性差而少氧的区域相对于容易透气而富氧的区域来说，其氧的平衡电位更低，相应的金属腐蚀电位也就更低。金属在这两种土壤中的腐蚀电位的差别构成一个宏观腐蚀电池，通过严重缺氧（黏土）的那部分管线成为阳极被腐蚀，而通过富氧（砂土）的那部分管线则成为阴极而发生耗氧腐蚀（土壤酸性强时也会发生析氢腐蚀）。由于边缘效应的存在，氧更容易到达电极的边缘位置，这样同一水平面上的金属设备的边缘易成为阴极，由此造成的腐蚀比边缘成为阳极的情况缓慢得多，如地下大型储罐的腐蚀。通常情况下，土壤腐蚀是腐蚀微电池和供氧差异腐蚀电池共同作用的结果。在腐蚀过程中，如果供氧差异腐蚀电池起主导作用，则腐蚀破坏具有明显的局部特征，而且集中在透气性差的土壤区域中；如果由腐蚀微电池起决定作用，则腐蚀较均匀，并且在透气性好的土壤区域中因氧去极化过程加速而使其腐蚀更快。

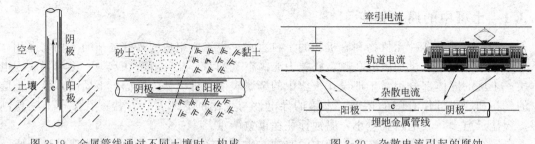

图 3-19　金属管线通过不同土壤时，构成　　　　图 3-20　杂散电流引起的腐蚀
　　　　　供氧差异腐蚀电池

（2）土壤中的杂散电流腐蚀

杂散电流是指由于某种原因离开了原设计要求所定的导体而在原来不应有电流的导体内流动的这部分电流。当直流电源（如电解槽、电化学保护、电焊机、电气化车或铁道、电动车等）设备漏电的情况下，漏到地下的电流常常引起附近地下金属设备和管线的腐蚀。譬如，食盐电解槽漏电的结果，杂散电流就会流经附近地下金属管线再回到直流电源系统中。如图 3-20 所示。杂散电流在地下管道的某一表面区域离开金属（电子导体相）而进入土壤（离子导体相）时，金属管道的这一表面区域就是宏观腐蚀电流的阳极区，发生金属的阳极溶解。像这种由直流杂散电流引起的腐蚀破坏特点是破坏区域集中、破坏速度较大。另外，研究结果表明，交流电杂散电流也会引起腐蚀，但是破坏作用比直流电小得多，如频率 60 Hz 的交流电的破坏作用仅约为直流电的 1%。在使用铅皮电缆的情况下，杂散电流流入的阴极区由于产生的氢氧根离子与铅发生反应生成可溶性的铅酸盐，也会导致腐蚀发生。杂散电流的影响可以通过测量土壤中金属的电位来分析，当金属的电位高于它在该环境下的自然电位，就有可能有杂散电流通过。

（3）土壤中的微生物腐蚀

显然，如果土壤中高度缺氧，则氧的去极化过程是很难进行的。但是在这种条件下土壤中容易生长硫酸盐还原菌（厌氧菌）等微生物，这些微生物的活动会促使阴极去极化，导致腐蚀加速。在严重缺氧的土壤中，如果有严重的腐蚀发生，腐蚀产物为黑色并伴有恶臭，那么发生硫酸盐还原菌腐蚀的可能性极大，可以通过测定土壤的氧化还原电位来判断（微生物腐蚀会在本章 3.5 节中详述）。

3.3.2　土壤腐蚀防护

由于土壤腐蚀与土壤的孔隙度（透气性）、电阻率、氧化还原电位、湿度（含水量）、含盐量、酸度、黏土矿物类型、有机质、微生物等有关，往往采用多项指标综合评价土壤腐蚀，如美国的 ANSI 就综合了电阻率、pH 值、氧化还原电位、硫化物和湿度等五项测定值评价土壤腐蚀性。因此，应从以下几方面对土壤腐蚀进行防护。

① 覆盖层保护　采用涂料或包覆玻璃布防水，常用的有沥青、聚乙烯塑料、三层聚乙烯、熔结环氧粉末等，也有采用金属镀层或包覆金属，镀锌层等进行保护的。

② 电化学保护　采用外加阴极电流或牺牲阳极进行阴极保护，采用合金化促使阳极钝化或生成不溶性腐蚀产物覆盖在钢铁表面，阻碍阳极过程进行。

③ 降低杂散电流造成的腐蚀　可以采用排流法、绝缘法或牺牲阳极法等进行防护。

④ 控制土壤环境　降低土壤的含水量致不能满足金属离子成为水化离子所必需的水分，降低土壤的含盐量致电阻增大；在金属设备周围填充侵蚀性小、均一的介质，降低和消除腐蚀微电池和供氧差异腐蚀；在微生物多的土壤中进行杀菌处理。

实际的土壤腐蚀防护中，都是采用多种方法的联合保护，尤其将覆盖层和电化学保护相结合的方法提高耐蚀性和使用寿命。这样既能弥补覆盖层有缺陷的不足，又可减少电化学保护的电能或材料的消耗。

3.4　海水腐蚀

海水是自然界中数量最大且具有很大腐蚀性的天然电解质，我国沿海地区的工厂常用海水作冷却介质，与海水接触的机器设备及管道必然遭受严重的海水腐蚀。近年来由于海洋开发，使沿岸海水的污染增加，腐蚀问题更为突出。

3.4.1　海水腐蚀的特点

作为腐蚀介质，海水有相当高的含盐量，使其成为一种导电性很强的电解质溶液。海水中含量最多的盐类是氯化物，又以氯化钠为主，大致含有 $3\% \sim 3.5\%$（接近钢在充氧 NaCl 溶液腐蚀时的最强烈浓度）的 NaCl。其中，Cl^- 含量约占总离子数的 55%，因而海水对于大多数金属结构材料都具有较强的腐蚀性，表 3-13 列出了海水的主要组成。由于海表面与空气接触，又经常不断的风浪搅动和强烈的自然对流，所以在相当大的深度以内（1～20米），海水的充气是良好的，在正常的情况下，海水的表层被空气所饱和，表 3-14 表示海水中氧的溶解度与温度和盐浓度的关系。可见，氧的溶解度随温度和盐浓度的外高而减小。

表 3-13　海水中主要溶解成分（盐度 $S=35$）

成分	主要存在形式	含/(g/kg)	成分	主要存在形式	含量/(g/kg)
Na^+	Na^+	10.76	Cl^-	Cl^-	19.35
Mg^{2+}	Mg^{2+}	1.294	SO_4^{2-}	SO_4^{2-}，$NaSO_4^-$	2.712
Ca^{2+}	Ca^{2+}	0.4117	HCO_3^-	HCO_3^-，CO_3^{2-}，CO_2	0.142
K^+	K^+	0.3991	Br^-	Br^-	0.0672
Sr^{2+}	Sr^{2+}	0.0079	F^-	F^-，MgF^+	0.00130
			H_3BO_3	$B(OH)_3$，$B(OH)_4^-$	0.0256

表 3-14　氧在海水中的溶解度　　　　　　　　　　　　　cm^3/L

温度/℃	盐的质量分数/%					
	0.0	1.0	2.0	3.0	3.5	4.0
0	10.30	9.65	9.00	8.36	8.04	7.72
10	8.02	7.56	7.09	6.63	6.41	6.18
20	6.57	6.22	5.88	5.52	5.35	5.17
30	5.57	5.27	4.95	4.65	4.5	4.34

既然海水是一种典型的电解质溶液，那么电化学腐蚀的基本规律必然适用于海水腐蚀的历程，但是由于海水本身的特点，海水腐蚀的电化学过程又具有自己的特征。

海水腐蚀中，海水本身是一种强的腐蚀介质，而且波、浪、潮、流又对金属产生低频往复应力和冲击，另外，海洋微生物、附着生物及它们的代谢产物等都会对腐蚀过程产生直接或间接的加速作用。通常，金属设备在海水飞溅区（指风浪、潮汐等激起的海浪、飞沫溅散到的区域）的全面腐蚀速率最高。由于海水的特点，海水腐蚀主要是局部腐蚀，如点腐蚀、缝隙腐蚀、电偶腐蚀、低频腐蚀疲劳、应力腐蚀及微生物腐蚀等。根据金属和海水接触的情况，可以将海洋环境分为大气区、飞溅区、潮汐区、全浸区和海泥区；根据海水深度不同，可以分为浅水、大陆架和深海区。

　　未污染海水一般是弱碱性溶液，pH 值约为 7.2～8.6，并且溶有大量氧，所以大多数金属在海水中腐蚀时，阴极过程是氧的去极化作用，只有负电性很强的金属（如镁及其合金）才可能发生氢的去极化作用。在静止状态或海水以不大的速度运动情况下，很多金属在海水中的腐蚀速率差不多完全取决于阴极过程的阻滞程度，即主要是受氧到达阴极表面的扩散速度控制。

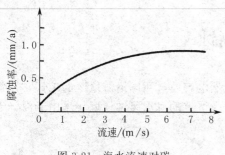

图 3-21　海水流速对碳钢腐蚀率的影响

　　因此，海水的流速增加，到达阴极的氧量便会增加，金属的腐蚀速率一般会加快，而实际的海水经常处于不停的流动和自然对流状态，海水流速对碳钢腐蚀率的影响如图 3-21 所示。海水的弱碱性条件容易使碳酸盐沉积在金属表面形成保护层，在采用阴极保护时更易发生。在深海处，pH 值略有降低，不利于在金属表面形成保护性碳酸盐层。对于钛、镍合金或高铬不锈钢等合金，在一定流速下可以促进它们迅速钝化，但是流速过高时，由于介质的摩擦、冲击等机械力作用将会引起磨损腐蚀。

　　由于海水中含有大量的氯离子，活性氯离子的积聚浓缩会导致局部腐蚀（点蚀），所以很多金属在海水中腐蚀时的阳极过程阻滞很小，这样采用提高阳极性阻滞的方法来防护的效果不明显。例如，铁、铸铁、低合金钢和中合金钢等在海水中不可能钝化，从而导致腐蚀速率相当大。基于这一原因，在海水中想利用提高阳极阻滞的方法来防止铁基合金腐蚀的可能性非常有限，甚至高铬不锈钢在海水中的钝态也不是完全稳定的，可能出现孔蚀而破坏。但是，如果加入某些适量的合金元素能在钢表面形成致密、连续和黏附性好的锈层，则可以提高低合金钢的耐海水腐蚀性。既然很多金属在海水中阳极很难钝化，那么增加充气只能加速阴极过程，进而加剧腐蚀。实际生产中，海水腐蚀的最大破坏处正是在结构上充气较多的区域。

　　由于海水具有很好的导电性，电导率约为 $4 \times 10^{-2} S/cm$，远超过河水（$2 \times 10^{-4} S/cm$）和雨水（$1 \times 10^{-5} S/cm$），所以当异种金属在海水中接触时，很容易发生电偶腐蚀，导致电位较低的一种金属更强烈的腐蚀。异种金属在海水中接触后，它们的腐蚀速率受两种金属的电位差和两种金属的表面积比值所控制，同时受海洋环境因素的影响，其中尤以溶氧量和流速的影响最显著。

　　海水中与腐蚀关系密切的是栖居在金属表面的各种附着生物，附着的程度随地域和温度而变化，我国沿海常见的有苔藓虫、牡蛎、藤壶、水螅和红螺等。生物的生理活性会局部改变海水的组成，消耗或释放的 O_2 或 CO_2 及生物尸体分解形成的 H_2S 会加速腐蚀；生物附着能隔离金属表面与腐蚀介质，在局部区域会形成氧浓差电池、缝隙腐蚀等局部腐蚀；生物附着还能破坏金属表面保护作用的镀层和涂层，尤其钢铁、铝合金和镍合金等。

　　污染的海水一般含有较多的有机物，这些有机物与海水中的氧作用生成 CO_2，大量有机物的存在易造成缺氧的环境，导致海水中的 SO_4^{2-} 在硫酸盐还原菌的作用下产生 H_2S。因此，污染的海水往往含有较低的 pH 值（约 6.5）、低含氧量（$<4mg/L$）、高耗氧量（$>4mg/L$）、高 S^{2-} 量（约 4.5mg/L）和 NH_3 量增加。金属设备在污染的海水中的腐蚀除了一般海水的腐蚀情况外，表面还常覆盖着一层硫化物含量较高的腐蚀产物，当腐蚀产物不致密和黏结性不好时，在其下面容易发生点蚀和缝隙腐蚀，而腐蚀产物和基体材料之间也有可能由于存在电位差而发生电偶腐蚀。

　　与其他冷却水类似，利用海水作为冷却水的系统中也存在腐蚀、结垢和微生物腐蚀，腐蚀产物会加剧结垢，结垢又可促使垢下腐蚀，微生物又会促使腐蚀和结垢的发展。但是，由于海水自身的特点，海水作为冷却水的系统有自身的腐蚀特点。海水是导电性较高的电解质，盐类和微生物丰富，高速流动的海水中还含有泥沙、悬浮物等颗粒，冷却水中还有溶解氧、二氧化硫、氨等物质，这些因素会加速循环水管道的腐蚀，尤其当管道内壁的涂层有脱落、破损等缺陷时，会在这些地方产生点蚀、缝隙腐蚀等，甚至导致穿孔泄漏。在循环海水的作用下，由于管道金属表面成分或组织不均匀和循环水管道的材质不同会发生微电池腐蚀和电偶腐蚀，海水在管道内的流动状态及裹挟的泥沙会导致磨损腐蚀，在管道的残余拉应力和反复冲刷作用下会发生 SCC 和腐蚀疲劳，冷却水中的泥沙、海生物等附着在管壁会发生氧浓差腐蚀和微生物腐蚀等。

3.4.2　海水腐蚀的防护

由于海水腐蚀受海水的含盐量、含氧量、pH 值、温度、流速、海洋生物和污染物质等的影响较大，所以为了降低金属在海水中的腐蚀速率，需要从以下几方面入手。

① 合理选材　选用在含氯离子的溶液中有稳定钝态的金属或合金，如 Ti、Ni、Cu、Zr、Ta、Nb 等稳定钝态的金属及合金；提高钝化膜的稳定性，用能提高钝化膜对氯离子稳定的组分使钢合金化，如钢中加 Mo 等合金化元素；不锈钢在海水中的耐蚀性主要取决于钝化膜的稳定性，也受组织的影响，奥氏体不锈钢耐蚀性最好，铁素体次之，马氏体最差；在使用海水冷却时，钛材料对海水、污染水、氨水都具有良好的耐腐蚀性，凝汽器多采用钛管，板式热交换器、滤网、收球网、伸缩节等多采用不锈钢材料，管道材料多采用 10CrMoAl 合金钢（耐腐蚀性比 Q235 钢高一倍）。

② 覆盖层保护　在金属表面覆盖一层保护膜，将金属与周围的腐蚀环境隔开，常采用喷镀、电镀等技术在金属表面覆盖一层锌、锌铝合金、铝等，大量采用油漆、塑料、橡胶、酚醛树脂、聚氨酯、多层复合熔融环氧树脂等有机涂层保护，目前还开发了耐海水腐蚀的专用油漆——作为防锈底漆的环氧富锌底漆配合耐大气老化的氯化橡胶面漆。

③ 电化学保护　多采用外加阴极电流或牺牲阳极的阴极保护使阴极极化而保护金属，该方法常与其他方法（尤其覆盖层）联用。

④ 合理设计防蚀结构　结构件形状应力应尽量简单，减少与海水接触的面积，避免容易产生应力集中的切口、尖角和焊接缺陷等；结构设计中应尽量避免死角和缝隙，易于排除积聚和滞留的海水；根据材料在海水中的腐蚀速率、构件的重要性和使用寿命确定合适的腐蚀裕度；尽量选用同种或电极电位相近的材料，降低或消除电偶腐蚀，应避免大面积的阴极性金属与小面积的阳极性金属相接触，应尽量避免在海水中使用电位差别大的金属相连接，难以避免时在连接处加绝缘垫或在金属的接触面涂敷不导电的保护层；在海水管道的设计中，避免管道断面的急剧变化和水流方向的突然改变，弯曲半径应足够大，设计流速应在最大允许流速以内，防止磨损腐蚀。

⑤ 降低或消除海生物腐蚀　用阴极保护和金属镀层与有机涂层降低海生物的危害，特别的，在有限的海水（尤其冷却用海水）中，控制海生物的营养源以恶化微生物的生存环境和降低微生物的繁殖，用化学药剂或电解海水释放氯的方法杀死海生物。

⑥ 缓蚀剂　对于冷却用海水，除了控制水中的 O_2、Cl^-、S^{2-}、SO_4^{2-} 以减少腐蚀性介质外，还可以加入一定的缓蚀剂来降低腐蚀损失。缓蚀剂有阴极型和阳极型之分，根据冷却系统的金属材料和海水组成及环境状态（如应力、焊接、pH 值、含氧量、含盐量、悬浮物、流速等）选用。

3.5　微生物腐蚀

微生物腐蚀是指由微生物生命活动引起或促进的腐蚀，这些微生物主要是细菌类，所以英文有很多种叫法，如 microbiological corrosion、microbial corrosion、bacterial corrosion、bio-corrosion、microbiologically influenced corrosion 或 microbially induced corrosion（MIC）。只要有微生物存在的地方，尤其与工业冷却水、土壤或潮湿空气接触的金属设备，都有可能发生微生物腐蚀，如：地下管线、海水中的设备、循环冷却系统、热交换系统、石油与天然气的开采、运输和储存系统、水利水电工程、医用器械等都出现过微生物腐蚀的危害，所以从 1934 年荷兰学者 Kuhr 提出硫酸盐还原菌的反应机理以来，微生物腐蚀及其控制日益受到重视。

3.5.1 微生物腐蚀的特点

微生物在适宜的条件下繁殖非常快，由其参与的微生物腐蚀的腐蚀速率也很快，常在局部区域形成突然穿孔，破坏性比较大，往往与电化学腐蚀同时发生，在应力作用下更容易失效。如微生物引起不锈钢表面的点蚀并促使其转化为多孔槽，导致不锈钢泵在振动情况下发生 SCC 失效。另外，微生物也会影响氢去极化的电化学条件，进而影响材料的力学性能。微生物会促进含氯环境的腐蚀，如铁氧菌（iron-oxidising bacteria）能使海水中的钢氧化形成氯化铁，加速腐蚀。

微生物的生长繁殖需要一定的环境条件，腐蚀作用的强弱完全取决于是否存在适合这类微生物繁殖活动的环境，如温度、湿度、pH 值、含氧量、含盐量、营养物质等。微生物易附着在金属表面上并快速繁殖扩散形成一层不连续的生物膜，导致表面的不均匀，影响传质过程，这时其他微生物也可能加入产生混合菌种的异质群落（heterogeneous colony），不同微生物共生且其间会产生协同效应而促进腐蚀。这些微生物的生命活动主要通过以下一种或多种组合方式直接或间接参与腐蚀过程：微生物影响腐蚀的电极反应动力学过程，如硫酸盐还原菌能促进金属的阴极去极化过程；微生物会破坏保护性覆盖层或缓蚀剂的稳定性，如通过分泌纤维分解酶破坏地下管道的有机纤维覆盖层，亚硝酸盐缓蚀剂因细菌作用而氧化等；微生物的新陈代谢作用，改变了金属所处环境的 pH 值、氧浓度、含盐量、无机和有机组成等，会造成氧浓差、点蚀等局部腐蚀；微生物的新陈代谢产物有无机酸、有机酸、硫化物、氨、氢、矿物等，很容易导致沉积物下的酸腐蚀；微生物或其产物会造成金属表面的不均匀，微生物在金属表面的附着点易成为电化学反应的阳极，导致点蚀、缝隙腐蚀或浓差电池等腐蚀的发生。

有关金属腐蚀的微生物种类很多，其中最主要的是直接参与自然界硫、铁和氮循环的细菌。如：参与硫循环的硫酸盐还原菌（sulfate reducing bacteria，SRB）和硫氧化菌，参与铁循环的铁氧化菌和铁细菌，参与氮循环的硝化细菌和反硝化细菌等。有些真菌和藻类也会引起腐蚀，如树脂枝孢霉（cladosporium resinae）能使铝合金在短期内腐蚀。这些细菌按其生长发育对氧的要求又可以分为厌氧菌（anaerobic bacteria，缺氧条件下生存繁殖）和嗜氧菌（aerobic bacteria，有氧条件下生存繁殖）两大类，它们的主要特性如表 3-15 所示。

表 3-15 腐蚀有关的微生物特性

种 类	对氧需求	生 长 环 境	破 坏 特 点	最终主要产物
硫酸盐还原菌	厌氧	水（尤其污水）、污泥、油气井、土壤、海水、沉积物、地下管道、混凝土等，最适宜 pH 值范围 6～7.5，最适宜温度范围 25～30℃	以有机物为给氢体，将硫、硫酸盐、硫代硫酸盐、亚硫酸盐和连二亚硫酸盐等还原为硫化物，在还原过程中获得能量	硫化物
硫氧化细菌	嗜氧	含有硫及磷酸盐的施肥土壤、氧化不完全的酸性土壤、黄铁矿矿区、污水、海水等，最适宜 pH 值范围 2～4，最适宜温度范围 28～30℃	将硫、硫化物、硫代硫酸盐、亚硫酸盐和连二亚硫酸盐等氧化成硫酸	硫酸
铁细菌	嗜氧	分布广泛，在富含铁的水中尤为普遍，最适宜 pH 值范围 7～9，最适宜温度 24℃左右	把水中溶解的亚铁氧化成高价铁，沉积于菌体鞘内或菌体周围，并从中取得能量进行自养生活	氢氧化铁
硝化细菌	嗜氧	有氧的水、砂砾、土壤、污泥中，最适宜温度是 25℃，在中性、弱碱性环境下效果最佳，在酸性水质中效果最差	把氨氧化成亚硝酸，再进一步氧化成硝酸，同时获取能量供自身生活	硝酸
反硝化细菌	厌氧	缺氧的水、砂砾、土壤、污泥中，适宜温度范围是 25～35℃，适宜 pH 值范围 6.5～7.5，溶解氧在 0.5 mg/L 以下	在通气不良或缺氧的环境中，能把硝酸还原成亚硝酸	亚硝酸

① 硫酸盐还原菌 又称产硫化物细菌，是一类在自然界分布很广的厌氧性微生物，也是一个主要的环境污染生物指标，常见的有脱硫弧菌属（desulfovibrio）和脱硫肠状菌属（desulfotomaculum）等，往往引起点蚀等局部腐蚀，腐蚀产物多是黑色且带有恶臭味的硫化物。当土壤的 pH 值在 4.5～9.0 时，最适宜硫酸盐还原菌生长，pH 值在 3.5 以下或 11 以上时，这种菌的活动及生长就很难了。根据微生物的适宜生长温度，硫酸盐还原菌有中温型和高温型之分，在常用的冷却水系统的温度范围内都可以生长。脱硫弧菌属为中温型，适宜生长温度为 25～30℃，典型菌是脱硫弧菌（desulfovibrio desulfurcans）；脱硫肠状菌属为高温型，适宜生长温度为 35～55℃，典型菌是致黑脱硫肠状菌（desulfotomaculum nigrificans）。硫酸盐还原菌含有促进腐蚀阴极去极化作用的氢化酶，将硫酸盐还原为硫化物，其反应机理的方程式如下。

阳极反应

$$4Fe \longrightarrow 4Fe^{2+} + 8e$$

水电离反应

$$8H_2O \longrightarrow 8H^+ + 8OH^-$$

阴极反应

$$8H^+ + 8e \longrightarrow 8H$$

$$SO_4^{2-} + 8H \xrightarrow{\text{还原菌}} S^{2-} + 4H_2O \ (\text{细菌参与的阴极去极化})$$

腐蚀产物

$$Fe^{2+} + S^{2-} \longrightarrow FeS$$

$$3Fe^{2+} + 6OH^- \longrightarrow 3Fe(OH)_2$$

总的反应方程式为 $4Fe + SO_4^{2-} + 4H_2O \xrightarrow{\text{还原菌}} FeS + 3Fe(OH)_2 + 2OH^-$

尽管生成的 FeS 有可能阻碍阴极过程，但是同时硫化物会消除阳极极化作用，促进阳极溶解，在大多数情况下都是促使电化学腐蚀过程迅速进行，增大腐蚀。而且，硫化物在酸性条件下会进一步反应生成硫化氢。因此，硫酸盐还原菌对大多数金属结构材料有较强的腐蚀性，如碳钢、不锈钢、铜及其合金、铝及其合金、镍及其合金以及其他在低 pH 值或还原性条件下易腐蚀的金属。硫酸盐还原菌引起孔蚀的穿透速度取决于硫酸盐还原菌的污染程度及其生长的速度，约为 1.25～5.0mm/a。即使循环冷却水系统有良好的 pH 控制和用铬酸盐-锌盐作复合缓蚀剂，硫酸盐还原菌仍能使金属迅速穿孔。硫酸盐还原菌中的梭菌（clostridium）不但能产生硫化氢气体，而且还能产生甲烷，从而为硫酸盐还原菌周围的生物黏泥细菌提供营养。

② 硫氧化细菌 一类普通的嗜氧微生物，主要是硫杆菌属（thiobacillus）的细菌，常见的有排硫硫杆菌（thiobacillus thioparus）、氧化亚铁硫杆菌（thiobacillus ferrooxidans）、氧化硫硫杆菌（thiobacillus thiooxidans），可以将硫、硫化物、硫代硫酸盐和亚硫酸盐等氧化为硫酸，其典型反应是：

$$2S + 3O_2 + 2H_2O \xrightarrow{\text{硫氧化菌}} 2H_2SO_4$$

硫氧化菌在酸性土壤及含黄铁矿的矿区中，能使土壤或矿水变成酸性，局部地区 pH 值甚至可以达到 1.0，导致机械设备发生剧烈腐蚀。

硫酸盐还原菌和硫杆菌是土壤中两种非常重要的细菌，能将土壤中的硫酸盐还原成 S^{2-}，其中仅小部分消耗在微生物自身的新陈代谢上，大部分可作为阴极去极化剂，加速腐蚀。根据土壤的氧化还原电位 Eh_7 可以将土壤的微生物腐蚀分为以下四种情况：$Eh_7 > 400mV$ 时，不腐蚀；$200mV < Eh_7 < 400mV$ 时，轻微腐蚀；$100mV < Eh_7 < 200mV$ 时，中等腐蚀；$Eh_7 < 100mV$ 时，强腐蚀。

③ 铁细菌 一类分布广泛的嗜氧微生物，形态多样，有杆状、球状、丝状等，常与硫杆菌生活在一起，在富含铁的水和腐蚀垢中尤为普遍，往往包裹在铁的化合物上，能将亚铁氧化成高价铁形式，沉积于菌体内或菌体周围，发生如下反应：

$$4Fe(OH)_2 + O_2 + 2H_2O \xrightarrow{\text{铁细菌}} 4Fe(OH)_3 \downarrow$$

这样，铁的阳极溶解会得到加速，而且生成的 Fe^{3+} 可将硫化物氧化成硫酸，促进腐蚀。铁细菌常在水管内壁附着生长并形成结瘤，造成机械堵塞和氧浓差腐蚀电池，出现"红水"的水质恶化现象。铁细菌常见的种类有纤毛菌属（leptothrix）、铁细菌属（crenothrix）和嘉氏铁柄杆菌属（gallionella）中的细菌，如：纤毛细菌（leptothrix）、鞘铁细菌（siderocapsa）、多孢铁细菌（crenothrix polyspora）、嘉氏铁杆菌（gallionella）和球衣细菌（sphaerotilus）等。

④ 硝化细菌　常遇到的一种嗜氧性微生物，有亚硝化单胞菌（nitrosomonas）和硝化杆菌（nitrobacter）等，能通过下面反应将水中的氨转变为硝酸。

$$NH_3 + 2O_2 \xrightarrow{\text{硝化细菌}} HNO_3 + H_2O$$

当工业水和生活水中存在硝化细菌时，水的 pH 值会下降，使碳钢、铜和铝等易被侵蚀的金属遭受腐蚀。与硝化细菌相反，有些细菌在通气不良的环境中，能把硝酸还原成亚硝酸，如脱氨假单胞菌（pseudomonas denitrificans）、施氏假单胞菌（pseudomonasstutzeri）和紫色色杆菌（cpromobacterium vio-laceum）等，这类产酸细菌称为反硝化细菌，能在环境中积累一定量的硝酸和亚硝酸，从而造成对金属的腐蚀。

⑤ 微生物黏泥　是由产黏泥细菌（黏泥形成细菌）产生的一种胶状或黏泥状、附着力很强的沉积物，往往由多种微生物组成，并包含着水中的各种无机物、有机物和细菌生成的物质等，这些沉积物附着在材料表面易形成氧浓差电池，同时又阻止水中的缓蚀剂到达金属的表面，造成金属在沉积物下的腐蚀（垢下腐蚀）。

3.5.2　微生物腐蚀的防护

由于微生物的多样性和复杂性，很难完全消除微生物腐蚀，目前在微生物腐蚀的控制方面还没有一种尽善尽美的方法，通常采用杀菌、抑菌、覆盖层、电化学保护和生物控制等的联用措施。

① 杀菌或抑菌　利用抑制剂使微生物不活动或活性降低，如加入量约 2×10^{-6} 的铬酸盐能有效抑制硫酸盐还原菌生长，硫酸铜等铜盐能抑制藻类生长；采用紫外线、超声波和辐射等物理手段来杀死腐蚀微生物；利用杀菌剂消灭腐蚀微生物，根据微生物的种类、特点和生存环境选择针对性的杀菌剂，要求杀菌剂具有高效、低毒、稳定、自身无腐蚀性、杀菌后易处理和价廉等特点，这种方法现在应用较多，如通氯或电解海水产生氯能杀死铁细菌等细菌，季铵盐杀硫酸盐还原菌、剥离黏泥，有机锡化合物杀藻类、霉菌和侵蚀木材的微生物，有机硫化合物能有效杀死真菌、黏泥形成菌、硫酸盐还原菌等。在密闭或半密闭的系统、涂料或保护层中，通常将杀菌剂、缓蚀剂、剥蚀剂、防腐剂或去垢剂等组合起来使用提高防腐效果，不同杀菌剂之间也会产生协同效应，这些在冷却水或循环水系统应用较广。有些杀菌剂在杀菌的同时也会带来其他副作用，如尽管氯是广泛应用的一种强氧化性杀菌剂，但是氯也会带来腐蚀和不同程度地破坏冷却水中的某些有机阻垢剂或缓蚀剂。

② 控制微生物生长环境　微生物生长繁殖都需要一个适宜的环境条件，所以通过减少微生物营养源或破坏微生物的生存、新陈代谢过程及其产物等改善环境条件的措施可以有效地减少微生物腐蚀的危害。限制金属构件周围的微生物生长的营养物可以抑制微生物的生长，如尽量控制环境中的有机物（碳水化合物、烃类、腐蚀质、藻类）、铵盐、磷、铁、亚铁、硫及硫酸盐等可极大地降低微生物增长；改变微生物生存环境的温度、湿度、pH 值、含盐量、含氧量等可以降低微生物的危害，例如，控制 pH 值在 5.5～9 范围以外、温度 50℃ 以上能强烈抑制菌类生长，切断硫源能阻止硫杆菌的破坏，湿润黏土地带加强排水或回填砂砾于埋管线周围有利于改善通气条件，可减少硫酸还原菌产生的厌氧腐蚀。

③ 覆盖层保护　采用镀层或涂层等覆盖层将金属与腐蚀环境隔开，而且，覆盖层使金

属表面光滑以减少微生物的附着，覆盖层中还可能含有某些杀菌的物质，如金属表面电镀铬、镀锌、衬水泥、涂环氧树脂、沥青、聚乙烯等防腐措施。

④ 电化学保护　将电位控制在使阴极表面附近呈碱性环境就可以有效抑制微生物的活动，如采用 $-0.95V$（相对于 $Cu/CuSO_4$ 参比电极）以下的电位对钢铁构件进行保护。该方法与覆盖层方法联合使用效果更好。

⑤ 生物控制　微生物不全是有害的，现在也有利用微生物及技术进行防腐的研究，生物控制主要是采用生物防治、遗传工程和基因工程等方法改变危害菌的附着力、生存环境或新陈代谢过程及产物来达到防护的目的。譬如，日本研制开发的利用能吞食海水中腐蚀微生物的噬菌体清除金属管件表面的有害微生物来防止微生物腐蚀的效果就很好，而且这些细菌能选择性的杀死附着的有害微生物，而不会像其他方法那样影响其他生物。

3.6　硫化氢腐蚀

硫化氢是工业生产及油气田生产中引发腐蚀的一个重要因素之一。目前的研究已经发现硫化氢不仅对钢材具有很强的腐蚀性，而且还是一种导致渗氢的介质。

3.6.1　腐蚀机理

关于硫化氢渗氢过程的机制，氢在钢中存在的状态和运行过程以及氢脆的本质看法还不统一。主要的观点有电化学腐蚀过程和硫化氢导致氢损伤过程。

(1) 电化学腐蚀阳极溶解过程

H_2S 一旦溶于水便立即电离使溶液呈现酸性。H_2S 水中的离解反应：

$$H_2S \Longleftrightarrow H^+ + HS^- \Longleftrightarrow 2H^+ + S^{2-}$$

释放的氢离子是强去极化剂，易在阴极夺取电子，促进阳极溶解反应使钢铁遭受腐蚀。而且吸附在电极表面的 H_2S 分子和 HS^- 能够在很大程度上能够抑制还原生成的氢原子形成氢气，从而使得氢原子渗透入金属内部的量增大。H_2S 水溶液对钢铁的电化学腐蚀过程的反应式：

阳极反应　　　　　　　　　　$Fe \longrightarrow Fe^{2+} + 2e$

阴极反应　　　　　　$2H^+ + 2e \longrightarrow H_{ad} + H_{ad} \longrightarrow H_2 \uparrow$

$$\downarrow$$

$$H_{ab} \longrightarrow 钢中扩散$$

阳极反应产物　　　　　　　$Fe^{2+} + S^{2+} \longrightarrow FeS$

式中　H_{ad}——钢表面上吸附的氢离子；

　　　H_{ab}——钢中吸附的氢原子。

对钢铁而言，附着于其表面的腐蚀产物不仅仅是 FeS，而是随着 pH 值、H_2S 浓度等参数的变化具有不同 Fe 和 S 的组成，可以使用 Fe_xS_y 表示，其主要成分有 Fe_9S_8、Fe_3S_4、FeS_2、FeS。腐蚀产物（Fe_xS_y）能够加速钢铁的局部腐蚀。相对于 H_2S 来说，腐蚀产物所引起的局部腐蚀起着更为主导的作用。Fe_xS_y 对局部腐蚀的影响随着其结构和性质的变化而不同。其中 Fe_9S_8 的保护最差。与 Fe_9S_8 相比，FeS_2 和 FeS 具有较好的保护性。

(2) 硫化氢导致氢损伤过程

H_2S 水溶液对钢材电化学腐蚀的另一产物是氢原子。吸附在电极表面的 H_2S 分子和 HS^- 在很大程度上能够抑制还原生成的氢原子形成氢气，从而使得氢原子渗透入金属内部的量增大。被钢铁吸收的氢原子，将破坏其机体的连续性，从而导致氢损伤，也成为 H_2S

环境开裂的主要因素。

3.6.2 腐蚀类型和影响因素

含 H_2S 体系腐蚀破坏类型通常可以分为两种：第一种为电化学反应过程中阳极溶解导致均匀腐蚀和/或局部腐蚀，表现为金属设施壁厚减薄和/或点蚀穿孔等；另一种为电化学反应过程中阴极离子析出氢原子，由于 H_2S 的存在，阻止其结合成氢分子逸出，而进入钢中，导致钢铁在 H_2S 环境开裂。

3.6.2.1 硫化氢导致的均匀腐蚀或局部腐蚀

影响因素主要有 H_2S 浓度、pH 值、温度等。

① H_2S 浓度 H_2S 浓度对钢材腐蚀速率的影响如图 3-22 所示。软钢在含 H_2S 蒸馏水中，当 H_2S 含量为 200～400mg/L 时，腐蚀率达到最大；而后随着 H_2S 浓度增加腐蚀速率降低；当 H_2S 浓度高于 1800mg/L 时，H_2S 浓度的增加对腐蚀几乎无影响。如果含 H_2S 水溶液中还含有其他腐蚀性组分如 CO_2、Cl^-、残酸等时，腐蚀率将会大幅度增大。

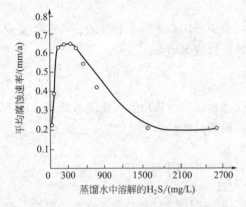

H_2S 浓度对腐蚀产物硫化铁膜的影响，通常 H_2S 的浓度低于 2.0mg/L 时，腐蚀产物为 FeS_2 和 FeS；H_2S 浓度为 2.0～20mg/L 时，腐蚀产物除 FeS_2 和 FeS 外，还有少量的 Fe_9S_8 生成；H_2S 浓度为 20～60mg/L 时，腐蚀产物中的 Fe_9S_8 的含量最高。

② pH 值 通常 pH=6 是钢铁的腐蚀速率一个临界值。当 pH<6 时，钢的腐蚀率高，腐蚀液呈黑色，浑浊。NACE T-1C-2 小组认为气井底部 pH 值为 6±0.2 是决定油管寿命的临界值，当 pH<6 时油管的寿命减少超过 20 年。

图 3-22 H_2S 浓度对钢材腐蚀速率的影响

pH 值能够影响腐蚀产物硫化铁膜的组成、结构及溶解度等。通常在低 pH 值的 H_2S 溶液中，生成的是含硫量不足的硫化铁如 Fe_9S_8 为主的无保护性的膜，腐蚀加速；随着 pH 值的增高，FeS_2 含量也随之增多，于是在高 pH 值下生成的是以 FeS_2 为主的具有一定保护效果的膜。

③ 温度 低温范围内，钢铁在 H_2S 水溶液中的腐蚀率随温度的升高而增大。有实验表明在 10% H_2S 水溶液中，当温度从 55℃升至 84℃时，腐蚀率大约增大 20%，但是随着温度继续升高腐蚀速率下降，在 110～120℃时的腐蚀率最小。

④ 暴露时间 在硫化氢水溶液中，碳钢和低合金钢的初始腐蚀速率大约为 0.7mm/a，但随着时间的增长，腐蚀速率会逐渐下降。有实验表明 200h 后腐蚀率趋于平衡，约为 0.01mm/a。这是由于随着暴露时间增长，硫化铁腐蚀产物逐渐在钢铁表面上沉积，形成了一层具有减缓腐蚀作用的保护膜。

⑤ 流速 流速较高或处于湍流时，不仅会促进腐蚀反应的物质交换，同时金属表面上难以形成具有良好保护性能的腐蚀产物膜，使腐蚀一直处于初始的腐蚀速率，而且缓蚀剂不能充分到达钢构件某些部位的表面而影响缓蚀剂的作用。所以，较高的流速，往往腐蚀速率也较高。

⑥ 氯离子 氯离子可以通过钢铁表面硫化铁膜的细孔和缺陷渗入其膜内，使膜发生细微开裂，于是形成孔蚀核。由于氯离子的继续移入和铁离子结合后，水解生成氢离子和氯离子，这一自催化作用加速孔内铁的溶解，导致孔蚀破坏。

3.6.2.2 硫化物导致的应力开裂（SSC）

影响因素主要有环境因素和材料因素两类。

（1）环境因素

① 硫化氢浓度影响　在含有水和 H_2S 酸性天然气系统中，当其气体总压等于或大于 0.4MPa，气体的硫化氢分压大于或等于 0.0003MPa 时，该天然气可引起敏感材料发生 SSC。天然气中硫化氢气体分压等于天然气中硫化氢气体的体积分数与天然气总压的乘积，含 H_2S 酸性天然气是否会导致敏感材料发生 SSC，可按照图 3-23 进行划分。

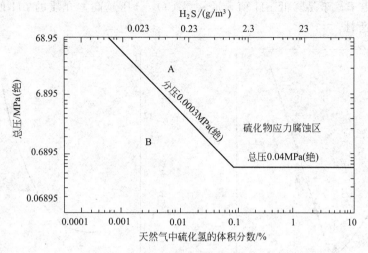

图 3-23　酸性天然气系统

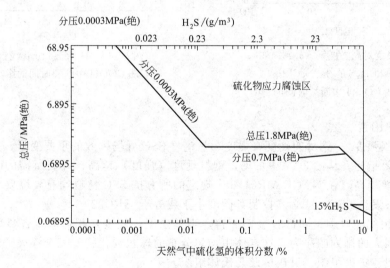

图 3-24　酸性天然气-油系统

含有水和 H_2S 酸性天然气-油系统，当其天然气与油之比大于 $1000m^3/t$ 时，作为含 H_2S 酸性天然气系统处理。当天然气与油之比等于或小于 $1000m^3/t$ 时，能否引起 SSC，按图 3-24 进行划分，即系统总压大于 1.8MPa（绝），天然气中硫化氢分压大于 0.0003MPa（绝）；或天然气中 H_2S 分压大于 0.07MPa（绝）；或天然气中含有 H_2S 体积含量大于 15% 时，可引起敏感材料发生 SSC。

② 温度的影响　从图 3-25 中可见，高温对材料抗 SSC 是有益的。温度约 24℃ 时，其断裂所需时间最短，SSC 敏感性最大。当温度高于 24℃ 时，随着温度的升高，断裂所需时间延长，SSC 敏感性下降。通常对 SSC 敏感的材料均存在着一个不发生 SSC 的温度值，此温度值随着钢材的强度极限而变化，一般为 65～120℃。

③ pH 值的影响　根据 SSC 机理可推断随着 pH 值的升高，H^+ 浓度下降，SSC 敏感性降低。从图 3-26 中可见，对 P-110 油套管，当 pH 值为 2~3 时，S_c 值最低，SSC 敏感性最高；随着 pH 值的增加，S_c 值增大，SSC 敏感性随着下降；当 pH 值大于 6 时，S_c 值可大于 15，通常认为在此状态下就不会发生 SSC。

④ CO_2 的影响　在含 H_2S 酸性油气田中，往往都含 CO_2。CO_2 一旦溶于水便形成碳酸，释放出氢离子，于是降低 pH 值，通常是 CO_2 分压越高，介质的 pH 值就越低，从而增大 SSC 的敏感性。

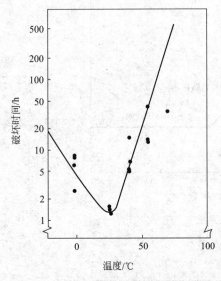

图 3-25　温度对高强度钢（$\sigma_s = 1459$Pa）
在饱和 H_2S 的 3％NaCl＋
0.5％ CH_3COOH 中断裂时间的影响

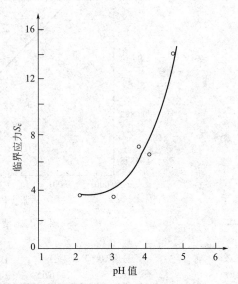

图 3-26　pH 对 p-110 管线钢
CH_3COOH 中断裂时间的影响

（2）材料因素

① 硬度（强度）　钢材的硬度（强度）是钢材 SSC 现场失效的重要变量，是控制钢材发生 SSC 的重要指标。从图 3-27 中可见，钢材硬度（强度）越高，开裂所需的时间越短，说明 SSC 敏感性越高。在 NACE MR0175 中规定的所有抗 SSC 材料均有硬度要求。要使碳钢和低合金钢不发生 SSC，就必须控制其硬度小于或等于 HRC22。

② 钢材组织　对碳钢和低合金钢而言，当其强度（硬度）相似时，各显微组织对 SSC 敏感性由小到大的排列顺序为：铁素体中均匀分布的球状碳化物、完全淬火＋回火组织、正火＋回火组织、正火组织、贝氏体及马氏体组织。

③ 化学成分　钢材的化学成分对其抗 SSC 的影响迄今尚无一致的看法。但一般认为在碳钢和低合金钢中，镍、锰、硫、磷为有害元素。

镍对碳钢和低合金钢而言是一种有害元素。含镍钢即使硬度低于 HRC22 其抗 SSC 性能仍很差。SY/T0599 和 NACE MR0175 两标准中都规定抗 SSC 的碳钢和低合金钢含镍量不能大于 1％。

锰是一种易偏析的元素，它具有降低钢的马氏体转变温度的作用。因此当偏析区 Mn、C 含量一旦达到一定比例时，极易在热轧或焊后冷却过程中，产生对 SSC 极为敏感的马氏体组织、贝氏体组织，而成为 SSC 的起源。对于碳钢一般限制锰含量小于 1.6％。

硫和磷几乎一致被认为是有害的元素。它们具有很强的偏析倾向，易在晶界上聚集，对

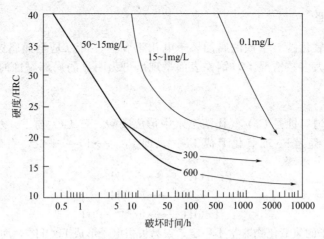

图 3-27　钢的硬度与含 H_2S 在 0.5% NaCl 溶液中断裂时间的关系

以沿晶方式出现的 SSC 起促进作用。锰和硫生成的硫化锰夹杂是 SSC 最可能成核的位置。

④ 冷变形　经轧制、冷锻或其他制造工艺以及机械咬伤等产生的冷变形，其不仅使冷变形区的硬度增大，而且还产生一个很大的残余应力，有时可高达钢材的屈服强度，从而导致对 SSC 敏感。从图 3-28 中可见，管材随着冷加工变形量（冷轧面缩率）的增加，硬度增大，S_c 值下降，表明 SSC 敏感性增大。因此，通常规定铁基金属，当其因冷变形导致的纤维性永久变形量大于 5% 时，必须进行高温消除应力热处理，使其最大硬度不超过 HRC22。

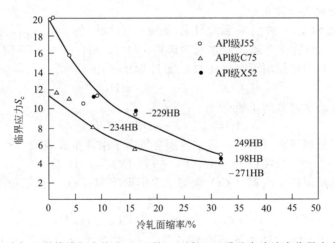

图 3-28　冷加工对管线钢在饱和 H_2S 的 0.5% NaCl 醋酸水溶液中临界应力的影响

3.7　二氧化碳腐蚀

二氧化碳广泛分布于自然环境如大气、土壤、海洋等。然而，在石油、天然气工业中，尤其对油气田开采作业二氧化碳的影响却更为显著，原油伴生气中含有不到 5% 的 CO_2 就会导致接触金属设备、管道的严重腐蚀。一般来说，对于常用的过程装备金属材料，二氧化碳气体本身不具有腐蚀性，但是一旦溶于水中会使介质呈现弱酸性，从而导致金属腐蚀现象的发生或加剧。CO_2 腐蚀也常被称为"甜性腐蚀"。

3.7.1 腐蚀机理

研究表明，二氧化碳对钢铁的腐蚀属于电化学腐蚀，可以是全面腐蚀（均匀腐蚀），也可以是局部腐蚀，大多数情况下，钢铁表面呈现出更为明显的局部腐蚀的形态，而均匀腐蚀则相对较弱。

（1）均匀腐蚀

一般认为，均匀腐蚀是 CO_2 气体溶于水中形成碳酸，H_2CO_3 与 Fe 发生电化学反应造成 Fe 的腐蚀。阳极过程为 Fe 被氧化形成 Fe^{2+}，即 $Fe \longrightarrow Fe^{2+} + 2e$，有研究指出，Fe 失电子主要经历以下三个步骤

$$Fe + OH^- \longrightarrow FeOH + e$$
$$FeOH \longrightarrow FeOH^+ + e$$
$$FeOH^+ \longrightarrow Fe^{2+} + OH^-$$

第一步产物 Fe^+ 离子的氢氧化物非常不稳定，很易失去电子形成 $FeOH^+$，而最终生成 Fe^{2+}。

阴极的还原反应相对较复杂，目前还没有一个统一的观点。总体来说，根据环境以及介质条件的不同，常温下阴极还原反应主要有两种类型。

① 非催化的阴极还原反应　CO_2 溶于水中首先发生水解反应 $CO_2 + H_2O \longrightarrow H_2CO_3$，$H_2CO_3 \longrightarrow H^+ + HCO_3^-$ 和 $HCO_3^- \longrightarrow H^+ + CO_3^{2-}$。当 pH<4 时，水解产生的 H^+ 以水和离子的形态还原成氢原子并吸附在金属表面（以 H_{ad} 表示），即 $H_3O^+ + e \longrightarrow H_{ad} + H_2O$；当 4<pH<6 时，碳酸可直接还原生成氢原子 $H_2CO_3 + e \longrightarrow H_{ad} + HCO_3^-$；当 pH>6 时，碳酸氢根离子被还原直接生成氢气，即 $2HCO_3^- + 2e \longrightarrow H_2 \uparrow + 2CO_3^{2-}$。有研究表明，在低温下（<30℃），腐蚀速率的控制步骤是二氧化碳水化成碳酸，而在较高温度下（>40℃），则转变为 CO_2 向金属表面的扩散。

② 金属表面吸附 CO_2 的阴极催化还原反应　溶液中的 $CO_{2,sol}$ 首先吸附于金属表面 $CO_{2,sol} \longrightarrow CO_{2,ad}$，而后在金属表面水合为碳酸 $CO_{2,ad} + H_2O \longrightarrow H_2CO_{3,ad}$，吸附在金属表面的碳酸在金属的催化作用下直接还原生成 H 原子，即

$$H_2CO_{3,ad} + e \longrightarrow H_{ad} + HCO_{3,ad}^-$$

或吸附在金属表面的水合氢离子还原

$$H_3O_{ad}^+ + e \longrightarrow H_{ad} + H_2O$$

以及吸附的碳酸氢根离子也可能与溶液中的水合氢离子结合生成碳酸

$$HCO_{3,ad}^- + H_3O^+ \longrightarrow H_2CO_{3,ad} + H_2O$$

以上两种阴极反应的实质都是 CO_2 溶解于水中形成 H_2CO_3 后被还原生成 H 的过程，总的腐蚀反应为

$$Fe + CO_2 + H_2O \longrightarrow FeCO_3 + H_2 \uparrow$$

除此之外，关于 CO_2 腐蚀机理还有观点认为 Fe 首先水合形成 $Fe(OH)_2$ 和 H^+，而后 $Fe(OH)_2$ 再与 CO_2 反应生成 $FeCO_3$ 的腐蚀产物。总而言之，Fe 在溶有 CO_2 溶液中发生均匀腐蚀的阴极过程主要是氢的去极化作用。

（2）局部腐蚀

一般认为，碳钢表面 CO_2 腐蚀产物膜的主要成分为 $FeCO_3$ 以及少量 $Fe(OH)_2$ 和微量 $CaCO_3$ 等不溶性碳酸盐。CO_2 局部腐蚀形态主要表现为台地状的凹坑和蜂窝状的腐蚀穿孔，普遍分布在被腐蚀产物膜覆盖的金属表面以及附近区域。研究发现，腐蚀产物膜的组成、结构和形态对局部腐蚀的发生和发展起到了关键性的作用。一般发生局部腐蚀的区域都有腐蚀产物覆盖，形成多孔疏松的不连续膜，该膜阻碍了覆盖膜下区域与外界环境的物质交换，在膜下形成了一个不同于外界的特殊局部环境。一方面，随着腐蚀的进行，膜下作为去极剂的 H^+ 供应不足导致局部电位降低，被覆盖金属与外界裸露的金属形成了电偶腐蚀体系，膜下金属作为阳极

腐蚀加速；另一方面，在膜下进行类似于垢下腐蚀的自催化酸化腐蚀历程，同样也会导致腐蚀速率增加。由此可见，CO_2 局部腐蚀的危害程度明显高于均匀腐蚀引起的材料破坏。

3.7.2　影响 CO_2 腐蚀的环境因素

普遍认为 CO_2 分压对 CO_2 腐蚀起到了决定性的作用。电解质溶液中 CO_2 溶解度随 CO_2 分压的增大而增大，形成 H_2CO_3 的浓度也相应增加，从而必然导致离解出更多的 H^+，使阴极过程的超电压降低，去极化过程加剧，腐蚀速率增大，如图 3-29～图 3-31 所示。

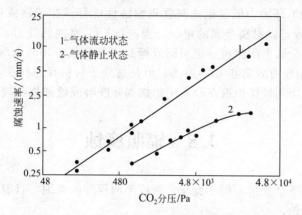

图 3-29　钢的腐蚀速率与 CO_2 分压的关系

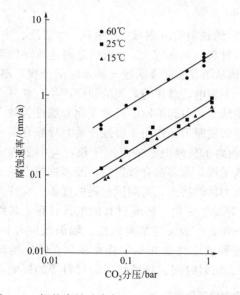

图 3-30　钢的腐蚀速率与 CO_2 分压和温度的关系
（1bar＝10^5Pa）

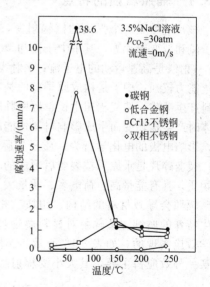

图 3-31　温度对 CO_2 腐蚀速率的影响

温度对于 CO_2 腐蚀的影响主要体现在三个方面：CO_2 在电解质溶液中的溶解度、腐蚀电化学反应速度和生成腐蚀产物膜的稳定性。一般来说，温度的升高会促进腐蚀反应的进行，而与此同时，溶解在电解质溶液中的 CO_2 的浓度则会因温升而降低，相应地 H_2CO_3 以及 H^+ 浓度下降，去极化作用减弱，腐蚀速率减缓。腐蚀产物膜的稳定性在不同的温度也是不同的，以钢材为例，低于 60℃无稳定的腐蚀产物膜产生，主要为均匀腐蚀，介于 60 到 150℃生成疏松的、附着力差的 $FeCO_3$ 膜，局部腐蚀严重，超过 150℃会形成致密的、与基体附着力强、有一定保护作用的 $FeCO_3$ 腐蚀产物膜，腐蚀速率降低。

CO₂腐蚀会随溶液 pH 的减小而增大，主要原因在于 H⁺ 浓度的增加导致腐蚀加剧。此外，溶液中的其他介质同样会影响 CO₂ 的腐蚀进程，一般来说，能够降低 CO₂ 的溶解度或促进 FeCO₃ 膜形成的离子（如 Fe²⁺、HCO₃⁻）对腐蚀有抑制的作用，而能够破坏或溶解 FeCO₃ 的离子（如 H₂S）则对防腐不利。流速增加不仅促进了金属表面去极剂的供给，而且对表面的保护膜起到冲刷的作用，因此增大流速会使腐蚀加剧。

3.7.3　CO₂腐蚀防护

实验表明，在 CO₂ 环境中低强钢比高强钢耐蚀性能好。在碳钢或低合金钢中加入少量的 Cu、Ni、Cr 和 Mo 可以提高金属的电位，提高抗 CO₂ 腐蚀的能力，加入 Cr 因形成稳定的钝化膜而耐蚀。在金属表面涂覆一层树脂或橡胶（如环氧、环氧酚醛、尼龙等），或金属镀层（如 Ni-P 镀）也能有效防止 CO₂ 腐蚀，但是高分子材料普遍存在不耐高温和易老化的问题。此外，还可采用阴极保护或在介质中添加如咪唑啉或硫脲复合缓蚀剂进行防护。

3.8　辐照腐蚀

材料在辐照环境下会发生不同的变化，造成不同程度的腐蚀，目前研究比较多的是材料在核辐照条件下的腐蚀。

3.8.1　辐照腐蚀的特点

核反应堆是一个强大的核辐射源，常接触到的辐射有 α 射线、β 射线、γ 射线、中子流、质子流和裂变碎片等，其中中子流和裂变碎片对材料的损伤较大。α 射线是高速运动的氦原子核；β 射线是高速运动的电子流；γ 射线是原子核从激发态能级跃迁至基态时的产物，不带电，穿透能力较强；中子是构成原子核的基本粒子，不带电，总伴随着核的裂变产生，容易使周围材料产生缺陷，造成辐照生长、辐照肿胀和辐照蠕变，引起不同的尺寸变化和脆性失效，轰击固体时产生核转变而生成影响材料性能的不同量杂质原子，作用于腐蚀介质时导致介质成分改变，影响电极的电化学行为；质子实际上是被剥离了核外电子的氢原子核，与中子构成原子核；裂变碎片是重原子核裂变后形成的较轻新原子核，大多都有放射性，经多次蜕变后形成稳定物质，具有能量高、荷电多、质量大和穿透能力低的特点，对周围材料的性质影响较大。

辐照会导致材料的结构、组成、相、晶型等发生变化，影响材料的电极过程，最终导致产生特殊的腐蚀。核辐射对材料腐蚀性能的影响主要是通过结构效应、辐解效应和辐射-电化学效应实现的，如表 3-16 所示。实际上，各种效应往往并不单独存在，在特定情况下会是某一种效应占主导，其大小受辐射线的强度、辐射时间、环境状况、材料等的影响。

表 3-16　辐射导致的不同效应

类　型	特　点	实　例
结构效应	辐照引起晶格的化学无序，使原子离开原来的位置，形成缺陷，结构发生变化，可以在退火条件下部分或全部消除	在中子辐照下，18-8 不锈钢由奥氏体转变成铁素体而降低在含氯化物介质中的耐蚀性；氧化锆由单斜结构转变成斜方结构且表面氧化膜产生缺陷而影响耐蚀性
辐解效应	辐照导致腐蚀介质分解，成分发生变化，产生氧化性产物和还原性产物，反映辐照对腐蚀介质的作用	在充气的除盐水中，辐照产生 O₂、OH、HO₂、H₂O₂ 等氧化性物质，将碳钢的高温腐蚀速率提高约 3 倍
辐射-电化学效应	金属表面原子由于吸收辐射能而能量增高，有利于电化学反应，受辐射强度、时间、电极材料及表面状态、溶液性质及流动状态等影响，从能量角度阐明辐照对金属腐蚀性能影响	5mol/L HNO₃ 中的 Al 经 3.9 eV/(cm³·s) 辐照剂量后电极电位负移 0.06 V，0.1 mol/L NaOH 中的 Ni 经 0.5 eV/(cm³·s) 辐照剂量后电极电位正移 0.28V

　　辐照使金属激发出更多的次级电子逸出，形成缺陷和放电，导致结构发生变化，也会使材料中的原子电离，促进腐蚀。高分子材料及其复合物更易受辐射的影响，辐射会造成蒸发、升华或分解，引起组分变化、质量损失和性能下降，强烈的紫外光照射会加速老化，高能带电粒子辐射会导致交联和降解。

　　在核反应中，辐照整体上加速锆合金的腐蚀行为，辐照能增加石墨慢化剂在 CO_2 冷却剂中的氧化速率，在低温下，石墨与吸附在表面的 CO_2 发生反应生成 CO 而损失石墨慢化剂，同时辐照将 CO_2 与 CO 分解成活性较高的氧原子而导致石墨孔隙和冷却剂回路中沉积碳，辐照时石墨原子的位移和由此形成的空位会使晶格产生缺陷，一种称为潜能的能量以晶格缺陷的形式存储于石墨内部，会引起严重后果。辐照对氦气中的空气、水汽等杂质影响较大，容易导致材料变脆。

3.8.2　辐照腐蚀的防护

　　① 选用耐蚀材料　根据辐照对材料的影响程度和特点，通过合金化或改变组织、形貌等提高材料的抗辐射能力，如铁素体-马氏体双相钢中，用 W、Ta、V 可以提高抗中子辐射能力，调整 Cr 含量可以改善耐蚀性能和脆性；核反应堆的包壳材料用 Zr-2、Zr-4 等锆合金；蒸汽发生器传热管材料用 Inconel-600 合金和改进型 Inconel-690 合金。

　　② 覆盖层保护　根据不同的射线特点、介质性质、环境状况等，采用相应的镀层或涂层等覆盖层防护，如采用热浸渍、热喷镀、电镀、微弧氧化等技术在材料表面形成一层致密的保护层，α 射线可用厚纸等阻挡，β 射线可用有机玻璃、铝等材料阻挡，γ 射线可用混凝土、铅等阻挡，中子射线可用石蜡等轻质材料阻挡，对水冷却系统采用胶衬里等。

　　③ 电化学保护　采用电化学保护影响电极过程，减少辐照造成的电极电位变化，同时可以弥补覆盖层中存在的气孔眼、擦伤和脱落等缺点，提高保护效果。

第4章 金属结构材料的耐蚀性

4.1 金属耐蚀合金化原理

4.1.1 纯金属的耐蚀特性

工业上广泛应用的金属结构材料大多数都是合金，为了更好地掌握并改进合金的耐蚀性，对于作为合金基体或合金元素的纯金属的耐蚀特性的了解是完全必要的。在各种腐蚀环境中，纯金属的耐蚀能力主要体现在以下三个方面。

（1）金属的热力学稳定性

各种纯金属的热力学稳定性，大体上可按它们的标准电位值（表1-7）来判断。标准电极电位较正者，其热力学稳定性较高；标准电极电位越负，在热力学上越不稳定，也就容易被腐蚀。

当氢分压等于1atm（101325Pa）时，在中性（pH＝7）的水溶液中，氢的平衡电极电位 $E_{H^+/H_2}＝-0.414V$；在酸性（pH＝0）的水溶液中，$E_{H^+/H_2}＝0$。因此，在相应条件下，当金属的标准电极电位分别小于$-0.414V$和0时，就可能发生析氢腐蚀。

同时，在中性（pH＝7）水溶液中，当氧分压 $p_{O_2}＝1atm$ 时，其氧的平衡电极电位 $E_{O_2/OH^-}＝+0.815V$。所以，当金属的标准电极电位低于$+0.815V$时，即可发生耗氧腐蚀。

因此，以$-0.414V$、0V、$+0.815V$为界限，可将纯金属按其标准电位值划分为热力学稳定性不同，因而耐蚀程度也不同的四类（表4-1）。其中，热力学上较为稳定的金属有金、铂、铱、钯、银、铑、铜等。

表 4-1 按金属的标准电位值近似地评定其热力学稳定性

金属的标准电位/V	热力学稳定性	可能的腐蚀过程	金　属
<-0.414	不　稳　定	在含氧的中性水溶液中，既能产生耗氧腐蚀，也能产生析氢腐蚀；在不含氧的中性水溶液中，能产生析氢腐蚀	Li、Rb、K、Cs、Ra、Ba、Sr、Ca、Na、La、Mg、Pu、Th、Np、Be、U、Hf、Al、Ti、Zr、V、Mn、Nb、Cr、Zn、Ga、Fe
$-0.414～0$	不够稳定	在中性水溶液中，仅在含氧或氧化剂的情况下才产生腐蚀（耗氧腐蚀）在酸性水溶液中，即使不含氧也能产生腐蚀（析氢腐蚀）；当含氧时既产生析氢腐蚀，也能产生耗氧腐蚀	Cd、In、Tl、Co、Ni、Mo、Sn、Pb
$0～+0.815$	较　稳　定	在不含氧的中性或酸性溶液中不腐蚀；只在含氧的介质中才能产生耗氧腐蚀	Bi、Sb、As、Cu、Rh、Hg、Ag
$>+0.815$	稳　　定	在含氧的中性水溶液中不腐蚀；只有在含有氧化剂或氧的酸性溶液中，或在含有能生成络合物的物质的介质中才能产生腐蚀	Pd、Ir、Pt

（2）金属的钝化

有不少热力学不稳定的金属在适当的条件下能发生钝化而获得耐蚀能力，可钝化的金属有锆、钛、钽、铌、铝、铬、铍、钼、镁、镍、钴、铁。它们的大多数都是在氧化性介质中容易钝化，而在 Cl^-、Br^-、F^- 等离子的作用下，钝态容易受到破坏。

易钝化的金属，往往作为合金元素加入钢中，使合金钝化而获得耐蚀性。

（3）腐蚀产物膜的保护性能

在热力学不稳定的金属中，除了因钝化而耐蚀者外，还有因在腐蚀过程初期或一定阶段生成致密的保护性能良好的腐蚀产物膜而耐腐蚀。例如，铅在硫酸溶液中，铁在磷酸溶液中，钼在盐酸溶液中，镁在氢氟酸或烧碱中，锌在大气中均因生成保护性腐蚀产物膜而耐蚀，这类化学转化膜通常称为机械钝态膜。

工业用耐蚀金属材料，主要是铜、镍、铝、镁、钛、锆等，而应用比较广泛的是铁合金、铜合金、镍合金、钛合金、铝合金、镁合金等。纯金属应用并不多。

4.1.2　金属耐蚀合金化的途径

从第 1 章的讨论知道，金属的电化学腐蚀速率可用腐蚀电流的大小表征，即

$$I = \frac{E_K^o - E_A^o}{P_K + P_A + R}$$

式中的分子，表示腐蚀反应的推动力，亦即系统的热力学稳定性，分母表示腐蚀过程的阻力。显然，如果能减小腐蚀反应的推动力，或者增大系统的阻力，都能有效地降低腐蚀电流，而提高耐蚀性。

根据各种金属的不同特性，一般工业上金属耐蚀合金化有以下几种途径。

（1）提高金属的热力学稳定性

这种方法就是向本来不耐蚀的纯金属或合金中加入热力学稳定性高的合金元素，制成合金。合金元素将其固有的高热力学稳定性带给了合金，提高了合金的电极电位，从而提高合金整体的耐蚀性。例如在铜中加入金，镍中加入铜，铬钢中加入镍。

但是，这种办法的应用很有限，因为往往需要添加大量的贵金属才有效。例如 Cu-Au 合金要求含 25％或 50％（原子）的 Au，作为工业结构材料，因太贵而难以推广。

（2）减弱合金的阴极活性

这种方法适用于阴极控制的腐蚀过程。

① 减小金属或合金中的活性阴极面积　金属或合金在酸溶液中腐蚀时，阴极析氢过程优先在析氢超电压低的阴极性合金组成物或夹杂物上进行，如果减少合金中的这种阴极相，就减少了活性阴极数目或面积，使阴极极化电流密度加大，增强了阴极极化程度，从而提高合金的耐蚀性。

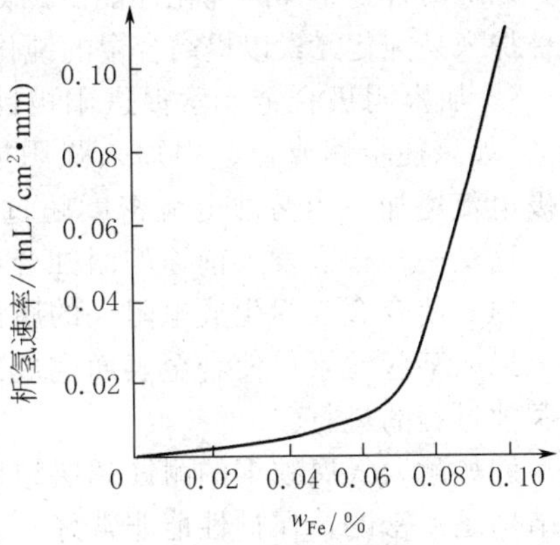

图 4-1　纯铝（99.998％Al）中杂质铁对其 2mol/L HCl 中腐蚀速率（析氢速率）的影响

如图 4-1 所示，减少纯铝（99.998％）中杂质 Fe 的含量，纯铝在 2mol/L HCl 中的腐蚀速率（析氢速率）将大大降低。

另外，也可以采用热处理方法，如固溶处理，使阴极性夹杂物转入固溶体内，消除了作为活性阴极的第二相，也能提高合金的耐蚀性。

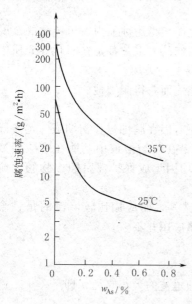

图 4-2 0.75％C 碳钢中
加入砷对其在 10％H_2SO_4 中
腐蚀速率的影响

② 加入析氢超电压高的合金元素　往合金中加入析氢超电压高的合金元素，增大合金阴极析氢反应的阻力，可以显著降低合金在酸中的腐蚀速率。这种办法只适用于基体金属不会钝化、由析氢超电压控制的析氢腐蚀过程。

例如，在碳钢和铸铁中加入析氢超电压高的砷、锑、铋或锡，可以显著降低其在非氧化性酸中的腐蚀速率（图 4-2）。

（3）减弱合金的阳极活性

用合金化的方法，减弱合金的阳极活性，阻滞阳极过程的进行，以提高合金的耐蚀性，是金属耐蚀合金化措施中最有效、应用最广泛的方法。

① 减小阳极相的面积　在腐蚀过程中合金基体是阴极而第二相（例如强化相）或合金中其他微小区域（例如晶界）是阳极的情况下，如果能进一步减小这些微阳极的面积，则可加大阳极极化电流密度，增加阳极极化程度。

例如在海水中，Al-Mg 合金中的强化相 Al_2Mg_3，对基体而言是阳极，腐蚀过程中起阳极作用的 Al_2Mg_3 相逐渐被腐蚀掉，合金表面微阳极总面积逐渐减小，腐蚀速率降低。

但是，实际合金中第二相是阳极的情况很少，绝大多数合金中的第二相都起阴极作用（阴极相），所以，应用这种耐蚀合金化途径的局限性很大。

② 加入易钝化的合金元素　工业上大量应用的合金的基体元素铁、铝、镁、镍等都属于可钝化的元素，其中应用最多的钢铁材料中的元素铁，钝化能力不强，一般需要在氧化性较强的介质条件下才能钝化。为了显著提高耐蚀性，可以往这些基体金属中加入更容易钝化的元素，以提高合金整体的钝化性能。例如往铁中加入（12％～30％）Cr，制得不锈钢或耐酸钢。这种加入易钝化元素以提高合金的钝化能力的方法是耐蚀合金化途径中应用最广泛的一种。

③ 加入阴极合金元素促进阳极钝化　对于有可能钝化的腐蚀体系（包括合金与腐蚀环境），如果往金属或合金中加入强阴极性元素，由于电化学腐蚀中阴极过程加剧，使其阴、阳极电流增加，当腐蚀电流密度超过钝化电流密度时，阳极出现钝态，其腐蚀电流急剧下降。这是一种很有发展前途的耐蚀合金化措施。

（4）使合金表面生成电阻大的腐蚀产物膜

加入某些元素促使合金表面生成致密的腐蚀产物膜，加大了体系的电阻，也能有效地阻滞腐蚀过程的进行。

例如耐大气腐蚀钢的耐蚀锈层结构中一般含有非晶态羟基氧化铁 $FeO_x \cdot (OH)_{3-2x}$，它的结构是致密的，保护性能非常好。而钢中加入 Cu、P 或 P 与 Cr，则能促进此种非晶态保护膜的生成。因此，以 Cu 与 P，或 P 与 Cr 来合金化，可制成耐大气腐蚀的低合金钢。

表 4-2 列出了以上各种方法的实际用例。通常耐蚀合金是把以上各类合金元素的效果互相配合，而获得更好的综合性能。

4.1.3　单相合金的 $n/8$ 定律

最早塔曼（Tammann）在研究单相（固溶体）合金的耐蚀性时，发现其耐蚀能力与固溶体的成分之间存在一种特殊关系。在给定介质中一种耐蚀的组元和另一种不耐蚀的组元组

表 4-2　应用添加合金元素改善钢铁耐蚀性的方法

分　类	具 体 方 法	实　例
减小阳极活性	添加把阳极电位向高电位变化的元素或把阳极极化增大的元素	在 Fe 中添加 Ni、Mo、W、Cu、Si 等(各种耐酸钢)
	添加促进钝化的元素(在可能钝化的氧化条件下有效)	在 Fe 中添加 Cr(高 Cr 不锈钢) 在 Fe 中添加 Cr、Ni(Cr-Ni 不锈钢) 在 Ni 中添加 Cr(Ni-Cr 耐热合金)
控制阴极活性	减少阴极活化度:添加使氢超电压增大的元素(在氢去极化腐蚀时)	在 Fe 中添加 As、Sb、Sn 等 在高 Cr 钢、18-8 不锈钢中添加少量的 Pt、Pd、Ag、Cu,铸铁中的石墨
	增加阴极活化度,添加使阴极极化性减小的元素(在基体金属可能钝化的条件下有效)	
造成覆盖层,增大系统的电阻	添加在合金表面能形成腐蚀产物——致密的保护膜的元素	在 Fe 中加入 Si(高 Si 耐酸铸铁);碳钢中添加 Cu、P(耐候钢)

成的固溶体合金，其中耐蚀组元的含量等于 12.5%、25%、37.5%、50%、…原子分数（耐蚀组元的原子数与合金总原子数之比），即相当于 1/8、2/8、3/8、4/8、…、$n/8$($n=1$，2，…7)时，合金的耐蚀性将出现突然地阶梯式的升高，合金的电位亦相应的随之升高。这一规律称为 $n/8$ 定律，或稳定性阶升定律。其中 n 值称为稳定性台阶（或稳定性边界）。例如遵循 $n/8$ 定律的 Cu-Ni 合金在氨溶液中的耐蚀性如图 4-3 所示。合金中的 Ni 在氨液中很耐蚀，而 Cu 则不耐蚀。当 Ni 在合金中的含量分别达到 12.5%、25% 和 50% 原子分数时，Cu-Ni 合金的耐蚀性将发生跳跃式的升高，其稳定性台阶 $n=1$、2、4。图 4-4 为 Fe-Cr 合金在 0.5mol/L FeSO₄ 溶液中电位的升高及在 3mol/L HNO₃ 溶液中室温时腐蚀损失降低与含 Cr 量的关系。由图可知，当含 Cr 量为 12%～14% 时，合金的电位突然升高，而腐蚀率急剧降低。按 $n/8$ 定律 $n=1$ 时，Cr 的含量应为 11.7%（体积分数），由于铬钢中含有一定量的碳，C 与 Cr 的亲和力很强，容易生成高铬碳化物而使固溶体中的铬固溶量降低，因此实际上铬钢中所加的 Cr 量要比稳定性台阶所对应的值略微过量。

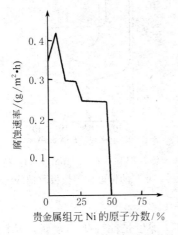

图 4-3　Cu-Ni 合金在氨溶液中的稳定性边界

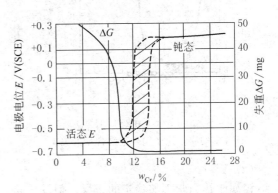

图 4-4　Fe-Cr 合金在 0.5mol/L FeSO₄ 溶液中电位的变化（相对于甘汞电极）和在 3mol/L HNO₃ 中的腐蚀失重 ΔG

应该指出，并非任何固溶体合金在各种介质中，对应 $n=1,2,\cdots,7$ 时均会出现稳定性的依次突升。对同一种合金，在不同介质中其稳定性台阶值是不同的。

$n/8$ 定律不仅适用于二元系统，也适用于多元系统的固溶体合金，如铬镍不锈钢等。

$n/8$ 定律是根据大量实验总结出来的规律，至今仍无确切的解释。有人认为，在给定的腐蚀介质中因热力学稳定，或钝化而完全耐蚀的组元同另一不耐蚀组元组成的有序固溶体合金，在开始腐蚀时，合金表面上的不耐蚀组元原子均被溶入溶液，被这些溶解掉的不耐蚀组元所包围的耐蚀组元的原子也同时被带入溶液中，很短时间后，表面裸露的全部都是耐蚀组元的原子，犹如形成一道防护的"屏障"。或者说由于选择性的腐蚀，优先腐蚀掉了其中一种组元，合金表面富集了热力学稳定或易钝化组元的原子，通过表面扩散这些原子经重结晶生成完整的表面膜，从而提高了合金的耐蚀性。但是这些解释都难以说明为什么在 $n/8$ 时，发生耐蚀性突变的这一重要现象。

4.1.4 主要合金元素对耐蚀性的影响

（1）铬（Cr）

在不含卤素离子的氧化性介质中，铬是很容易钝化的金属。将铬加入合金（包括铁基、镍基或钛基合金）中，常常把它的这种性质带给合金。因此，铬是不锈钢基本的合金元素。

铬是热力学不稳定但容易钝化的金属，并具有过钝化倾向。当铬与铁基合金（在一定程度上也包括钛基合金）组成固溶体时，会不同程度地呈现出类似铬的耐蚀特性。在具备钝化的条件下，例如介质具有适当的氧化能力，则合金含铬量愈高，就愈耐蚀；而在不能实现钝化的条件下，例如还原性介质，或介质氧化能力不足或过高，往往随合金中含铬量的增高，腐蚀速率反而加大。

图 4-5 所示为 Fe-Cr 合金在25℃的 HNO_3 和 HCl 中的腐蚀速率同合金铬含量的关系。

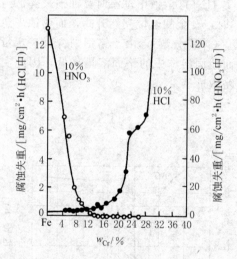

图 4-5　Fe-Cr 合金在25℃ HNO_3 和
HCl 中的腐蚀速率同合金铬含量的关系

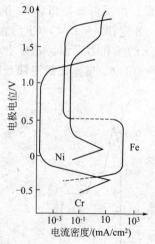

图 4-6　铬、镍和铁在 0.5mol/L H_2SO_4 中
（25℃）的恒电位阳极极化曲线

（2）镍（Ni）

镍属于热力学不够稳定的金属，但却比铬、铁稳定。镍也是能钝化的金属，其钝化倾向比铁大些，但不如铬（图 4-6）。

图 4-7 示出 Fe-Ni 合金在 H_2SO_4、HCl 或 HNO_3 中的腐蚀速率都是随镍含量增加而减小。图线表明：在给定条件下，合金元素镍在铁的基体中的耐蚀不是钝化作用，而是使合金的热力学稳定性有所增高。这样的耐蚀作用，无论是对于氧化性介质，或是对于还原性介质都是有效的。

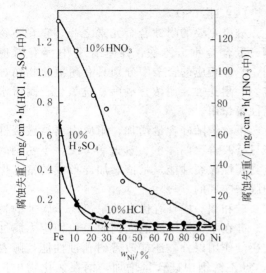

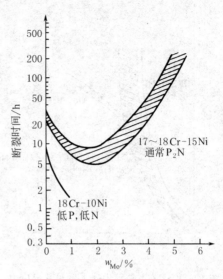

图 4-7 Fe-Ni 合金在25℃的 H_2SO_4、HCl 及 HNO_3 中的腐蚀速率同合金中镍含量的关系

图 4-8 钼含量对 Cr-Ni 不锈钢应力腐蚀破裂敏感性的影响（沸腾 42% $MgCl_2$，应力 245.2MPa）

由此可以看出，镍作为钢的合金元素，从耐蚀作用角度看，主要是利用它对还原性介质有一定的（比铬高）耐蚀性，特别是它对碱的特殊耐蚀性，但铁基的 Fe-Ni 合金并不是常用的耐蚀金属材料。镍常与铬配合加入铁中获得不锈钢，从耐蚀方面看，这是铬的优良的钝化性能同镍对还原性介质的一定的耐蚀性相配合，使不锈钢既主要耐氧化性介质的腐蚀，也对不太强的还原性介质具有一定的耐蚀性。当然，镍作为不锈钢的合金元素的另一个甚至是更重要的作用，则是利用它来形成奥氏体组织，以取得所要求的优良的热加工性、冷变形能力、可焊性以及良好的低温韧性。

但是，在奥氏体不锈钢中，在其他条件相同的情况下，随钢中镍含量增加，会增加不锈钢的晶间腐蚀倾向，这是镍的不利影响。

（3）钼（Mo）

钼是铬不锈钢、铬镍不锈钢、钛基合金和镍基合金等不锈合金中重要的耐蚀元素。钼的加入，能够促进这些合金的钝化。合金元素钼的耐蚀特点是使合金耐还原性介质的腐蚀和抗氯离子等引起的孔蚀。

钼对不锈钢耐应力腐蚀破裂性能的影响尚有争议，实验表明：在钼含量较小的情况下，钼使钢对氯化物腐蚀破裂敏感，而当钼含量大于 4% 时，钼却有助于提高钢的耐应力腐蚀破裂性能（图 4-8）。

关于合金元素钼耐孔蚀的作用机理，有各种说法，根据热力学资料认为，钼的反应产物随溶液 pH 值而定。当 pH 值小于约 3.5 时，形成 MoO_3。例如铬含量较高的含钼 Cr-Ni 钢，在 pH 值小于 3.5 的酸性氯化物溶液中，通过腐蚀初期的溶解，生成以 CrOOH 为主体的致密的表面膜，其中固溶有 MoO_3（可看作膜含有 Mo^{6+} 离子）、Fe^{3+} 和 Ni^{2+} 离子。由于钼以氧化物形式被固定在这种致密膜中，不易被 Cl^- 作用，所以使高铬钼不锈钢对酸性氯化物溶液具有很高的耐孔蚀性能。而当 pH 值大于约 3.5 时，则生成 MoO_4^{2-}（或 $HMoO_4^-$）离子进入溶液中。但在某些介质中，例如海水中，由于 pH 值大于 3.5，钢中钼的溶解产物 MoO_4^{2-}（钼酸根）离子却是很有效的孔蚀缓蚀剂，因此控制在适当的条件下，也可使钢不产生孔蚀。

实验证明：钝化膜厚度随钢中钼含量增高而增厚，而膜厚的增加通常会延长蚀孔形成的

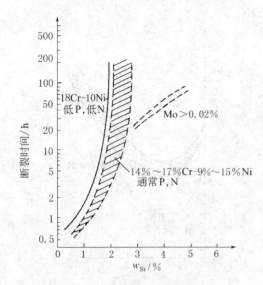

图 4-9 Cr-Ni 不锈钢中硅含量对其耐应力
腐蚀破裂性能的影响

（沸腾 42% MgCl$_2$ 溶液，应力 245.2MPa）

孕育期，提高耐孔蚀性能。

（4）硅（Si）

硅是主要的耐蚀合金元素之一，它在不锈钢、低合金钢、铸铁、镍基合金中都有所应用，它在相应的合金中分别具有耐氯化物腐蚀破裂、耐孔蚀、耐浓热硝酸、抗氧化、耐海水腐蚀等作用。

不锈钢随硅含量增加，耐应力腐蚀破裂性能显著改善（图 4-9）。硅改善 Cr-Ni 不锈钢耐应力腐蚀破裂性能，是依靠加硅形成的富硅保护膜来实现的。

硅和钼一样具有优良的耐氯离子腐蚀的特性。硅在不锈钢中除能起到耐氯化物应力腐蚀破裂的作用以外，还能改善耐孔蚀性能，随着 Cr-Ni 不锈钢中硅含量增加，钢在氯化物中抗孔蚀能力增大。硅与钼复合加入 Cr-Ni 不锈钢中，对防止孔蚀尤其有效，00Cr17Ni14Mo2Si3 钢是既耐 SCC、又耐孔蚀的不锈钢。硅改善不锈钢耐孔蚀性能，是由于提高了钢的钝态稳定性。

硅含量高的 Cr-Ni 奥氏体不锈钢可以耐热浓 HNO$_3$ 的腐蚀。含硅不锈钢在强氧化性介质中的高耐蚀性可用形成富集 Si、Cr、O 的表面膜来解释。

提高低合金钢中的 Si 含量（到 0.7%～2%）对钢的耐海水腐蚀性能是有利的。Si 与 Cr、Mo 或 Cu 相配合，可以得到各种耐海水钢。

（5）铜（Cu）

铜是低合金钢、不锈钢、镍基合金、铸铁中常用的耐蚀合金元素之一。

铜钢耐大气腐蚀，这是因为铜在低合金钢大气腐蚀过程中起着活性阴极的作用，在一定条件下可以促使钢产生阳极钝化，从而降低腐蚀速率。但实验表明（图 4-10），在碳钢中加入 0.1%～0.2%Cu 已见到显著效果，而加入更多的铜并不增加其效果。另外，形成的钝化膜易被活性阳离子 Cl$^-$ 破坏，所以铜钢只在较纯净的空气中具有较好的耐蚀性。

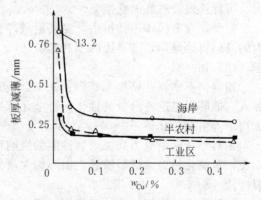

图 4-10 钢中的铜对大气腐蚀的影响

（15.5 年暴露试验结果）

将铜加入不锈钢中能提高钢对 H$_2$SO$_4$ 的耐蚀性，这是由于提高了合金的热力学稳定性。在 Mo 的配合下，Cr-Ni 不锈钢中加入 2%～3%Cu，能提高钢对中等浓度（40%～60%）热 H$_2$SO$_4$ 的耐蚀性。

另外，不锈钢中加入 Cu 可以不同程度地减弱钢在海水中的缝隙腐蚀，如在含氮的低镍钢 1Cr18Ni6N 中加入 Cu 后，其缝隙腐蚀量减小将近一半。这是因为加 Cu 后，钢的阳极过程受到阻滞，使钝化临界电流密度 i_{CP} 有所减小。

（6）氮（N）

加入氮元素，例如表 4-3 中的 304N、304LN、S35450 等，由于氮的固溶强化作用，提高了不锈钢的强度，且不显著降低钢的塑性和韧性，同时钢的耐晶间腐蚀性、耐点蚀和缝隙腐蚀性都有进一步改善。这是由于 N 降低了 Cr 的活性，在晶界偏聚形成 Cr_2N 型氮化物，抑制了 $Cr_{23}O_6$ 形成，降低了晶界贫铬。氮在界面富集，使表面富 Cr，提高了钢的钝化能力及钝态稳定性，同时 N 还可形成 NH_4^+ 抑制微区溶液 pH 值下降，N 还形成 NO_3^-，有利于钢的钝化和再钝化。

一般 N 与钢的耐蚀性随钢的化学成分、N 含量及环境介质而有差异。在酸中一般耐蚀性随着 N 的加入，钢的耐蚀性提高，倘若加入过量 N 将使钢出现晶间腐蚀。普通低碳、超低碳钢中含有较高的对非敏化晶间腐蚀有害的 P、S、Si 等杂质，例如 P，如果钢中添加元素 N，则产生氮在晶界偏析，抑制了有害元素 P 的晶界偏析，对提高非敏化态晶间腐蚀有益。然而，就高纯奥氏体不锈钢而言，P 含量低（低于 0.0005%），对钢的非敏化态晶间腐蚀没有影响，当加入氮时发生氮在晶界偏析，加速了钢的非敏化态腐蚀，对耐非敏化晶间腐蚀有害。

N 作为一合金元素加入不锈钢中以改善其耐蚀性能，然而在一些情况下和 P、C 一样，N 使铁素体不锈钢对晶间腐蚀敏感，随着 C+N 量增加敏感性增加。此外，N 对点蚀、缝隙腐蚀、应力腐蚀也均有害，使 Fe-Cr 合金韧性、焊后塑性和耐晶界腐蚀性能变坏。

4.2　常用结构材料的耐蚀性

不同金属材料获得耐蚀的能力有三种情况：由于钝化而耐蚀，如在大气中使用的不锈钢反应釜；由于表面生成了不溶性的腐蚀产物膜而耐蚀，如利用铅做储运硫酸的储槽衬里；由于材料本身的热力学稳定性而耐蚀，如铂金坩埚等。现分别介绍如下。

4.2.1　依靠钝化获得耐蚀能力的金属

属于这一类的金属主要有不锈钢、铝及铝合金、钛及钛合金，以及硅铸铁等。它们的耐蚀性是钝化后的属性，因此在能够促进钝化的环境中都是耐蚀的；反之，在不具备钝化的条件或会引起钝化膜破坏的环境中就不稳定或不够稳定。

（1）18-8 不锈钢

在大气中耐蚀的钢叫不锈钢，在各种化学试剂和强腐蚀性介质中耐蚀的钢叫不锈耐酸钢，习惯上往往将二者通称为不锈钢。不锈钢的种类很多，其中含 Cr18%、Ni8%～9% 的一系列 18-8 型奥氏体不锈钢，以及在此基础上发展起来的含 Cr、Ni 更高的不锈钢，由于具有优良的耐蚀性和良好的热塑性、冷变形能力和可焊性，因此是应用最广泛的一类耐酸钢，约占不锈钢总产量的 70%。常用的 18-8 型不锈钢的牌号见表 4-3。

18-8 不锈钢中的 Cr 是使合金获得钝性的主要钝化元素，Ni 亦是可钝化元素，18-8 钢中的 Cr、Ni 总量相当于 $n/8$ 定律的 $n=2$ 的值。

显然，18-8 不锈钢的耐蚀性特点主要体现在氧化性介质中，所以 18-8 不锈钢在空气、水、中性溶液和各种氧化性介质中十分稳定。

18-8 不锈钢在酸性溶液中的耐蚀性则视氧化性酸或非氧化性酸，以及氧化性强弱而异。例如，在室温下各种浓度的硝酸和浓硫酸中都是耐蚀的，但沸腾的浓硝酸（>65%）会引起过钝化而剧烈腐蚀，中等浓度以下的硫酸，尤其当温度较高时腐蚀严重。对于磷酸只是室温、<10% 浓度中才稳定。在有机酸和有机化合物中大多是稳定的，但不耐沸腾的冰乙酸。在盐酸、氢氟酸等非氧化性酸中，其严重腐蚀程度与普通碳钢几乎没有什么区别。

表 4-3　常用的 18-8 奥氏体不锈钢

| 统一数字代号 | 中国 GB | | 美国牌号 ASTM | | 化学成分（质量分数）/ % | | | | | | | | | | |
	新牌号	旧牌号	牌号	UNS 编号	C	Si	Mn	P	S	Ni	Cr	Mo	Cu	N	其他元素
S30110	12Cr17Ni7	1Cr17Ni7	301	S30100	0.15	1.00	2.00	0.045	0.030	6.00~8.00	16.00~18.00	—	—	0.10	—
S30210	12Cr18Ni9	1Cr18Ni9	302	S30200	0.15	1.00	2.00	0.045	0.030	8.00~10.00	17.00~19.00	—	—	—	—
S30408	06Cr19Ni10	0Cr18Ni9	304	S30400	0.08	1.00	2.00	0.045	0.030	8.00~12.00	18.00~20.00	—	—	—	—
S30403	022Cr19Ni10	00Cr19Ni10	304L	S30403	0.03	1.00	2.00	0.045	0.030	8.00~12.00	18.00~20.00	—	—	—	—
S30458	06Cr19Ni10N	0Cr19Ni9N	304N	S30451	0.08	1.00	2.00	0.045	0.030	8.00~12.00	18.00~20.00	—	—	0.10~0.16	—
S30453	022Cr19Ni10N	00Cr18Ni10N	304LN	S30453	0.03	1.00	2.00	0.045	0.030	8.00~11.00	18.00~20.00	—	—	0.10~0.16	—
S30480	06Cr18Ni9Cu2	0Cr18Ni9Cu2		S30480	0.08	1.00	2.00	0.045	0.030	8.00~10.50	17.00~19.00	—	1.00~3.00	0.10~0.16	—
S30510	10Cr18Ni12	1Cr18Ni12	305	S30500	0.12	1.00	2.00	0.045	0.030	10.50~13.00	17.00~19.00	—	—	—	—
S31608	06Cr17Ni12Mo2	0Cr17Ni12Mo2	316	S31600	0.08	1.00	2.00	0.045	0.030	10.00~14.00	16.00~18.00	2.00	—	—	—
S31603	022Cr17Ni12Mo2	00Cr17Ni14Mo2	316L	S31603	0.03	1.00	2.00	0.045	0.030	10.00~14.00	16.00~18.00	2.00~3.00	—	—	—
S31668	06Cr17Ni12Mo2Ti	0Cr18Ni12Mo3Ti	316Ti	S31635	0.08	1.00	2.00	0.045	0.030	10.00~14.00	16.00~18.00	2.00~3.00	—	—	Ti≥5C
S31708	06Cr19Ni13Mo3	0Cr19Ni13Mo3	317	S31700	0.08	1.00	2.00	0.045	0.030	11.00~15.00	18.00~20.00	3.00~4.00	—	—	—
S31703	022Cr19Ni13Mo3	00Cr19Ni13Mo3	317L	S31703	0.03	1.00	2.00	0.045	0.030	11.00~15.00	18.00~20.00	3.00~4.00	—	—	—
S32168	06Cr18Ni11Ti	0Cr18Ni10Ti	321	S32100	0.04~0.10	0.75	2.00	0.030	0.030	9.00~13.00	17.00~20.00	—	—	—	Ti 4C~0.60
S32169	07Cr19Ni11Ti	1Cr18Ni11Ti	321H	S32109	0.04~0.10	0.75	2.00	0.030	0.030	9.00~13.00	17.00~20.00	—	—	—	Ti 4C~0.60
S34778	06Cr18Ni11Nb	0Cr18Ni11Nb	347	S34700	0.08	1.00	2.00	0.045	0.030	9.00~11.00	17.00~19.00	—	—	—	Nb 10C~1.10
S34779	07Cr19Ni11Nb	1Cr19Ni11Nb	347H	S34709	0.04~0.10	1.00	2.00	0.045	0.030	9.00~12.00	17.00~19.00	—	—	—	Nb 8C~1.10
S35450	12Cr18Mn9Ni5N	1Cr18Mn8Ni5N	202	S20200	0.15	1.00	7.50~10.00	0.050	0.030	4.00~6.00	17.00~19.00	—	—	0.05~0.25	—

由于 18-8 钢中的镍对于碱具有很强的耐蚀能力，因此 18-8 钢在碱性溶液中除了熔融碱外，非常耐蚀。

在上述各种介质中，实际上不锈钢设备的腐蚀更多的是发生局部腐蚀破坏，最常见的有晶间腐蚀、孔蚀和应力腐蚀破裂等形态。

奥氏体不锈钢在 $450 \sim 850℃$ 温度区间被长时间加热，会导致不锈钢产生晶间腐蚀倾向，而焊接热影响区发生的焊缝晶间腐蚀是最为常见的局部腐蚀破坏形态之一。

不锈钢在含有卤素离子的盐溶液中，容易发生孔蚀，特别是含 Cl^- 的中性溶液几乎成为不锈钢产生孔蚀的最主要的腐蚀环境。因为在这种条件下，氧使不锈钢钝化和 Cl^- 破坏钝化膜的作用强度往往彼此相当，使不锈钢处于钝态-活态的临界状态。为了提高不锈钢抗孔蚀的能力，可以从改善腐蚀环境和材料两个方面采取相应的措施，其中比较实用的方法有：

ⅰ. 减少溶液中的卤素离子浓度，特别在结构设计上要注意尽量避免有溶液的滞留区，防止卤素离子的局部浓缩；

ⅱ. 提高溶液的流速，防止杂质附着于金属表面，因为被杂质覆盖的部分往往供氧不足，容易形成所谓的钝性-活性电池；

ⅲ. 添加缓蚀剂，例如能抑制孔蚀的各种阴离子 OH^-、NO_3^-、SO_4^{2-}、ClO_4^-，它们能优先于 Cl^- 吸附在金属表面而阻止 Cl^- 的作用；

ⅳ. 不锈钢中增加 Cr、Mo 等合金元素，它们可以提高孔蚀的击穿电位；

ⅴ. 采用阴极保护，使不锈钢的腐蚀电位往负方向移动至击穿电位 E_{br} 以下，更确切地说移至保护电位 E_p 以下而处于钝化区，则孔蚀就不会发生。

奥氏体不锈钢的应力腐蚀破裂是不锈钢的又一种常见的局部腐蚀，在工业生产中发生应力腐蚀事例最多的腐蚀环境主要有高浓度氯化物水溶液、硫化物溶液、浓热碱溶液以及高温高压水等。关于防止应力腐蚀的途径已在第 2 章中讨论过。添加合金元素可提高不锈钢抗应力腐蚀破裂，但所加元素的种类通常随介质环境而异。例如，奥氏体不锈钢中加入 $2\% \sim 4\%Si$（00Cr18Ni14Si4、1Cr18Ni14Si2Ti）能显著提高在高浓度氯化物溶液中的耐应力腐蚀破裂，但在酸性 H_2S 溶液中无效，而含有足量钛或铌（$Ti/C > 7 \sim 8$）的奥氏体不锈钢可耐硫化物溶液。提高镍含量可以减小碱脆破裂敏感性，如 Cr18Ni12Mo2Ti、1Cr21Ni33AlTi 等。以钛、铌、钒等元素稳定化的奥氏体不锈钢，如 0Cr18Ni11Nb、0Cr18Ni10Ti、0Cr22Ni13Mn5Mo2NbVN 等有良好的耐高温水腐蚀破裂的性能。图 4-11 给出了添加各种合金元素提高不锈钢耐蚀性的发展概况。

（2）铝与铝合金

铝的标准电位很低，为 $-1.67V$，说明化学性很活泼，属于热力学不稳定金属。但铝的钝化倾向很大，不仅空气中的氧，而且溶解在水中的氧，及水本身都是铝的良好的钝化剂。当铝表面生成致密的氧化物 Al_2O_3 膜后（在 $>85℃$ 的高温水中，膜由 $Al_2O_3 \cdot H_2O$ 组成），可使铝的电位升高到 $-0.5V$ 左右。此外，Al_2O_3 膜具有两性特征，即既能溶于强酸（非氧化性酸），又能溶于碱中。铝的腐蚀速率与 pH 值的关系如图 4-12 所示。

显然，根据铝的上述特性，其耐蚀能力主要取决于在给定环境中铝表面的保护膜的稳定性。因为铝属于自钝化金属，所以在中性和近中性的水中以及大气中有很高的稳定性。在氧化性的酸或盐溶液中（如浓硝酸、发烟硫酸、铬酸盐、重铬酸盐、硝酸盐等）也十分稳定。铝在浓硝酸中的耐蚀性比铬镍不锈钢还高（图 4-13），故常用于浓硝酸的生产中。但铝在非氧化性酸，如盐酸、氢氟酸和硫酸中，因为氧化铝膜会被溶解而不稳定。

铝对于破坏钝化膜的阴离子 Cl^-、F^-、Br^-、I^- 非常敏感，因而铝在含卤素离子的中性溶液中易发生小孔腐蚀。

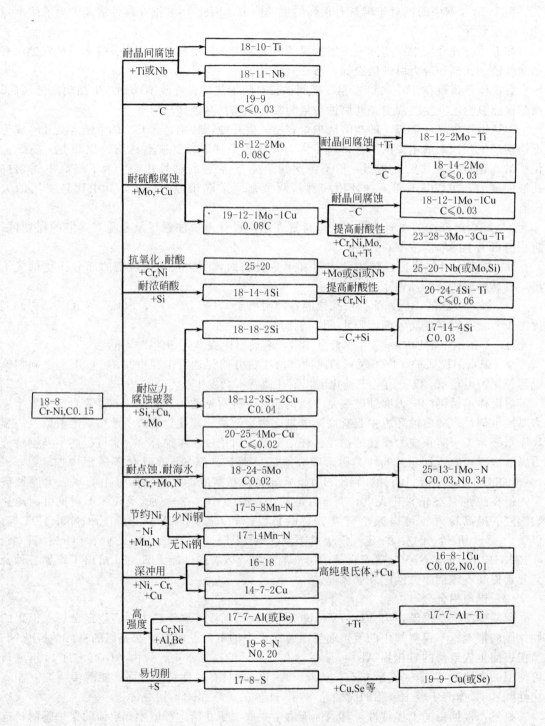

图 4-11 奥氏体不锈钢化学成分发展概况

液流的冲击也会破坏钝化膜。当铝管输送腐蚀性介质时，流速最好控制在 1.5m/s 以下，在输送清水时，流速可达 6m/s。

铝在碱溶液中不稳定，这是由于铝上的膜溶解而形成可溶性的铝酸盐

$$Al_2O_3 + 2NaOH \longrightarrow 2NaAlO_2 + H_2O \tag{4-1}$$

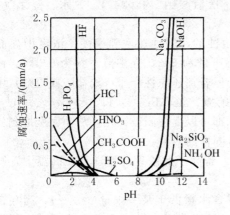

图 4-12　铝在各种介质中的腐蚀速率
与 pH 值的关系

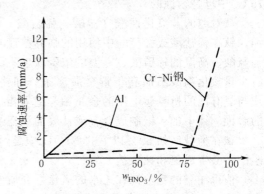

图 4-13　铝和不锈钢腐蚀速率与
硝酸浓度的关系

铝在大多数有机介质中有良好的耐蚀性能，如在无水乙酸中具有较高的稳定性。在有机的食物酸中不玷污、无毒害，并且不会变更保藏物品的颜色。

铝对硫和硫化物有很好的耐蚀性，例如在通有 SO_2 和 H_2S 和空气的蒸馏水中，铝的腐蚀速率比铜和铁约小一至二个数量级。

纯铝的强度低，铸造性能也差，故使用受到一定限制。加入某些合金元素如 Cu、Mg、Mn、Si 等可以使铝强化，其中 Cu 的强化效果最大，但铜对耐蚀性恶化的影响也最严重。通常将有较高强度的铝铜合金称为硬铝，所以硬铝的耐蚀性较差。铝硅合金（硅铝明）的铸造性良好，并且在氧化性介质中由于合金表面生成了 Al_2O_3 和 SiO_2 保护膜，因而具有良好的耐蚀性能。合金元素 Mg 和 Mn 对铝的耐蚀性是无害的，因此，耐蚀铝合金主要有 Al-Mn、Al-Mn-Mg、Al-Mg-Si 及 Al-Mg 四种。

铝与铝合金最常出现的腐蚀形态是孔蚀，高纯度的铝较难发生孔蚀，Al-Cu 合金耐孔蚀性能最差，Al-Mn 和 Al-Mg 合金耐孔蚀性能较好。

由于铝及其合金的平衡电位低，当在腐蚀性介质中与其他金属材料接触时，常常成为电偶中的阳极而加速腐蚀，特别是与铜或铜合金接触时，因为铜的电位高，又不易极化，有可能引起铝或铝合金的强烈腐蚀。

此外，由于铝有高的导热系数，是面心立方晶格，在低温下仍能保持良好的塑性，常用来制作深度冷冻设备。

（3）钛与钛合金

钛也是热力学不稳定金属，其标准电极电位为 $-1.21V$，但它的钝化能力比铝、硅都更强，即使在含微量的氧或氧化剂的介质中，仅仅依靠 H^+ 还原的阴极反应就能促使钛阳极极化致钝，并且在很多介质中的钝态区电位范围很宽。

正因为钛具有如此强的钝化特性，所以在各种氧化性介质，包括各种大气和土壤中都非常耐蚀，在沸水和过热蒸汽中也耐蚀。钛在铬酸（沸腾）、浓硝酸与浓硫酸的混酸（6∶4，35℃），甚至高温高浓度的硝酸（除发烟硝酸外）中也能保持钝态稳定性，而不发生过钝化，这一特性明显优于 18-8 不锈钢。

溶液中有 Cl^- 离子存在时，由于钛的钝化强度高于 Cl^- 还原作用，当膜被破坏后能迅速自动修补而维持钝态，所以钛在中性和弱酸性氯化物溶液中仍有良好的耐蚀性。例如在不高于100℃的 30％$FeCl_3$ 溶液中，以及在不高于100℃的任何浓度的 NaCl 溶液中都是耐蚀的。在25℃的海水中，其自腐蚀电位约为 $+0.09V$，比铜在该介质中的自腐蚀电位还高，故钛在海水中十分稳定，并且耐气蚀和孔蚀。钛在王水、次氯酸钠（约100℃）、氯水、湿氯气（约75℃）中也是耐蚀的。

钛对纯的非氧化性酸（盐酸、稀硫酸）是不耐蚀的，腐蚀速率随温度、浓度增高而增加，钛在稀盐酸或稀硫酸中使用的临界浓度在室温下约为5%，在沸点下约为0.3%。钛对氢氟酸、高温的稀磷酸、室温的浓磷酸也不耐蚀。但若在还原性介质（如盐酸或硫酸）中含有少量氧化剂或添加高价重金属离子（如铬酸、硝酸、氯、Fe^{3+}、Ti^{4+}、Cu^{2+}、Au^{3+}），或与具有低的析氢超电压的金属铂、钯等相接触，都可以促使阳极钝化，从而完全抑制住钛的腐蚀。钛中加入钯制成合金或钛表面渗钯都具有同样的效果。

钛在稀碱液如20%以下的NaOH中是耐蚀的。若高于此浓度，特别是在高温下，则不耐蚀，会生成氢和钛酸盐。

值得注意的是，钛在无水的氧化性介质中，或含水量低于某一限量（<2%），当存在着氯气或含NO_2的硝酸等强氧化剂时，则会发生激烈的发火反应，这一点在使用时必须引起足够重视。

目前，耐蚀钛合金的品种还不多，如Ti-Pd、Ti-Ni、Ti-Mo和Ti-Ni-Mo合金，主要都是为了提高纯钛在还原性介质中的耐蚀性或耐缝隙腐蚀。譬如Ti-0.15Pd和Ti-0.2Pd两种合金在沸腾的5%硫酸中的耐蚀性较纯钛约提高500倍，在沸腾的5%盐酸中约提高1500倍，并且抗热盐水缝隙腐蚀特别强。Ti-2Ni抗热盐水腐蚀的能力比Ti-0.2Pd更好。据报道Ti-15Mo合金可耐室温下任何浓度的硫酸和盐酸，而Ti-30Mo合金可以耐40%以下的沸腾硫酸或沸腾盐酸，这是由于合金元素Mo在还原性介质中亦能钝化所致。但Ti-Mo合金在氧化性介质（如硝酸或过氧化氢）中的耐蚀性反而不如纯钛。Ti-0.3Mo-0.8Ni是国外较新研制的耐蚀钛合金，它在氧化性和还原性介质条件下都比纯钛的耐蚀性强。

应该强调的是，钛及钛合金常常发生氢脆。因为钛非常容易吸收氢、氧、氮。特别是氢，因其原子半径小，扩散速度大，即使温度不高也容易被吸收而使钛脆化。钛材延伸率从氢含量300～500（10^{-6}）起急剧下降；冲击韧性从氢含量40（10^{-6}）起就开始下降，当含氢100（10^{-6}）以上时，钛的冲击值甚至会下降到原来的10%。一般规定钛中氢含量不得大于150（10^{-6}），实际上在使用中就是低于这个含量的钛也常有增氢脆化的情况出现。

钛合金在高应力下，或纯钛在苛刻的腐蚀条件下会发生应力腐蚀破裂。钛与钛合金发生应力腐蚀破裂的环境有发烟硝酸、N_2O_4、醇系有机溶剂、高温氯化物、盐酸等。

（4）高硅铸铁

含14.5%～18%Si的铁碳合金称为高硅铸铁，依靠硅合金化而获得钝化能力，其耐蚀性同样遵循$n/8$定律，稳定性台阶$n=2$（含14.5%Si）。由于表面钝化形成的SiO_2保护膜属于酸性氧化物，所以高硅铸铁不仅在氧化性的酸和盐溶液中有很高的稳定性，并且在非氧化性酸，如任何浓度的硫酸、磷酸、室温的盐酸、有机酸等溶液中也有良好的耐蚀性。

对于能溶解SiO_2膜的溶液或能穿透SiO_2膜的离子，例如碱、氢氟酸、氟化物、卤素、亚硫酸等，普通高硅铸铁是不耐蚀的，因为SiO_2与碱生成可溶性的硅酸盐

$$SiO_2 + 2NaOH \longrightarrow Na_2SiO_3 + H_2O \tag{4-2}$$

与氢氟酸生成气态的四氟化硅

$$SiO_2 + 4HF \longrightarrow SiF_4 \uparrow + 2H_2O \tag{4-3}$$

高硅铸铁性质硬、脆，抗热冲击能力差，所以使用时要防止温度的急剧波动，在寒冷地区应注意设备外部保温。

4.2.2　可钝化或腐蚀产物稳定的金属

（1）碳钢与铸铁

碳钢和铸铁都是多相合金，主要的组织组分有：铁素体（Fe）、渗碳体（Fe_3C）和石墨（C），由于这三种组分在电解质溶液中具有不同的电位，其中 Fe 的标准电极电位最低，其值为 $-0.44V$，是热力学不稳定的元素，所以在多数电解质溶液中将成为微电池的阳极而被腐蚀。但 Fe 又是可钝化金属，在有足够的钝化条件下也能获得稳定的钝态。此外，在某些环境中金属表面可能生成稳定的腐蚀产物。由于碳钢和铸铁的这些特性，决定了在不同环境中具有不同的耐蚀性。

碳钢和铸铁在强氧化性介质（如浓 HNO_3、$HClO_3$、浓 H_2SO_4、$AgNO_3$、$KClO_3$、$K_2Cr_2O_7$、$KMnO_4$ 等）中，可以钝化而具有一定的耐蚀性。如在 $85\% \sim 100\%$ 的硫酸内能保持比较稳定的钝态，所以与浓硫酸接触的生产设备常采用碳钢或铸铁制作。在 $>50\%$ 的硝酸中虽可钝化，但钝态不稳定，当浓度超过 90% 时，还会发生过钝化，故碳钢、铸铁很少用于硝酸生产设备。

碳钢和铸铁在 $pH>9.5$、浓度不超过 30% 的碱溶液中是耐蚀的。这是由于在这个浓度范围，钢、铁表面生成的腐蚀产物 $[Fe(OH)_2$ 和 $Fe(OH)_3]$ 溶解度很小，并能紧密地覆盖于钢铁表面起到保护作用。当碱浓度更高时，碳钢、铸铁的腐蚀产物是可溶性的，会引起强烈腐蚀。

碳钢和铸铁在水中的二次腐蚀产物 $[Fe(OH)_2$ 与 $Fe(OH)_3]$ 由于是疏松地覆盖在钢、铁表面上，所以保护性极弱，在水、氧的共同作用下将进一步生成铁锈 $[nFeO \cdot mFe_2O_3 \cdot pH_2O]$。故在溶有氧的水中，钢、铁会不断被腐蚀。

碳钢和铸铁在非氧化性介质中耐蚀性很差，如在 HCl、$<70\% H_2SO_4$、稀 HNO_3、H_3PO_4 中腐蚀剧烈，在乳酸、草酸、柠檬酸等有机酸中同样会遭受腐蚀，在大气、土壤、海水等中性介质中也是不耐蚀的。

（2）铅与铅合金

铅的标准平衡电位（$-0.13V$）低于氢，在酸中可以产生析氢反应，但在某些酸中能生成稳定的腐蚀产物。铅不具备钝化能力，所以铅的耐蚀特性主要体现在它的腐蚀产物在相应介质中的溶解度。

铅是有名的耐硫酸材料，它对稀硫酸特别耐蚀。在浓度低于 80% 的热硫酸（$85℃$ 以下）和 96% 以下的冷硫酸以及硫酸盐溶液中具有极高的耐蚀能力，原因就是其腐蚀产物 $PbSO_4$ 在这些溶液中的溶解度极小，有很强的保护性。温度和浓度超过上述范围的浓 H_2SO_4 中则生成可溶性的 $Pb(HSO_4)_2$ 而不耐蚀。铅在铬酸（浓度 $<40\%$）、磷酸（浓度 $<90\%$）、碳酸、氢氟酸（不充气，浓度 $<50\%$）及中性溶液、水、大气、土壤等介质中，因为生成相应的腐蚀产物溶解度很低，具有保护性。

铅在碱以及硝酸、乙酸和其他一些有机酸中都不耐蚀，因为生成的铅酸钠等腐蚀产物都有很高的溶解度。必须注意铅与普通建筑水泥（碱性）基础或地坪接触时也会发生腐蚀。

纯铅很软，机械强度极低，一般用作设备衬里，单独制作储槽、管子时需从外部加强刚性。加入 $6\% \sim 13\%$ Sb 的铅锑合金称为硬铅。硬铅的强度和硬度较纯铅高，其强度极限可达 $150MPa$，布氏硬度可达 $10 \sim 13$。硬铅的耐蚀性与纯铅类似，但随合金中 Sb 含量的增加而略有降低，它常用来制作输送硫酸的泵、管和阀等。

必须注意，铅是有毒的金属，当水中的 Pb 含量达到千万分之一时就不能饮用。因此，铅及其合金不允许用于食品和医药生产中。

4.2.3　依靠自身热力学稳定而耐蚀的金属

贵金属如 Au、Pt、Ag 等的电极电位很正，故具有很高的热力学稳定性，由于价昂很少用来制造化工设备。在常用金属结构材料中，铜与铜合金的标准电极电位为 +0.35V，属于半贵金属，铜在一般条件下不会钝化，所以它的耐蚀特点主要取决于自身的热力学稳定性。因为铜的电位比氢高，在酸性溶液中不发生析氢腐蚀，故在不充气的非氧化性酸如稀 H_2SO_4、HCl 中铜及其合金是稳定的。

在大气（含 S 大气例外）、水、海水或中性盐溶液中，由于铜的表面会生成溶解度极小的腐蚀产物而具有保护性，这是铜耐蚀性的另一特征。但若水中含有氧化性盐类如 Fe^{3+} 或铬酸盐，则会加速铜的腐蚀。

由于铜在一般情况下很难钝化，氧和氧化剂对铜只能起阴极去极剂作用，所以铜在氧化性介质包括含氧酸中会发生耗氧腐蚀，如在 HNO_3、浓 H_2SO_4、H_2O_2 等溶液中，铜将遭受强烈腐蚀。

铜在溶有氧的碱中也不耐蚀，尤其在氨溶液中会生成铜的络合离子 $[Cu(NH_3)_4]^{2+}$ 而使铜迅速腐蚀，如果溶液中同时含有氧或氧化剂时则腐蚀更为严重。

铜不耐硫化物腐蚀，故在含 SO_2 或 H_2S 的工业大气中铜不耐蚀，海水中如有 H_2S 等时，铜将发生孔蚀。

铜具有面心立方晶格，在低温下仍能保持足够的强度和塑性，故广泛用于深度冷冻工业中。

铜锌合金称为黄铜，黄铜的耐蚀性一般与铜差不多，但耐空泡腐蚀性能较铜为好，故常用来制作海水热交换器等。

黄铜常发生两种特殊形式的腐蚀破坏，一是选择性溶解，即黄铜脱锌；另一种是应力腐蚀破裂，黄铜在氨、铵盐、水或水蒸气等介质中都具有应力腐蚀破裂倾向。

第 5 章
非金属结构材料的耐蚀特性

非金属材料有良好的耐蚀性和某些特殊性能，并且原料来源丰富，价格比较低廉，所以近年来在化工设备中用得越来越多。采用非金属材料不仅可以节省大量昂贵的不锈钢和有色金属，实际上在某些工况下，已不再是所谓"代材"了，而是任何金属材料所不能替代的。例如，合成盐酸、氯化和溴化过程、合成酒精等生产系统，只有采用了大量非金属材料才使大规模的工业化得以实现。处于1100℃以上高温气体环境中工作的烧嘴、气-气相高温换热器等也只有非金属材料才能胜任。另外，某些要求高纯度的产品，如医药、化学试剂、食品等生产设备，很多都是采用陶瓷、玻璃、搪瓷之类的非金属材料制造。当然，就目前而言，在工程领域里所使用的材料，无论从数量上或使用经验方面，仍然是金属材料处于主导地位。但从发展趋势来看，非金属材料的应用比重必将不断增多。

相对金属材料来说，非金属材料的物理、力学性能比较差，施工技术亦不够成熟。尤其是非金属材料的腐蚀机理研究，尚处于发展阶段。因此在设计与使用非金属设备时，必须充分了解与分析材料的综合性能，尽可能做到扬长避短，以提高设备的可靠性与耐久性。

5.1 高分子材料的腐蚀特性和影响因素

高分子材料在加工、储存和使用过程中，由于内外因素的综合作用，物理、化学或力学等性能逐渐劣化以至丧失使用价值的现象，称为高分子材料的腐蚀或者老化，主要表现在：

① 表观 外观出现变色、污斑、变黏、变形、银纹、龟裂、脆化、粉化等的改变；

② 物化性质 相对分子量及其分布、熔点、溶解度、溶胀性、耐热性、耐寒性、透水性、透气性、透光性等的变化；

③ 力学性能 力学性能的强度（如抗拉强度、弯曲强度、抗冲击强度等）、弹性、塑性、韧性、硬度、附着力、耐磨性等的变化；

④ 电性能 绝缘电阻、介电常数、介电损耗、电击穿强度等的变化。

与金属材料不同，高分子材料通常在非强氧化性酸、碱、盐中耐蚀性较好，可替代金属用作腐蚀严重的化工容器、特种设备、管道等的塑料、防蚀衬里、弹性材料或密封材料等。另外，高分子材料的腐蚀不像金属那样逐渐减薄，具有自己的特点。

5.1.1 高分子材料的老化

作为一种性能变差的不可逆变化，老化是高分子材料的通病，也是导致失效的重要原因。引起高分子材料老化的原因很多，不仅与其化学结构（如：大分子中链节的排列方式、端基性质、支链长短和多少等，这些与合成条件和反应历程有关）、物理结构[如：聚集态（无定型态、结晶态、取向态）、高聚物与其他材料（增塑剂、填充剂等）的混溶状态等]、成型加工条件和外来杂质等自身因素有关，也与外界的物理（光、热、电、机械、应力、辐照等）、化学（水、氧气、臭氧、酸、碱、盐、CO_2、工业气体、盐雾等）、生物（微生物、白蚁、昆虫、鼠等）等因素有关。其中，高分子组织结构含有易引起老化的官能团（如：不饱和键、支链、羰基等）是产生老化的主要内因，而光、热、氧、水、电、应力、辐照、霉细菌等是引起对老化的主要外因。热使高分子材料发生热老化，包括加速破裂的热降解和促使形成三维结构或环状结构的热交联。常见的高分子材料中，聚甲醛和尼龙耐老化性不佳，聚乙烯的耐老化性较差，聚丙烯比聚乙烯更差；硬聚氯乙烯和聚丙烯酸酯类的耐老化性优良，氟塑料的耐老化性最好。常见的影响高分子材料老化的主要环境因素如下。

① 阳光　自然界的光实际上是各种波长的太阳辐射能，阳光中波长小于 400nm 的紫外线有 7％左右，可以使高聚物大分子中的化学键激发或者价键断裂产生自由基，如果存在氧气、水等条件，激发态的化学键或者自由基会发生进一步的化学裂解反应。不同聚合物基团吸收与它固有频率相应的光波，C—C 单键吸收紫外线的波长约为 342nm，C—O 单键吸收紫外线的波长约为 340nm，C—H 单键吸收紫外线的波长约为 290nm，羰基 C=O 吸收紫外线的波长约为 280～300nm，羟基 O—H 吸收紫外线的波长约为 260nm，双键 C=C 吸收紫外线的波长约为 230～250nm。

② 温度　阳光中的红外线有 50％左右，高分子材料（特别是深色和无光泽的材料）会吸收红外线转变为热能，温度升高，引起热老化并促进其他化学老化，还会使增塑剂等挥发。

③ 湿度　大气中的水分和雨雪等使耐水性不佳的高分子材料发生溶胀、水解和变形。另外，在露点条件下，水汽在材料表面凝结促使材料发生溶胀等，气温升高，凝结的水汽化蒸发，如此周而复始，加剧了材料表面龟裂。

④ 其他作用　在上述光和热作用下，大气中的许多气体，如氧气、二氧化碳、硫化氢、二氧化硫等，都可能与高分子材料发生化学反应，使高分子裂解。另外，风、雨、雪、尘等对化工设备犹如不规则的交变载荷，并且还有冲刷作用，加速老化。

纵观老化的反应过程和机理，高分子材料老化归根结底是由交联和降解引起的：交联会引起聚合物相对分子量增加，达到一定程度前能改善聚合物的物理、力学和耐热性能，但是随着分子间交联的增多，逐渐形成网络结构，聚合物会变硬、脆、不溶、不熔；而降解引起高聚物相对分子量减少，进而导致其性能降低，可能出现发黏和粉化等现象，后面将详细介绍。

高分子材料的老化性能主要通过耐候性、耐热性、湿热、抗霉、盐雾、耐寒等系列实验进行评价，用物理表观性能（表面表观变化、光学性能、物理性能等）和力学性能（强度、硬度、塑性、韧性、疲劳性能、应力松弛、蠕变等）指标与微观分析方法（热分析、基团测定、红外、紫外、核磁 NMR、质谱、电子自旋共振 SR、动态热-力分析 DMA 等）等进行表征。

为了防止或延缓高分子材料的老化、延长其设备储存和使用寿命，需要针对上述老化原因从材料自身和外部环境两方面采取稳定化措施。常见的防老化措施如下。

ⅰ. 改进聚合物结构：适当控制聚集态结构，减少自身缺陷，尽量消除内应力和不稳定的端基，提高聚合物在储存和使用时对外因作用的稳定性。

ⅱ. 改善聚合工艺：选择合适的聚合方法，采用优良的引发剂、催化剂并确定其合理用量，减少聚合过程中在材料内部产生的缺陷与杂质。

ⅲ. 改善聚合物成型加工工艺：减少成型加工过程中产生的缺陷与引入的杂质。

ⅳ. 聚合物改性：采用共聚、共混、交联等物理、化学等改性措施，使用防护蜡等。

ⅴ. 稳定化处理：根据工况环境和老化原因，添加不同的稳定剂（如抗氧剂、热稳定剂、紫外线吸收剂、光屏蔽剂、能量转移剂或猝灭剂等）提高聚合物的稳定性，是目前抗老化广泛采用的一种十分重要的方法。

根据老化的原因和过程，下面对一些常见的老化现象进行阐述。

5.1.2 渗透与溶胀、溶解

高分子材料处于工业环境中，腐蚀性介质从材料表面渗入内部会导致重量增加；与此同时，高分子材料中的原有可溶成分以及腐蚀产物也会扩散进入介质而使重量减小。材料腐蚀后的重量变化率实际上是上述两种作用的综合结果。因此腐蚀后的高分子材料，仅凭增重或减重率很难评定材料的真实腐蚀程度。不过常用的耐腐蚀高分子材料，如聚氯乙烯、聚丙烯等在无机酸、碱、盐水溶液中，向介质溶出的量很少，常可以忽略。

渗透　工业介质渗入高分子材料内部，实质上是由浓度差引起的扩散过程，其扩散能力与以下因素有关。

扩散介质的分子大小：例如聚乙烯分别在正戊烷和癸烷中，由于正戊烷的介质分子比癸烷小，因而渗透率要大若干倍。

材料的孔隙率和孔径分布：晶态以及具有交联结构高聚物的孔隙率较小，渗透性就减小。例如，具有交联结构的酚醛树脂对水的渗透性很小；氟塑料由于是晶态的，加上表面的高度惰性，对水具有最小渗透率，仅为聚乙烯的 1/4 左右。相反地，无定形的聚氯乙烯渗透性较大；而聚苯乙烯由于苯基使大分子聚集得更为松散，因此渗水能力就更大。

介质与材料的亲和力：介质与材料的亲和力同二者的极性有关，随着亲和力增强，渗透率增大。一般极性接近的，亲和力就大，例如非极性的渗透介质氧分子，在非极性高聚物如聚乙烯、聚苯乙烯、聚丙烯等塑料中的渗透率比在极性的聚氯乙烯、聚酯中明显地增大。具有中等极性的聚氯乙烯，在中等极性介质中渗透率有一极大值。

溶胀与溶解　介质通过渗透进入材料内部后，会进一步发生溶剂化作用，大分子被溶剂分子包围，使链段间的作用力削弱，间距增大。但是由于高聚物的分子很大，又相互缠结，尽管被溶剂化了，大分子向溶剂中的扩散仍然很困难。因此虽有相当数量的介质小分子渗透进入高聚物内部，也只能引起高分子材料宏观上体积和重量的增加，这种现象称为（有限）**溶胀**。例如：具有交联结构的体型高聚物，溶胀时只是使交联键伸直，难以使其断裂，所以只会溶胀而不溶解。溶胀所形成的体系叫凝胶。如果大分子间无交联键，溶胀可以一直进行下去，大分子被充分溶剂化后会缓慢地向溶剂中扩散，形成均一溶液，完成**溶解**过程，也称为无限溶胀。因此，溶胀可以看成是溶解的第一阶段，溶解是溶胀的继续，溶解一定经过溶胀，但是溶胀并不一定必然溶解。溶解受多种因素影响，结晶聚合物比非晶态聚合物难于溶解，对溶解体系进行搅拌或适当加热有利于缩短溶解时间，加速溶解。根据高分子材料的特点，溶解一般遵循以下规律。

极性相似原则　高分子材料在溶剂中的溶解性能基本上也遵循极性相似原则，即极性大的溶质易溶于极性大的溶剂；极性小的溶质易溶于极性小的溶剂。例如非极性的天然橡胶，很容易溶解在汽油、苯和甲苯等非极性溶剂中。极性高聚物如聚醚、聚酰胺、聚乙烯醇等，不溶或难溶于烷烃、苯、甲苯等非极性溶剂中；但可分别溶解于水、醇、酚等强极性溶剂。中等极性的高分子材料如聚氯乙烯、环氧树脂、不饱和聚酯树脂、聚氨基甲酸酯、氯丁橡胶等，对于溶剂有选择性的适应能力，但大多不耐酯、酮、卤代烃等中等极性溶剂。聚四氟乙烯虽然也是非极性的，但对于任何极性或非极性的溶剂都不会使其溶解，这可能与它的表面高度惰性有关。

除了上述极性相似原则外，还有溶度参数相近原则（内聚能密度相近原则，适用于非极性或弱极性聚合物和溶剂体系）和溶剂化原则（广义酸碱理论、亲电体-亲核体相互作用）。实际上溶剂的选择相当复杂，除这些原则外，还要考虑溶剂的挥发性、毒性、用途及溶剂对制品性能与环境的影响等。

5.1.3 降解

聚合物在储存或服役使用过程中由于受内外环境的作用导致分子量变小的现象通称为**降解**（degradation），包括解聚（拉链降解）、分子链无规断裂与低分子物或取代基的脱除等，是老化的一种主要形式。链式解聚指分子链的某一处或两端一经断裂，即按负增长反应方式不断释放出单体，可看成是链式聚合反应的逆过程，单体产率较高；无规断链指高分子主链在任一薄弱点发生随机断裂，没有规律可循，反应产物的平均聚合度降低，但是单体产率很低。高分子材料的降解过程与其化学结构、作用性质和环境介质关系密切，受物理、化学、生物等多种因素影响。根据降解的原因和机理不同，可以分为**物理降解**和**化学降解**。

（1）物理降解

由于受到光、热、声、电、辐照、机械力等物理作用而发生的降解，如：光降解、热降解、机械降解等。在物理因素影响下发生的降解，往往属于链式解聚，也存在无规断链或小分子物脱除，如：聚甲基丙烯酸甲酯PMMA和聚四氟乙烯PTFE的热解聚、橡胶在紫外线或辐照作用下产生的化学键破坏、工程塑料在强烈搅拌或超声波作用下导致的分子链断裂、聚乙烯PE和聚丙烯PP无规热断链、聚氯乙烯PVC在$100 \sim 120℃$开始脱去HCl等。热降解单纯由热引起，没有氧的参与。聚合物的热稳定性与化学结构、立体异构、不饱和性、链离解能、交联、结晶度、取代基等关系密切，常用热重分析、差热分析和半寿命温度（将聚合物在真空条件下恒温加热30min或$40 \sim 45$min、重量减少一半的温度）进行评价。自然界的热主要由太阳光辐照产生，在服役过程中热和太阳光对高分子材料的破坏作用比较广泛，也是较主要的降解原因。为了提高高分子材料的热稳定性，往往在加工或使用过程中加入转移活泼键反应或中断降解链式反应的热稳定剂，也可以通过改变聚合物的结构实现；为了防止或减缓高分子材料的光降解和光氧化，工业上广泛采用各种光稳定添加剂（光屏蔽剂、紫外吸收剂、能量转移剂或猝灭剂等）进行处理。

（2）化学降解

由于受到氧、臭氧、水、腐蚀性介质、化学试剂、微生物等化学作用而发生的降解，如：氧化、水解、醇解、酸解、胺解、臭氧分解、生化降解等。在化学因素作用下发生的降解，多属于无规断链，如：各种不饱和橡胶的（光）氧化和臭氧分解、聚烯烃的光氧化、杂链聚合物的水解与酸解、霉菌和海洋生物导致的高分子材料生化降解等。化学降解受环境介质的组成、浓度和温度等影响较大（后面将详细介绍典型的高分子化学腐蚀——氧化与水解）。

物理降解和化学降解虽然原因和过程不同，但是往往同时发生，而且二者协同会加剧高分子材料的老化，有时伴随着交联发生。在降解过程中，光除了产生热之外，主要起活化作用，引发游离基产生，引起高分子材料的光氧化反应；热、电、声和机械应力等不仅会产生物理降解，也会加速高分子材料的化学反应速率，通常和氧化反应同时发生。如：户外塑料制品变硬、变脆、生成不规则网状裂纹；橡胶在热作用和氧作用下的热氧老化导致的变软、发黏、变硬、变脆、不溶或不熔，是热降解和热交联竞争的结果；含氧介质中橡胶在机械应力作用下发生的机械活化氧化降解。

5.1.4 常见高分子化学腐蚀——氧化与水解

高分子材料含有易与环境介质作用的官能团时，就会发生氧化、水解、取代、卤化以及交联等化学反应。由于氧和水具有很大的渗透能力和反应活性，因此氧化与水解是高分子材料腐蚀破坏最常见的两种反应。

例如烯烃类聚合物的大分子链中，在双键的α-位碳原子或连有三个碳原子的叔碳原子

上的氢，结合力较弱，很容易被氧化而形成氢过氧化物，如

$$\cdots CH{=}CH{-}CH_2\cdots + O_2 \longrightarrow \cdots CH{=}CH{-}CH \atop \qquad\qquad\qquad\qquad\qquad \underset{\displaystyle O{-}OH}{|}$$

或

$$\cdots CH_2{-}\underset{\underset{\vdots}{\displaystyle CH_2}}{\overset{}{\underset{|}{C}}H}{-}CH_2\cdots + O_2 \longrightarrow \cdots CH_2{-}\overset{\overset{\displaystyle O{-}OH}{|}}{\underset{\underset{\vdots}{\displaystyle CH_2}}{\underset{|}{C}}}{-}CH_2\cdots$$

当在辐射与紫外光等物理因素的引发下，就会使这类弱键进一步裂解。根据与叔碳原子相连或与双键 α-位碳原子相连的 C—H 键能的强弱，碳链高聚物的易氧化程度依次为：聚二烯烃 > 聚丙烯 > 低密度聚乙烯 > 高密度聚乙烯。在烯烃的大分子上引入卤素后，如聚氯乙烯抗氧化能力有所改善。另外，杂链大分子较碳链难以氧化。然而，为了抑制或延缓老化、提高高分子材料的抗氧化能力，目前很少采用改变聚合物结构的方法，主要采用添加抗氧剂（热氧稳定剂）的方法。根据功能不同，抗氧剂主要分为终止型抗氧剂（自由基抑制剂，也是主抗氧剂，常用的是酚类，其次是胺类）和预防型抗氧剂（包括亚磷酸酯与硫醚等过氧化物分解剂、金属离子钝化剂等，也是辅助抗氧化剂），前者通过改变氧化历程而中断链式反应；后者通过抑制自由基生成而降低氧化速率。一般情况下，抗氧化剂加入越早越好，但是在添加抗氧剂的三个阶段中，配料阶段中加入最重要，也可以与其他配合剂在成型加工阶段加入，由于影响聚合过程而很少在聚合阶段加入。

高分子材料的水解是高分子与水作用导致的降解，可以发生在高分子的侧链上，聚合度不变，但是聚合物链结构单元组成发生变化；也可以发生在主链上，聚合度下降。加聚反应合成的高聚物由于主链系碳—碳共价键构成，不易水解，所以一般都比较耐水和酸、碱的水溶液。而杂链高聚物，其中杂原子与碳原子形成的极性键最易受到极性很大的水分子的攻击，因此对于这类高聚物，水常常成为破坏作用最大的物质。一般键的极性越大，受水等极性介质侵袭而发生水解反应的程度亦越高，并且这种反应在酸、碱的催化下更易进行。

高分子材料耐水、酸、碱的能力，主要与其水解基团在相应的酸、碱介质中的水解活化能有关，活化能高，耐水解性就好。很多高分子材料如环氧树脂、聚氨酯、氯化聚醚、聚酰亚胺以及有机硅树脂等，都有各种能水解的基团，如酯键、酰胺键、醚键等。相关的活性基团及其反应类型见表 5-1。

表 5-1　高分子物质活性基团可能引起反应的类型

反应类型	原子或基团	高分子物质	介　质	侵蚀方式
消除	C—F	氟塑料	熔融碱金属	脱去氟原子，生成双键
	$\overset{\displaystyle H}{\underset{\displaystyle H}{-C-}}\overset{\displaystyle H}{\underset{\displaystyle Cl}{C-}}$	聚氯乙烯	热、光、氧可加速	脱 HCl，生成双键或交联键
加成	$\overset{\displaystyle H}{-C{=}}\overset{\displaystyle H}{C-}$	天然橡胶	盐酸	表面生成盐酸橡胶，可防止 HCl 进一步渗透
氧化	碳链和杂链高分子物，特别是含双键和叔碳原子的	含双键的橡胶与树脂，含叔碳原子的塑料	氧化性介质	氧化

反应类型	原子或基团	高分子物质	介 质	侵蚀方式
水解	—C—C—O—C— 酯 键	不饱和聚酯，酸固化的环氧树脂	碱类	酯键皂化
	—C—NH— （含O） 酰（亚）胺键	聚酰胺	酸性介质	酰（亚）胺键水解
	—C—N—C— （含O、O） 聚酰亚胺结构	聚酰亚胺	强酸性介质	
	—O—C—NH— （含O） 氨基甲酸酯	聚氨酯	碱性介质	氨基甲酸酯键水解
	—C—O—C— 醚 键	环氧树脂，氧化聚醚	强酸性介质	醚键水解
	—C≡N 氰 基	ABS树脂 丁腈橡胶	碱性介质	—C≡N 水解
	—C—NH— 腈 基	胺固化环氧	强酸	—C—NH— 键水解
	—Si—O— 硅氧键	有机硅树脂	含酸高温水蒸气	硅氧键水解
成盐	OH（苯环） 酚羟基	酚醛树脂	碱类	酚羟基成盐
	—NH₂ 氨 基	氨基树脂	酸类	氨基成盐
氯代（溴代）	苯环等	酚醛树脂 聚苯硫醚等	氯气	苯环氯化
	C—H 键	一般高分子物	氯气	—C—H 的氢键被氯取代

耐酸性介质水解的能力依次为：醚键＞酰胺键或酰亚胺键＞酯键＞硅氧键；
耐碱性介质水解的能力：酰胺键或酰亚胺键＞酯键。

5.1.5 应力腐蚀开裂

高分子材料在应力和腐蚀性介质共同作用下，其质量变化率较无负荷时更大，使耐蚀性能急剧下降，但不一定都发生裂纹。只是在某些条件下有类似金属应力腐蚀破裂的现象，会出现裂纹，并不断发展直至断裂。高分子材料的应力腐蚀机理的研究还很不成熟，目前尚无系统的理论，不过大体上有如下一些规律。

① 拉应力促进腐蚀　材料受外加负荷或加工过程产生的残余应力作用时，大分子链及链段会沿着作用力方向移动。拉应力的作用将使分子间距增大，更有利于介质分子的渗入，因而材料的质量增加，机械强度下降。如果是压应力，可能阻滞介质向材料内部扩散，减缓腐蚀。某些实验表明，随着压应力的增高，材料在介质中的质量增加的趋势反而有下降。

② 蠕变和疲劳　高分子材料受长期静负荷的作用以及交变应力状态下，与金属一样也会发生蠕变和疲劳。当同时存在腐蚀性介质时，蠕变强度和疲劳强度均会显著下降。

③ 环境应力开裂　受多向应力作用或存在较大应变的高分子材料，在某些环境介质中往往会产生银纹。裂纹的不断发展可能导致脆性破坏，而在相应的应力与应变状态下，如果没有介质的作用，裂纹不一定会发生。这种现象称为高分子材料的环境应力开裂，耐环境应力开裂的能力与材料的本性和介质性质有关。

部分结晶的塑料，如聚乙烯、聚丙烯、聚苯醚等，晶区有应力集中，且在晶区与非晶区交界处易受介质的作用，产生裂纹的倾向就大。塑料中杂质、缺陷、黏结不良的界面、表面划伤以及微裂纹等应力集中部位，也会促进环境应力开裂。分子量小而分布又窄的高聚物比大分子量的更易发生开裂，因为大分子彼此缠绕在一起，分子量越大，受介质作用的解缠越困难。

具有中等溶胀能力的醇类、蓖麻油等活性介质容易引起高聚物的环境应力开裂，因为这类介质只渗入材料表面层的有限部分，产生局部增塑作用。在较低应力下被增塑的区域出现局部取向，形成较多的银纹。渗入的介质使银纹末端应力集中处进一步增塑、链段更易取向、解缠。继而银纹逐步发展成长、汇合，直至开裂。

5.2　耐腐蚀高分子材料

5.2.1　耐腐蚀塑料

（1）聚乙烯（PE）

聚乙烯（polyethylene，简称 PE）是一种用途非常广泛的热塑性树脂，在固态下结晶部分与无定型共存。结晶度根据加工和处理条件不同而不同，取决于分子链的规整程度和其经历的热处理过程，一般情况下随密度的增加而增大。PE 结构简单，分子式为 $\\text{+CH}_2\\text{—CH}_2\\text{+}_n$，工业上包括由乙烯单体（$CH_2=CH_2$）自由基聚合而成的均聚物和由乙烯与 α-烯烃共聚而成的共聚物。PE 大多呈无色或浅色，质轻（常温下无定形态与晶体密度分别约为 0.86 和 1.00g/cm³），无臭，无毒。PE 的各种性能与化学结构、密度、分子量分布和熔体指数等有关，很大程度上取决于采用的聚合方式，而该方式决定支链的类型和支链度。侧链或支链降低分子的规整度，导致 PE 的结晶度、密度、刚性和硬度等较低。密度的增加会导致分子的直线性增加，分子支链减少，材料的刚性增加，拉伸强度、剥离强度、软化温度和结晶度等得到提高，但是脆性增加、抗应力开裂性下降。分子量增加，力学性能变好，抗应力开裂性增加，但是延展性变差，加工难度增大。

PE 的分类标准有很多，国家标准 GB/T 1845.1—1999 规定了聚乙烯树脂的分类与命名，GB/T 11115—2009 对不同类型的聚乙烯树脂提出了详细的技术要求。根据密度的高低不同，PE 可以分为低密度聚乙烯（LDPE，由高压法合成，又称高压聚乙烯，密度范围为 0.910~0.925g/cm³）、中密度聚乙烯（MDPE，密度为 0.926~0.940g/cm³）、高密度聚乙烯（HDPE，由低压法合成，又称低压聚乙烯，密度为 0.941~0.965g/cm³）。根据分子量的大小不同，有低分子量聚乙烯（LMPE，分子量通常为 500~5000 的蜡状 PE，也称聚乙烯蜡或合成蜡）和超高分子量聚乙烯（UHMWPE，分子链特别长，目前分子量范围没有统一说法，美国试验材料协会 ASTM 规定分子量达到 300 万～600 万的线性 PE）。不同类型的 PE 应用领域不同，如表 5-2 所示。

表 5-2 几种聚乙烯的比较

种类	低密度聚乙烯（LDPE）	线性低密度聚乙烯（LLDPE）	中密度聚乙烯（MDPE）	高密度聚乙烯（HDPE）	低分子量聚乙烯（LMPE）	超高分子量聚乙烯（UHMWPE）
主要特点	主链上带有大量长支链，结晶度 45%～65%，熔点约 110℃，软化点 108～125℃，化学稳定性较好（能耐酸、碱、盐等腐蚀），绝缘性与透明性好，柔软性与延展性好，与 LLDPE 和 HDPE 比，力学性能低，耐热性能差，受氧化性酸侵蚀，易发生光和氧老化，常加入抗氧剂和紫外线吸收剂等提高性能	密度 0.915～0.920g/cm³，短支链，结晶度 55%～65%，熔点约 121℃，软化点 94～108℃，具有好的物理、力学、耐蚀、抗弯曲、抗冲击、耐穿刺、耐低温冲击、耐环境应力开裂和电绝缘等性能，与 LDPE 相比，LLDPE 使用温度高 10～15℃，拉伸强度高 50%～70%，伸长率高 50% 以上，耐热性能较好	结晶度 70%～75%，熔点约 130℃，软化点 110～115℃，兼有 HDPE 的刚性和 LDPE 的柔性，具有好的抗应力开裂、强度长期保持、焊接和耐热等性能，使用寿命长，耐蠕变，受氧化性酸侵蚀较慢，耐碱性溶液腐蚀，很耐弱酸的腐蚀	支链少，结晶度 80%～90%，熔点约 135℃，软化点 125～135℃，力学强度和硬度较高，具有好的化学稳定性、耐低温、耐油、耐蒸汽渗透、抗冲击与抗环境应力开裂等性能，受氧化性酸侵蚀较慢，耐碱性溶液、弱酸或非氧化性酸腐蚀，使用温度－60～＋40℃	密度 0.900～0.936g/cm³，熔点 90～120℃，软化点 80～110℃，具有好的化学稳定性、耐寒、耐热、耐磨、耐湿、耐化学药品腐蚀等性能，黏度低，无极性基团的非乳化型产品比有极性基团的乳化型产品的硬度和熔点高，常温下不溶于大部分溶剂，加热时溶于苯、甲苯等溶剂	密度 0.936～0.964g/cm³，0.45MPa 下热变形温度 85℃，具有好的耐冲击（抗冲击强度 196J/m，尼龙 66 的 10 倍，聚氯乙烯 PVC 的 20 倍，LMPE 的 4 倍）、耐磨（比钢高 4～7 倍，比 PVC 和 LMPE 高 10 倍）、抗老化（抗应力开裂与疲劳、耐候、耐酸、碱、盐和有机溶剂等）、耐低温、自润滑、抗辐照等性能，强度高（拉伸强度 39.2MPa，HDPE 的 2 倍），使用温度－269～＋110℃
应用	用作塑胶袋、包装膜、电线电缆包覆材料、涂层、机械零件等，与 HDPE 掺混后制造管道、容器等	应用领域已渗透到所有 LDPE 的市场，替代 LDPE 制作力学性能好的薄膜、管材、容器等	常用于管材、中空容器、高速成型瓶、电线电缆护套、防水材料、水管、燃气管等	各种管材、罐、槽、高强度超薄薄膜等，与无机钙盐复合后制造箱、门窗等	用作仪器铸造、润滑剂、电绝缘材料、热熔黏合剂、地板蜡等，也可加入其他蜡中提高性能	可代替钢材用作阀门、泵、密封填料、齿轮、涡轮杆、轴承、轴瓦、辊筒、衬里等，还用作管道内壁抗腐蚀、磨损、结垢

整体而言，PE 具有优良的化学稳定性［耐除发烟硫酸、浓硝酸、铬酸与硫酸的混合液等强氧化剂外的大多数酸（如稀硝酸、稀硫酸和任何浓度的盐酸、氢氟酸、磷酸、甲酸、乙酸等）、碱（氨水、氢氧化钠、氢氧化钾等）、盐等的腐蚀］、耐环境老化、耐低温和电绝缘等性能，而且吸水性小，透水率低，常温下不溶于一般溶剂，低温时仍能保持柔韧性，力学性能因密度而异，但是对环境应力和温度敏感，存在应力松弛现象，抗热老化性能差，不耐氧化性介质，容易发生光氧化、热氧化、臭氧分解，在紫外线作用下会发生降解，受辐照后可发生交联、断链、形成不饱和基团等反应。因此，PE 材料耐化学腐蚀性受介质浓度、温度和压力等的影响，在服役过程中会发生老化，强度随时间推移逐渐下降。温度降低，PE 的抗拉强度提高，但是断裂伸长率和抗冲击强度下降。PE 在酸性和碱性土壤中具有良好的耐腐蚀性，所以埋敷 PE 管时不需要防腐。

为提高 PE 的综合力学性能和耐腐蚀性能，需要对其进行不同的改性处理，如：为提高耐臭氧、耐化学腐蚀、耐油、耐热、耐光、耐磨和抗拉强度，用氯和少量磺酰氯（—SO₂Cl）取代氢原子得到综合性能良好的弹性体氯磺化 PE，可用以制作接触食品的设备部件；为提高耐热、耐环境应力开裂及力学等性能，用辐照法（X 或电子射线、紫外线等）或化学法（过氧化物或有机硅交联）将线性改为网状或体型交联结构，用作大型管材、电缆电线以及滚塑制品等；为改善抗冲击、阻燃与绝缘等性能，用氯部分取代氢原子得到的从橡胶状到硬质塑料状的无规氯化聚乙烯（CPE），用作聚氯乙烯的改性剂、电绝缘材料和地面材料；PE 和乙丙橡胶共混可制得用途广泛的热塑性弹性体。

（2）聚氯乙烯（PVC）

聚氯乙烯是由氯乙烯单体聚合而成的热塑性高聚物：$nCH_2\!=\!CHCl \longrightarrow \mathrm{+\!CH_2\!-\!CH \cdot Cl\!+\!}_n$，以聚氯乙烯树脂为主要原料，再加入增塑剂、稳定剂、填料、润滑剂、颜料等，经捏合、混炼和成型加工后制得聚氯乙烯塑料。

通常按 100 份树脂加 30～70 份增塑剂的塑料，质地柔软，称为**软聚氯乙烯塑料**；不加或加少量增塑剂（不超过 5 份）的称为**硬聚氯乙烯塑料**。在化工生产中，前者大多用作设备衬里，后者可作为独立的结构材料。

聚氯乙烯是线型的聚合物，基本上都是无定型的，一般结晶度不超过 10%。

由于聚氯乙烯的分子结构中不含有活性较大的基团，主链又全是非极性共价键 C—C 连接而成，故具有良好的化学稳定性。在低于 50℃下耐腐蚀性能优于酚醛塑料、聚苯乙烯、有机玻璃等塑料，除了强氧化剂（如浓度＞50% 的硝酸、发烟硫酸等）、芳香族、氯代碳化合物（如苯、甲苯、氯苯等）及酮外，能耐大部分酸、碱、盐类、碳氢化合物、有机溶剂等介质的腐蚀。在大多数情况下，硬聚氯乙烯对中等浓度的酸、碱介质具有良好的耐蚀性。

聚氯乙烯的耐蚀性能受很多因素的影响，其中对温度和应力最敏感，温度和内应力越大，腐蚀速率亦越快。聚氯乙烯的腐蚀不像金属那样逐步减薄，除了在某些介质中会发生溶解、焦化等明显的破坏以外，一般很难直接评定耐蚀或不耐蚀。目前尚无一个统一的评定标准，通常都以重量的增减、体积和强度的变化以及起泡、变色、变脆等情况，再结合生产上实际应用经验综合地加以判断。表 5-3 列出了硬聚氯乙烯在各种酸碱介质中的耐蚀性。

表 5-3　硬聚氯乙烯的耐腐蚀性能

介　质	浓度/%	温度/℃	稳定性	介　质	浓度/%	温度/℃	稳定性
硝酸	20	50	稳定	硫酸	50	40	稳定
	40	40	稳定		70	20	稳定
	50	50	稳定		90	20	尚稳定
	65～70	20	尚稳定	发烟硫酸		20	不稳定
盐酸	20	40	稳定	乙酸	10	20	稳定
	35	40	稳定		30	40	稳定
氢氧化钠	20	40	稳定		100	20	不稳定
	40	20	稳定	铬酸	中等	常温	尚稳定
	40	40	稳定				
硫酸	10	40	稳定	磷酸	中等	常温	稳定
	30	40	稳定	草酸	中等	常温	稳定

注：稳定——实验室试验指标，质量变化≤1%，现场使用寿命两年以上；尚稳定——实验室试验指标，质量变化≤1%，现场使用寿命一年左右；不稳定——使用几个月后产生严重分层及脱皮现象。

聚氯乙烯与强氧化性介质接触，会被氧化，例如受浓硝酸的破坏作用，先是使聚氯乙烯氧化生成羰基，进而羰基又被氧化裂解：

氧化的结果降低了分子量，同时又引入了其他基团，致使材料的溶解性、渗透性大大增加。

聚氯乙烯在光、加热或机械作用下易发生脱氯化氢反应，导致聚合物裂解和交联

$$-CH_2-CH-CH_2-CH \xrightarrow{-HCl} -CH=CH-CH-CH_2-$$

共轭双键的形成使聚合物颜色变深，当有氧存在时，会同时发生氧化反应

$$-CH=CH-CH-CH_2- \xrightarrow{O_2} -CH-CH-CH-CH_2-$$

其氧化产物还会进一步发生降解和交联反应，使聚合物变硬、变脆，亦即发生"老化"。聚氯乙烯的老化，将直接影响制品的使用寿命。

硬聚氯乙烯可以采用热塑性塑料的成型加工方法，可以焊接。必须特别指出的是硬聚氯乙烯塑料焊缝的耐老化性能很差，经介质作用后表面的可焊性大多降低，焊接时不易变软也不发黏，焊缝两边发黑，焊接强度很低，如果磨去腐蚀表面，则又能恢复可焊性，因此修补硬聚氯乙烯设备时应注意这一点。

由于聚氯乙烯具有良好的耐腐蚀性能，并且又有一定的机械强度，成型加工和焊接比较方便，所以在工业、农业、军工、日常生活等各个领域都得到普遍应用，在化工、石油、化学冶金、医药、染料等工业部门广泛用来制储槽、塔设备、电除雾器、离心泵、风机、管道、管件及阀门等。硬聚氯乙烯的应用实例见表5-4，其中，硝酸、盐酸、硫酸和氯碱生产系统用得最多。例如，用作电解槽，既耐蚀又不漏电；高达90m的酸雾排气烟囱，长达1500m的海水管道等使用硬聚氯乙烯都取得了良好效果。

表 5-4　硬聚氯乙烯塑料使用实例

设备名称及规格	使用条件		设备结构特点及使用情况	已使用时间
	介　质	温度/℃		
硝酸吸收塔，ϕ2m×15m，壁厚15mm	<49% 硝酸，NO，NO$_2$	<35	塔内有带溢流的筛板4块，塔安装在室外钢制框架内。使用中几乎不需检修，情况良好	9年
硝酸氧化塔，ϕ2m×13m，壁厚20mm	<49% 硝酸，NO，NO$_2$	<50	塔的焊缝用玻璃钢加强，塔安装在厂房内。使用情况良好	2年
氯气冷却塔，ϕ0.6m×4.5m，壁厚16mm	氯气	80	代替原来的石棉酚醛塑料塔。由于温度偏高，塔体变形较大	4年
氯气净化塔，ϕ1.2m×1.2m	H$_2$S，Cl$_2$，HCl	常温	使用情况良好	5年
盐酸吸收塔，ϕ0.6m×7m，壁厚15mm	盐酸25%～30%	<70	使用情况良好	2年
氯化汞反应塔，ϕ1.1m×12m，壁厚10mm	Cl$_2$，HCl，HgCl	30～50	空塔内有羽林板，使用情况良好	2年
烷基磺酰氯，反应塔，ϕ1.1m×2m，壁厚8mm	液体石蜡，Cl$_2$，SO$_2$	30	代替原来的搪玻璃反应釜，使用情况良好	2年
氟化氢尾气吸收室，卧式椭圆形，2.8m×2.5m×2.7m，（长轴×短轴×长）	氟硅酸8%～10%	70～80	为防止热变形，吸收室外用水喷淋冷却。使用情况良好	1年
真空过滤机转鼓，ϕ1.4m×1.2m，板厚12mm	硫酸52%，磺化物料	35～40	使用情况良好	2年
盐酸储槽，ϕ4m×4.5m，壁厚10mm	盐酸31%	室外大气温度	槽内焊塑料圈、筋板等加固，外用5道两半扁钢圈加固，再用塑料覆盖扁钢	半年
储槽，ϕ3m×3m，壁厚12mm	顺丁烯二酸10%～15%，硫酸5%	50～60	槽外用型钢架紧贴槽壁加固（即鸟笼式结构）	6年
硝酸储槽，ϕ2.4m×11m，壁厚20mm（卧式）	硝酸46%	室外大气温度	卧式，外用扁钢圈加固	半年
磷酸储槽，ϕ2.4m×2.8m，壁厚6～8mm	磷酸，相对密度1.3	40～50	槽外用型钢架紧贴槽壁加固（鸟笼式结构）	6年
烷基磺酰氯反应塔，ϕ1.5m×2.5m，壁厚5mm	石油，Cl$_2$，SO$_2$	40	塔外用型钢架紧贴塔壁加固（鸟笼式结构）	5年

近年来，为了提高 PVC 的化学稳定性与耐腐蚀性能，不断研制成一些改性的聚氯乙烯，如：以氯化改性制得的（聚）过氯乙烯（又称氯化聚氯乙烯，CPVC），玻璃纤维增强的聚氯乙烯（即 FR-PVC），添加石墨提高导热性的聚氯乙烯，以及设备或管道外部用玻璃钢增强等方法，使聚氯乙烯的使用范围（温度、压力等）更加扩大。CPVC 将 PVC 的含氯量由 56.7% 提高至 61%～69%，维卡软化温度（vicat softening temperature）由 72～82 ℃ 提高至 90～125 ℃，增加了分子链排列的不规则性与分子极性，增大了溶解性，从而提高了材料的力学性能、耐热性、阻燃性及耐酸、碱、盐、氧化剂等的腐蚀性能。作为一种应用前景广阔的新型工程塑料，CPVC 不易燃烧，耐浓酸、浓碱液、矿物油等的腐蚀，最高使用温度可达 110 ℃，长期使用温度为 95 ℃，制品在沸水中不变形，而且价格相对于其他热塑性工程塑料较低，但是比聚氯乙烯易溶于酯类、酮类、芳香烃等有机溶剂，广泛用于制耐腐蚀漆、胶黏剂、合成纤维、冷热水输送及工业管道输水系统、建材、装饰、电子等领域，而且也可将 CPVC 板材焊接成不同的设备。另外，将聚氯乙烯制成纤维布，不仅有良好的耐酸、碱性能，而且成本低廉，工业上常用作滤布。

（3）聚丙烯（PP）

聚丙烯的耐蚀和耐热性都优于硬聚氯乙烯，具有很好的耐蚀性，除了强氧化剂外，可以耐受 100℃ 以下几乎所有的酸、碱、盐，例如 70% 的硫酸、硝酸、磷酸、各种浓度盐酸、40% 氢氧化钠。但是，由于聚丙烯大分子中存在的叔碳原子容易被氧化，所以对强氧化剂（例如发烟硫酸、浓硝酸等）在室温下就不能使用。

聚丙烯耐溶剂性也优于硬聚氯乙烯，几乎所有的溶剂在室温下都难以溶解聚丙烯，聚丙烯可以耐受稀醋酸、甲酸等有机介质的腐蚀。

由于聚丙烯具有良好的耐热性（使用温度比硬聚氯乙烯高约 50℃），常常用于制作化工管道、储槽、衬里等。如果用石墨改性聚丙烯，可制作聚丙烯换热器。但是，聚丙烯在最高使用温度时的线膨胀系数为硬聚氯乙烯最高使用温度时的 3 倍，聚丙烯在最高使用温度时的杨氏模量只有硬聚氯乙烯的 1/8，因此设计和使用聚丙烯设备时应当注意热膨胀和刚性问题。

聚丙烯可以采用热塑性塑料的成型加工方法，可以焊接。

为了提高聚丙烯的挠性和抗冲击性能，往往在它的高分子链的基本结构中引入不同种类的单体分子加以改性，形成聚丙烯无规共聚物（polypropylene random copolymer，简称 PPR），也叫三型聚丙烯。PPR 还降低了熔化温度和热熔接温度，改善了光学性能（如：增加了透明度、减少了浊雾），可用于吹塑、注塑、薄膜和片材挤压加工，在冷热水输送、食品、医药和日常消费品等领域应用广泛。为了改善 PPR 的低温韧性，还需要采用不同的增韧剂对其进行复合改性。

（4）氟塑料

氟塑料是含有氟原子的塑料总称，主要包括：聚四氟乙烯、聚三氟氯乙烯、聚全氟乙丙烯等，由于分子结构中含有稳定的 C—F 健，同时由于氟原子体积较大，因此氟原子像一个紧密的防护层把碳链包裹着，保护碳链不受环境的侵蚀，因此它们都具有优良的耐蚀、耐热、自润滑性和电性能，但是加工成型性能各有差异。

① 聚四氟乙烯（PTFE，简称 F-4） 聚四氟乙烯具有非常高的化学惰性、优良的耐蚀性和耐热性。在 250℃ 时能长期使用，能耐受各种强氧化剂（如王水、发烟硫酸、浓硝酸等）和其他各种酸、碱、盐；有机物中除了某些卤化胺或芳香烃使聚四氟乙烯发生轻微溶胀而外，能耐受其他各种溶剂。只有在高温和一定压力下，熔融碱金属、元素氟和三氟化氯对聚四氟乙烯能起作用；另外，聚四氟乙烯的耐老化性极好，因此有"塑料王"的美称。

聚四氟乙烯在常温下的机械强度、刚性比其他塑料低，在负荷下容易发生蠕变，线胀系数较大，导热性能差。另外，由于熔点很高，使之成型加工比较困难，通常不能采用热塑性塑料的成型方法，只能采用类似粉末冶金那样的冷压、烧结方法成型；聚四氟乙烯也难以黏接或焊接。

工程上常用聚四氟乙烯做摩擦件和密封件。如自润滑耐磨轴承，高压压缩机的活塞环，冷冻机、气体压缩机、耐酸泵等无油润滑密封件。聚四氟乙烯生料带作管螺纹接头的密封用。由于聚四氟乙烯具有良好的化学稳定性，特别适用于高温、强腐蚀的工况，用于化工容器和设备上的各种配件，如泵、阀门、膨胀节、热交换器、多孔板材及强腐蚀介质的过滤材料，化工设备的衬里和涂层等。近年来对聚四氟乙烯进行增强改性，改善了它的力学性能，使其硬度、抗蠕变性和耐磨性大幅度提高。

② 聚全氟乙丙烯（FEP，简称F-46） 聚全氟乙丙烯实际上是一种改性聚四氟乙烯，因此，除了耐热性稍次于聚四氟乙烯外（优于聚三氟氯乙烯），其他性能与聚四氟乙烯几乎相同，具有极高的耐蚀性等，150℃以下的耐蚀性可以与聚四氟乙烯媲美。

聚全氟乙丙烯的突出优点是熔点低于聚四氟乙烯，加工成型性优于聚四氟乙烯，可以采用热塑性塑料的成型方法。因此在使用温度和耐蚀性满足生产需求条件下，选用聚全氟乙丙烯有成型加工方便的优越性。

③ 聚三氟氯乙烯（PCTFE，简称F-3） 聚三氟氯乙烯具有较好的耐蚀性，但是由于大分子结构中增加了C—Cl键，长期使用温度就降低到120℃，对一些化学介质不稳定，耐蚀性次于聚四氟乙烯和聚全氟乙丙烯，例如在较高温度下的浓硝酸、发烟硫酸、浓盐酸、氢氟酸和强氧化剂会侵蚀破坏聚三氟氯乙烯；另外，液氯、溴、有机卤化物和芳香族化合物都能使其溶胀。

由于聚三氟氯乙烯熔点为200℃左右，因此加工成型性优于聚四氟乙烯，可以采用热塑性塑料的成型方法。

聚三氟氯乙烯在耐蚀设备上的应用与聚四氟乙烯类似。

（5）氯化聚醚

氯化聚醚由于结晶和大分子结构中存在醚键，使之具有较高的耐蚀性，能够耐受大多数无机酸、碱、盐的腐蚀，在室温下可以几乎耐受任何溶剂；但对强氧化剂例如浓硫酸、浓硝酸等在室温下就不能使用，也不耐受液氯、氟、溴的腐蚀，较高温度的芳香烃、氯代烃、酮、酯可以使之溶胀。

氯化聚醚可以采用热塑性塑料的加工成型方法，在防腐蚀工程中主要用于涂层和衬里。

（6）聚苯硫醚（PPS）

聚苯硫醚的耐热性与聚四氟乙烯相当，可以在250℃高温长期使用，但是耐蚀性远不如聚四氟乙烯。聚苯硫醚的使用温度高于氯化聚醚，但耐无机酸的性能不如氯化聚醚。

聚苯硫醚具有特别高的力学性能，在200℃的拉伸强度相对于聚丙烯在室温时的拉伸强度，杨氏模量比氯化聚醚高2倍以上。

聚苯硫醚可以采用热塑性塑料的加工成型方法，制作耐蚀和耐热的阀门、泵、密封环等等，目前国内在化工设备中主要用于防腐蚀涂层。

（7）聚醚醚酮（PEEK）

作为一种高性能线性特种工程塑料，聚醚醚酮（polyether ether ketone）是分子主链中含有一个酮基和两个醚键的重复单元所构成的线性芳香族高分子化合物，构成单位为氧-对亚苯基-氧-羰-对亚苯基，结晶态密度为$1.32g/cm^3$，大分子链中含有大量的芳环和极性酮基导致耐热性和力学强度极高，玻璃化转变温度T_g约143℃，熔点T_m约334℃，负载热变形温度高达316℃，拉伸强度132~148MPa，杨氏模量为3.6GPa，大量的醚键又导致韧性非常好（耐高温树脂中名列前茅），所以聚醚醚酮PEEK具有优良的热稳定性、化学稳定性（耐化学药品，室温下只溶于浓硫酸）、耐腐蚀性（与镍钢接近，只在高温下被卤素和强酸腐蚀)、耐水解、耐辐照、耐剥离、耐磨损、耐高压、抗蠕变、抗疲劳性(可与合金材料相媲美)、自润滑、绝缘性、阻燃性(不加任何阻燃剂就可达到最高阻燃标准、低发烟)、强度、韧性和易加工(流动性好,可机加工或注塑成型,也可 2 次加工)等优点,高温下远比聚四氟乙烯 PTFE 的力学性能优良,长期使用温度为 250℃左右,可在 200~240℃蒸汽中长期使用,或在 300℃高压蒸汽中短期使用,也可以在高温下作为替代金属(包括不锈钢、钛等)的结构件(如发动机内罩、密封件等),用于汽车工业、航空航天、电子光伏、核电、电绝缘材料、医疗器械、结构材料与零部件等领域。

虽然聚醚醚酮具有很多优良性能,但是冲击强度较差,为了满足不同的综合性能和多样化需要,进一步提高其性能,可以采用填充、共混、交联、接枝、复合等方法对其进行改性,得到性能更加优异的 PEEK 塑料合金或 PEEK 复合材料。如:PEEK 与聚醚共混可以提高力学性能和阻燃性;PEEK 与 PTFE 共混制成的复合材料具有突出的耐磨性,可用于制造滑动轴承、动密封环等零部件;PEEK 用玻璃纤维或碳纤维等填充改性制成的增强 PEEK 复合材料可大大提高材料的硬度、刚性及尺寸的稳定性等。

5.2.2　耐腐蚀橡胶

(1) 氟橡胶 (FPM)

氟橡胶的耐腐蚀性能是橡胶中最好的;耐油性能是橡胶里最优的;耐高温性能是橡胶材料里最高的,在 250℃下可以长期工作,在 320℃下可短期工作;但氟橡胶的弹性较差,耐低温及耐水等极性物质性能不好。

氟橡胶主要用作耐高温、耐特种介质腐蚀的制品。如密封垫圈、阀门零件等在高温和有油、氧或其他腐蚀介质条件下使用的橡胶制品,化工容器衬里、减振零件等。

可制成多种用途的垫圈、阀门密封垫圈,各种规格的胶管及复合胶管,用作输油管、耐高温高压液压胶管等,也可以制造有腐蚀介质的泵、阀中的隔膜。用作耐热、耐化学介质和不燃性胶布,制成耐燃容器、耐高温垫片、防护衣及防护手套。氟橡胶用于石油化工物料管的法兰垫片,耐高温高压。

(2) 乙丙橡胶 (EPR)

乙丙橡胶是由乙烯与丙烯共聚制得的无规共聚物,密度 $0.85~0.87g/cm^3$。

乙丙橡胶耐腐蚀性良好,由于乙丙橡胶本身的化学稳定性和非极性,所以与多数化学药品不发生化学反应,与极性物质相容性很小,耐醇、酸、碱、氧化剂、洗涤剂、动植物油、酮和酯等的腐蚀。

乙丙橡胶的耐老化性能突出;浸入水之后电性能变化很小,所以乙丙橡胶特别适用做电绝缘制品及水中作业用的绝缘制品;能在 150℃温度下长期使用;耐低温性好,最低使用温度可达-50℃,低到-57℃才变硬,至-77℃时才变脆。

乙丙橡胶的缺点是耐油性差,不耐非极性油类及溶液;耐燃性和气密性也较差。

乙丙橡胶主要应用于耐老化,耐水,耐腐蚀,电气绝缘,如用于耐热运输带,防腐衬里,散热器胶管,通蒸汽用胶管,密封垫圈,塑料改型等。

(3) 丁腈橡胶 (NBR)

丁腈橡胶是丁二烯和丙烯腈的共聚物,具有优良的耐油性和耐非极性溶剂性能,其耐油性仅次于聚硫橡胶、丙烯酸酯橡胶和氟橡胶。丁腈橡胶的耐热性、耐老化性、耐磨性、气密性和耐腐蚀性均优于天然橡胶。但丁腈橡胶耐臭氧性能、电绝缘性能和耐寒性能较差,弹性稍低,价格较贵。

丁腈橡胶中丙烯腈含量对性能影响很大:丙烯腈含量高,耐油性能好,但弹性差,当丙烯腈含量大于 60%时,虽然耐油性特别好,但丧失了弹性。反之,则耐油性差,弹性好。

一般丁腈橡胶中的丙烯腈含量为 $15\%\sim50\%$。

丁腈橡胶主要用于各种耐油橡胶制品。丙烯腈含量高的更适用于直接与油类接触的橡胶制品，如油封、输油管、油料容器衬里，密封胶垫和胶辊。低丙烯腈含量的丁腈橡胶适用于作低温耐油制品及耐油减振橡胶零件。

（4）氯丁橡胶（CR）

氯丁橡胶由氯丁二烯聚合而成，物理力学性能与天然橡胶十分相似，有很高的抗拉强度与伸长率，有较高的力学性能，其抗撕裂强度比天然橡胶略差；耐老化性、耐热性、耐油性、耐溶剂和化学药品腐蚀性等均比天然橡胶好，特别是耐候性和耐臭氧老化性能相当好；耐油性仅次于丁腈橡胶而优于其他通用橡胶；耐热性与丁腈橡胶接近。此外还有良好的自补强性、粘着性、耐水性和气密性等比较优良的综合性能。

但氯丁橡胶耐低温性能较差，最低使用温度为 -30℃，电绝缘性差、储存稳定性差。

氯丁橡胶主要应用在阻燃制品、耐油制品、耐天候制品、胶黏剂等领域，各类密封制品，防腐制品等，如输油与输送腐蚀性介质的胶管、高速 V 形带、耐热运输带、化工容器衬里，密封垫圈和胶黏剂等。

表 5-5 比较了部分橡胶的耐腐蚀性能。

表 5-5　橡胶的耐化学腐蚀性能

项　　目	天然橡胶	氯丁橡胶	丁腈橡胶	乙丙橡胶	氯磺化聚乙烯橡胶	丙烯酸酯橡胶	聚氨酯橡胶	氟橡胶
盐酸	良	良	良	良	良	可	可	良
硫酸（50%）	良	良	良	良	良	可	可	良
（98%）	差	差	差	差	差	差	差	良
硝酸(5%)	差	差	差	差	可	差	差	良
铬酸(10%)	差	差	差	可	差	差	差	良
磷酸(50%)	良	良	良	—	良	良	良	良
乙酸(50%)	差	可	可	良	差	可	差	良
氢氧化钠(50%)	良	良	良	良	良	良	良	良
无机盐	良	良	良	良	良	良	良	良
耐油性	可	良	良	可	良	良	良	良
苯	差	差	差	差	差	差	差	良
醇	良	良	良	良	良	差	可	良

5.2.3　硬聚氯乙烯设备的结构设计特点

由于绝大多数高分子材料的机械强度较低，刚度不如钢材，耐热能力尚差，作为结构材料使用受到一些限制，因此塑料设备的结构和使用有自身的特点，下面以硬聚氯乙烯为例进行介绍。

聚氯乙烯容器的强度计算及稳定性计算，与金属设备所用公式完全相同，只是许用应力和安全系数的选择要根据聚氯乙烯材料的特性和具体使用条件确定。例如受内压圆筒的强度计算

$$S=\frac{pD}{2.3[\sigma]\varphi}+C \tag{5-1}$$

$$[\sigma]=\frac{\sigma'_长}{n}$$

式中　$\sigma'_长$——温度为 t℃时，材料的长期拉伸强度，MPa；

　　　n——安全系数。

由于聚氯乙烯与其他高聚物一样，都有蠕变特性，因此短期拉伸强度不能作为计算许用应力的依据，而要采用长期强度。根据经验一般为

$$\sigma'_长=\left(\frac{1}{2}\sim\frac{1}{3}\right)\sigma'_短 \tag{5-2}$$

强度随温度上升而下降，大致可按下式计算

$$\sigma_{短}^t = \sigma_{短}^{20} - 6.25(t-20) \tag{5-3}$$

其中，$\sigma_{短}^{20}$ 为 20℃时材料的短时拉伸强度，取 50MPa。

安全系数 n 值与使用温度、使用场合等很多因素有关，有人认为 30～50℃时，材料的应力集中现象比较缓和，n 取 3；<30℃时，n 取 5；工程上一般 n 取 4。

强度计算公式中的焊缝系数 φ，与使用温度、板材厚度、焊条性能、焊接接头型式、焊接水平等因素有关，高质量的焊接，焊缝系数可达 0.85～0.95 以上，但一般 φ 取 0.6。由于焊条材料通常加有增塑剂，它的耐腐蚀和抗冲击性能都不如母材，所以较为重要的设备可采用单面或双面加强焊（图 5-1）。这不仅可以提高焊缝强度，并且使焊缝得到保护。用多块板材拼焊起来的设备，焊缝应尽可能等距离错开。接管孔位置要避开焊缝。

图 5-1　单面及双面补强焊接

由于聚氯乙烯的刚度比较小，为了防止变形，顶盖和筒体结构应采取措施加强刚性。平顶盖常用的加强结构如图 5-2 所示；法兰的加强结构如图 5-3 所示。

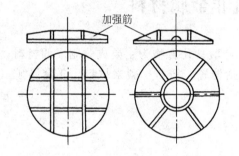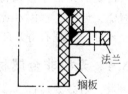

图 5-2　平顶盖加强结构

图 5-3　法兰加强结构

聚氯乙烯设备的焊缝本体以及焊缝边线的母材上，冲击强度均较低，尤其对切口非常敏感，所以设计时应避免断面的剧烈变化。筒体与平底的角焊缝连接处的加强结构，图 5-4 中的图（b）要比图（a）好。圆滑过渡的折边平底显然受力情况更为合理（图 5-5）。

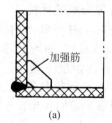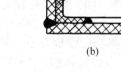

(a)　　　　(b)

图 5-4　角焊缝加强结构

图 5-5　折边平底

由于聚氯乙烯的膨胀系数很大，较高的设备其金属加强构件与塑料设备之间应该允许相对自由位移，即不能约束塑料设备的热膨胀伸缩（图 5-6）。长管道的安装，每隔一定距离要加膨胀节。

利用聚氯乙烯的热塑性特点，管道之间的连接可以采用热胀承插的结构（图 5-7），管口再施焊，或用黏结剂黏结。

聚氯乙烯的强度并不太高，不应让设备承受过大的附加载荷，例如填料塔的花板，应采用单独的支柱，将重量直接作用在基础上（图5-8）。

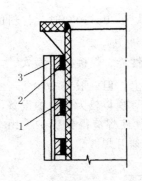

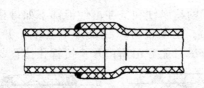

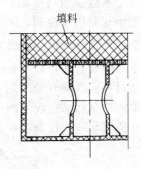

图 5-6 鸟笼式加强结构
1—环向扁钢加强圈；2—橡胶；
3—纵向角钢加强筋

图 5-7 热胀承插结构

图 5-8 填料塔花板支承结构

5.3 耐腐蚀无机非金属材料

传统的无机非金属材料主要是指由 SiO_2 及其硅酸盐化合物为主要成分制成的材料，包括陶瓷、玻璃、水泥和耐火材料等；此外，还包括搪瓷、铸石、碳素材料、非金属矿（石棉、云母、大理石等）等。

5.3.1 无机非金属材料的耐腐蚀特性

（1）耐腐蚀特性

无机非金属材料有良好的耐蚀性，它们在腐蚀性介质中的腐蚀属于化学作用或伴随着物理机械作用而引起的破坏，其耐蚀能力与材料的化学成分、矿物学组成、孔隙、结构类型（无定形或结晶形）、高温下材料性质的变异以及腐蚀介质的性质等有关。

常用化工陶瓷（包括玻璃、搪瓷）的化学组成主要是各类硅酸盐，其中含有大量 SiO_2（以游离态或结合态的硅酸盐形式存在）和 Al_2O_3 的属于耐酸材料。含有大量碱性氧化物（如 CaO、MgO 等）的材料，例如一般建筑用的硅酸盐水泥、石灰石等为耐碱材料。

一般 SiO_2 的含量愈大，其耐酸性愈高，当 SiO_2 含量小于 55% 时，材料就不耐蚀了。但也有例外，例如具有结晶结构的辉绿岩仅含 50% SiO_2，其耐酸性却很高。而一般建筑用的红砖含 60%～80% SiO_2，却没有足够的耐蚀性。如果将红砖在更高的温度下煅烧，生成黏结的坯质-硅线石（$Al_2O_3 \cdot 2SiO_2$）和漠来石（$3Al_2O_3 \cdot 2SiO_2$），则有很高的耐蚀性。这说明了材料的结构及矿物组成对其耐蚀性的影响与化学成分有着同等重要的作用。

硅酸盐材料对于大多数无机酸都很稳定，但不耐氢氟酸、300℃ 以上的磷酸、苛性碱溶液，因为在这些介质中，SiO_2 都要溶解。结晶的 SiO_2（石英）却有较好的抗碱能力。

陶瓷中的 SiO_2 受氢氟酸或者氟化物作用。可以生成挥发性的氟化物

$$SiO_2 + 4HF \longrightarrow SiF_4 \uparrow + 2H_2O$$

与碱作用生成可溶性硅酸盐

$$SiO_2 + 2NaOH \longrightarrow Na_2SiO_3 + H_2O$$

硅酸盐材料中另一主要组分 Al_2O_3，当在游离状态或与 SiO_2 结合的某些化合物状态

（如高岭石 $Al_2O_3 \cdot 2SiO_2 \cdot 2H_2O$）时，容易被无机酸和碱溶液溶解。但经高温煅烧后的结晶型 Al_2O_3 能够抵抗较高温度下的酸或碱的腐蚀作用。

孔隙的存在会使材料耐蚀性降低，这是因为材料受腐蚀介质作用的面积增大了。如果在孔隙中生成体积增大的化合物时，还会由于产生内应力而使材料胀裂。例如，水泥与硫酸或硫酸盐作用生成硫酸钙，硫酸钙与水泥中的三钙铝酸盐进一步生成钙硫铝酸盐

$$3CaO \cdot Al_2O_3 + 3CaSO_4 + 30H_2O \longrightarrow 3CaO \cdot Al_2O_3 \cdot 3CaSO_4 \cdot 30H_2O$$

这时体积增大约 2.5 倍，致使水泥发生机械性破裂。若在孔隙中生成不溶性的腐蚀产物，则能阻滞介质进一步对材料的腐蚀作用，如水玻璃耐酸胶泥的酸化处理就是一例。开口的孔隙要是彼此连通，介质会穿过材料渗出，尤其当用作砖板衬里材料时，渗出的介质会强烈腐蚀基体金属。

除氢氟酸与高温磷酸外，硅酸盐材料在酸中的腐蚀速率几乎与酸的种类无关。而主要取决于酸的电离度和黏度。当升高温度或降低浓度都会使介质的离解度增大、黏度减小，从而加速了腐蚀作用。

典型的工程陶瓷 SiC 及 Si_3N_4 对 HCl、HNO_3、H_2SO_4、H_3PO_4 等酸性介质具有良好的耐蚀性。同样也会被 HF 和 NaOH 腐蚀，其原因主要是 SiC 及 Si_3N_4 烧结体中的少量 SiO_2，优先沿晶界被腐蚀掉。

（2）特性指标

评定无机非金属材料优劣的主要指标有力学性能、物理性能、孔隙率和化学稳定性等。这里只介绍与金属材料性能评价有较大差异的几种特性指标。

① 孔隙率和吸水率　孔隙对材料的化学稳定性和耐热冲击性能有很大影响，所以是无机材料的重要特性指标。材料中的孔隙体积与材料总体积之比，即为材料的孔隙率（以％表示）。其孔隙包括了材料中的全部开口及闭口气孔，因此这种孔隙率常称为真孔率。如果只计与大气连通的开口气孔，则称为显孔率。

吸水率是指材料在吸水前后的质量之差与原来质量之比

$$W = \frac{G_1 - G_0}{G_0} \times 100\% \tag{5-4}$$

式中　W——吸水率，％；

$\quad\quad G_0$——干试件的质量；

$\quad\quad G_1$——试件被水饱和后的质量。

② 不渗透性　不渗透性是材料抵抗液体或气体渗透的性能。通常将试件夹持在不渗性测试器中进行测定，试件一面与压力空间连通，另一面接触大气。用水或腐蚀性溶液注满压力空间，施以一定压力，在一定时间内如果试件大气侧无明显泄漏或液滴，则可认为材料是不渗透的。如果发生渗漏，即使材料不被腐蚀也不能使用。

③ 耐热冲击性能　耐热冲击性能是反映材料承受温度剧变能力的指标，常以抗热冲击系数 B 表示：

$$B = \frac{\sigma_b(1-\mu)}{E\alpha}\lambda C \tag{5-5}$$

式中　σ_b、E、μ——抗拉强度、弹性模量和泊松比；

$\quad\quad \lambda$、α——导热系数、线膨胀系数；

$\quad\quad C$——形状系数。

由于大多数无机材料的不均一性，上述的力学与物理量数据很分散，因此计算值往往很难反映材料真实的耐热冲击性能，一般直接通过实验确定。其方法是将试件加热到一定温度，然后置于流动的水或空气中急冷，以重复热变换直至出现裂纹时的次数或经过一定次数

的热变换后机械强度降至某一规定值来表示。

④ 耐酸度　无机材料常以耐酸度（或耐碱度）来表示其耐蚀性。试验方法有粉状试样和块状试件两种，试验最好针对给定的酸类进行，并且试验温度应略高于使用温度。耐酸度以下式表示：

$$K = \frac{g_2}{g_1} \times 100\% \tag{5-6}$$

式中　K——耐酸度，%；

　　　g_1——试验前材料的质量；

　　　g_2——试验后材料的质量。

耐碱度试验的介质通常采用 20%NaOH。

5.3.2　耐腐蚀硅酸盐材料

（1）化工陶瓷

化工陶瓷的主要原料是黏土、瘠性材料和助熔剂，经高温焙烧，形成表面光滑、断面细密的材料，具有一定的不透性、耐热性和机械强度。

化工陶瓷的主要成分是 60%～70%SiO_2 和 20%～30%Al_2O_3，只含少量碱金属氧化物如 K_2O 和 Na_2O 等，因此具有优良的耐蚀性，除了氢氟酸、硅氟酸、热的磷酸和浓碱外，几乎能耐任何化工介质，包括热浓硝酸、硫酸、盐酸、王水、盐溶液和有机溶剂等。化工陶瓷导热性差，热膨胀系数较大，受撞击或温差急变而易破裂。

化工陶瓷主要用来制造接触强腐蚀介质的塔器、储槽、泵、风机、管道、管件、防腐蚀砖板衬里等。

（2）玻璃

普通玻璃中除了 SiO_2 外还含有较多量的碱金属氧化物（K_2O、Na_2O），因此化学稳定性和热稳定性都较差，不适合化工使用。化工中使用的是石英玻璃、高硅氧玻璃和硼硅酸盐玻璃。

① 石英玻璃　主要成分是高纯 SiO_2，线膨胀系数极小，耐热性极高，通常使用温度达 1100～1200℃。具有良好的耐蚀性，除了氢氟酸和热磷酸外，在任何温度下可以耐受任何浓度的无机酸和有机酸的腐蚀，因此石英玻璃是优良的耐酸材料。但是，石英玻璃对碱性介质会生成可溶性硅酸盐，耐蚀性能不好，因此不能用于强碱介质。由于熔制困难，成本高，主要用于制作实验室仪器以及高纯物料提纯设备。

② 高硅氧玻璃　含有 95%SiO_2，具有石英玻璃的许多特性，线膨胀系数小，耐热性高，通常使用温度达 800℃，具有与石英玻璃相似的良好耐蚀性。制作工艺和成本高于普通玻璃，但低于石英玻璃，因此是石英玻璃优良的替代品。

③ 硼硅酸盐玻璃　通常又称为耐热玻璃或硬质玻璃。含有 79%SiO_2，添加的主要是 12%～14%B_2O_3，只含有少量的 Al_2O_3 和 Na_2O，氧化硼提高了玻璃的制作工艺性和使用中的化学稳定性，使用温度为 160℃，具有与石英玻璃相似的良好耐蚀性。它是目前主要使用的化工玻璃，用于制作实验室玻璃仪器，化工中制作蒸馏塔、吸收塔、泵、换热器和管道、法兰、阀门等，尤其是在盐酸、氯气和某些有机介质（例如苯酚、氯化苯、冰醋酸、农药）生产中使用。

（3）花岗石

花岗石是天然石材，其中含有 70%～75%的 SiO_2，含有 15%左右的 Al_2O_3 和 10%左右的碱金属氧化物（K_2O、Na_2O），主要的矿相是长石和石英、少量的矿相有云母和磁铁矿。由于含有大量二氧化硅且质地致密，花岗岩在浓的硫酸、硝酸和盐酸中具有良好耐蚀性，耐碱性也较好，但不耐氢氟酸和高温磷酸的侵蚀。

花岗石在化工防腐蚀中常常用于修筑盐酸、硝酸的处理槽、储槽、吸收塔、电解池以及制造碘、溴的装置，并可砌作耐酸的地坪、沟槽和基底等等。使用中应当注意，产地不同的花岗石，其性能有较大差异。

（4）铸石

铸石是用玄武岩、辉绿岩及某些工业渣进行配料熔化、铸造成型的人工石材。其中含有约 50% 的 SiO_2 和 15% 左右的 Al_2O_3，其余是碱金属和铁氧化物。

铸石在浓的硫酸、硝酸和盐酸中有高度的稳定性，耐碱性也很好，但不耐氢氟酸和高温磷酸的侵蚀；铸石还具有极高的耐磨性，可以承受剧烈的磨损。

铸石的使用范围与花岗石类似，但由于铸石可铸造制备为型材（例如板、管、异型材等），因此衬砌施工比花岗石方便。

（5）化工搪瓷

化工搪瓷制备是在钢铁坯体表面涂搪 SiO_2 含量较高的瓷釉，经 900℃ 左右高温煅烧使之与金属表面密着，形成致密耐腐蚀的玻璃质薄层（厚度在 1mm 左右）。

化工搪瓷具有优良的耐腐蚀性能、力学性能和电绝缘性能，但易碎裂，使用温度为 −30～300℃。耐有机酸、无机酸、有机溶剂及 pH 值小于或等于 12 的碱溶液，但对强碱、HF 及温度大于 180℃、含量大于 30% 的磷酸不适用；光滑的玻璃面对介质不黏且容易清洗。搪瓷设备主要有反应釜、储罐、换热器、蒸发器、塔和阀门等。

5.3.3　化工陶瓷设备的结构设计特点

化工陶瓷的强度比较低，目前大多只是用来制作常压或压力较低的设备。陶瓷设备的强度设计远没有金属材料的成熟，因为陶瓷材料的力学性能随着晶体结构的组成、分布以及气孔率的不同，数据很分散，在选用一些手册上的数据时要慎重处理。

为了保证坯体在干燥和烧成过程中能够自由伸缩，容器的壳体最好设计成圆筒形或球形。虽然烧成后的陶瓷制品的刚度比相同厚度的金属高，但考虑泥坯在成型和干燥时可能由于自重而下塌，尤其是大尺寸的设备，所以器壁不能过薄。常压圆筒设备的壁厚可按下面经验公式确定

$$S = K\sqrt{D_b} \tag{5-7}$$

式中　S——圆筒壁厚，mm；

　　　D_b——圆筒内径，mm；

　　　K——系数，当 $D_b \geq 500$mm 时，$K = 1～1.2$；

　　　　　　　$D_b < 500$mm 时，$K = 0.8～1$。

根据目前的制造水平，一般制品的直径不大于 1.2m，高度不超过 1.5m。

为了使设备内介质易于排净，设备的底可设计成碟形、半球形，也可以采用平底（图 5-9），但平底的厚度应比筒体壁厚大 5～10mm，且底与筒体连接的内、外转角的圆角半径要大于壁厚的 1/3。

陶瓷设备的顶盖一般采用碟形、椭圆形或半球形，不宜设计成平板形，因为平板在干燥和烧成时易塌陷变形。

设备支座应尽可能设计成裙式支座（图 5-10），裙式支座的四周，为便于制造、干燥及烧成，根据设备直径大小应开设 6～8 个透气孔。若不便采用裙式支座时，则可采用凸圈式支承（图 5-11）。

由于陶瓷的抗压强度远大于抗拉强度，所以陶瓷真空过滤器用的陶瓷滤板，特别是真空

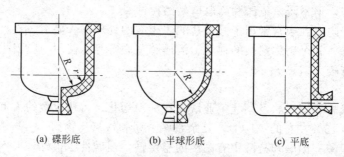

(a) 碟形底　　　　　(b) 半球形底　　　　　(c) 平底

图 5-9　圆筒体与底连接的结构形式

度较高下操作的滤板，应设计成拱形的（图 5-12），使其承受压应力。

化工陶瓷的抗拉强度、抗弯强度都比较低，设备接管的连接、管道的连接或塔节之间的连接，一般采用承插结构，如图 5-13、图 5-14 所示。受内压设备可采用金属活套法兰连接，如图 5-15 所示，法兰端面开有 1～2 条密封线，接触面应经磨削加工。

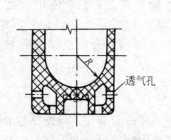

图 5-10　裙式支座结构

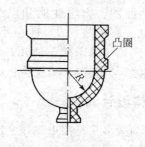

图 5-11　凸圈式支承结构

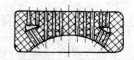

图 5-12　圆拱形滤板

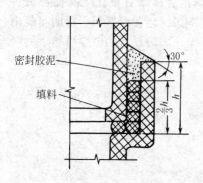

图 5-13　承插式连接结构

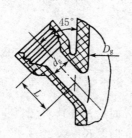

图 5-14　承插式设备接
管连接结构

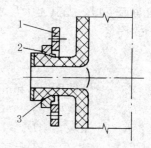

图 5-15　设备接管活套
法兰连接

1—金属法兰；2—剖分环；3—垫片

输送热介质的管道应设置热补偿装置，图 5-16 是一种热补偿结构。对于高温设备，例如碳化硅高温换热器，虽然碳化硅热膨胀系数很小，但从室温升到 1000℃以上，温差非常大，为了保证设备运行的可靠性，必须设计合理的热补偿装置。图 5-17 是列管式碳化硅高温换热器典型的高温热补偿结构，管板采用六方陶瓷元件拼合而成，它保证了每一根管子都可以单独自由浮动，管子与六方元件之间加有密封垫，依靠弹性元件压紧。

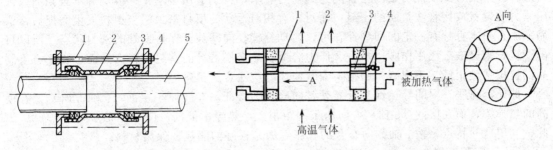

图 5-16　陶瓷管道热补偿结构　　　　　图 5-17　列管式碳化硅高温换热器示意图
1—螺栓、螺母；2—陶瓷套管；3—填料；　　　1—耐高温密封垫；2—碳化硅换热管；
4—铸铁压盖；5—陶瓷管　　　　　　　　3—陶瓷六方元件拼合的管板；4—弹性元件

5.4　碳-石墨

　　碳的同素异形体中，无定形碳和石墨的成品通称碳素制品，它们的制造方法类似陶瓷。由于碳-石墨制品具有一系列优良的物理、化学性能，而被广泛应用于冶金、机电、化工、原子能和航空等工业部门。随着原料和制造工艺的不同，可以获得各种不同性能的碳素制品。用作化工设备的不透性石墨，主要利用了石墨的高导热性和耐腐蚀的特性；化工机械零件所用的碳制品，则是利用了碳素材料的耐磨和耐蚀的特点。为了满足航空、宇航的需要而首先开发出的许多新型碳素材料、碳纤维及其复合材料等的应用，无疑将逐步扩大到国民经济的各个领域中。因此，当前碳素材料已成为重要的工程材料之一。

5.4.1　碳-石墨的种类与制造

　　根据来源不同，石墨主要分为天然石墨和人造石墨。根据石墨的结晶状态，国际上将天然石墨又分为鳞片状、块状和无定型石墨，而中国分类中将鳞片状和块状石墨统称为晶质石墨，无定型石墨称为土状石墨。下面介绍几种常见的石墨。

　　① 天然石墨　由含大量有机质的沉积岩或煤层、含碳气体，在地壳中受一定的高温和压力作用，逐步经热力变质而形成的。天然石墨常与其他矿石共生，含灰分较高，一般需经浮选精制。

　　② 膨胀石墨　膨胀石墨是以天然鳞片石墨为原料，经过净化处理后浸入酸化液中加热至 100℃，使石墨粒子充分被酸液润湿，用水洗净后置于加热炉中，升温至 1000℃ 左右，使进入石墨粒层间的硫酸氢基（—SO$_4$H）和水分等发生爆发性的分解、气化，造成石墨层间急剧膨胀，沿晶体 c 轴方向的距离可比原来扩大 100～300 倍，最后得到外观呈蠕虫状的石墨粒子，再用一般模压、辊压或冲压的方法制成各种形状和规格的制品。这种石墨制品质地柔软、有挠性，故又称柔性石墨或可挠性石墨。所用的酸化液一般采用 90%（体积）的浓 H$_2$SO$_4$（95%～98%）和 10%（体积）的浓 HNO$_3$（52.8%）。

　　膨胀石墨是 20 世纪 60 年代初期由美国联合碳化物公司发明的，最初因价格昂贵使用不普遍。到了 20 世纪 70 年代后，随着原子能工业和石油化工等行业对防止介质泄漏的要求越来越严格，膨胀石墨作为一种新型密封材料的应用得到了迅速的发展。

　　膨胀石墨既保持了普通石墨的优良热稳定性、高热导率和耐蚀等特性，同时又具有独特的可压缩性和回弹性。利用它的可压缩性，当用作密封垫片和填料时，能够保证与密封面紧密贴合，并且只要较低的紧固力就能达到密封要求，特别适用于陶瓷、玻璃等不宜施加太大压紧力的设备或接管法兰面的密封；而对于有相对运动的填料密封，当填料发生磨损后，依靠膨胀石墨本身具有一定的回弹性，可以自动补偿径向间隙而保持良好的密封状态。所以目前膨胀石墨已被广泛用作阀门、泵、压力容器、热交换器等的密封材料。然而，膨胀石墨制品的抗拉强度很低，不耐磨粒磨损，安装使用时应注意避免碰碎。

此外，膨胀石墨的导热性具有显著各向异性的特征，在碳原子层面（a 轴方向）上有很高的热导率，而在层间（c 轴）方向由于间距很大，热导率很低，仅为平面方向的 1/28。因此，利用这一特点，按 c 轴方向叠合的膨胀石墨是很好的隔热、保温材料。

③ 人工碳-石墨制品　以无烟煤、焦炭或石油焦为原料，粉碎后加煤焦油及沥青混捏，经挤压或压模成型后，于电炉中隔绝空气焙烧。在 800～1300℃下焙烧约 200～250h 左右得到的是无定形碳材料。如果再在 2400～2800℃高温下焙烧，使碳晶体化（一般称石墨化处理，不经过石墨化处理的制品不具备石墨性能），最后获得石墨。目前工业中大多采用人工石墨。

碳-石墨在高温焙烧时有大量挥发物逸出，致使形成很多微细的孔隙，气孔率高达 20%～30%左右。这不仅影响它的机械强度，并且在有压力的条件下介质会渗透出来。因此除了某些特殊用途（如用作过滤器）外，一般制品都要经适当方法填密孔隙，使它成为不透性碳或石墨。碳素制品的生产流程见图 5-18。

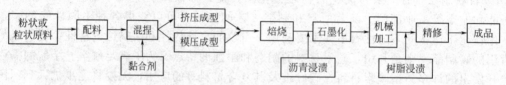

图 5-18　碳素制品生产工艺流程

④ 不透性石墨　由于通孔结构对气体和液体有很强的渗透性，碳-石墨的孔隙一般采用浸渍方法填塞成为不透性。它是将已经成型（板材、块材、管材等）的碳-石墨浸于浸渍剂中，使浸渍剂渗入碳-石墨孔隙，经热处理固化而成为不透性。常用的浸渍剂有合成树脂、水玻璃或低熔点金属。浸渍剂不同，浸渍工艺条件就不同，但方法基本类似。

以最常用的酚醛树脂浸渍制品为例，不透性石墨的浸渍过程如下：将焙烧后的碳-石墨坯件或已加工的制品装在压力釜中，先抽真空到 80～93kPa，使孔隙中的空气逸出，然后在真空下抽入浸渍剂，保持 30～60min。再通压缩空气，在 0.5MPa 下保持 2～6h，使树脂渗入石墨孔隙。浸渍后取出制品，将表面清理干净，置于空气中自然干燥 2 天。常温下进行较长时间的干燥，能减轻起泡和溢流现象。最后在压力釜中，保持 0.5MPa 压力下，由常温缓慢升温至 130℃，保温 9～10h，使树脂固化。浸渍用的树脂黏度应该比较低，浸渍次数视工件大小及需要而定，一般 2～3 次。

此外，还有直接用石墨粉和黏结剂混合后，经压制或浇注成型再固化得到的压型不透性石墨和浇注石墨制品。压型石墨制造的热交换器管子、管件、管板、泡罩、密封环等零件，与浸渍类石墨比较，虽然制造方法简单、成本低，但机械强度较低，导热性有所下降。

浇注石墨主要用于制造形状比较复杂的制品，如管件、泵壳等。为了保证浇注时具有良好的流动性，树脂含量一般均在 50%以上，因此制品的导热性差，亦较脆，目前工业上用得不多。

⑤ 碳纤维及其复合材料　普通碳-石墨制品的脆性是碳素材料的最大弱点，多年来人们为提高碳素制品的可挠性和机械强度进行了广泛深入的研究。从 20 世纪 60 年代初期开始发展起来的碳纤维及其复合材料，由于具有很高的比强度、比刚度等优异特性，在工程应用上

越来越受到重视。

碳纤维系采用天然纤维或人造纤维在一定条件下经加工和碳化而成。如果用来制造复合材料，则碳纤维还要经过一系列表面处理。

由于聚丙烯腈合成纤维含碳量高，工业上普遍用它作原料。原料丝首先利用一般纺织机械将纤维丝束整成卷，或拉成无纬布。为了提高碳纤维的强度和弹性模量，常常在碳化之前先经预氧化（预氧化是在预氧化炉中于 210～230℃恒温下进行的，可以加速聚丙烯腈分子形成环链的芳香结构，使分子间牢固地结合在一起），然后在非氧化性气氛中于 1000～1100℃的高温下进行碳化。如果最终希望得到石墨化纤维，则需进一步在 2500～3000℃下经过石墨化处理。

与普通碳-石墨制品一样，碳纤维具有优良的耐热和耐腐蚀性能，但导热性却保持了原料纤维的特点，比较低。因此，常将碳纤维织成碳布或碳毡用作感应炉和电阻炉的热屏蔽材料。石墨化的纤维则有较高的热导率，作为发热元件可以在真空或惰性气体炉内用到 2500℃。石墨化纤维编织成石墨纱经聚四氟乙烯浸渍后，用于输送腐蚀性介质的化工泵的填料密封，不仅有良好的密封性，而且使用寿命长。

实际上，碳（石墨）纤维在工业上应用更广泛的是利用它们的高比强度和高比刚度（弹性模量/密度）的特性而制成的各种复合材料制品。表 5-6 列出了碳纤维与其他材料的力学性能比较。

表 5-6　碳纤维与其他材料的力学性能比较

材料 ＼ 性能	密度 /(g/cm³)	强度 /GPa	弹性模量 /GPa	比强度 /($\times 10^3$ cm)	比刚度 /($\times 10^6$ cm)
碳纤维	1.7～1.9	2.1～3.2	200～370	11.6～17.8	1.1～2.0
硼纤维	2.5	2.8	420	11.2	1.7
E 玻璃纤维	2.5	3.5	65	14.2	0.25
棉纤维	1.55	0.49	4.2	3.2	0.027
钢丝	7.8	2.8～4.2	210	3.6～5.5	0.27
钢（板）	7.8	1.0	210	1.3	0.27
铝合金（板）	2.8	0.47	76	1.7	0.26
钛合金（板）	4.5	0.96	114	2.1	0.25

碳纤维复合材料有碳纤维/树脂、碳纤维/金属、碳纤维/碳等各种制品，其中以碳纤维增强树脂的复合材料应用最多。从表上可以看出，玻璃纤维的比强度与碳纤维差不多，但比刚度却低很多，所以碳纤维/树脂复合材料比玻璃钢有更优越的性能。目前碳纤维复合材料在航空工业上已得到广泛应用，在汽车工业、原子能工业中亦逐步扩大使用范围。利用这种材料的高比强度、高比刚度和优异的耐蚀性而用作化工机械的高速回转件（如离心机转鼓、泵的叶轮或压力容器等）无疑具有很好的应用前景。

5.4.2　碳-石墨的性能与应用

（1）碳-石墨的性能

石墨是碳元素结晶矿物，碳原子排列成带褶皱的六方网状层，层间距为 0.34nm，同层中碳原子间距为 0.142nm；属六方晶系，晶体结构具有明显的各向异性，有完整的层状解理。由于石墨层面上碳原子以较强的共价键连接，而层面间以较弱的分子间力连接，所以石墨具有断裂性和可压缩性，受外力作用时，极易沿层面方向滑移。石墨材料呈银灰色，有金属光泽，密度随种类、所用原料及制作工艺而不同，相对密度为 1.9～2.3。由于碳-石墨的晶粒很细，同时又存在大量气孔（孔隙率为 20%～25%），因此它们热膨胀系数很小〔（线膨胀系数为 (0.5～4.0)×10⁻⁶/℃〕。碳-石墨的这种高导热性和低热膨胀系数的特性，赋于它们的制品优良的耐热冲击性能，能耐骤热、骤冷的温度急剧变化，操作时即使有很大的温差波动都不会引起炸裂。炭石墨的分类和型号可参考标准《炭石墨 产品分类及型号编制方法 JB/T 9580—2008》。

石墨性脆、质轻、耐高温，硬度不高，易于加工与研磨，力学性能依赖其结构和工艺条件，随密度的增大而增加。大量试验结果表明石墨材料力学性能中抗压强度比抗弯强度高 1 倍左右，而抗弯强度又比抗拉强度高 1 倍左右，所以一般石墨制品只测抗压强度。测定力学性能时应注意试件的方向性。石墨的比热容为 711kJ/(kg·K)，熔点为 3700℃，空气中使用温度为 400℃，超过 500℃开始氧化，在 3000℃以下的还原性和中性介质中热稳定性很高。石墨的热导率与电阻率之积为一常数，与石墨化程度有关，石墨化程度越高，电阻率越低，热导率越高。石墨由于具有好的化学稳定性（室温下在除强氧化性物质和强碱及氟、溴卤素外的所有化学介质中稳定，包括沸点的盐酸、稀硫酸、氢氟酸、磷酸、碱液、有机溶剂等，大气中也很稳定），广泛用作防腐蚀的结构材料。

经过浸渍处理的不透性碳-石墨，由于填密了孔隙，机械强度有显著的提高。而化学稳定性与耐热性则是碳-石墨和浸渍材料两者的综合反映。一般浸渍剂的性能都不如碳-石墨，故碳-石墨的耐蚀和耐热性实际上取决于浸渍剂。例如酚醛树脂浸渍的石墨不能用于碱溶液，最高使用温度不能超过 170℃。浸渍后的碳-石墨的导热性和热膨胀系数与浸渍前比较变化不大，因为碳-石墨基本骨架中的碳微粒仍然保持紧密接触。但压型和浇注类石墨的情况就不同了，它们的石墨微粒是被浸渍剂包裹，彼此并不直接接触，所以导热性有明显的下降，而热膨胀系数增高。几种国产碳-石墨的力学物理性能见表 5-7。

表 5-7 几种碳-石墨的力学物理性能

性能 \ 材料	未浸渍石墨	酚醛浸渍机械用碳	铝浸渍的机械用碳	酚醛浸渍石墨	酚醛压型石墨	300℃碳化压型石墨
密度/g/cm³	1.4～1.6	1.7～1.9	2.1	1.8～1.9	1.8～1.9	1.9
抗拉强度/MPa	3.5	—	—	20	16	14
抗弯强度/MPa	22	50～60	130～170	45	45	40
抗压强度/MPa	35	100～130	300～350	90	66	69
线膨胀系数/(1/℃×10⁻⁶)	2	6.5	8	4.4	25	8.5
导热系数/(W/m·K)	128			128	32	116
最高使用温度/℃	400	170	400	170	170	300

（2）碳-石墨的应用

碳-石墨具有耐腐蚀性优良、导热和导电性能好、耐磨、热膨胀系数小、耐温差急变性好、表面不易结垢、机械强度根据结构和工艺条件可调、机加工性能好、质轻、使用方便等优点，在化工设备中应用较广，如图 5-19 所示。按功能，石墨制设备可以分为以下几类：传热设备［两种介质间壁式换热，如列管类、块（板）类石墨热交换器，适用于单向或双向腐蚀性介质］、传质设备［吸收、蒸发、冷凝、解析、洗涤、精馏等过程，列管类块（板）类，如石墨吸收器、蒸发器、冷凝器、石墨填料塔、泡罩塔、筛板塔、精馏塔、脱析塔、解析塔、洗涤塔、列管及块孔式硫酸稀释冷却器、石墨制文氏管等，多数传质设备伴有换热功能］、反应设备（合成、反应、燃烧、混合等过程，如石墨 HCl 合成炉、石墨三合一盐酸合成炉、P_2O_5 水合塔、HCl 气吸收器）、分离设备（液液分离或固液分离，如刮板式石墨薄膜干燥机，通常需配动力装置）、传输、干燥设备（腐蚀性介质传输及干燥，如石墨泵、石墨管道及附件、蒸发干燥床）、衬里材料（石墨砖板隔离防腐蚀）、密封材料（密封环、滑动轴承）、电极等。

不透性石墨在盐酸、氯碱生产中应用最多，也用于次氯酸钠、磷酸、乙酸以及农药生产中。不透性石墨常用来制造热交换器、吸收塔、盐酸合成炉、离心泵、管子、管件和旋塞等，其中以热交换器的应用最广，石墨热交换器有列管式、喷淋式、块孔式、板室式等多种。

固定列管式热交换器结构简单，适用于 60℃以下且温差不大的场合。

浮头式列管热交换器一般用于腐蚀介质的单相换热。用作冷却器时，冷却介质压力应≤

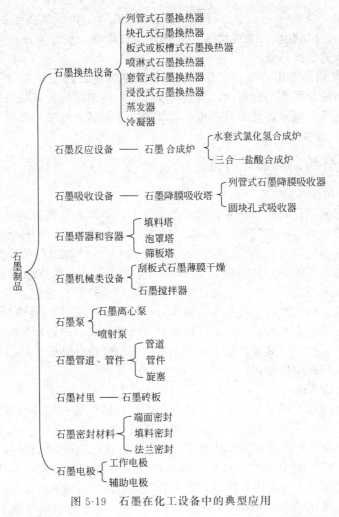

图 5-19　石墨在化工设备中的典型应用

0.3MPa，最低温度为 −30℃，最大温差为 150℃；用于加热器、蒸发器时，蒸汽压力≤0.2MPa，使用温度为 −30～120℃。

　　块孔式石墨换热器由不透性石墨块、侧盖、顶盖及紧固拉杆等元件组成。在石墨块的两个侧面上，分别钻有平面平行或异面相交叉而又不贯通的小孔，借助交叉孔间形成的石墨壁进行两种流体的热量交换。这种换热器适用于两种流体都是腐蚀性介质的换热，使用压力＜0.7MPa，使用温度≤170℃。圆块孔式石墨换热器由柱形不渗透性石墨换热块、石墨上下盖和其间的氟橡胶（或柔性石墨）O 形圈及金属外壳、压盖等组装而成，设备结构度高、耐温耐压性强、抗热冲击性好、体积利用率高、传热效果好并便于装拆检修，是目前较先进、性能较优越的一种石墨换热器。圆柱形石墨换热块有较高的强度，容易解决密封问题（O 形圈密封介质，作为热胀冷缩自动补偿的加装压力弹簧起到密封保持作用）；采用短通道提高紊流程度；纵向孔走腐蚀性介质，横向孔走非腐蚀性介质。

　　浸渍树脂的不透性石墨由于受树脂耐热性的限制，最高使用温度为 180℃左右。浸金属（如 Cu、Al、Pb、Sb、巴氏合金）的石墨虽然可适当提高温度，但耐蚀性又有一定局限性。为了满足高温又耐蚀的要求，发展了一种在石墨的孔隙中用炭素或含炭率高的物质填充的制品。它是用沥青或沥青和氧化剂的混合物浸渍后，经加热使浸渍物炭化；或将石墨置于甲烷、丙烷、一氧化碳等气体中加热，使碳的微粒在石墨孔隙中析出并附着；也有将石墨制品用聚四氟乙烯等有机聚合物浸渍，再加热碳化填密孔隙。这样处理后的石墨能耐 300～

1000℃左右的高温。此外还有以压型石墨碳化后使用的，如酚醛压型石墨碳化管，可耐300℃的温度，并且比碳化前导热性增高、热膨胀系数降低，但强度比较低，一般用作操作温度较高而压力较低的换热管。

碳-石墨在化工机器上用得最多的是密封环和滑动轴承，这主要是利用了石墨具有的自润滑减摩特性。石墨化程度高的制品，质软、强度低，一般适用于轻载条件。对于重载的摩擦副，如机械密封环，通常都使用石墨化程度低的碳质制品，此时主要以其高的硬度和强度显示碳-石墨耐磨的特性。

5.4.3　石墨设备的结构设计特点

（1）石墨设备的选型

根据化工生产的工艺条件和任务，综合考虑效率、维修、管理和成本等因素，参考相关经验，确定设备的合理结构和规格，如：处理量较大、物料中含有固体颗粒或要求阻力损失小的换热器，宜选用列管式；操作温度在100℃以下冷却、冷凝过程的换热器，宜选用浮头列管式，而温度降至40℃以下时，还可以用固定管板列管式；操作中有强烈振动或冲击场合的换热器、操作压力在0.3MPa以上且处理量不大的换热器、操作温度在120℃以上的加热器、再沸器、蒸发器，宜选用块孔式，而压力在0.5MPa以上的换热器宜选用圆块孔式；处理量较小且对传热效率要求较高的小型换热器宜用套管式，而处理量较大且综合利用污水作冷却介质的换热器宜用喷淋式；对干净、不易堵塞的腐蚀性介质传热过程且不需要经常清理的换热器可用块孔式或板槽式。

（2）石墨设备的选材

根据石墨设备的服役环境和工况特点选择合适的材料，材料的评价标准有：《不透性石墨材料试验方法　第1部分：力学性能试验方法总则 GB/T 13465.1—2014》《不透性石墨材料试验方法　第2部分：抗弯强度 GB/T 13465.2—2014》《不透性石墨材料试验方法　第3部分：抗压强度 GB/T 13465.3—2014》《不透性石墨材料试验方法　第4部分：冲击强度 GB/T 13465.4—2014》《不透性石墨酚醛黏结剂收缩率试验方法 GB/T 13465.5—2009》《不透性石墨管水压爆破试验方法 GB/T 13465.6—2009》《不透性石墨增重率和填孔率试验方法 GB/T 13465.7—2009》《不透性石墨黏结剂黏接剪切强度试验方法 GB/T 13465.8—2009》《不透性石墨黏结剂粘接抗拉强度试验方法 GB/T 13465.9—2009》等。

（3）石墨设备的结构设计要素

石墨制设备由于与流体接触，大部分将承受内压或外压。与金属设备一样，石墨设备依据承受的压力不同分为常压容器和压力容器，设计应按《石墨制化工设备技术条件 HG/T 2370—2005》《石墨制压力容器 GB/T 21432—2008》《非金属压力容器安全技术监察规程 TSG R0001—2004》等标准规范执行，壳体、法兰、钢制零件应符合《压力容器 GB150.1～4—2011》，焊接应符合《气焊、焊条电弧焊、气体保护焊和高能束焊的推荐坡口 GB/T 985.1—2008》，设备防腐漆应符合《压力容器涂敷与运输包装 JB/T 4711—2003》。由于石墨是脆性材料，对其进行强度计算时采用第一强度理论，以最大主应力不超过材料由抗拉、抗弯或抗压强度极限所决定的许用应力值进行判断，一般选取9～10的较大安全系数。另外，需要根据设计任务，选择合适方程进行传热和流体阻力计算。由于浸渍石墨的抗压强度较高，设计时尽量使该材料处于受压状态，尽量避免承受拉应力和弯曲应力，而且在受力部位避免表面形状急剧变化，防止应力集中。相对较低的强度导致石墨材料在温差变化较大的场合需要考虑自动补偿措施。不透性石墨设备的性能主要依赖与之匹配的树脂等成分，设计时有一定的选择余地，需要注意以下问题。

① 石墨的机加工　石墨有很好的机械加工性能，可以车、锯、刨和钻孔。

② 石墨部件的连接　石墨的熔点高，不能焊接；一般采用机加工为板、块孔、管、条等进行黏结组合，或者采用螺纹与胶黏剂并用的连接结构。

由于不透性石墨材料的制造类似粉末冶金，因此尺寸较大的设备，如连有接管的容器筒体，不可能像化工陶瓷那样一次塑制成型。虽然也可以采用浇注、模压成型，但形状较为复杂的难以保证质量。石墨的熔点高，不能焊接，但有很好的机械加工性能，可以车、锯、刨和钻孔。石墨材料的这些特点，决定了石墨设备和零部件的结构，大多采用平板、块、管、条等进行黏结组合。平板的胶黏结构见图 5-20；多层平板胶结时，胶结缝要错开，常用 60°胶结缝交错，见图 5-21。设备上的接管与筒体的连接通常也用胶结的方法，见图 5-22；有时为了提高密封的可靠性，采用螺纹与胶黏剂并用的连接结构，见图 5-23。由于石墨性脆，不要车制细牙螺纹。设备的筒体与筒体之间的胶结结构，见图 5-24。热交换器的管子与管板连接，采用锥形胶黏结构，具有较高的黏结强度，气密性亦好，装配方便，见图 5-25。

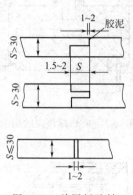

图 5-20　单层板胶结

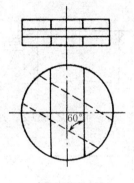

图 5-21　多层平板胶结

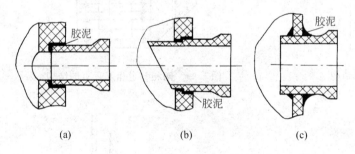

(a)　　　　　　　(b)　　　　　　　(c)

图 5-22　接管与筒体的胶结连接

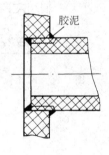

图 5-23　螺纹与胶黏
结并用的连接

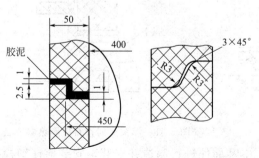

图 5-24　筒体与筒体的胶泥黏结结构

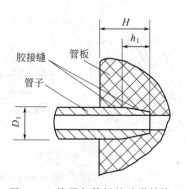

图 5-25　管子与管板的胶黏结构

　　石墨的力学性能类似陶瓷，也是抗拉、抗弯强度远低于抗压强度，因此设备或管道彼此间需要采用法兰连接时，一般都用凸缘活套法兰，如图 5-26 所示。其凸缘斜面通常取 $\alpha = 30°$ 或更小，尽量避免材料承受过大弯矩。而顶盖的法兰连接常常采用平面法兰，使顶盖均匀受压，图 5-27 为石墨换热器的顶盖、管板和壳体之间的法兰连接结构。

　　块孔式石墨换热器是根据石墨材料不能焊接而易于机械加工的特性设计的独特结构，图 5-28 和图 5-29 分别为两相孔道相互平行和垂直的块孔式石墨换热器组件。图 5-30 是用薄石墨板刨出半孔再组合的结构。

　　不透性石墨构件与金属材料组合制造的设备，应考虑材料不同的热胀系数影响。图 5-31 为用于温差较大场合的浮头式列管石墨换热器的热补偿结构。

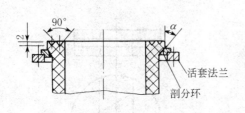

图 5-26　筒体之间的法兰连接

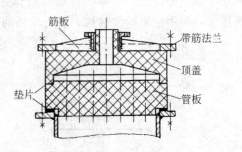

图 5-27　换热器顶盖的法兰连接

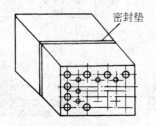

图 5-28　两相孔道平行的结构

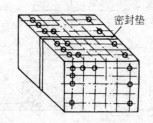

图 5-29　两相孔道相互垂直的结构

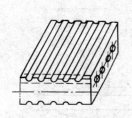 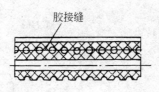

图 5-30　刨孔薄板组合结构

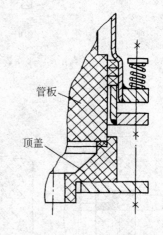

图 5-31　浮头式列管石墨换热器节点

　　③ 安装　依据标准规范对石墨设备与石墨零部件进行制造并安装，安装前仔细检查设备及其零部件是否有缺陷（包括管口方位、主要外接尺寸、附件等），经水压试验后将合格

产品放入待装区，按图纸要求将各部件进行逐一安装，通入蒸汽进行密封件的软化，仔细调试以获得好的安装精度。安装过程需要注意以下问题：块间是否平整且管口方位及外部整齐美观、与石墨设备连接的外接管道应避免过大弯矩以减少对设备上接管产生的附加应力、对较长且温度波动较大的外接管道加装膨胀节以克服热胀冷缩对石墨设备产生的较大应力、通过装阀门以免堵死设备放空管、不要碰撞与拖拉石墨设备、不在设备壳体上直接焊接、不强制安装接管法兰、紧固螺栓时对称均匀操作、在接近换热器处另立管道支架支撑较重管道等。

④ 检验　根据上述设计与评价标准对石墨设备用材料、零部件等进行检验，整台石墨设备的最后检验一般以水压试验的压力试验进行判断，符合《不透性石墨设备水压试验方法 GB/T 26961—2011》。对于某些有毒有害介质，还需要进行气密性试验，符合《石墨制化工设备技术条件 HG/T 2370—2005》。

⑤ 使用　使用时严格遵照设备的技术特性指标和操作规程，避免产生水锤冲出、超温、超压和超出介质耐腐蚀范围等情况存在安全隐患，其中超温导致的渗漏最为普遍。启用时先通冷介质再通热介质，停用时相反，先停热介质后停冷介质，如果冷却介质突然中断，应保证设备内存水不自动流静，并尽快停止物料的流通。对于易结晶结垢的物料，采用定期冲洗或合适的化学法清洗防止管孔堵塞，同时提高传热效率、提高产量、节能与延长设备寿命。充分利用设备壳程的放空管以保证设备平稳运行，停运的设备应打开排净管排净管程与壳程物料。

⑥ 维护　根据设备结构、材质、技术特性指标、使用的工况条件与周围环境等因素，经过调查与必要的检验，找出损坏部位，初步分析原因后确定拆装检修程序，针对不同情况采用"粘""换""堵""清""调"等不同的方法进行正确维修，恢复恶化设备的工作效率。检修方法往往取决于设备原有的结构，如接管、管道、封头及管板等的轻微破裂可以用黏结剂胶接恢复；在积木式组装的块式或其他石墨设备中更换损坏的零部件；用不透性石墨材料或其他堵头堵塞渗漏孔；用机械、化学或二者联合的方法清理未损坏但被结晶、污垢等附着的设备工作面；调试好后仍需要水压试验等。

5.5　树脂基复合材料——玻璃钢的耐蚀性

玻璃纤维与热固性树脂组成的树脂基复合材料称为玻璃纤维热固性增强塑料（fiberg reinforced plastics，FRP），俗称玻璃钢。由于玻璃钢具有很高的强度，优良的耐腐蚀性能，以及成型加工性能好等优点，已在机械制造、电器、航空和石油化工等工业部门得到广泛应用，并且成为防腐蚀领域不可缺少的材料之一。玻璃钢的性能与玻璃纤维及树脂的种类、组成相的比例、组与组之间的结合强度等因素密切相关。

5.5.1　化工玻璃钢常用热固性树脂的耐蚀特性

热固性树脂在加工过程中分子结构从加工前的线形结构变为网状体形结构、成型后再重新加热也不能软化流动的一类聚合物。热固性树脂在性能上与热塑性树脂有很多不同之处，具有强度高、耐蠕变性好、耐热温度高、加工尺寸精度高及耐蚀性好等优点。

热固性树脂的品种较少，目前只有环氧树脂、酚醛树脂、呋喃树脂及聚酯树脂等。在过程装备中主要用于玻璃钢设备和防腐蚀衬里。

（1）环氧树脂

环氧树脂是由双酚 A 与环氧氯丙烷在碱介质中缩聚而成的热塑性线型聚合物，在分子中含有两个或两个以上的环氧基团 $\left(\begin{array}{c}-CH-CH-\\ \diagdown O \diagup\end{array}\right)$，它可以位于分子链的末端或中间。当环氧树脂与固化剂作用时，例如与胺类固化剂反应，首先是伯胺的活泼原子氢与环氧基发生反应生成仲胺，进而仲胺的活泼氢再与环氧基反应生成叔胺

$$RNH_2 + CH_2-CH- \longrightarrow RNH-CH_2-CH-$$

$$+$$

$$CH_2-CH- \\ \longrightarrow RH(CH_2-CH)_2-$$

叔胺能起催化作用而使环氧基自身发生聚合，最后全部环氧基团交联固化得到网状结构的固化产物。

环氧树脂分子结构中的环氧基很活泼，同时分子中含有的羟基 $\left(\begin{array}{c}-C-\\ |\\ OH\end{array}\right)$ 和醚基（—O—）极性又很强，因而环氧树脂分子与相邻界面具有很高的黏结力，例如用来黏合铝合金，其抗剪切强度可达 25MPa。

环氧树脂的分子链是碳-碳键和醚键构成，化学性能很稳定，能耐酸和大部分有机溶剂。同时由于其结构中含有脂肪族羟基不会与碱作用，所以它的耐碱性比酚醛、聚酯树脂强，但抗氧化性酸的能力差。

环氧树脂的固化过程是环氧树脂和固化剂直接起加成反应，没有副产物产生，故收缩性小，收缩率一般低于 2%。加入填料后，收缩率有可能降低到 0.1% 左右。此外，其热膨胀系数也很小，约为 $6.0\times10^{-5}℃$。

环氧树脂的马丁耐热度在 105～130℃，故工程上的使用温度可达 100℃，但在较高浓度的酸、碱作用下，其使用温度大大降低。

由于环氧树脂在常温下有较好的流动性，易与其他助剂混合，施工操作比较方便，所以是制造玻璃钢设备用得最多的一种树脂。

（2）酚醛树脂

酚醛树脂是由酚类（如苯酚、甲酚、二甲酚等）与醛类（如甲醛、乙醛、糠醛等）化合物为原料，在催化剂存在下缩聚而成的一类树脂的统称。使用不同的催化剂，以及酚和醛的比例不同，获得的酚醛树脂的性能有很大差异。在酸性催化剂作用下，苯酚过量而生成的缩聚物为热塑性酚醛树脂。防腐工程中应用的酚醛树脂属于热固性树脂，它是在碱性催化剂作用下，甲醛过量而制得的缩聚物。由于分子链中含有活性基团羟甲基（—CH₂OH），当经过加热或加入固化剂，或在二者同时作用下，能逐步转化成高度交联的、不溶不熔的体型结构。其固化过程大致可以分为三个阶段。

固化后的酚醛树脂，其分子链由 C—C 链构成，因此有较高的化学稳定性。在非氧化性酸中，比环氧树脂和聚酯树脂更耐蚀，如在 50% 以下的硫酸和各种浓度的盐酸中非常稳定，但在氧化性酸中会发生氧化而不耐蚀。在碱性介质中亦不耐蚀，这是因为酚醛树脂中的酚羟基是一种弱酸性基团，它能与碱作用生成可溶性的酚钠。如果加入为树脂量 20% 的 α、γ-二氯丙醇，则可与酚羟基进行醚化反应生成较稳定的醚键，从而改善了酚醛树脂的耐碱性能。

酚醛树脂的马丁耐热度约为 120℃，超过这个温度有可能产生较大的热变形，不过对于不受力的设备或用于衬里，一般最高使用温度可达 150℃。

酚醛树脂在固化过程中有挥发物和水分逸出，不仅增加了气孔率，且有较大收缩率。

采用环氧树脂改性的复合树脂，即环氧-酚醛树脂，可以使耐酸、耐碱、耐热以及收缩

率、黏结等性能得到综合的提高。复合物中环氧与酚醛的常用比例为 50∶50；70∶30；30∶70。环氧-酚醛树脂常用于制作玻璃钢泵、阀门等模压制品。

(3) 呋喃树脂

分子结构中含有呋喃环 $\left(\begin{array}{c}\boxed{}\\ O\end{array}\right)$ 的高聚物称为呋喃树脂。通常由糠醇单体或糠醛-丙酮、糠醛-丙酮-甲醛在催化剂作用下缩聚而成。

呋喃树脂中含有呋喃环、双键、羟基及其相邻碳原子上的活泼氢，因此加入固化剂（与酚醛树脂所用固化剂相同），可以通过打开双键活性基团、失水等交联反应而形成不溶不熔的网状结构。固化后的呋喃树脂结构比较复杂，基本上是由 C—C 和 C—O 键组成，并且分子中不含有能与酸、碱作用的活性基团。因此呋喃树脂有良好的耐酸、耐碱性能，可在酸、碱交替的环境中使用。由于分子中还残留一部分双键，易被氧化剂氧化，故它不抗氧化性酸和其他氧化性介质。

固化后的呋喃树脂由于交联度高，形成的网状结构紧密，并且又含有十分稳定的呋喃环，因此有很好的耐溶剂及耐热性能（可耐 180~200℃）。但交联度高却使分子链缺乏韧性，树脂性脆易裂。同时因分子中不含极性基团，故与金属表面的黏结力差。

为了克服呋喃树脂的缺点，工业上常采用环氧-呋喃、酚醛-呋喃或环氧-酚醛-呋喃的复合树脂，以获得良好的综合性能。

(4) 聚酯树脂

聚酯是多元醇与多元酸形成的缩聚物的总称。制造玻璃钢用的聚酯主要是不饱和聚酯，它是由不饱和二元酸或不饱和二元酸的混合物与二元醇缩聚而成。不饱和聚酯在固化剂和引发剂的作用下，交联固化成网状体型结构。

不饱和聚酯树脂不耐氧化性介质，易老化，在碱或热酸作用下，会发生水解反应而破坏，因此化工防腐中应用受到一定限制。但它具有良好的成型工艺性能，大多可以在常温下施工，且固化过程中无挥发物逸出，制品致密性较高。故汽车、造船工业中广泛用于制作车身和船体等。

5.5.2　玻璃钢的耐蚀特性

(1) 玻璃钢的强度和使用温度

玻璃钢的性能是玻璃纤维与黏结剂性能的综合体现，因此两者不同的选配将得到不同性能的玻璃钢制品。

玻璃钢力学性能的最大特点就是比强度高，其相对密度为 1.4~2.2，仅为碳钢的 1/4~1/3，而比强度（抗拉强度/相对密度）是碳钢的 2~3 倍。玻璃钢的强度随胶黏剂含量增多而降低，因此为了保证有足够的强度，玻璃钢中的树脂含量以 30%~40% 为宜。过高的温度会破坏树脂的结构，使强度急剧降低。表 5-8 为几种玻璃钢的比强度及使用温度。

表 5-8　几种玻璃钢的比强度及使用温度

材　　料	密度/(g/cm³)	拉伸强度/MPa	比　强　度	最高使用温度/℃
碳钢	7.85	400	50	
呋喃玻璃钢	1.6	160	100	180
酚醛玻璃钢	1.75	200	115	150
环氧玻璃钢	1.6	230	145	100
聚酯玻璃钢	1.8	290	160	90

玻璃钢的热导率很小，仅为钢的 1/1000~1/100，故不适宜于制作传热设备。玻璃钢由于玻璃纤维的加入改善了树脂收缩率较大的缺点，热膨胀系数较树脂大为减小，因此固化成

型后的玻璃钢设备尺寸比较稳定，不会由于温度的变化而引起显著的形变。

（2）玻璃钢的耐化学腐蚀特性

玻璃钢的耐蚀性主要取决于树脂，其腐蚀过程是由于腐蚀介质或溶剂的渗透引起树脂溶胀、溶解、水解，或受热氧化降解及热分解作用而导致树脂结构的破坏。各种玻璃钢的耐腐蚀性见表5-9。

表 5-9　玻璃钢的耐腐蚀性能

介　　质	含量/%	环氧玻璃钢		酚醛玻璃钢		呋喃玻璃钢		聚酯玻璃钢	
		25℃	95℃	25℃	95℃	25℃	120℃	25℃	50℃
盐　酸	5	+	+	+	+	+	+	+	+－
	浓	+	+	+	+	+	+	+－	－
硫　酸	10	+	+	+	+	+	+	+	+
	50	+	+	+	+	+	+	+－	－
	93								
硝　酸	5	+	－	+	+	+	+	+	
	20								
磷　酸	10	+	+	+	+	+	+	+	+
	浓	+	+	+	+	+	+		
乙　酸	10	+	+	+	+	+	+	+	+
	浓	+		+	+	+	+		
氢氧化钠	10	+	+	－	－	+	+	+	+
	30	+	+－	－	－	+	+		
丙　酮		+				+			
乙　醇		+		+		+			
氯　仿				+		+		+	

注：＋——耐蚀；＋－——尚耐蚀；－——不耐蚀。

（3）玻璃钢的耐老化性能

玻璃钢在大气中经过暴晒之后，由于酚醛树脂中含有芳环，对紫外线敏感，因此老化最为严重，表面出现细小裂纹，失去光泽，粗糙发黑；呋喃与酚醛相似；聚酯变白，环氧变黄。但是防腐蚀用的玻璃钢在自然环境中使用5～7年甚至更长时间，老化对机械强度的影响较小，抗弯、抗拉、抗压和抗冲击性能变化小，只有弹性模量缓慢降低；而聚酯的变化要明显一些。

5.5.3　玻璃钢设备的结构设计特点

（1）玻璃钢设备的层间结构

为了保证玻璃钢设备既有足够的力学性能又有良好的耐腐蚀性能，应该发挥玻璃纤维和树脂的各自功能，使玻璃钢沿断面具有不同的结构层。如图5-32所示，一般分为内层、过渡层、增强层、外层等。

内层又称耐腐蚀层，它的主要作用是抗介质的侵蚀，要求耐蚀、致密。所以一般控制较高的树脂含量，约70%～80%；玻璃纤维采用中碱或无碱短切纤维或无捻粗纱方格布。有时在紧挨介质的内侧表面，再涂覆加有少量填料的含90%树脂的薄层。耐腐蚀层的总厚度通常为0.5～1.5mm。

过渡层又称中间防渗层，因为在耐蚀层中，水的渗透速率比玻璃纤维含量高的增强层要大，而玻璃纤维含量越高，水越容易

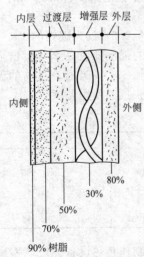

图 5-32　玻璃钢的结构层

被吸着并停留在树脂与玻璃纤维间的界面上，使玻璃纤维受到侵蚀。所以为了减小渗透率又不致引起玻璃纤维过大的侵蚀，采用密度较疏、质地柔软的中碱或无碱无捻粗纱方格布，或短切玻璃纤维毡，并控制胶量在 $50\%\sim70\%$，构成这一起防渗作用的过渡层，厚度约 $2\sim2.5mm$。

增强层是设备负荷的主要承载层，由树脂胶液黏结多层玻璃纤维布或带，或无捻粗纱布与短切玻璃纤维毡组成，其厚度由强度设计决定。为了提高玻璃钢的承载能力，一般玻璃纤维约占 70% 左右。

外层由树脂胶液加入少量填料或黏结玻璃纤维布（或带）组成，以提高设备外表面的防老化等性能，并可使外表美观。一般含胶量约为 $80\%\sim90\%$，厚度 $1\sim2mm$。

（2）玻璃钢设备的结构设计特点

玻璃钢虽然有很高的强度，但最大不足之处是刚性比较差，其弹性模量只有普通碳钢的 $1/10\sim1/5$，因此玻璃钢结构必须注意有良好的刚性设计。例如储槽类容器，槽底最好设计成平的，并且直接放置在支座上，或采用多点支撑的格子式支座，使底部均匀承载。如果采用支脚式支座，应加厚槽底，同时将与支脚接触部分增强。卧式储槽的鞍形支座（图 5-33），宽度 L 应大于 $150mm$，圆周包角至少为 $120°$。必要时支撑部位还要加包角 $180°$、宽 $300mm$ 的补强板。

矩形储槽在装满介质时，其侧壁的挠度不允许超过跨度的 0.5%。如果超过这一限度，必须在槽外面设加强圈。图 5-34 是常见加强圈的形式，图（a）常用于矩形槽，图（b）、（c）常用于圆筒容器。

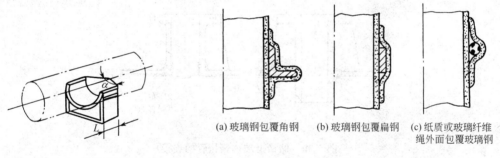

(a) 玻璃钢包覆角钢　　(b) 玻璃钢包覆扁钢　　(c) 纸质或玻璃纤维绳外面包覆玻璃钢

图 5-33　鞍形支座　　　　　　　　图 5-34　储槽典型加强圈形式

玻璃钢管道的连接一般采用平口对接，或承插式连接，见图 5-35。对接的接口亦有采用斜接口的（图 5-36），根据试验这种接口比平接口具有更高的强度。当必须采用可拆连接时，用活套法兰，见图 5-37；用整体法兰，如图 5-38 中左图，法兰颈增强部分的厚度以圆角曲率半径的顶点测定，至少应为法兰厚度的 $1/2$ 以上。图 5-38 中的阶梯形法兰面，能用较小的压紧螺栓产生的弯矩，压紧垫片。这种结构可以认为是对玻璃钢刚性小的特性的有效利用。

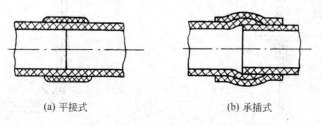

(a) 平接式　　　　　　　　　　　(b) 承插式

图 5-35　玻璃钢管道连接形式

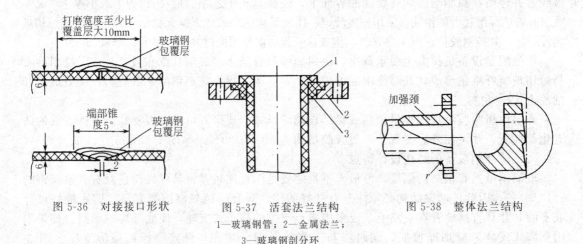

图 5-36 对接接口形状　　图 5-37 活套法兰结构　　图 5-38 整体法兰结构

1—玻璃钢管；2—金属法兰；
3—玻璃钢剖分环

　　玻璃钢筒体上开人孔和接管孔，将造成应力分布不均，尤其是用长玻璃纤维制品缠绕成型的筒体，由于纤维束的中断，会大大削弱强度。故接管孔的加强必须十分注意，图 5-39 是用加强筋加强的接管连接。但加强筋板的顶点常常是最大切应力的作用点，容易引起槽壁的破坏，因而与加强筋顶点相连处的筒体应增加壁厚。图 5-40 所示的圆锥形接管，能使负荷均匀地分布在槽壁上。

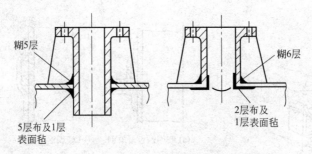

图 5-39 储槽上玻璃钢接管的连接

　　若储槽为平底，其底部转角处的曲率半径不得小于 40mm，并应将底板适当增厚，见图 5-41。对于满槽与空槽频繁交替的使用条件，液体注入管的设计，应注意使液体缓慢流入，不致造成槽底承受过大的冲击力。如有可能，最好经常保持 150～200mm 的液层，以起缓冲垫的作用。

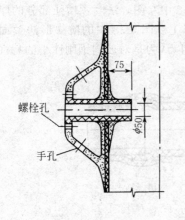

图 5-40 圆锥形接管

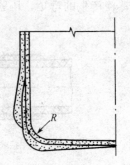

图 5-41 槽底转角结构

5.6 混凝土的耐蚀性

混凝土是砾石、卵石、碎石在水泥（或添加其他胶结材料）中的凝聚体，是一种特殊的复合材料。混凝土品种繁多，工程中使用最为广泛的是钢筋混凝土（以钢筋作为混凝土的增强材料）。混凝土中的硅酸盐水泥组分的腐蚀主要分为三类：溶出型腐蚀（第Ⅰ类腐蚀）、分解型腐蚀（第Ⅱ类腐蚀）、膨胀型腐蚀（第Ⅲ类腐蚀）。在这三类腐蚀中，溶出型腐蚀为物理作用，分解型腐蚀为化学作用，膨胀型腐蚀既可能是物理作用引起，也可能是由于化学反应所造成。其分类如表 5-10 所示。

表 5-10 钢筋混凝土腐蚀过程的分类

一般腐蚀过程的性质	腐蚀类型	腐蚀过程	腐蚀过程定量鉴别用的参数	决定腐蚀过程动力学的因素	
				在压力渗透条件下	在自由冲洗条件下
物理-化学过程:溶解、结晶	Ⅰ Ⅰ-Ⅲ	无盐水的浸析中性盐溶液的浸析	从混凝土带出的水泥石溶解性组分的数量	内部扩散的速度	
腐蚀性介质与水泥石组分的化学反应	Ⅲ	结晶	带入的腐蚀性组分数量或腐蚀性组分与水泥石相互作用的产物数量	毛细作用速度与蒸发表面速度之比	内部扩散的速度
	Ⅲ-Ⅱ-Ⅰ	硫酸盐腐蚀	与水泥石组分发生反应的腐蚀性组分的数量	渗透体积速度和水泥石被反应产物压实的过程	在反应产物层内的扩散速度
	Ⅱ	酸腐蚀			
	Ⅱ	氧化镁腐蚀			
水泥石的电解	—	电腐蚀	通过结构构件的电流量	电压、电流强度和混凝土的电导率	
表面活性物质吸附		固体物质表面能量的吸附和降低	水泥石强度的降低	表面活性物质的浓度和受力状况	
水泥石与集料或钢筋的接触面上的物理-化学过程	—	活性氧化硅集料与碱性水泥相互作用	膨胀变形	反应组分之间的对比关系	
	—	集料中的白云石与碱金属的盐溶液相互作用			
	—	钢筋的电化学腐蚀	金属腐蚀速率	控制:阳极,阴极,电阻	
	—	钢筋腐蚀断裂	破坏加速时的应力	钢筋的组分和结构,钢筋的受力状态及环境中离子的含量	

5.6.1 混凝土中的硅酸盐水泥组分的腐蚀

（1）溶出型腐蚀

环境介质将混凝土中易溶成分 ［如硬化水泥石中的 $Ca(OH)_2$］溶出和洗出，引起混凝土强度减小，酸度增大、孔隙增加、腐蚀介质进一步加速渗入和溶解，周而复始，导致混凝土结构的破坏，这种现象称为溶出腐蚀。

硬水含有 $Ca(HCO_3)_2$ 或 $Mg(HCO_3)_2$，能把硬化水泥石中的 $Ca(OH)_2$ 变成为 $CaCO_3$ 沉淀下来，形成的碳酸盐薄膜使硬化水泥石密实，所以普通的江水、河水、湖水或地下水等硬水对水泥不构成严重腐蚀问题。而软水不但能溶解 $Ca(OH)_2$，而且还能溶解硬化水泥石表面已形成的碳酸盐薄膜，因此对硬化水泥石产生溶出型腐蚀的水主要是软水，冷凝水、雨水、冰川水或者某些泉水等软水会对水泥构成严重腐蚀。当混凝土中 CaO 损失达 33％时，混凝土就会被破坏。溶出型腐蚀的速率主要受水的冲洗的条件、硬化水泥石表面水体的更换条件、水体的压力、水体中含影响 $Ca(OH)_2$ 溶解度的物质数量等因素的影响。图 5-42 示出了石灰浸析量对水泥砂浆和混凝土强度损失的影响。表 5-11 是水中的盐成分对混凝土腐蚀的影响。

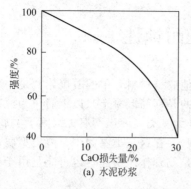
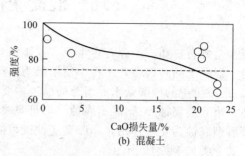

(a) 水泥砂浆   (b) 混凝土

图 5-42　石灰浸析时水泥砂浆和混凝土的强度损失

表 5-11　水中的盐成分对混凝土腐蚀的影响

水的硬度		对混凝土的腐蚀性	水的硬度		对混凝土的腐蚀性
$CaCO_3/10^{-6}$	$CO_2/10^{-6}$		$CaCO_3/10^{-6}$	$CO_2/10^{-6}$	
>35	<15	几乎无	<3.5	<15	重
>35	15~40	轻微	>35	>90	严重
3.5~35	<15	轻微	3.5~35	>40	严重
>35	40~90	重	<3.5	>15	严重
3.5~35	15~40	重			

（2）分解型腐蚀

① 碳化作用　CO_2 或含有 CO_2 的软水与水泥中的 $Ca(OH)_2$ 等起反应，导致混凝土中碱度降低和混凝土本身的粉化，其反应式如下：

$$Ca(OH)_2 + CO_2 \longrightarrow CaCO_3 + H_2O$$
$$CO_2 + H_2O \longrightarrow H_2CO_3$$
$$Ca(OH)_2 + H_2CO_3 \longrightarrow CaCO_3 + 2H_2O$$

混凝土的碳化作用受混凝土的组分、配比、环境条件（如温度、湿度、CO_2 浓度）和碳化龄期等因素的影响。

② 形成可溶性的钙盐　在工业生产中，经常会有一些 pH<7 的酸性溶液能与硬化水泥石中的钙离子形成可溶性的钙盐，造成腐蚀。其腐蚀过程为：溶液中 H^+ 与硬化水泥石中的 OH^- 相结合成为水，使硬化水泥石中的 $Ca(OH)_2$ 分解，而硬化水泥石中的 Ca^{2+} 与溶液中的酸根结合，生成新的可溶性钙盐；然后酸性溶液又与铝酸钙的水化物和硅酸盐的水化物起反应。反应产物的可溶性越高，腐蚀溶液的更新速率越快，则硬化水泥石的破坏速率也越快。

含有盐酸、硫酸、硝酸、乙酸、蚁酸、乳酸的废水、软饮料中含有的碳酸、天然水中溶解的 CO_2 等通过阳离子交换反应，与硬化水泥石生成可溶性的钙盐，被水带走，造成混凝土结构的腐蚀破坏。例如，发生的反应为：

$$Ca(OH)_2 + 2HCl \longrightarrow CaCl_2 + 2H_2O$$
$$Ca(OH)_2 + H_2SO_4 \longrightarrow CaSO_4 + 2H_2O$$
$$Ca(OH)_2 + 2HNO_3 \longrightarrow Ca(NO_3)_2 + 2H_2O$$
$$Ca(OH)_2 + H_2CO_3 \longrightarrow CaCO_3 + 2H_2O$$

氯盐是造成沿海混凝土建筑物和公路与桥梁腐蚀的重要原因之一，而铵盐等则是导致化肥厂混凝土结构破坏的主要原因，其破坏机理均属于形成可溶性的钙盐的分解型腐蚀。

例如：

$$2Cl^- + Ca(OH)_2 \longrightarrow CaCl_2 + 2OH^-$$

③ 镁盐侵蚀　含有氯化镁、硫酸镁或碳酸氢镁等镁盐的地下水、海水及某些工业废水，所含有的 Mg^{2+} 与硬化水泥石中的 Ca^{2+} 起交换作用，生成 $Mg(OH)_2$ 和可溶性钙盐，导致硬化水泥石的分解。例如，硫酸镁的反应式为

$$MgSO_4 + Ca(OH)_2 + H_2O \longrightarrow CaSO_4 \cdot H_2O + Mg(OH)_2$$

生成的氢氧化镁溶解度极小，极易从溶液中沉析出来，从而使反应不断向右进行。

(3) 膨胀型腐蚀

膨胀型腐蚀主要是外界腐蚀性介质与硬化水泥石组分发生化学反应，生成膨胀性产物，使硬化水泥石孔隙内产生内应力，导致硬化水泥石开裂、剥落，直至严重破坏。此外，渗入到硬化水泥石孔隙内部后的某些盐类溶液，如果再经干燥，盐类在过饱和孔隙液中结晶长大，也会产生一定的膨胀应力，同样也可能导致破坏。膨胀型腐蚀主要的两种形式如下。

① 硫酸盐侵蚀　硫酸盐的腐蚀是盐类腐蚀中最普遍而具有代表性的。它的腐蚀过程如下：硫酸盐与水泥混凝土中的游离氢氧化钙作用，生成硫酸钙，再进一步与水化铝酸钙作用，生成硫铝酸钙，体积膨胀两倍以上，所以受硫酸盐腐蚀的水泥砂浆混凝土，普遍出现体积膨胀。以硫酸钠为例，化学反应式如下：

$$Ca(OH)_2 + Na_2SO_4 \cdot 10H_2O \longrightarrow CaSO_4 \cdot 2H_2O + 2NaOH + 8H_2O$$
$$4CaO \cdot Al_2O_3 \cdot 19H_2O + 3(CaSO_4 \cdot 2H_2O) + 7H_2O \longrightarrow$$
$$3CaO \cdot Al_2O_3 \cdot 3CaSO_4 \cdot 31H_2O + Ca(OH)_2$$

② 盐类结晶膨胀　有些盐类虽然与硬化水泥石的组分不产生反应，但可以在硬化水泥石孔隙中结晶。由于盐类从少量水化到大量水化的转变，引起体积增加，造成硬化水泥石的开裂、破坏。仅仅是盐的干燥和结晶作用，对膨胀型腐蚀的影响是不大的；但是当高于相间的转换温度时被干燥，而又在低于转换温度时浸湿时，能产生较大的体积膨胀。例如，温度高于 32.3℃ 的无水硫酸钠，对硬化水泥石没有腐蚀作用。但当硫酸钠在较低温度进入浸湿的硬化水泥石中，而在较高温度干燥时，便会成为一种稳定的结晶体 $Na_2SO_4 \cdot 10H_2O$，其体积为原来无水盐的 4 倍，它在硬化水泥石中引起很大的压力，造成破坏。又例如当挡土墙或混凝土板的一侧所含水分有可能蒸发时，孔隙中盐类的结晶就成为一个纯属物理性的破坏因素。

碱性介质也会造成混凝土的结晶型膨胀破坏。在制造苛性钠或纯碱的化工厂里，混凝土与空气中的 CO_2 发生碳化作用，生成 Na_2CO_3 或 K_2CO_3，水分蒸发后碳酸盐结晶导致膨胀，即

$$Na_2CO_3 + 10H_2O \longrightarrow Na_2CO_3 \cdot 10H_2O$$
$$K_2CO_3 + 1.5H_2O \longrightarrow K_2CO_3 \cdot 1.5H_2O$$

混凝土原材料中的水泥、外加剂、混合材料和水中的碱与骨料中的活性成分（氧化硅、碳酸盐）发生反应，反应生成物重新排列和吸水膨胀产生应力，诱发混凝土结构开裂和破坏，这种现象被称为碱骨料反应。这种破坏已造成许多工程结构的破坏事故，并且难以补救。

5.6.2　钢筋混凝土的防腐蚀设计特点

钢筋混凝土组合了钢筋和混凝土的优点，在海水、大气、土壤、酸、碱、盐等环境中广泛用作腐蚀防护的基体和衬里。钢筋混凝土的腐蚀（包括混凝土和钢筋的腐蚀）和混凝土密实度、裂缝宽度、保护层厚度、空气湿度、腐蚀介质浓度及接触时间等有关，需要针对不同的腐蚀原因从设计、施工、使用等阶段进行全面分析并采取相应的防护措施，考虑综合防腐。其中，充分利用混凝土防止环境介质的渗透进行保护是预防钢筋腐蚀的最经济合理、最有效的基本措施。从腐蚀产生的原因与过程分析，钢筋混凝土构件防蚀设计有以下特点。

（1）合理结构设计

混凝土结构形式与构造尽量简单，综合考虑有利于防腐、施工、检测、维护和采取补救措施等。如：选择合适的混凝土保护层厚度与钢筋直径，弯角处平滑过渡，避免或减少积液与应力集中，不宜在接缝处排液，考虑腐蚀较严重部位或构件的便捷更换等。混凝土保护层厚度适当增加可以延长腐蚀介质渗透到钢筋的时间而起到保护作用，但是保护层太厚易出现由于收缩、温度应力等引起的表面裂缝，所以厚度不宜超过 80 mm。另外，由于较粗钢筋不仅电阻较小，腐蚀电流较大，而且会生成较多的腐蚀产物，膨胀的体积增大较多，产生的拉应力较高，易导致混凝土胀裂，所以钢筋的直径也不宜过大，一般小于混凝土保护层厚度的 1/215。

（2）正确选材

选择优质原材料和优化混凝土组成，特殊条件下采用高耐久性、良好工作性与较高强度的高性能混凝土。如尽量减少水灰比以增大混凝土的密实度，降低孔隙率，提高抗渗性，从而增强混凝土的抗蚀能力，避免发生孔蚀、缝隙腐蚀或碳化等；限制胶凝材料最低用量以确保混凝土具有较高的碱度；禁止使用可能发生碱-集料反应的活性骨料；调控粗骨料的粒径以减少粗骨料与水泥砂浆界面的不利影响；加入适当引气剂以提高混凝土的抗冻性；通过控制砂、石、外加剂、拌和水等材料保证混凝土中 Cl^- 含量符合规定要求；添加适当优质掺和料以提高性能等。

（3）覆盖层防护

除了提高混凝土本身的耐蚀性外，也可以对混凝土表面进行覆盖层保护，降低混凝土与周围环境介质发生腐蚀的风险。作为海洋环境混凝土防腐最经济有效的保护措施，混凝土表面涂层是在混凝土表面涂覆一层涂料，阻止或减少 Cl^-、氧、水等介质侵入混凝土以延缓钢筋腐蚀。涂料的要求比较高，如能耐碱、耐老化和与混凝土表面附着性好等。对海港工程潮差、浪溅区的涂层，还要求涂料具有良好湿表面固化功能。表面涂覆的浸入型涂料是一种黏度很低的有机硅液体，靠毛细孔的表面张力作用吸入混凝土表层，与孔壁的碱反应，以非极性基使毛细孔憎水化或细化部分孔，降低混凝土的吸水性，阻碍水和溶解于水中氯化物的渗入，同时不影响混凝土中水的蒸发，使混凝土保持干燥，从而提高混凝土对钢筋的保护性能。目前使用的浸入型憎水涂料中，以异丁基三乙氧基硅烷、异辛基三乙氧基硅烷作为浸渍材料的效果最好，有液状和膏体状，大量应用于海港工程、跨海大桥等重防腐领域。

（4）钢筋防护

作为混凝土的增强材料，钢筋容易与腐蚀介质发生点蚀、缝隙腐蚀、应力腐蚀和杂散电流腐蚀等，主要涉及电化学腐蚀。点蚀或缝隙腐蚀是混凝土密实度不高或存在缝隙引起的钢筋腐蚀比较常见。应力腐蚀是预应力钢筋混凝土结构中发生的一种破坏性非常大的腐蚀形式，这是由于高强钢筋的变形能力低，在拉应力作用下钝化膜发生破坏，在腐蚀介质作用下裂缝作为阳极发生腐蚀，使裂缝迅速扩展，导致钢筋在表面只有轻微损害或根本看不到明显腐蚀现象的情况下发生突然断裂。混凝土中的 Cl^- 对钢筋的腐蚀多呈溃疡状，容易造成钢筋的应力集中，危害性较大。混凝土中 Cl^- 主要来源于原料、外加剂、海砂、海水或氯盐高的水等，使用过程中需要注意其含量与危害。杂散电流腐蚀是工业用电中的直流电（如电气化铁路、直流电解工厂、直流电载流设备等）泄漏到地下钢筋混凝土结构中引起的钢筋腐蚀，有时破坏比较严重。

针对钢筋的腐蚀形式和原因，一般采取对混凝土添加阻锈剂、钢筋表面处理和电化学保护等措施。作为预防恶劣环境中钢筋腐蚀的一种有效补充措施，混凝土拌和物中掺入适量阻锈剂可以阻止或延缓金属和腐蚀介质界面的电化学反应而对金属进行腐蚀防护，但是阻锈剂不能降低对混凝土保护层的基本要求，不能代替优质混凝土。按照作用机理，钢筋阻锈剂可分为阳极型、阴极型和混合型三种。常见的钢筋表面处理包括镀层和涂层处理：镀层是在钢筋表面镀上电位比铁低的金属（主要是锌），通过牺牲阳极而对钢筋进行阴极保护；涂层是指在钢筋表面制作阻隔钢筋与腐蚀介质接触或增大表面绝缘性的覆盖层，目前使用较多的是环氧涂层，一般采用静电喷涂工艺在钢筋表面形成一层坚韧、不渗透、连续的绝缘层，可以将钢筋与周围混凝土隔开，即使 Cl^-、O_2 等大量侵入混凝土，也能长期保护钢筋免遭腐蚀。

（5）电化学保护

针对钢筋混凝土发生腐蚀的特点，采用阴极保护技术也是一种行之有效的措施，即通过给被保护钢筋施加一负向电流将其电极电位负移至稳定区内。根据电子的来源不同，阴极保护方式有牺牲阳极阴极保护和外加电流阴极保护，前者指将电位比铁低的金属（如铝合金、锌合金等）作为阳极，与被保护的钢筋连接，通过牺牲自身而提供电子对钢筋进行阴极保护，上述的钢筋镀层保护也是利用这个原理，施工简便，不需要外部直流电源，维护管理成本低，但是由于提供的保护电流有限而不适用于暴露于大气中的钢筋混凝土结构防腐；后者以直流电源的负极与被保护的钢筋连接，通过电源的电子对钢筋进行保护，而正极与难溶性辅助电极连接构成回路，被保护件与辅助电极都处于连续的电介质中，保护效果好，但是成本和维护费用高。

实际应用过程中，需要根据防护要求、腐蚀特点和环境介质，因地制宜地选择合适方法消除或减少腐蚀的危害，电化学保护往往与其他防护方法联合使用。

第6章 防腐方法

金属材料有良好的物理力学性能，但对于各种腐蚀介质不可能——适应，而高耐蚀合金，成本又太高。非金属材料虽然耐蚀性好。但多数材料的物理力学性能较差。因此，仅仅选用单一的金属或非金属材料制作化工机器及设备，在很多工况下，往往很难同时满足强度和控制腐蚀的要求，为此，研究出了许多防护腐蚀的方法，目前工程中用得最多的几种方法如下。

ⅰ. 电化学保护：阴极保护和阳极保护。

ⅱ. 金属或非金属材料覆盖层。

金属覆盖层可分为：耐蚀的金属衬里和镀层、复合金属板等。

非金属覆盖层可分为：衬里（橡胶、塑料、瓷砖、石墨、玻璃钢等），搪瓷，涂料。

ⅲ. 介质处理：去除介质中的腐蚀成分，例如 Cl^-，在介质中添加缓蚀剂等。

ⅳ. 防腐蚀结构设计。

其中覆盖层保护是目前防腐工程中应用最广泛的，由于金属覆盖层的保护效率不够高，所以在化学工业中的应用远不及非金属覆盖层那样普遍。

每一种防腐方法，都有一定使用范围和条件。对于一个具体的装置或构件，究竟采用一种或同时采用几种防腐方法，主要应该从防腐效果、施工难易及经济成本等方面综合考虑。

6.1 电化学保护

电化学保护是根据金属电化学腐蚀原理对金属设备进行保护的方法。它和其他防腐方法一样，有其局限性，但在一定条件下使用适当，则能获得良好的保护效果，且比较经济。按照作用原理不同，电化学保护分为阴极保护和阳极保护两类。

6.1.1 阴极保护

（1）阴极保护原理

外加电流阴极保护：如图 6-1 所示，将被保护金属设备与直流电源的负极相连，依靠外加阴极电流进行阴极极化而使金属得到保护的方法，称为外加电流阴极保护，简称电保护。

牺牲阳极保护：如图 6-2 所示，在被保护金属设备上连接一个电位更负的强阳极，促使设备金属发生阴极极化，这种方法叫做牺牲阳极保护，也称护屏保护。

电保护与护屏保护在原理上完全相同，所区别的只是使被保护金属阴极极化而输入的阴极电流，前者靠外加直流电源，后者靠另一个电位更负的金属的腐蚀溶解。

阴极保护原理：如果将腐蚀着的金属简单地看作短路的双电极腐蚀电池，则阴极保护的原理如图 6-3 所示。

从腐蚀极化图（图 6-4）上可以清楚地看出，当外加阴极电流后，金属的腐蚀电位将向负方向移动，由原来的 E_C 移至 E_{A1}，此时金属的腐蚀电流就由 I_C 降到 I_{A1}，其外加的阴极电流称为保护电流 $I_保$，为

$$I_保 = I_{K1} - I_{A1}$$

若继续增大外加阴极电流，由于阴极极化使金属的电位移至阳极的初始电位，即 $E = E_A^\circ$，则金属上的阳极溶解电流 $I_A = 0$，表示微电池腐蚀停止，也就是说金属得到了完全保护。

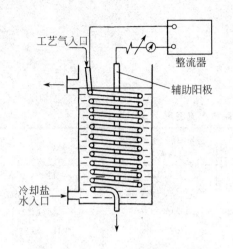

图 6-1　蛇管冷却器阴极保护示意图

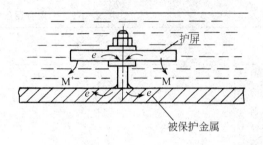

图 6-2　护屏保护结构示意

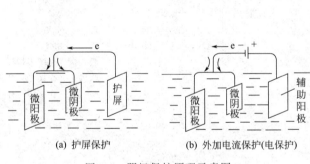

图 6-3　阴极保护原理示意图

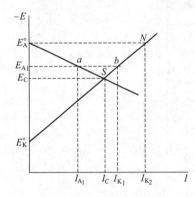

图 6-4　阴极保护极化图

（2）阴极保护的基本参数

最小保护电流密度和最小保护电位是衡量阴极保护是否达到完全保护的两个基本参数。

① 最小保护电流　外加阴极电流强度越大，被保护金属的腐蚀速率就越小。使金属腐蚀停止，亦即达到完全保护时所需的最小电流值称为**最小保护电流**，若以电流密度计量，就称为最小保护电流密度。

② 最小保护电位　在实际工作条件下，往往很难直接测量被保护金属表面的电流密度，因此常以测定金属在所处介质中的电位值来评定其保护程度。在阴极保护下，当金属刚好完全停止腐蚀时的临界电位称为**最小保护电位**。

最小保护电流密度和最小保护电位都通过实验确定，它们与被保护金属的种类、表面状态以及腐蚀介质的性质、浓度、温度、运动状况等因素有关。随着条件不同，最小保护电流密度变化的幅度很大，从最小的几（mA/m^2）到最大的几百（A/m^2）。表 6-1 为钢铁在一些介质中的最小保护电流密度值。

大量实验测出，钢在海水中最小保护电位在 $-0.57 \sim -0.48V$（SHE）；钢在土壤中（pH＝8.3～9.6）的最小保护电位为 $-0.618 \sim -0.541V$（SHE）。

（3）阴极保护的设计要点

① 确定合理的保护度　阴极保护的保护效果以保护度 Z 表示

$$Z = \frac{V_1 - V_2}{V_1} \times 100\% \tag{6-1}$$

式中　Z——保护度，%；

　　　V_1——阴极保护前金属的腐蚀速率；

　　　V_2——阴极保护后金属的腐蚀速率。

表 6-1　常用金属的最小保护电流密度

金　属	介　　　质	最小保护电流密度 / (A/m²)	试验条件
钢	水	0.055	静止
钢	水	0.055～0.016	激流，有溶解氧
钢	水	0.14～1.60	污浊
钢	土　壤	0.022～0.032	中性　疏松
钢	土　壤	0.0045～0.016	中性
钢	土　壤	0.0001～0.0002	有良好的保护层
钢	混凝土	0.055～0.27	潮湿
钢	30%NaOH	3	100℃左右
钢	60%NaOH	5	100℃左右
钢	脂肪酸和8%乙酸、4%甲醇、7%有机酸、81%水的混合物	0.33	23℃
钢	75%工业磷酸	1.1，保护度99.9%	55℃
钢	75%工业磷酸	1.0，保护度99.0%	85℃
铁	1mol/L 盐酸	920	吹入空气作缓慢搅拌
铁	0.1mol/L 盐酸	350	吹入空气作缓慢搅拌
铁	0.325mol/L H₂SO₄	310	吹入空气作缓慢搅拌
铁	5mol/L NaCl＋饱和 CaCl₂	1～3	—
铁	热　水	0.011～0.032	水桶镀锌
铁	海　水	0.065～0.085	桩柱，有潮汐
铁	海　水	0.17	—
锌	0.05mol/L KCl	1.5	缓慢搅拌
铜	0.5mol/L (NH₄)₂S₂O₈	125	静止溶液，18℃
铜	0.05mol/L (NH₄)₂S₂O₈	42.5	静止溶液，18℃

一般阴极保护的效果随外加阴极电流的增大而增高，但并非按比例提高。例如，铸铁在 99% 的熔融 NaOH 中，当保护电流密度为 $10A/m^2$ 时，保护度达 60%，将保护电流密度增大一倍，即 $i_{保} = 20A/m^2$，保护度只能达到 70%。显然过大的保护电流密度是没有必要的，它不仅耗电增加，甚至还会降低保护度，如图 6-5 所示碳钢在静止海水中，当 $i_{保} = 2mA/dm^2$ 时，已接近完全保护，如果将保护电流密度增大到 $6mA/dm^2$ 以上，则保护度反而有所下降，这种现象称为"过保护"。产生"过保护"的原因是由于过大的保

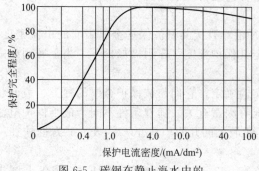

图 6-5　碳钢在静止海水中的
保护度与电流密度的关系

护电流密度所对应的较负的保护电位下，金属表面的氧化膜被还原（如铁、不锈钢等），或者作为阴极的被保护金属表面因发生析氢过程，而使周围溶液中的 OH^- 浓度增高，加速了金属腐蚀（如两性金属铝等可能发生这种情况）。此外，阴极的析氢，还可能造成金属表面的渗氢，其结果会引起钢材"氢脆"；如果采用阴极保护-涂料联合防护，大量的氢气逸出，会使漆膜脱落。所以采用阴极保护时，并非任何场合都要求达到完全保护，其保护度应根据被保护设备使用寿命与经常性消耗费（电能或护屏的消耗）等进行综合经济核算后确定。

② 阳极材料的选择　阳极材料对保护效果的影响，就护屏保护来说往往是起决定性作用的因素。为了使被保护构件的表面获得足够的电流密度，要求护屏必须具有足够负的电位，极化性能愈小愈好；并且在使用过程中表面不产生高电阻的硬壳，溶解均匀。常用的主要有三大类：镁基（包括高纯镁）牺牲阳极、锌基（包括高纯锌）牺牲阳极、铝基牺牲阳极。

电保护的辅助阳极材料对保护效果的影响，相对地较为次要。凡是导电的材料均可用来制作辅助阳极，如废钢铁、石墨、高硅铸铁、铅银合金、铂钯合金、镀铂钛等。最常用的是废钢，因为各种旧管子、旧型钢很容易获得。但在腐蚀性较强的介质中，需要经常更换。对于产品中不允许溶入过多铁离子的场合，应选用上述其他几种不易被腐蚀的材料制作辅助阳极。

③ 辅助阳极或护屏的合理配置　如果阳极配置不合理，特别结构形状比较复杂的设备以及介质电导率不太高的场合，则会发生电流屏蔽效应。电流屏蔽效应是由于电流有选择电阻最小的途径流动的特性，个别位置保护电流不能达到或者电流过大；例如被保护设备上距离阳极最近的部位，电阻最小，将集聚很高的电流密度，而离阳极较远的部位，往往不能获得足够的电流密度，致使保护度降低，甚至完全得不到保护。

例如列管式换热器的管子内壁采用阴极保护，如果管子直径比较小，由于管端的遮蔽作用，使离管端稍远处，保护效果急剧下降。所以采用阴极保护的设备，其结构形状不宜太复杂，尤其要避免伸得较长的突出结构。当结构上的突出部分因工艺要求不可避免时，则可将突出部分涂以绝缘材料。

阳极的数量和配置应尽量做到与被保护结构的各部位的距离大致相等、使电流的分散均匀，如图 6-6 所示。

④ 要预留保护参数的监测点　在实际保护条件下，金属表面的保护电流密度往往受各种因素的影响会有较大波动。为了便于对保护参数进行测量和监控，在被保护设备上应预留保护参数的监测点。由于保护电流密度很难直接测量，所以生产上都是监控保护电位。

从上述讨论可知，阴极保护比较适宜于腐蚀性不太强的介质，如海水、土壤、中性盐溶液。在强腐蚀介质中，由于电能或护屏材料的消耗太大，不经济。电保护是利用外加电源来进行保护的，显然可以有很大的功率，因此比护屏保护的适用范围更为宽广，同时电保护还可以根据保护情况随时调节电流的大小。但是电保护需要一套直流电源和附属的电器装置，基本投资远高于护屏保护，所以究竟选用哪种保护方法要视具体情况而定。阴极保护的使用已有很长的历史，在技术上较为成熟。这种保护方法广泛用于船舶、地下管道、海水冷却设备、油库以及盐类生产设备的保护；在化工生产中的应用，亦逐年增多，表 6-2 为阴极保护应用实例。

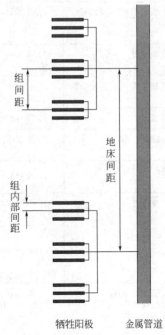

图 6-6　保护金属管道的牺牲阳极分布示意图

表 6-2　阴极保护实例

被保护设备	介质条件	保护措施	保护效果
不锈钢冷却蛇管	11%Na_2SO_3水溶液	石墨作辅助阳极保护电流密度 80mA/m^2	无保护时,使用 2~3 月腐蚀穿孔,有保护时,使用 5 年以上
不锈钢制化工设备	100℃稀 H_2SO_4 和有机酸的混合液	阳极:高硅铸铁保护电流密度:0.12~0.15A/m^2	原来一年内焊缝处出现晶间腐蚀,阴极保护后获得防止
碳钢制碱液蒸发锅	110~115℃ 23%~40%NaOH 溶液	阳极:无缝钢管,下端装有 φ1200 的环形圈,集中保护下部焊缝 保护电流密度 3A/m^2 保护电位 -5V	保护前 40~50 天后焊缝处产生应力腐蚀破裂,保护后 2 年多未发现破裂
碳钢制碱液储槽	NaOH 浓度 46% 温度 80℃	镍作辅助阳极 保护电流密度 0.8A/m^2	保护前使用两年就需修补,大量铁锈污染了产品;保护后有效地防止了腐蚀
氯碱蒸发器,二效罐碳钢管板,不锈钢加热管	80~105℃ NaOH 浓度 300~620g/L 含饱和 NaCl	阳极:不锈钢 保护电流密度 5A/m^2 保护电位 -1.2V(S.C.E.)	保护前碳钢管板腐蚀严重,阴极保护有效地防止了管板腐蚀
碳钢制冷析结晶器	联碱生产母液	环氧涂层—阴极保护的联合保护。被保护面积 160m^2;保护电流 64A;保护电位 -1.0V 阳极:镀铂钛(7cm×25cm)	保护前腐蚀率 0.8mm/a;保护后腐蚀率降为 0.012~0.028mm/a 保护度达 94%~97%
碳钢制箱式冷却槽	海水,40~80℃缓慢流动	阳极:铅银合金 保护电位 -1.0~-0.85V (对 Ag/AgCl 电极) 保护电流密度: 开始时 200mA/m^2 稳定后 20~40mA/m^2	保护前冷却器使用 3~4 年要全部更换;保护后使用 6 年仅有一段管子换过一次
碳钢复水器	海水 15~30℃	阳极:嵌铂的铅银合金 电流密度:0.15A/m^2	保护效果良好
浓缩槽的加热铜蛇管	$ZnCl_2$、NH_4Cl 溶液	阳极:铅	保护前铜的腐蚀引起产品污染变色。保护后防止了铜的腐蚀,提高了产品质量
铜制蛇管	110℃,54%~70% $ZnCl_2$ 溶液	牺牲阳极保护,阳极:锌	使用寿命由原来的 6 个月延长至 1 年
铜和哈氏合金制反应器	10%HCl	外加电源保护,阳极:铅银合金	保护前电偶腐蚀严重,保护后腐蚀减轻
铅管	$BaCl_2$ 和 $ZnCl_2$ 溶液	牺牲阳极保护,阳极:锌	延长设备寿命 2 年
衬镍的结晶器	100℃的卤化物	牺牲阳极保护,阳极:镁	解决了镍腐蚀影响产品质量的问题
硫酸锌浓缩锅	含 $ZnSO_4$100~250g/L	外加电流阴极保护,保护电流密度:5~8A/m^2	效果良好,提高了产品质量
合成氨冷却器	管外为水,管内为 280~320(atm)的 N_2、H_2、NH_3 混合气 (1atm=101325Pa)	外加电流阴极保护 阳极:不透性石墨 保护电位 -850mV 参比电极:Cu/$CuSO_4$ 电极 保护电流密度: 500 mA/m^2	无保护时只能用一年保护后腐蚀基本停止
碳铵生产系统 碳酸化塔 碳酸化副塔	氨水:190 滴度 气量:2×$10^4$$m^3$/h	外加电流阴极保护与环氧树脂涂料联合保护。保护电位 -950mV(S.C.E.) 电流密度:0.1~0.2A/m^2	试片保护度可达 93%~94%,现场保护后,冷却水箱使用寿命由原来的 6 个月延长为一年多

6.1.2 阳极保护

（1）阳极保护原理

从第 1 章（图 1-42、图 1-43）关于金属钝性的讨论知道，对于具有钝化倾向的金属和合金，在一定条件下，利用外加阳极电流进行阳极极化，电位不断向正方向移动，当电流值达到致钝电流密度时，金属发生钝化，由活态转变为钝态。之后只要较小的维钝电流密度就能使金属维持在钝化状态。阳极保护是利用金属在电解质溶液中依靠阳极极化建立钝态的特性而实施的保护方法。它与外加电流阴极保护一样，亦用外加直流电源供电，所不同的是被保护设备接电源的正极，辅助电极接负极。

（2）阳极保护的主要参数

从金属的钝化极化曲线看，使金属建立钝态和保持钝态的 3 个参数——致钝电流密度、维钝电流密度、钝化区范围是阳极保护必须控制的主要参数。

① 致钝电流密度 i_{cp} 促使金属建立钝态的致钝电流密度越小越好，这样不仅可以使用小容量的电源设备，减少设备投资和耗电量，而且致钝过程中，被保护金属的阳极溶解也比较小。致钝电流密度的大小，主要取决于金属的本性和介质条件，其次与致钝时间的长短也有关系。因为生成具有保护作用的钝化膜需要一定的电量。电流密度越小，则致钝时间越长；反之，电流密度大，致钝时间可以很短。例如，在 $1mol/L\ H_2SO_4$ 中对碳钢试片通以不同的电流密度，对应着不同的建立钝态所需的时间如下。

致钝电流密度/(mA/cm²)	2000	500	400	200
建立钝态所需时间/s	2	15	60	不能钝化

可以看出，把致钝电流密度由 $2000mA/cm^2$ 降至 $400mA/cm^2$，致钝时间延长到原来的 30 倍；当电流密度减小到 $200mA/cm^2$ 时，则始终不能建立钝态。这是因为在致钝过程中，有一部分电流消耗在电解腐蚀上，外加的电流并非全部用于建立钝态。电流密度小，电解腐蚀消耗的电流相对比率高，电流效率（建立钝态的有效电流）低。当电流密度小到一定数值时，电流效率几乎等于零，电流全部消耗于电解腐蚀了。因此在设计阳极保护时，要合理地选择致钝电流密度，既考虑恰当的电源设备容量，又要使金属建立钝态时，不致遭受太大的电解腐蚀。为此，在生产工艺条件允许时，可采用逐步钝化的方法，即将被保护设备接上电源后，逐步注入腐蚀性溶液，使设备由下而上的分段依次建立钝态。这样在整个致钝过程中，总的电流可以大大减小，因而可选用容量较小的电器设备，又能减小金属设备的电解腐蚀。

② 维钝电流密度 维钝电流密度希望越小越好，因为它直接反映了金属设备在阳极保护下的腐蚀速率。并且维钝电流密度越小，经常性的电解消耗也越少。维钝电流密度的大小同样也取决于金属的本性和介质条件（溶液组成、浓度、pH 值、温度等）。所以具有钝化倾向的金属，如果维钝电流密度很大，那么采用阳极保护就没有意义了。生产上为了降低维钝电流密度，常常采用涂料-阳极保护的联合保护，有较好的效果。

③ 钝化区范围 稳定钝化区电位范围越宽越好，这样在实施阳极保护时，即使电位波动，亦不致出现金属由钝态转变为活态或过钝化状态的危险，并且对控制电位的仪器设备和参比电极的要求也可适当降低；反之如果稳定钝化区的电位范围很窄，生产上工艺条件稍有波动，金属就有可能重新活化，阳极保护的实施就很困难。

表 6-3 是几种金属在一些介质中实施阳极保护的三个主要参数。

（3）阳极保护设计要点

① 正确选择辅助阴极材料 阴极的材料在阳极保护过程中应该是耐蚀的，并且要有一定的机械强度、制作容易、价格便宜，有的材料在某些介质中还要考虑氢脆的影响。

表 6-3　金属材料在某些化学介质中阳极保护的三个主要参数

介　质	材　料	温度 /℃	致钝电流密度 /(A/m²)	维钝电流密度 /(A/m²)	钝化区电位范围 /mV
105% H_2SO_4	碳钢	27	62	0.31	+1000 以上
100.2% H_2SO_4	碳钢	27	4.65	0.155	+800 以上
96%～100% H_2SO_4	碳钢	93	6.2	0.46	+600 以上
96%～100% H_2SO_4	碳钢	279	930	3.1	+800 以上
97% H_2SO_4	碳钢	49	1.55	0.155	+800 以上
88.9% H_2SO_4	碳钢	27	155	0.155	+400 以上
67% H_2SO_4	碳钢	27	930	1.55	+1000～+1600
49.8% H_2SO_4	碳钢	27	2325	31	+600～+1400
96% H_2SO_4 被 Cl_2 饱和	碳钢	50	2～3	1.5	+800 以上
90% H_2SO_4 被 Cl_2 饱和	碳钢	50	5	0.5～1	+800 以上
76% H_2SO_4 被 Cl_2 饱和	碳钢	50	20～50	<0.1	+800～+1800
67% H_2SO_4	不锈钢	24	6	0.001	+30～+800
67% H_2SO_4	不锈钢	66	43	0.003	+30～+800
67% H_2SO_4	不锈钢	93	110	0.009	+100～+600
115% H_3PO_4	不锈钢	93	1.9	0.0013	+20～+950
115% H_3PO_4	不锈钢	177	2.7	0.38	+20～+900
85% H_3PO_4	不锈钢	135	46.5	3.1	+200～+700
75% H_3PO_4	碳钢	27	232	23	+600～+1400
20% HNO_3	碳钢	20	10000	0.07	+900～+1300
30% HNO_3	碳钢	25	8000	0.2	+1000～+1400
40% HNO_3	碳钢	30	3000	0.26	+700～+1300
50% HNO_3	碳钢	30	1500	0.03	+900～+1200
80% HNO_3	不锈钢	24	0.01	0.001	—
80% HNO_3	不锈钢	82	0.48	0.0045	—
37% 甲酸	不锈钢	沸腾	100	0.1～0.2	+100～+500[①]
37% 甲酸	铬锰氮钼钢	沸腾	15	0.1～0.2	+100～+500[①]
30% 草酸	不锈钢	沸腾	100	0.1～0.2	+100～+500[①]
30% 草酸	铬锰氮钼钢	沸腾	15	0.1～0.2	+100～+500[①]
70% 乙酸	不锈钢	沸腾	10	0.1～0.2	+100～+500[①]
30% 乳酸	不锈钢	沸腾	15	0.1～0.2	+100～+500[①]
LiOH pH=9.5	不锈钢	24	0.2	0.0002	+20～+250
LiOH pH=9.5	不锈钢	260	1.05	0.12	+20～+180
20% NaOH	不锈钢	24	47	0.1	+50～+350
25% NH_4OH	碳钢	室温	2.65	<0.3	-800～+400
碳化液：$NH_3$100 滴度 $CO_2$80mL/mL	碳钢	40	200	0.5～1	+300～+900
60% NH_4NO_3	碳钢	25	40	0.002	+100～+900
80% NH_4NO_3	碳钢	120～130	500	0.004～0.02	+200～+800
H_2O_2	不锈钢	24	0.4	0.0084	
NH_4NO_3	不锈钢	24	0.9	0.008	+100～+700
$Al_2(SO_4)_3$	不锈钢	24	0.9	0.008	+50～+600
83% NH_4NO_3+0.25% NH_4OH	碳钢	93	—	0.0053	

① 系指对铂电极电位，其余均为对饱和甘汞电极电位。

对于浓硫酸，可以选用铂或镀铂电极、钽、钼等作为阴极材料；对稀硫酸则可选用银、铝青铜和石墨等；当硫酸的纯度要求不高时，可以采用比较便宜的高硅铸铁或普通铸铁。对盐类溶液和碱溶液则可选用高镍铬合金或普通碳钢。用碳钢作阴极时，应适当地设计阴极面积，使阴极上具有必要的保护电流密度。例如，对碳铵生产的碳化塔进行阳极保护时，只要使碳钢辅助阴极的电流密度不小于 $5A/m^2$，则碳钢阴极本身就能处在良好的阴极保护之中。

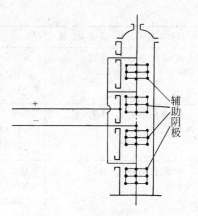

图 6-7　加压碳化塔阳极保护的阴极布置示意图

② 辅助阴极的合理配置　在结构形状复杂的设备中，阳极保护与阴极保护一样也存在电流屏蔽效应，容易出现电流分布不均匀。距辅助阴极近的部位可能已钝化甚至过钝化，而距阴极较远或电流不易达到的地方，可能仍处于活化状态。但是设备各部位一旦建立起钝态以后，由于阳极表面形成一层高电阻的钝化膜，金属表面的电阻相对于溶液的电阻高得多，则距离对分散能力的影响已大为降低。因此，阴极的配置只要能满足致钝阶段的要求，那么维钝阶段亦一定能保证。

影响分散能力的因素比较复杂，阴极的布置常常需要通过试验来确定，图 6-7 为加压碳化塔阳极保护的阴极布置示意图。

③ 预留保护参数的监测点和参比电极的选用　阳极保护必须在严格控制电位的条件下致钝和维持钝态，因而监测金属电位所用的参比电极应该工作稳定、可靠，并且便宜、易于制作、安装和使用方便。

阳极保护中常用的参比电极是可逆电极如甘汞电极、硫酸铜电极，这类电极的电位稳定，监测值精确度高，但它们是玻璃制品，易损坏，安装、固定必须特别注意。工业上也可以采用在介质中电位稳定的耐蚀金属作为参比电极。

参比电极的安装位置，应选择恰当，一般选在距阴极最远或电位最低的部位。

阳极保护与阴极保护一样，都是适用于电解质溶液中连续液相部分的保护，对于气相部分或设备表面仅有一层很薄的液膜者是不能保护的。阳极保护的适用范围较窄，主要用于氧化性介质中对钢铁进行保护。在强氧化性介质中使用得当时，常常可以获得很高的保护效果，并且比较经济。表 6-4 列出了阳极保护实例。

表 6-4　阳极保护实例

被保护设备	设备材料	介 质 条 件	保 护 措 施	保 护 效 果
有机酸中和罐	不锈钢	在 20% NaOH 中加入 RSO_3H 进行中和	铂阴极 钝化区电位范围 250mV	保护前有孔蚀，保护后孔蚀大大减小。产品含铁由 $250\sim300\mu g/g$ 减至 $16\sim20\mu g/g$
纸浆蒸煮锅	碳钢，高 12m 直径 2.5m	NaOH100g/L Na_2S35g/L，180℃	建立钝态 4000A 维持钝态 600A	腐蚀速率由 1.9mm/a，降至 0.26mm/a
废硫酸储槽	碳钢	＜85% H_2SO_4，含有机物，27~65℃		保护度 84% 以上
H_2SO_4 储槽	碳钢	89% H_2SO_4		铁离子含量从 $140\mu g/g$ 降至 $2\sim4\mu g/g$
H_2SO_4 储槽	碳钢	90%~105% 的 H_2SO_4	镀铂阴极	铁离子含量从 $10\sim106\mu g/g$ 降至 $2\sim4\mu g/g$
H_2SO_4 槽加热盘管	不锈钢面积仅 0.36m²	100~120℃ 70%~90% H_2SO_4	钼阴极	保护前腐蚀严重，经 140h 保护后，表面和焊缝均很好
铁路槽车	碳钢	NH_4OH、NH_4NO_3 和尿素的混合溶液	阴极：哈氏合金 参比电极：不锈钢	效果显著

续表

被保护设备	设备材料	介质条件	保护措施	保护效果
碳酸化塔冷却水管	碳钢	40℃ NH_4OH NH_4HCO_3	阴极：碳钢 参比电极：铸铁 表面未涂涂料	保护效果显著，保护时间1年至3年不等（国内某化肥厂）
碳酸化塔冷却水管	碳钢	40℃ NH_4OH NH_4HCO_3	表面涂环氧树脂	时间1年多，效果显著（国内某化肥厂）
碳酸化塔冷却水管	碳钢	40℃ NH_4OH NH_4HCO_3	阴极：碳钢 参比电极：不锈钢 表面喷铝后，再涂环氧树脂	时间1年多，效果显著（国内某化肥厂）

6.2 衬 里

衬里是金属或非金属材料覆盖层保护中最常用一种方法，衬里综合利用不同材料的特性，将材料的表面与基体进行组合的防腐方法。根据不同的介质条件，大多是在钢铁或混凝土设备上选衬各种非金属材料。对于温度、压力较高的场合，可以衬耐蚀金属（如不锈钢、钛、铅、铜、铝等）。本节讨论应用最广泛的在碳钢设备表面衬陶瓷砖板、石墨砖板、橡胶、玻璃钢以及搪瓷等。设备衬里质量的关键是如何保证设备基体表面与衬里材料之间具有足够的黏结强度。这个黏结强度既取于胶黏剂本身的性能，又与被黏物和胶黏剂界面的特性密切相关。标准参见 HG/T 20676—1990《砖板衬里化工设备》。

6.2.1 砖板衬里

（1）衬里砖板种类

砖板衬里多年来一直是国内外传统的防腐蚀技术。目前常用的砖板有：辉绿岩板、玄武岩板、耐酸瓷砖板、耐酸耐温陶砖板和不透性石墨板等。它们的耐腐蚀性能和适用范围与作为独立结构材料的陶瓷、石墨基本相同，其中辉绿岩板的抗磨性能优于其他衬里材料，常用于既要求耐蚀又有严重磨损的场合；耐酸陶板的耐酸度不如耐酸瓷砖板，孔隙率也较大，但价格比较便宜，一般用于耐酸度要求稍低的部位；石墨板相对价格较高，多半用作要求传热的设备衬里。

砖板衬里的质量主要取决于胶黏剂的合理选择与施工，另外与衬里结构的正确设计亦有密切关系。

（2）衬里胶泥的选择

胶黏剂不仅要求与被黏物之间有良好的黏附性能，并且胶黏剂本身必须具有足够的内聚强度。例如，水对金属表面虽然有很好的润湿性，彼此的黏附力亦高，但水的内聚力却很小，不可能作为胶黏剂使用。作为防腐衬里用的胶黏剂除了要求有高的黏结强度外，还应该有良好的耐蚀性，致密抗渗透，热稳定性好，固化收缩率低，经济并便于施工等特性。

胶黏剂的品种很多，常用于砖板衬里的主要有硅酸盐和树脂类胶黏剂。由于砖板是硬质材料，其表面几何形状都是平面，与筒体的弧形表面不易紧密贴合，要填实间隙就必须有较厚的胶黏剂层。因此为了减少胶黏剂固化时产生过大的收缩和施工时胶黏剂的流淌，常加入较多的填料。胶黏剂在固化前类似黏土，故习惯上称为胶泥。

① 水玻璃胶泥　硅酸盐胶黏剂中目前用得最多的是钠水玻璃（硅酸钠溶液）胶泥，有

时也采用钾水玻璃（硅酸钾溶液）胶泥，它们是以水玻璃为胶黏剂，氟硅酸钠为固化剂，耐酸粉为填料，按一定比例调制而成。水玻璃胶泥在凝固和硬化过程中，水玻璃和氟硅酸钠发生水解并生成凝胶 $Si(OH)_4$

$$2Na_2O \cdot nSiO_2 + Na_2SiF_6 + 2(2n+1)H_2O \longrightarrow 6NaF + (2n+1)Si(OH)_4$$

凝胶 $Si(OH)_4$ 具有黏性，不仅与钢铁表面有较好的黏附力，同时它可以将填料粒子黏结起来，凝胶进一步脱水后就成为坚固的黏结层

$$Si(OH)_4 \longrightarrow SiO_2 + H_2O$$

水玻璃胶泥耐酸和耐热性好，价格低，在氧化性介质，如 $55\% \sim 95\%$ 的硫酸、硝酸、铬酸等以及有机溶剂中比其他胶泥更优越。但它不耐碱和含氮化合物，抗渗性比较差，收缩性亦大。在硫酸、磷酸和乙酸等介质中，钾水玻璃胶泥比钠水玻璃胶泥好，因为这些酸与钠水玻璃易生成含大量结晶水的钠盐，致使体积膨胀而导致胶泥开裂和破碎。

② 树脂胶泥　目前大多使用热固性树脂（如酚醛、环氧、呋喃、环氧-酚醛、环氧-呋喃等）添加填料、固化剂等配制而成。这类胶泥的共同特点是不耐强氧化性酸和氧化性介质，而对非氧化性酸却有较好的耐蚀性。环氧、呋喃胶泥既耐酸又耐碱，适用于酸碱交替的场合。酚醛胶泥有较好的抗渗性和抗水性，常用于渗透性较大的稀酸介质中的防腐。呋喃胶泥与钢铁的黏结力差、性脆，添加环氧树脂的环氧改性呋喃胶泥可以显著提高黏结强度。环氧胶泥的特点是黏结强度高，收缩性小，抗渗透性好，但价格比较贵，一般用于挤缝与勾缝。

无论是水玻璃胶泥或树脂胶泥，固化以后总是存在一定孔隙，所以为了防止衬里砖缝的渗透，一般至少要衬二层或二层以上。各层砖缝相互错开，并且可以选用不同胶泥组合使用。各种胶泥的选用见表 6-5。对于渗透性很强的比较苛刻的腐蚀环境，有时可以先衬一层橡胶或玻璃钢、铅作为介质的隔离层，然后进行砖板衬里。

表 6-5　衬里胶泥的使用场合

底层衬里胶泥/面层衬里胶泥	使　用　场　合
水玻璃胶泥/水玻璃胶泥	适用于浓硫酸、硝酸、铬酸、次氯酸、过氧化物等强氧化性酸和氧化性介质；浓盐酸、乙酸等
水玻璃胶泥/水玻璃胶泥（用酚醛胶泥勾缝）	可改善抗渗性、耐水性，但不耐碱，适用于稀酸介质
水玻璃胶泥/水玻璃胶泥（用环氧胶泥勾缝）	可改善抗渗性、提高耐稀酸及耐碱性
酚醛胶泥/酚醛胶泥	适用于渗透性强的稀酸设备衬里
酚醛胶泥/呋喃胶泥	适用于渗透性强的稀酸或酸碱交替的场合
酚醛胶泥/环氧胶泥	适用于渗透性强的稀酸或酸碱交替的场合
酚醛胶泥/水玻璃胶泥	适用于开始为浓酸，后来变成稀酸的场合
环氧（或酚醛）玻璃布/酚醛胶泥	适用于易渗透介质
环氧-呋喃玻璃钢/环氧呋喃胶泥	适用于酸、碱及易渗透的介质
隔离层＋酚醛胶泥/酚醛胶泥	适用于腐蚀性强及易渗透的介质的反应设备

（3）砖板衬里的结构设计特点

为了保证施工质量，便于设备检修，设备及衬里层结构设计应注意以下问题。

ⅰ.砖板衬里是手工操作，为了便于衬里施工和检修，设备直径不宜小于 700mm。对于反应罐等密闭设备，应设有人孔和大检修用的可拆卸大法兰。大法兰转角处衬贴耐腐蚀材料如铅、不锈钢等的翻边层（图 6-8）。

ⅱ.设备焊缝应采用对焊接，其内表面的焊缝凸起的高度不宜超过 2.5mm，并要求平整。伸入设备的接管，其端部要与设备内表面齐平，同时接管应避免用斜插管以保证施工质量。

ⅲ.在液面以下的器壁上尽可能不安装接管，例如有些压力釜的出料口开在顶盖上，卸料管从顶盖插到设备底部，依靠压力卸料。如果必须安装接管，则必须严格注意质量，其衬

里结构如图6-9所示。法兰转角处加翻边隔离层，中心插入陶瓷或酚醛塑料的保护套管。如果接管直径较大，找不到合适的套管时，可衬一层小的瓷板或不透性石墨板；介质腐蚀性较强时，最好衬两层。

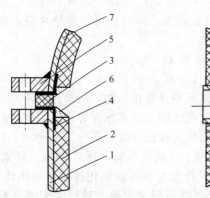

图 6-8　顶盖大法兰连接

1—罐体；2—衬里层；

3—密封垫；4—翻边衬层；

5—大法兰；6—胶泥；7—设备顶盖

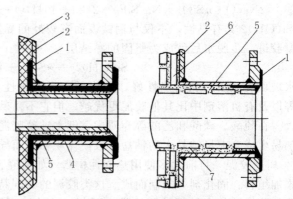

图 6-9　液下接管衬里结构

1—翻边隔离层（铅、玻璃钢等）；2—罐体；

3—衬里层；4—保护套管；5—胶泥；

6—瓷板；7—小板

ⅳ. 设备内需要直接通入蒸汽加热时，蒸汽管出口不得对准砖板衬里层，否则受冲击振动易使砖板脱落（图6-10）。当同时有搅拌器时，其蒸汽喷出口应与搅拌方向一致，以免形成更大的振动。

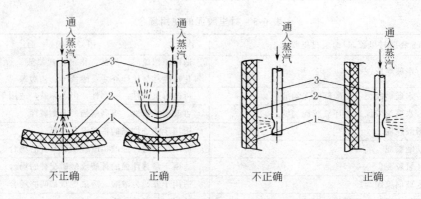

图 6-10　直接蒸汽加热管安装方位

ⅴ. 设备底部的衬里层结构如图6-11所示。一般常用人字形排列；丁字形排列施工方便，但砖缝成一直线，易渗透；扇形排列适用于锥形底衬里。

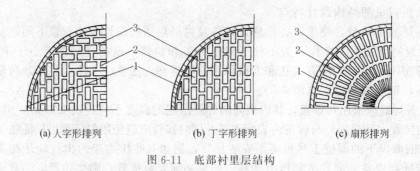

(a) 人字形排列　　　　(b) 丁字形排列　　　　(c) 扇形排列

图 6-11　底部衬里层结构

ⅵ. 设备顶盖处于气相环境，其腐蚀情况较处于液相部分轻，因此可以适当降低衬里的要求。气相腐蚀不太严重时，可在顶盖上焊一层铁丝网，然后抹上 15～20mm 的胶泥。若腐蚀性较大，可衬玻璃钢或酚醛软片、橡胶，或者衬一层小瓷板。

6.2.2　玻璃钢衬里

前面讨论过的各种整体玻璃钢结构材料都可以用作衬里。在性能上，两者并无多大区别，只是根据玻璃钢衬里常见的破坏特点，在胶黏剂与增强玻璃纤维的选择、用量比例，以及施工方法上和整体玻璃钢略有不同。

（1）玻璃钢衬里的渗透与应力破坏

渗透　玻璃钢衬里中的树脂在固化成型时，由于溶剂的挥发，一些未参与交联反应的固化剂、增塑剂等物质的析出，以及某些缩聚树脂在固化过程中生成的"小分子"产物等，都会使玻璃钢衬层出现针孔、气泡或微裂纹等缺陷，尤其是手糊玻璃钢施工更易发生。这样，介质就会沿着这些缺陷往里渗透。其次，玻璃纤维的表面如果处理不好，介质亦会渗到树脂与玻璃纤维的界面间。而介质中的水是强极性分子，与金属或玻璃纤维有较大的亲和力，因此渗入的水分子会取代树脂对玻璃纤维或金属的吸附，致使玻璃钢内聚强度降低。破坏了树脂与金属的黏合。当渗透到金属与树脂界面上的介质与金属发生腐蚀时，可能出现鼓泡而使衬里层剥离。

应力破坏　在树脂固化过程中，因分子交联和链的缩短还会引起体积收缩，而在衬层内产生拉应力。另外，由于玻璃钢层与金属的膨胀系数不同，在加热固化或升温及冷却过程中都会出现热应力。当这些内应力超过玻璃钢衬层强度时就会使衬层破裂。如果应力值大于玻璃钢与金属的黏结强度，则导致衬层剥离。有时即使应力值没有达到这种极限状态，局部的应力集中可能造成衬层翘曲或局部龟裂。因此为了提高玻璃钢衬里的抗渗性和减缓内应力，必须正确选择胶黏剂的配方、玻璃纤维与树脂的相对比例，并且要使树脂充分固化，同时保证衬层有足够的厚度。

（2）胶黏剂与玻璃纤维的选择

玻璃钢衬里常用的胶黏剂有酚醛、环氧、呋喃、聚酯以及它们的各种改性胶黏剂。胶黏剂中一般不加填料，只有在某些特殊场合，如要求衬里导热或耐磨时，才适当加入石墨粉或辉绿岩粉等填料。在这些胶黏剂中，从满足衬里的要求来说，环氧胶黏剂最为优越。因为它的黏附力强，固化收缩率小，固化过程中没有小分子副产物生成，制成的玻璃钢的线膨胀系数与钢材基本差不多。所以，为了提高衬里层与基体的黏合力，常选用环氧树脂作为底层涂料。以环氧树脂等为底层的各种玻璃钢衬里层与钢基体的黏结强度见表 6-6。

表 6-6　各种玻璃钢衬里层与碳钢的黏结强度　　　　　　　　　MPa

底层涂料	环氧玻璃钢	酚醛玻璃钢	呋喃玻璃钢	环氧-酚醛玻璃钢	环氧-呋喃玻璃钢	酚醛-呋喃玻璃钢
环氧	10.5	11	10.6	9	11.6	5
酚醛		3.8				
呋喃			0.7			
环氧-酚醛				14		
环氧-呋喃					7.9	
酚醛-呋喃						1

胶黏剂的配方应严格控制溶剂、固化剂和增塑剂等添加量，以免降低衬层的渗透性和增大树脂固化收缩率。尤其是溶剂，只要满足施工要求，应尽量少用或不用。胶黏剂中加入的少量玻璃纤维，除了起骨架作用外，其主要目的是为了调整玻璃钢衬里的线膨胀系数和固化收缩率，以减缓衬里层的内应力。

由于玻璃钢衬里设备内的负荷全部由钢壳承载，衬里层并不受力，其中的玻璃纤维只是为了保持衬层的整体性和获得一定厚度，所以衬里用的玻璃钢只要能达到上述要求，玻璃纤维的含量越少越好。这样可以大大减少树脂与玻璃纤维的界面，有利于降低介质的渗透。同时选用的玻璃纤维制品，应该是最容易被树脂浸润的品种，通常多采用 0.2mm 厚的无捻粗纱方格布。如果要求衬层比较厚，为了减少施工量，亦可选用 0.4~0.5mm 的厚布。

对于受气相腐蚀或腐蚀性较弱的液体介质作用的设备，一般衬贴 3~4 层玻璃布就可以了。而条件比较苛刻的腐蚀环境，则衬里总厚度至少应大于 3mm。在衬贴过程中，涂刷胶黏剂必须使每层玻璃布充分浸润，尽可能挤出纤维间空隙中的空气。并且最好每衬贴一层，待干燥或热处理后再衬下一层，这样可以使溶剂充分挥发和树脂固化程度高，有利于提高玻璃钢衬里的抗渗性。但是，总的来说，玻璃钢衬里的抗渗性不够理想，且不耐磨；在密闭的设备内施工，劳动、卫生条件比较差，所以这种衬里的使用范围受到一定的限制。

6.2.3　橡胶衬里

橡胶具有良好的耐酸和耐磨性，作为金属设备的防腐衬里，在化学工业、制药工业、有色金属和食品工业等生产中应用较为普遍。

橡胶有天然橡胶和合成橡胶两大类。随着各种性能优异的合成橡胶以及胶黏剂的开发，硫化技术的提高，橡胶衬里的应用范围正不断扩大。

衬里用的胶片是由生橡胶、硫黄和其他添加剂配制而成，称为生胶板。按施工要求衬贴于设备表面，经硫化后使橡胶变成结构稳定的防腐层。经过硫化的橡胶称为熟橡胶或橡皮，但习惯上仍然统称橡胶。具体性能见 GB 18241.1—2001《橡胶衬里　第一部分　设备防腐蚀衬里》。

（1）衬里用橡胶的性能

天然橡胶是用橡胶树的树汁（即胶乳）经炼制而成，系不饱和的异戊二烯高分子聚合物，衬里用的胶片在橡胶中还配入硫化剂、硫化促进剂、增塑剂、防老剂、填料以及结合增强剂等添加物。未经硫化的橡胶有很好的可塑性，在热压下可制成各种所需的形状，在一定温度下硫化后，由于硫化剂（常用硫磺）与橡胶产生化学反应而形成交联的体型网状结构为

$$
\cdots\!-\!CH_2\!-\!\underset{\underset{CH_3}{|}}{C}\!=\!CH\!-\!CH_2\!-\!\cdots\ +\ S\ \longrightarrow\quad
\begin{array}{c}
\cdots\!-\!CH_2\!-\!\underset{\underset{CH_3}{|}}{\overset{\overset{CH_3}{|}}{C}}\!-\!CH\!-\!CH_2\!-\!\cdots\\
|\\
S\\
|\\
\cdots\!-\!CH_2\!-\!\underset{\underset{CH_3}{|}}{\overset{\overset{CH_3}{|}}{C}}\!-\!CH\!-\!CH_2\!-\!\cdots
\end{array}
$$

硫化后的网状分子不再发生塑性流动，具有一定的强度、硬度和弹性，并且耐热温度也提高了。

胶片衬贴时用的胶黏剂（通常称为胶浆）同样配有硫黄等添加剂。由于橡胶中的硫极易与金属反应生成金属的硫化物，因此衬里层与基体有很高的黏结强度。对于某些真空条件下操作的设备，用树脂类胶黏剂粘贴的玻璃钢或塑料衬里，常常由于贴合力不能满足要求而无法使用，但橡胶衬里在这方面却显示出优异的特性。

随着橡胶中配入的添加剂的种类和数量不同，它们的性能亦有一定差异。含有 1%~3% 硫黄的橡胶，具有很好的弹性，称为软橡胶；硫黄含量大于 40% 的，称为硬橡胶；硫黄含量在 30% 左右的称为半硬橡胶。硬橡胶的耐蚀性、抗老化性以及与金属的黏结强度都比软橡胶好。但耐磨、耐寒和抗冲击性能不及后者。半硬橡胶的性能则介于两者之间。硬橡胶的长期使用温度为 0~65℃；软橡胶、半硬橡胶为 -25~75℃。

软橡胶由于硫化后交联不完全，保持了很好的弹性，能承受较大的变形，适用于温度变化大和有冲击振动的场合。也正因为它的交联不完全，耐蚀性不如硬橡胶，例如在盐酸中会

发生严重的体积膨胀，比硬橡胶大 10～20 倍。另外，它的抗渗性以及与金属的黏结强度比较低。所以一般不能单独作衬里层，常与硬橡胶或半硬橡胶组合使用。

硬橡胶的化学稳定性高，抗渗性及抗老化性能亦比较好，适用于温度变化较小，无磨损冲击的强腐蚀性介质中。它既可以单独使用，亦可以作为软橡胶联合衬里的底层。硬橡胶可以进行力学加工，所以还能作旋塞、泵等的衬里。

橡胶衬里既可用于静设备的衬里，亦可用作运动零件（如搅拌桨、泵和鼓风机的叶轮等）的耐蚀、抗磨的包覆材料。橡胶衬里的使用场合参见表 6-7。

表 6-7　橡胶衬里使用场合举例

橡胶种类	衬层结构		适　用　范　围
	层　数	总厚度/mm	
硬橡胶或半硬橡胶	1～2	3～6	计量槽、储槽、塔器等静止设备
	2	4～6	泵、通风机、离心机转鼓等转动机械
	1	3	输送氯气、稀硫酸等气体或液相介质的管道
	3～4	9～12	如过磷酸钙生产中的搅拌等有严重磨损和腐蚀的场合
	3～6	9～12	需经机械加工的零件，如阀芯、旋塞、离心机机轴等
底层硬胶 面层软胶	2	4～6	适用于受冲击、磨损或温差较大的场合

近年来在化工防腐中，也用聚异丁烯橡胶衬里。这种橡胶的分子结构没有不饱和双键，属于比较惰性的物质，所以它的耐酸碱性能比天然橡胶和其他合成橡胶都更强，并且密度大，耐水性和抗老化性能良好。此外，聚异丁烯橡胶是热塑性高聚物，使用时不需要硫化，施工方便，这是与其他橡胶所不同的最大特点。不过这种橡胶使用温度较低，很少单独使用，大多用作砖板联合衬里的严密底层。

（2）橡胶衬里技术要点

橡胶衬里的流程如图 6-12 所示，其中以缺陷处理、衬贴和硫化等几个步骤对衬里质量的影响最大。

① 缺陷处理　设备的焊缝部位和转角处，往往由于角度太小，胶板不易衬贴弥合而残留空气，受热时会引起衬层的鼓泡。通常可用以下方法消除。

i . 用刷过胶浆的胶条填贴设备缺陷处，然后用烙铁烙至要求的坡度或烙平，这一工序一般在刷完第一遍胶浆后进行。

ii . 在涂刷第三次胶浆后，用 4～5 根合股棉线（直径约 1～2mm），沿设备缺陷处排列，线头从附近法兰处引出，然后衬贴胶板，残存在缺陷处的气体在硫化时便沿棉线排出。这种挂线排气法是从实践中总结出来的行之有效的方法。

iii . 用粗针头穿过胶片插到缺陷部位，然后用真空泵将残余空气抽出，这种方法只局限于较小的部位和局部缺陷处理。

② 衬里　橡胶衬里不同于衬玻璃钢，它是用大块胶板刷浆后进行衬贴。为了避免胶板未到位就黏附在金属上或胶板相互黏住，一般都在胶板上先覆盖一层不易黏附的垫布（如塑料薄膜或黄蜡绸等）。然后将胶板卷起来送入设备进行衬贴，边衬边将垫布抽出。衬贴时在一定温度下进行烙压，因为生胶板被加热可以增加塑性，加压的目的是为了排除空气同时保证胶板与金属表面更好地贴合。

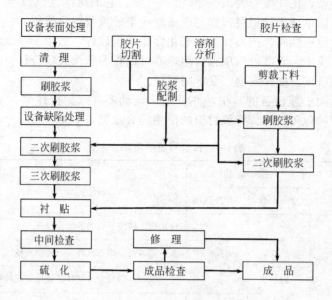

图 6-12　橡胶衬里流程

③ 硫化　硫化是整个衬里过程的关键工序，硫化程度是否完全取决于硫化温度和时间。硫化反应开始时是吸热反应，后期逐步转为放热反应。软橡胶由于含硫量小，硫化过程比较平缓，反应不剧烈。硬橡胶含硫量高，反应后期的放热量大，而橡胶导热性又差，尤其胶层较厚时，内部集中的热量难以释放，如果集聚的热量使温度超过 180℃，分解的 H_2S 气体就会使胶层产生气孔，甚至焦化或爆裂。所以衬里施工的硫化温度一般控制在 140～150℃，对于厚度比较大的衬里层如旋塞、泵壳等往往采取分段硫化，也即在不同的温度段硫化一定时间，然后再逐段冷却。硫化的时间亦即硫化终点，通常根据测定橡胶的硬度和强度来确定。因为在一定温度下，橡胶的硬度和强度随硫化时间的增长而增加，当达到某一最大值时，再延长时间，硬度不仅不会再增加，反而会增大脆性，甚至发生衬层开裂和脱层。所以不同配方的胶片，不同厚度的衬层，需事先通过实验确定硫化终点值。

如图 6-13 所示，硫化可使胶料从塑性变成高弹性，特别是胶料的定伸应力、弹性、硬度、抗溶胀性和化学稳定性等会有明显的变化。这种硫化胶性能的变化，主要与加入胶料中的硫化助剂和硫化条件有关。

性能	硫化过程		
	未硫化或欠硫化	正硫化	过硫化
拉伸强度	小 →	大 →	小
伸长率	大	——	小
永久变形	大	——	小
定伸应力	小 →	大 →	小
硬度	小	——	大
弹性	低 →	高 →	低
耐热老化性	差 →	好 →	差
耐溶剂性	差	——	好
化学稳定性	差	——	好
电绝缘性	差	——	好

图 6-13　橡胶衬里的硫化过程

硫化的方式有间接硫化、直接硫化和敞口硫化等三种。间接硫化是将衬好胶的设备送入硫化罐内，通蒸汽进行硫化，这种方法的硫化质量较高，但设备尺寸受硫化罐的容积限制；直接硫化是在大型密闭容器、反应器等设备内，直接通人蒸汽进行硫化，由于设备上的接管部位可能受热不均匀而影响硫化质量，所以需采取保温措施；敞口硫化则是注水或盐水于设备内，然后用蒸汽蛇管加热使之沸腾，敞口硫化的质量不易保证，故一般只用于不能承受压力的大型设备。

（3）橡胶衬里的结构设计特点

为了保证衬里质量，设备与衬层结构应符合以下要求（参见 HG/T 20677—2013《橡胶衬里化工设备设计规范》）。

ⅰ. 因为橡胶衬里的胶黏层很薄，所以对设备表面的凹凸部位比砖板衬里要求更高。例如，所有焊缝处都应打磨成一定坡度或圆角。设备原则上不应采用铆接结构，如有特殊需要，则必须用埋头螺钉。

ⅱ. 法兰口上不要车密封线，以免缝隙中残留空气造成衬层鼓泡现象（图 6-14）。

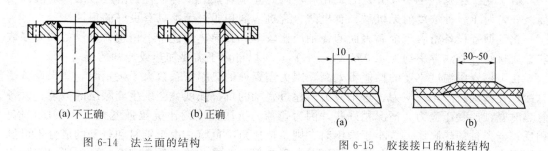

图 6-14 法兰面的结构

图 6-15 胶接接口的粘接结构

ⅲ. 设备接管口应与设备表面齐平。所有管道、顶盖、塔节的可拆连接都应采用法兰连接，不能设计成螺纹连接。

ⅳ. 平面或弧面上胶板的黏接结构有对接和搭接两种形式（图 6-15）。除了转动设备要求沿圆周不能突出胶片而采用对接外，一般均用坡口搭接。

ⅴ. 物料进出口接管的衬层结构，其胶缝应顺着介质流动方向搭接（图 6-16）。

ⅵ. 转动设备的胶片搭接方向应与转动方向一致，避免接缝受冲击或摩擦作用而产生脱胶现象（图 6-17）。

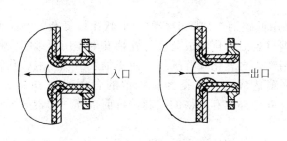

图 6-16 物料进出口衬胶的结构

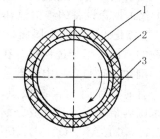

图 6-17 转动设备胶片接口方向
1—衬胶片；2—钢件；3—胶片方位

6.2.4 化工搪瓷

化工搪瓷是在钢铁设备表面涂覆高含硅量的瓷釉，经高温煅烧而形成的致密玻璃质耐蚀层。化工搪瓷设备兼备了金属的良好力学性能和瓷釉的耐腐蚀优点，并且表面光滑不会污染产品，因此在医药、农药、塑料和合成纤维生产中得到广泛应用。

（1）化工搪瓷的性能

化工搪瓷的主要成分是二氧化硅、瓷釉（主要原料是：石英砂、长石等天然岩石），助熔剂（硼砂、纯碱、碳酸钾、氟化物等）、少量密着剂（镍、钴、铜、锑、锡等金属的氧化物），经粉碎并按一定比例混合。在 1130～1150℃ 温度下熔融成为玻璃态物质，然后再加水、黏土、乳浊剂等磨加物在研磨机内充分磨细，制成瓷釉浆。利用喷枪将瓷釉浆均匀地喷涂在钢铁设备表面，再送入加热炉于 800～900℃ 温度下进行烧结，即得到紧密黏附在钢铁表面的玻璃质搪瓷层。为了获得性能良好的搪瓷层，通常要在钢铁设备表面涂覆两层不同组成的瓷釉。直接与钢铁表面接触的称为底釉，在原料配比上要求尽可能与钢铁具有相近的热膨胀系数；瓷釉的熔融物应该有较小的表面张力，使得能很好地润湿钢铁表面而提高黏结强度。面釉则主要起防腐蚀的作用，面釉一般涂覆 2～3 次。无论是底釉或面釉，每涂覆一次都必须烧结一次。搪瓷层的总厚度通常约 0.8～1.5mm。

由于化工搪瓷的主要成分是二氧化硅，因此除了氢氟酸、含氟化物溶液、浓热磷酸以及强碱外，对于各种浓度的无机酸、有机酸、有机溶剂和弱碱等都具有良好的耐蚀性。

化工搪瓷设备密着于金属表面的瓷釉层比较薄，其导热性优于不锈钢衬里设备和大多数非金属材料 ［其热导率约为 1.0W/(m·K)］，所以可用于需要加热或冷却的场合。

化工搪瓷耐温度剧变的性能不太高，因为当瓷釉的热膨胀系数大于碳钢时，如果设备受急冷，瓷釉层将产生拉应力，这个应力若超过瓷釉的抗拉强度就会发生瓷釉层的破裂；设备急热时瓷釉层受压应力，情况稍好些，因为瓷釉的抗压强度约比抗拉强度大（10～15）倍。相反，当瓷釉的热膨胀系数小于碳钢时，则急热比急冷危险。由于钢材和瓷釉的成分不可能控制得十分准确，同时受设备结构的影响，很难保证两者的热胀系数完全一致。所以实际使用最高温度不高于 300℃，而温度急变的温差要求不超过 120℃。

因为瓷釉烧成时，整体设备全部置于加热炉中，在高温下法兰以及密封箱等有一定尺寸精度要求的部位往往会发生变形，压力较高时不易保证密封性。所以搪瓷设备目前只适用于内压≤0.25MPa，真空度≤700（mmHg）❶，外压≤0.6MPa 的场合。虽然国内现在也能制造能承受 5MPa 的搪瓷高压釜，但还只限于容积较小的设备。

目前国内的化工搪瓷制品有搪瓷反应釜、搪瓷储槽、套环式和套管式搪瓷热交换器、塔器、管子及管件、阀门以及搪瓷泵等。用于高分子聚合的搪瓷聚合釜最大容积达 14m³，操作压力≤1.0MPa。随着大型搪瓷设备和微晶搪瓷技术等的提高，化工搪瓷的使用范围会更加扩大。

（2）化工搪瓷设备的结构设计特点

ⅰ. 搪瓷化工制品的金属胎，一般都采用低碳钢。某些小型的、形状比较复杂的制品也有用铸铁的。因为搪烧过程中，在高温下钢材表面的化学成分会与瓷釉发生作用而影响瓷釉的质量。例如，碳与瓷釉中的某些组分作用产生二氧化碳等气体，使瓷釉层出现气泡、孔隙等缺陷。有时瓷釉面上存在黑点，也是渗碳造成的。根据经验，钢的含碳量在 0.1%～0.12% 范围内最理想。其他成分如磷、硫、硅等都应有严格的控制。目前推荐用的钢材牌号有 Q215A、Q215AF、Q215B、Q215F。

ⅱ. 为了避免应力集中而发生爆瓷现象，设备的所有转角部位，必须均匀圆滑地过渡，只要结构上允许，转角半径越大越好，至少不应小于 10mm。

ⅲ. 为了使设备在高温搪烧时不致因刚度不足而产生过大变形，同时考虑钢材加热过程的烧损减薄等，通常筒体按强度计算的壁厚要再增加 2～3mm，并且壁厚最薄不得小于 6mm。

大尺寸的设备，为了减少搪烧过程产生径向或轴向变形，圆筒形设备的高径比要适当，

---

❶ 1mmHg=133.32Pa。

一般为 0.8～1.6，而以高径比为 1 最好。

　　ⅳ. 搪瓷设备的法兰如果采用螺栓连接，法兰必须有较大宽度。由于搪烧时易变形，一般用数量较多的卡子连接（如图 6-18），可使法兰面的瓷釉受力比较均匀，也可避免搪烧时发生变形。只有小直径的法兰允许采用螺栓连接。

　　ⅴ. 为了搪烧时使设备各部分受热均匀和减少热应力的影响，金属设备外表面不允许有焊接接触面很宽或很厚的附件，如支座、加强板等。必要时可采用过渡板连接，如图 6-19 所示。如果设备上开孔较多（如顶盖），一般不焊加强板，而以增加壁厚来解决。

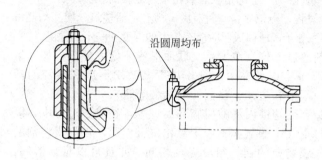

图 6-18　搪瓷设备法兰的卡子连接

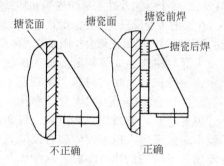

图 6-19　搪瓷设备外表面附加件的焊接

　　ⅵ. 搪瓷化工设备设计时要求尽量减少焊缝，因为焊缝多会增加气孔、裂缝等缺陷的几率。并且应严格控制焊接质量，一般壁厚小于 12mm 的采用图 6-20(a) 的 V 形双面对接焊，大于 12mm 的则用 X 形双面对焊接 ［图 6-20(b)］。

　　ⅶ. 设计的设备结构，应避免瓷面直接承受液、汽的冲击以及局部过热、过冷。例如，带夹套的反应罐，可在蒸汽进口处加设挡板（图 6-21）。

　　ⅷ. 具有中空的结构，应在适当部位开排气孔（图 6-22），避免在高温搪烧或使用时出现受热空气引起的爆瓷现象。

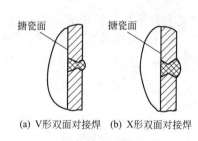

(a) V形双面对接焊　(b) X形双面对接焊

图 6-20　搪瓷设备焊缝型式

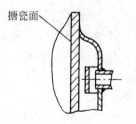

图 6-21　蒸汽进口加挡板

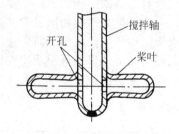

图 6-22　搅拌桨上的排气孔

6.3　涂层和镀层

6.3.1　涂料覆盖层

　　涂料的品种非常多，主要有以干性油为主体的油基性涂料和以合成树脂或天然树脂（如生漆、橡胶）为主体的树脂基涂料等两大类。

　　虽然很多涂料具有良好的化学稳定性，但施工后的涂层一般比较薄，很难消除针孔，并且涂膜的力学性能如强度、抗冲击、耐磨损等都比较低。因此，涂料覆盖层目前主要用作设备、管道、厂房的外表面抗大气腐蚀的防护层。或者腐蚀环境不很苛刻的设备内壁的保护。

（1）涂料的主要组成及其作用

涂料主要由成膜物质、颜料以及稀释剂、催干剂、固化剂等辅料组成。成膜物质是涂料覆盖层的基础，实际上也就是胶黏剂，它一方面起隔离介质的作用，同时使覆盖层紧密地黏附在被保护设备的表面。

① 成膜物质 油基性涂料的成膜物质主要是来自植物果实的干性油，如桐油、亚麻仁油和豆油等，它们本身的不饱和双键在空气中氧的作用下，先生成不稳定的过氧化物，进而发生聚合，即这类成膜物质由于氧化诱导期长，一般均须加入催干剂才能制成常温干燥的涂料。用不饱和脂肪酸或干性油改性的醇酸树脂和环氧酯涂料等，也都是依靠氧化聚合成膜的。

生漆的主要成膜物质是漆酚，它的成膜过程，是依靠自身含有的霉菌产生活性氧，使漆酚侧链上的不饱和键产生氧化聚合作用而形成体型大分子，所以成膜时应有较大的湿度和一定的温度。

大部分树脂类成膜物质是加入固化剂通过缩聚反应发生交联而形成体型大分子，如环氧树脂、酚醛树脂、呋喃树脂、聚氨酯树脂等；或者在引发剂作用下，激发不饱和双键的活性，发生聚合反应而形成大分子结构，如不饱和聚酯、热固性丙烯酸等涂料。

另外还有一类树脂，如过氯乙烯树脂、热塑性丙烯酸树脂和沥青等，在成膜过程中，既不发生缩聚反应，也不发生聚合反应，与空气中的氧亦不产生氧化聚合作用，仅仅借溶剂的挥发而留下固态的连续薄膜。这种膜与成膜物质的初始组分完全相同，并且可以重新溶解，一般与金属表面的黏结强度较差。

② 颜料 除了成膜物质外，颜料也是涂料的重要组成之一。常用的颜料有红丹、锌铬黄、锌粉、磷酸盐、铬酸盐、铝粉、云母、氧化铁……。颜料的加入不仅能填充连续成膜物质的空隙以降低渗透性，还可以不同程度地反射紫外线，延缓漆膜的老化。某些颜料还具有显著的防锈效果，例如红丹，也叫铅丹，它是一氧化铅和过氧化铅组成的铅氧化物，化学式为 Pb_3O_4 或写成 $2PbO \cdot PbO_2$。当红丹与钢铁表面接触时，铅酸根离子能将阳极区的腐蚀产物 Fe^{2+} 转成 Fe_2PbO_4；红丹中的 Pb^{2+} 则与阴极反应析出的 OH^- 生成二次产物 $Pb(OH)_2$，这些生成物的溶解度很小，因而对阳极区和阴极区均有阻蚀作用。又如，锌粉是一种活性颜料，它与钢铁表面接触时可以起牺牲阳极作用，所以含锌量高的富锌涂料对大气具有很高的防锈能力，工业上应用非常广泛。

为了提高涂膜的质量和满足施工上的要求，涂料中还常常加有溶剂、增塑剂、催干剂、表面活性剂、防霉剂、防老化剂等各种辅助物料。其中溶剂对涂料的成膜速度、浸润性、干燥性、胶凝性以及低温使用性能等都有直接的影响。因此，涂料配方中溶剂的正确选用，对于保证涂层的质量是十分重要的。

表 6-8 比较了各种涂料的耐蚀性。

表 6-8 涂料的耐蚀性比较

涂料名称	涂层耐蚀性				涂料名称	涂层耐蚀性			
	耐候性	耐水性	耐酸性	耐碱性		耐候性	耐水性	耐酸性	耐碱性
调和漆	良	中	差	劣	聚酯树脂漆	中	中	中	中
油性磁漆	差	中	差	劣	丙烯酸树脂漆	优	良	良	良
醇酸树脂漆	优	中	中	劣	酚醛树脂漆	差	良	中	差
硅树脂漆	优	中	中	劣	沥青漆	劣	优	优	优
合成橡胶漆	差	良	良	良	环氧树脂漆	差	良	良	优
橡胶衍生物漆	中	良	良	中	氯乙烯漆	优	良	优	优
改性环氧树脂漆	优	良	良	良	聚氨酯漆	良	优	中	差

（2）涂料的选择

涂料品种很多，选用时应根据具体的腐蚀环境，从耐蚀性、抗渗透性，与被保护物的黏结强度以及价格等方面综合考虑。表 6-9 列举了防腐涂料的选用。

在化工厂大气腐蚀环境中，用于室外设备的涂料应偏重耐气候性，同时适当兼顾耐化学介质腐蚀性；用于室内设备的涂料则偏重耐化学介质腐蚀而兼顾耐气候性。

在设备内壁用的防腐涂料，必须有良好的抗化学介质腐蚀性和抗渗透性。例如，酚醛树脂类、环氧树脂类、聚氨酯类以及生漆等涂料都具有良好的耐蚀性，作为化学介质防腐涂层使用比较普遍。而广泛用于防大气腐蚀的油基性涂料和醇酸树脂涂料，化学稳定性不够高，并且漆膜的渗透性大，所以在腐蚀性较强的环境中不宜用作设备内壁的涂层。

由于不同的涂料性能各异，合理地配套选用底漆、面漆和清漆，往往比单一的涂料或单一的混合涂料覆盖层具有良好的性能。例如，耐蚀性很好的过氯乙烯涂料与金属的结合力差，常常采用醇酸或环氧酯底漆作为过渡层。在面漆上覆盖清漆，主要是对面漆的某些缺陷（如针孔等）起封闭作用。防化工大气腐蚀常用的底漆有红丹油性防锈底漆、醇酸防锈底漆和环氧防锈底漆；面漆在室外可采用醇酸磁漆、环氧磁漆、过氯乙烯漆、氯乙烯-偏氯乙烯漆等；室内的面漆以过氯乙烯漆、氯乙烯-偏氯乙烯漆、环氧磁漆、聚氨酯漆等效果较好；对于不受光照而特别需要耐潮湿的地方可用沥青漆和二乙烯乙炔漆。

作为底漆的涂料不仅要求与被黏物有良好的黏结力，还要注意涂料本身是否会引起被保护物的腐蚀。例如，用酸固化的涂料会腐蚀钢铁表面；对钢铁具有防锈作用的红丹却会加速腐蚀铝、锌的表面。此外，近年来发展的带锈底漆，对于减少除锈的工作量、提高施工效率具有重要意义。例如，含有黄血盐（亚铁氰化钾）组分的转化型带锈底漆，能与铁锈反应生成蓝色沉淀物，在空气氧化下变成铁兰颜料；另一类稳定型带锈底漆，在其中含有的某些有机氮化物的催化作用下，可使铁锈组成中的不稳定氧化物（$Fe_3O_4 \cdot FeO$）转变成稳定的氧化物结晶结构。不过目前带锈底漆的使用经验还不够成熟，因为转化型和稳定型底漆都含有磷酸和柠檬酸，如果反应不完全，残留的酸反而成为以后腐蚀的根源。

近年来塑料涂覆技术发展迅速，它是利用火焰喷涂、静电喷涂、热熔敷、沸腾床、悬浮液涂覆等方法，使粉末状或悬浮液状的塑料，在略高于其熔点的温度下于金属表面熔融涂覆，冷却后即形成塑料涂膜。目前国内在防腐工程中，聚乙烯、聚酰胺、聚氯乙烯、聚三氟氯乙烯、氟-46、氯化聚醚等塑料涂覆都已有应用，并取得良好效果。

表 6-9　防腐涂料的选用

腐蚀程度	设备外防腐		设备内防腐
	室内条件	室外条件	
强腐蚀	环氧树脂漆	氯磺化聚乙烯涂料	环氧树脂漆
	环氧沥青漆	过氯乙烯漆	聚氨酯漆
	聚氨酯漆	厚浆涂料	重防腐厚浆涂料
	氯磺化聚乙烯涂料		
	过氯乙烯漆		
	厚浆涂料		
中等腐蚀	氯化橡胶漆	氯化橡胶漆	环氧沥青漆
	PVC 涂料	PVC 涂料	聚氨酯漆
	漆酚树脂漆		氯磺化聚乙烯涂料
			过氯乙烯漆
			PVC 涂料
			漆酚树脂漆
弱腐蚀	沥青漆	有机硅漆	PVC 涂料
	有机硅漆	醇酸树脂漆	过氯乙烯漆
	醇酸树脂漆		漆酚树脂漆

6.3.2　金属镀层

金属镀层是利用电镀、热喷镀、热浸镀、渗镀等技术，将较耐蚀的金属镀覆在耐蚀性较差的金属表面形成的。金属镀层有阳极性和阴极性的两种。

① 阳极性镀层　镀层金属的电位比基体金属的更负，属于阳极性镀层。例如，钢铁表面镀锌、镉等金属。这种镀层即使存在微孔、缺陷，仍然可起牺牲阳极的作用而使基体金属得到保护。

② 阴极性镀层　另一类是镀层金属的电位高于基体金属的电位，属于阴极性镀层，如钢铁表面镀覆铅、锡、铜、镍等。阴极性镀层一般只有它是足够完整时，才能可靠地保护基体金属，否则将加速基体金属的腐蚀。

(1) 电镀和化学镀

电镀　采用直流电源和相应的镀液，钢件在电镀槽中作为阴极，待镀金属作为阳极，利用电流将金属离子还原沉积到钢件表面。例如镀铜：在阳极，$Cu-2e=Cu^{2+}$，在阴极（基体金属），$Cu^{2+}+2e=Cu$。镀液中除了含有待镀金属离子而外，还有添加剂如络合剂、导电盐、整平剂等。

化学镀　不施加电流，利用镀液中的还原剂如次磷酸钠、甲醛、肼将金属离子还原沉积在工件表面，例如：$Ni^{2+}+4H_2PO_2^- \longrightarrow +2HPO_3^{2-}+2H^++2H_2O+Ni+2P$。

(2) 热喷镀

热喷镀　使用电弧、离子弧或燃烧火焰的高温将金属粉末或金属丝熔融，同时用压缩空气或惰性气体将熔融的金属雾化成微粒，并迅速喷射到被保护金属表面而冷却形成的覆盖层。喷镀过程中赤热的金属微粒在空间运动时，其表面会被氧化，致使镀层中夹杂大量的氧化物和氮化物；同时，由于熔融的金属微粒撞击到构件表面时，立即被压扁成鳞片状，它们互相间叠成为多层的构造，因此不可避免地造成镀层的多孔性。故防腐用的喷镀层一般要经过孔隙封闭处理。

喷镀时，被保护构件并不加热，熔融金属微粒一接触到构件表面立即被冷却，所以它不可能与基体金属形成合金或焊合，仅仅依靠金属微粒楔入构件表面的微孔或凹坑而结合。它的附着强度不会很高。故对于操作温度波动大或外部需要加热的设备，不宜采用喷镀层防腐，尤其当两种金属热膨胀系数相差比较大时，甚至会引起镀层的剥落。

目前化工生产中采用的喷镀层，较为普遍的是碳钢上喷镀锌和铝。锌镀层主要用于防止大气腐蚀和水腐蚀。铝镀层可用于含硫化物的腐蚀环境，如含硫石油加工设备和橡胶硫化罐等。

(3) 热浸镀

热浸镀　简称热镀，是将工件放在熔融的镀层金属中，经一段时间取出即成。由于它的方法简单，工业上应用很普遍，例如镀锌薄钢板（俗称白铁皮）以及镀锡薄钢板（俗称马口铁）。

热镀方法的实质就是利用两种金属在熔融状态下互相溶解，在接合面上形成合金。例如，钢件镀锌时，在钢件表面上由里向外形成 $FeZn_3$、Fe_2Zn_{10} 和 Zn 的镀层。

钢铁制品进行热镀的条件如下。

ⅰ. 钢件必须能和镀层金属形成化合物或固溶体，否则熔融金属不能黏附在钢材表面。例如，铅与铁不易形成合金，所以钢上不能直接镀铅，通常可在铅液中加入约5％的锡，或先热镀锡再进行热镀铅。

ⅱ. 镀层金属必须是低熔点的，因为这样可以减少热能消耗和避免镀件材料由于温度过高而降低力学性能。

因此从技术与经济方面考虑，热浸镀只适用于镀锌、镀锡或间接镀铅等低熔点金属。

热镀锌的钢铁制品可以防止大气、自来水及河水的腐蚀。由于锡对大部分有机酸和有机化合物具有良好的耐蚀性，且无毒，所以镀锡的钢铁制品主要用于食品工业中。在钢铁零件如搅拌器、旋塞、阀件等表面热镀铅后，可用于许多腐蚀性介质（尤其是硫酸和硫酸盐溶液）中。

6.3.3　复合钢板

上述方法获得的金属镀层一般都比较薄,难以避免有孔隙,特别对于大尺寸和形状复杂的设备构件,镀覆困难且不易保证质量,所以在化工生产中的应用受到一定限制,因此发展了复合钢板。

(1) 金属/金属复合钢板

采用冷压、热轧和爆炸复合等制备方法,可以制备同时具有高强度和耐蚀性的碳钢/不锈钢复合板、碳钢/钛复合板、碳钢/不锈钢复合管等,在过程装备中常用于同时需要耐压和防腐的场合。

特别是爆炸焊接技术可以制造多种金属复合材料。金属爆炸复合是用炸药作为能源进行金属间焊接复合的新工艺;通过爆炸能在瞬间将强度不同、膨胀系数不同、性质不同的金属,迅速地焊接复合成一体,在界面形成连续的冶金结合,达到优良结合强度。

金属爆炸复合的防锈、抗腐蚀类复合材料有如下组合。

复层　304,321,316L,304L,317L,2205,TA1,TA2 等。

基层　16MnR、20g、20R、Q235、Q345 等。

另外,复合管是由各种不锈钢管、钛管、镍管、铜管、碳钢管等组成内复、外复、内外复等复合管,用于防锈、抗腐蚀管道等。

应用不锈钢、钛等的复合材料可替代纯有色金属板、管和棒材,制造各类化工压力容器、防腐设备等制品。节约贵重有色金属,降低设备造价,提高产品性能。

(2) 金属/树脂复合钢板

常见有两种积层型复合板,一种是金属表面涂敷高分子材料,例如涂层钢板,防大气腐蚀。另一种是夹层钢板,即在两层金属板中夹入一层高分子树脂,综合利用钢板的强度、加工性、低价格和高分子树脂的特点,达到隔热、隔声以及减振的目的。

6.4　防腐蚀结构设计

很多场合,机械设备的结构与腐蚀密切相关,不合理的结构设计常常会出现局部应力集中、流体滞留、构成缝隙、局部过热等而引起多种不同形态的局部腐蚀。第 2 章已讨论过结构与腐蚀的关系,这里再从防腐蚀的角度分析常见的连接、容器及其附件的结构设计问题。

6.4.1　连接

(1) 不同断面的焊接

不同板厚的构件彼此焊接时,如果焊缝位于断面变化处 (图 6-23),由于焊缝应力与断面变化应力叠加,有时可能出现很高的局部拉应力,如果构件处于腐蚀环境中,就可能发生应力腐蚀开裂。当施加交变载荷时,应力集中会促进这些部分首先出现腐蚀疲劳。

(2) 不同金属间的焊接

耐蚀合金的化工设备,往往出于经济性的考虑,在不与腐蚀介质接触部分采用碳钢制作,它们常以焊接连接 (图 6-24)。如果焊接时将与介质接触的器壁熔透,则在熔透区可能发生组织变化 (合金化、沉淀相析出、晶粒长大等),因而容易产生晶间腐蚀或选择性腐蚀。设计时必须根据容器的壁厚选择加合金钢垫板 ($s_1 < 4$) 或不加垫板 ($s_1 \geqslant 4$) 的结构。

(3) 螺栓连接

工程构件的螺栓连接十分普遍,而螺栓与被连接件之间的缝隙是很难避免的,在腐蚀环

好处不显著　　　　　　　　有利

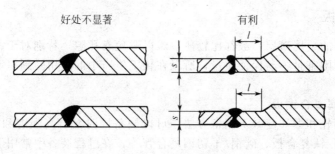

图 6-23　不同断面焊接

不利　　　　　　　　有利

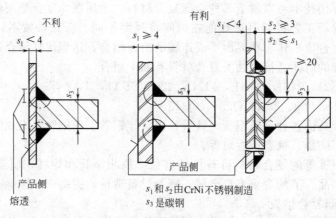

产品侧

熔透

s_1 和 s_2 由 CrNi 不锈钢制造
s_3 是碳钢

图 6-24　不同金属焊接

境中可能会产生缝隙腐蚀，因此重要的构件应尽可能将螺母处四周密封，如图 6-25 所示。

对于异种金属件相互连接时，应在金属之间充填绝缘物，以避免发生电偶腐蚀（图 6-26）。螺栓连接时要注意法兰应有足够刚度，否则会导致缝隙腐蚀（图 6-27）。

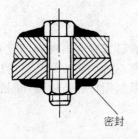

密封

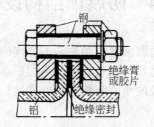

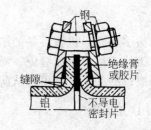

图 6-25　消除紧固件缝隙　　　图 6-26　异种金属间的绝缘　　　图 6-27　法兰变形出现缝隙

（4）管子与管板连接

列管式换热器管子与管板的连接采用胀接或胀后焊接，应保证管子与整个管板紧密贴合（图 6-28），避免形成差异充气电池和浓差电池而引起缝隙腐蚀，有时在缝隙部位还可能引发应力腐蚀破裂。管板上的管孔边缘应倒成圆角，管板内侧和管子有时为了达到更好地防护效果还可加涂层。管口不要伸出管板，以防止滞留物沉积。

（5）管道连接

管道与管道的连接最好采用对接焊形式，搭接或角焊的形式很难消除缝隙（图 6-29），当流入腐蚀性介质就可能发生缝隙腐蚀。

（6）轴的连接

轴与其他零件之间采用平键连接是常见的结构，但键槽会改变应力分布使局部出现应力

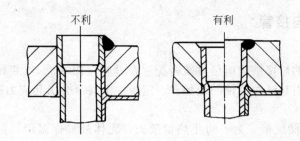

图 6-28 管子-管板连接

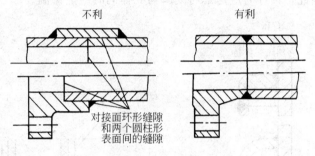

图 6-29 管道连接

峰值，在腐蚀介质同时作用下，可能产生腐蚀疲劳破坏。为了减少应力集中，可采用花键轴或多边形轴以改善应力分布。如图 6-30 所示。

　　轴与皮带轮间的平键连接还可能出现摩擦腐蚀，若采用锥形过盈配合则效果较好。如图 6-31 所示。

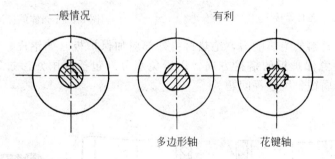

图 6-30 轴连接结构

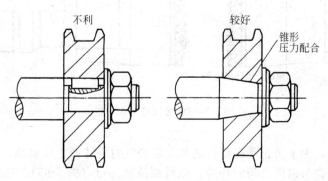

图 6-31 轴的锥形过盈连接

6.4.2 设备壳体与接管

（1）夹套的焊接

加热或冷却夹套的焊接结构应尽可能避免存在缝隙（图6-32），否则在腐蚀性的热介质或冷介质作用下，有引起缝隙腐蚀的趋势，一定条件下甚至会引起应力腐蚀开裂。

（2）壳体的保温

如图6-33所示的储气柜，为了防止热量散失，壳体外加保温层，但热量可从裸露的支脚部分传出，导致容器局部变凉。当温度降到露点以下时，在该区域会形成冷凝液，而使容器受到露点腐蚀。因此，设计时应考虑将支脚与壳体同时绝热保温。

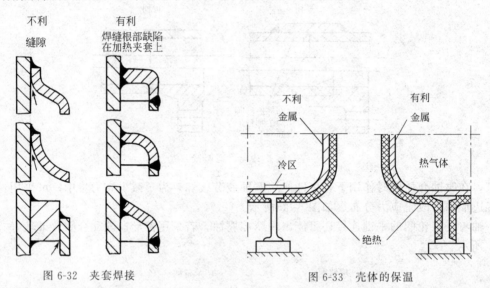

图6-32 夹套焊接

图6-33 壳体的保温

为了保证绝热材料的绝热能力，绝热材料外部应加保护板（如铝皮、镀锌铁皮等），见图6-34。但必须注意保护板的搭接方向，以避免水分（包括降雨）渗过容器壁的绝热层，而造成均匀的表面腐蚀、坑蚀等问题。

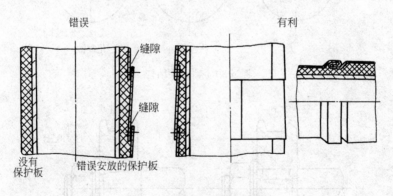

图6-34 绝缘层外的保护板

（3）壳体冷却

在氨合成塔内，为了防止高温高压的氮氢混合气对壳体产生氢腐蚀，在设计时将冷的氮氢气从进口引入外壳与内筒之间的环隙，以较高流速通过（图6-35）。这样使外壳只承受高压，而内筒只承受高温，从而大大地改善了筒体的腐蚀条件。

（4）封头接管

液体从接管沿容器壁下流时，在器壁以及接管与封头内壁交界处往往会产生结垢，从而造成孔蚀或均匀的表面腐蚀，甚至应力腐蚀开裂。为防止介质沿器壁流动，接管应向容器内伸进足够的长度（伸入长度 $m \geqslant 15\text{mm}$），见图 6-36。当浓稀溶液混合时，浓液进口接管有时加长到插入液面下以防止溶液飞溅。

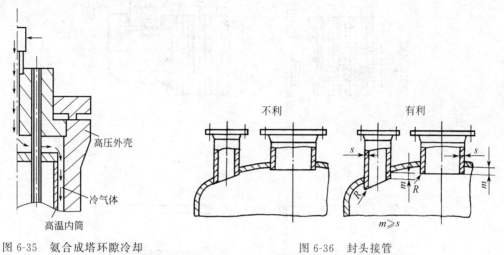

图 6-35　氨合成塔环隙冷却　　　　　　　　图 6-36　封头接管

（5）排液管

停产时必须将容器内的介质排空（图 6-37），否则残液滞留会产生均匀表面腐蚀、孔蚀或应力腐蚀破裂。

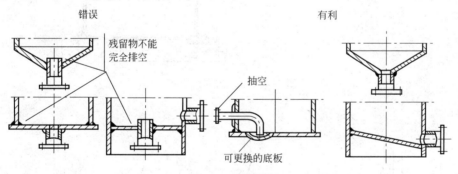

图 6-37　排液管

如图 6-38 所示的立式列管换热器，在液面波动区的热管壁上会结垢，而冷却介质中常常存在氯化物等杂质，因此在高浓度盐构成的湿垢作用下，会引起应力腐蚀开裂。由于材料-液体介质-蒸汽构成的三相相界往往是局部腐蚀的发源地，结构设计时应尽量避免。如图中的高置式排液管，可使热交换器完全充满液体，并连续从热交换器顶端排气，避免了三相相界，从而消除了腐蚀的起因。

6.4.3　容器附件与管道

（1）支座（脚）

平底容器的底板与支撑面间若有间隙，液体如冷凝液等会沿器壁流入其中而出现缝隙腐蚀。设计时，最好将容器置于型钢支架上（图 6-39），为了防止流下的流体腐蚀容器底板，在容器外面可焊上一个围裙。简单一点的措施亦可在底板周围封填沥青。

拱形底的容器沿侧壁焊接型钢支脚，则在器壁与支脚之间的缝隙可引起缝隙腐蚀。最好采用完全封闭的管子做支脚（图 6-40），可避免缝隙。当容器底板为不锈钢（$s < 4\text{mm}$），支

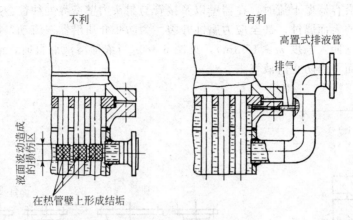

图 6-38　高置式排液管

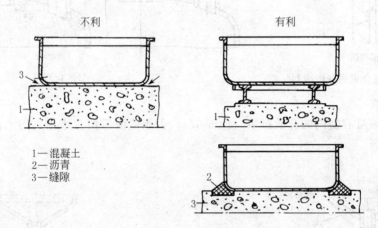

1—混凝土
2—沥青
3—缝隙

图 6-39　平底容器的支座

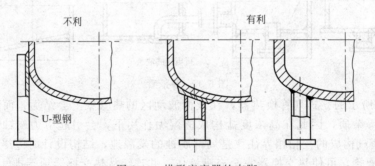

图 6-40　拱形底容器的支脚

脚为碳钢时，二者之间应加一块不锈钢的垫板，防止因焊接热影响而出现晶间腐蚀。

（2）缓冲板与折流板

列管式换热器在胀管过程中，变形的管端出现内应力，如果操作时管束受到侧面液流的冲击，则在叠加了振动负荷引起的附加应力后，可使锥形胀管区发生腐蚀疲劳裂纹。在侧向液流入口区加一与容器连在一起的缓冲板（图 6-41），可减轻液流对这一带管束的冲击。此外，缓冲板还可防止流体入口区管子的磨损腐蚀。

列管式换热器管间空间安置的折流板（或称导向板），不仅为了改善换热，还具有减小管子振动的作用，由于热膨胀或操作中的振动，在管子和折流板之间会出现摩擦点而导致摩

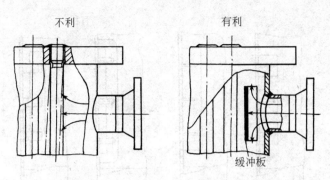

图 6-41　液流入口缓冲板

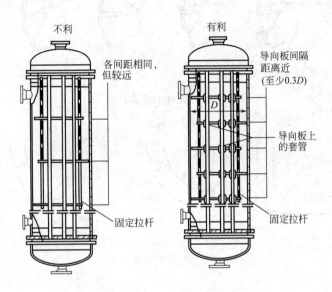

图 6-42　换热器的折流板

擦腐蚀或电偶腐蚀，管子频繁的振动还可能引起疲劳腐蚀。因此折流板的间隔应该小到足以限制管子的振动，如图 6-42 所示。折流板上的孔通常比管板上的孔大 0.4～0.8mm，为了防止管子与折流板上的孔壁彼此擦伤，可在折流板上加套管。

（3）搅拌器的扰流挡板

搅拌器内的扰流挡板可促进溶液与悬浮物的良好混合。搅拌时旋转的流体对扰流板及容器器壁施加负荷，随脉动过程增加的拉应力将促进腐蚀疲劳。如图 6-43 所示，在搅拌器壁上安装伸出的扰流板，可有效地减轻腐蚀疲劳破坏。

（4）管道

在管道系统中，曲率半径小的弯管易在管壁沉积杂物。当液流速度很高时，弯管内壁表面层易被冲刷损伤，与腐蚀介质共同作用将导致磨损腐蚀。曲率半径的大小取决于材料的种类及流体介质的流速，一般软钢或钢管曲率半径为管径的 3 倍，高强度材料取 5 倍，见图 6-44。

不同管径的管道连接时，管径突然缩小处易形成涡流而产生磨损腐蚀，因此设计渐缩管时应有较长的过渡区，如图 6-45 所示。

流体高速流动的管道系统，管子三通不要采用 T 形结构，最好采取流线型的逐步过渡结构，如图 6-46 所示，这样可减轻冲蚀。

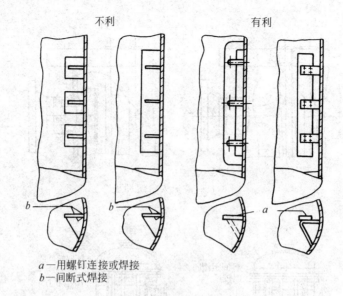

a—用螺钉连接或焊接
b—间断式焊接

图 6-43　搅拌器扰流挡板

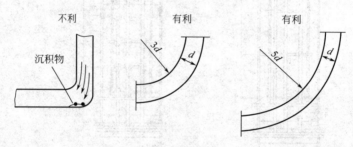

图 6-44　弯管的曲率半径

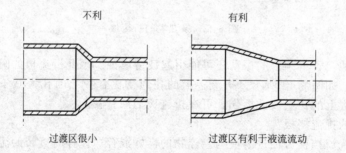

图 6-45　渐缩管设计

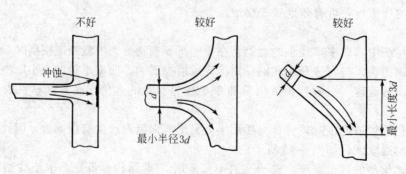

图 6-46　高流速管道接头

6.5　介质处理

介质处理方法大体分为两类，一类是去除工作介质中的腐蚀因素，例如去除氯离子，降低 pH 值；另外一类是在工作介质中添加缓蚀剂。两类方法都可以达到阻止或减慢金属腐蚀的作用。

6.5.1　缓蚀剂的种类与缓蚀机理

在腐蚀性介质中加入少量能使金属腐蚀速率降低甚至完全抑制的物质称为缓蚀剂。缓蚀剂是一种方法简便、经济效果较好的防腐技术，目前已广泛用于石油、化工、机械、钢铁、动力和运输等工业部门，解决了不少严重的腐蚀问题。最初缓蚀剂只用于黑色金属的缓蚀，近年来对于保护有色金属的缓蚀剂也有很大发展。与其他防腐蚀方法比较，缓蚀剂防腐蚀有明显优点：

ⅰ.基本不改变工况环境，就可获得良好的防腐蚀效果；

ⅱ.不增加设备投资；

ⅲ.缓蚀效果不受设备形状的影响；

ⅳ.配方适宜的缓蚀剂可同时防止多种材料在不同工况下的腐蚀。

缓蚀剂种类繁多，有各种不同的分类方法。如按缓蚀剂对腐蚀的电化学过程的阻滞作用，可分为阳极性缓蚀剂（主要阻滞阳极过程）和阴极性缓蚀剂（主要阻滞阴极过程）；按缓蚀剂成分，又可分为有机缓蚀剂和无机缓蚀剂；根据腐蚀介质的性质，可分为酸性溶液缓蚀剂、中性溶液缓蚀剂、碱性溶液缓蚀剂、有机介质缓蚀剂，以及酸性气体缓蚀剂和大气缓蚀剂等。一般习惯分为有机和无机两大类。

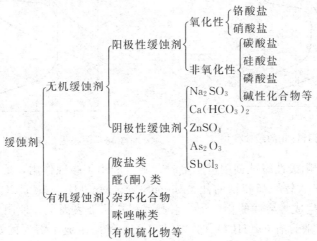

缓蚀剂的种类较多，对它的缓蚀理论研究和认识也日益深入，目前公认的理论大致有以下三种。

（1）缓蚀剂成膜原理

该原理认为金属与缓蚀剂产生反应在金属表面生成了可以阻碍腐蚀过程的膜而起到缓蚀作用。成膜抑制又分为两种方式：一种方式是由铬酸盐、亚硝酸盐等氧化剂加入到腐蚀介质中，在金属表面形成氧化膜或钝化膜抑制了腐蚀过程；另一种方式是有机缓蚀剂分子上的基团和腐蚀的金属离子相互作用，形成不溶性膜而起到缓蚀作用，如苯并三氮唑与铜反应生成不溶性聚合物膜抑制铜腐蚀，硫醇、喹啉与铁在酸性介质中生成沉淀膜抑制腐蚀。

（2）缓蚀剂吸附原理

该原理认为，由于有机缓蚀剂通常由电负性大的 O、N、P、S 等原子为中心的极性基团和 C、H 原子组成的非极性基团组成。缓蚀剂中极性基团吸附于金属表面，改变了双电层的结构，使金属表面的能量状态趋于稳定，减缓腐蚀速率；另一方面，非极性基团在金属表面定向排布形成一层疏水性保护层，阻碍与腐蚀反应有关的电荷或物质的转移，也使腐蚀速率减小。根据缓蚀剂在金属表面上吸附作用力的性质和强弱不同，可分为物理吸附和化学吸附两大类。

（3）电极过程抑制原理

① 阳极性缓蚀剂　这类缓蚀剂主要是促使金属钝化而提高耐蚀性。例如，在中性水溶液中添加铬酸钠时，可使铁氧化成 γ-Fe_2O_3，并与自身的还原产物 Cr_2O_3 一起形成氧化物保护膜。从极化图上可以看出，碳钢的阳极极化曲线由原来的曲线 1（未加缓蚀剂）变化为曲线 2，阴极极化曲线基本不变，结果腐蚀电流由原来的 i_1 降至 i_2（图 6-47）。其他如重铬酸盐，以及在溶液中溶有氧的情况下添加磷酸盐、硅酸盐、碳酸盐、苯甲酸盐等也具有类似的特性。

另一类阳极性缓蚀剂，如钢铁在含氧中性水溶液中所采用的亚硝酸钠。亚硝酸钠不是直接对阳极反应起作用，而是增强了阴极去极化促进钢铁钝化的结果。如图 6-48 所示，阴极极化曲线由原来的曲线 1 变成曲线 2，使腐蚀电位往正方向移动到钝化区，腐蚀电流即由 i_1 降至 i_2。除了亚硝酸盐外，酸性介质中的铬酸盐、钼酸盐等也属于这类缓蚀剂。

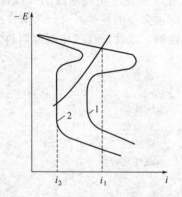 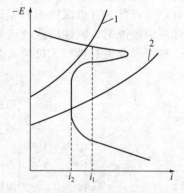

图 6-47　阳极直接钝化的缓蚀作用　　　　图 6-48　阴极去极化促进钝化的缓蚀作用

值得注意的是，阳极性缓蚀剂用量不足时，不仅起不了缓蚀作用，反而会加速腐蚀。

② 阴极性缓蚀剂　锌、锰和钙的盐类如 $ZnSO_4$、$MnSO_4$、$Ca(HCO_3)_2$ 等，能与阴极反应产物 OH^- 作用生成难溶性的化合物，它们沉积在阴极表面上，使阴极面积减小而降低腐蚀。例如硬水中一般含有 $Ca(HCO_3)_2$，它与 OH^- 作用生成不溶性的 $CaCO_3$，因此钢在硬水中的腐蚀速率往往比在蒸馏水中的小。

砷盐和铋盐之类的缓蚀剂的作用机理在于它们的阳离子在阴极上被还原成 As 或 Bi，强烈地增大了氢去极化过程的超电压，而使腐蚀速率急剧降低。图 6-49 示出钢在加有 0.045% As（以 As_2O_3 形式加入）的各种浓度的硫酸中腐蚀速率的降低程度。此外，如多数含氮、硫和氧的高分子有机化合物，在酸性溶液中被吸附在金属阴极表面，同样亦会显著增大氢的超电压。

在以吸氧腐蚀为主的场合，如果加入某些物质能使溶液中的阴极去极剂—氧减少，则亦可降低腐蚀。例如，亚硫酸钠能起脱氧作用

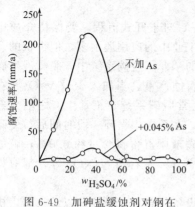

图 6-49　加砷盐缓蚀剂对钢在
H₂SO₄ 中的缓蚀作用

$$2Na_2SO_3 + O_2 \longrightarrow 2Na_2SO_4$$

所以亚硫酸钠也可以被归入阴极性缓蚀剂，在锅炉给水的脱氧处理中常有应用。

③ 混合型缓蚀剂　大多数有机缓蚀剂属于这种类型，它们有的是由于缓蚀剂分子上的反应基团与腐蚀反应中生成的金属离子相互作用，在金属表面形成络合物沉淀膜；有的是依靠缓蚀剂分子上极性基团的吸附作用，使之吸附到金属表面。这些膜的存在既能阻滞金属腐蚀的阳极过程，又可阻滞阴极过程。因为它们使金属表面的荷电状态和界面性质发生了改变，不仅降低了金属表面的自由能，并且吸附型有机缓蚀剂的极性基团是亲水性的，吸附时极性基团定位朝向金属，而非极性部分朝溶液界面一侧，形成了一层疏水性的保护膜。

6.5.2　缓蚀剂的应用

缓蚀剂的保护效果随着被保护金属和腐蚀环境而异，并且各种缓蚀剂有其一定的适用范围。只有选择正确、用量适当才能真正起到缓蚀的作用，否则无效，例如，对于钝化能力很弱的金属，采用阳极性缓蚀剂，不仅无效，反而会促进腐蚀；一些多种金属组合的结构，应该选择对几种金属能同时起保护作用的缓蚀剂，或者采用能分别抑制有关金属的复合缓蚀剂；对于阴极以析氢为主的腐蚀过程，如在 pH<4~5 的酸性溶液中，金属表面不易形成氢氧化物，因此不宜采用氧化性和靠沉积膜保护的缓蚀剂，而应选用吸附型的缓蚀剂。必须注意的是，强酸中即使加有缓蚀剂，仍然有较大的腐蚀速率，所以一般只适用于除锈或去垢等短时间的酸洗场合，而不宜用作长期的保护。

① 酸洗缓蚀剂　在酸洗操作中添加使用缓蚀剂最为普遍。利用酸洗方法清除钢铁制品表面的氧化皮和铁锈，以及去除锅炉和换热器中的水垢以恢复传热效率，不仅效率高，清净效果好，并且又比较经济。为了防止酸洗过程中金属本体被腐蚀，根据具体条件选用相应的缓蚀剂可以获得良好的保护效果。表 6-10 列出了国内常用的几种酸洗缓蚀剂。

表 6-10　常用酸洗缓蚀剂

缓蚀剂名称	主　要　组　分	适用酸液	适用金属
若丁	二邻甲基硫脲、食盐、淀粉、平平加	硫酸、盐酸、磷酸、氢氟酸	黑色金属、黄铜
乌洛托平	六次甲基四胺	盐酸、硫酸	黑色金属
沈 1—D	苯胺与甲醛缩合物	盐酸	黑色金属
兰 5	乌洛托平、苯胺、硫氰酸钠	硝酸	碳钢、铜及其合金
粗吡啶、页氮	焦化或油页岩干馏副产物	7%HCl、6%HF	锅炉酸洗
氢氟酸酸洗缓蚀剂	α-硫醇基苯并噻唑、平平加	氢氟酸	锅炉及配管
高温盐酸缓蚀剂	页氮、碘化钾	100℃以上盐酸	黑色金属

② 缓蚀阻垢剂　很多工业生产中的冷却水用量很大，为了节约用水，常将水经凉水塔冷却后循环使用。这种冷却水由于充分充气含氧量较高，腐蚀性强，并且经多次循环和凉水塔的蒸发，水中的硫酸钙、碳酸钙等无机盐浓度逐步增高，再加上微生物的生长，使水质不断变坏。所以工业用循环冷却水中常加入缓蚀剂以及其他化学药剂，以防止设备腐蚀、结垢和微生物的生长。水质处理中常用的缓蚀剂有铬酸盐、聚磷酸盐、锌盐以及有机膦酸盐等。20 世纪 70 年代初期发展起来的用于水质处理的硅系缓蚀剂及硅钼系复合缓蚀剂，不仅有较

好的缓蚀效果，污染环境也小。

③ 工业缓蚀剂　由于化工生产绝大多数都是连续过程，对于开式流程，要保持介质中缓蚀剂的稳定含量是比较困难的。所以目前缓蚀剂在化学工业中的应用还不多，但少量的几个应用实例，显示出良好的缓蚀效果。例如，合成氨生产的苯菲尔脱碳系统中，脱碳液（碳酸钾-重碳酸钾）吸收 CO_2 后的富液对碳钢设备及管道的腐蚀严重，当加入少量 V_2O_5（在钾碱液中生成偏钒酸钾），其五价钒可使碳钢发生钝化。通常脱碳系统在正常生产之前先经预成膜处理，即以含 1% 五价钒（以 KVO_3 计）的脱碳液，在系统中循环一段时间后，使碳钢表面形成一层保护膜。正常生产时，只要保持循环的脱碳液中五价钒含量约 0.6%，就能获得良好的防腐效果。又如烧碱生产中的铸铁熬碱锅，加入 1% 左右的 $NaNO_3$ 等，都取得了显著的缓蚀效果。

此外，石油部门采用缓蚀剂防止气、油井和某些炼油设备的硫化氢腐蚀，以及兵器、机械零件、仪表等采用气相缓蚀剂防止大气腐蚀等，都有很多应用实例和成功经验。

6.5.3　去除介质中的腐蚀因素

（1）以锅炉给水为例

溶解在水中的氧会引起氧去极化的金属腐蚀，将锅炉给水中的氧气脱除，是锅炉腐蚀防护的有效措施。水中溶解氧的除去方法很多，主要有：热力除氧、化学除氧、真空除氧、解析除氧、电化学除氧、脱气膜等。常用的除氧方法有热力除氧和化学除氧两类。热力除氧是将给水加热到沸点除去水中溶解的氧；锅炉水本身需要加热，而且不需要任何化学药品，不会带来污染问题。化学除氧通常是给水除氧的辅助措施，以消除经热力除氧后残留在水中的溶解氧。

给水除氧器的结构分为脱气塔和储水箱两部分。脱气塔的作用一是将水分散成细水流或小水滴，增加水、汽接触面积；二是把水加热到饱和温度，并维持足够的沸腾时间；三是尽可能降低气体在气汽混合物中的分压，有效排除从水中分离出来的气体。储水箱的作用：一是储存除氧水，保障锅炉用水需求；二是深度除氧，促使没有来得及扩散的溶解氧继续逸出。

另外，锅炉供水以及工业用冷却水，如果其 pH 值偏低（pH<7），则可能产生氢去极化腐蚀，钢铁在酸性介质中也不易生成钝化表面保护膜。因此必须提高供水的 pH 值，提高水的 pH 一般是加氨水或有机胺。为了防止给水系统的腐蚀，国标要求给水的 pH 应控制8.8～9.2 范围内。

（2）"一脱四注"控制常压塔顶空冷器腐蚀

"一脱四注"指原油深度脱盐，脱后原油注碱，塔顶馏出线注氨或胺、注缓蚀剂、注水。该防腐措施的原理是尽可能降低原油中盐含量，抑制氯化氢的发生，中和已生成的酸性腐蚀介质，改变腐蚀环境和在设备表面形成防护屏障，空冷器的腐蚀环境主要为低温 HCl—H_2S—H_2O，由于常压塔顶空冷介质中的 HCl 大部分来源于原油中的盐类水解，因此在生产中必须严格控制原油脱盐后的盐含量以降低塔顶油气中 HCl 的含量，同时在常压塔顶挥发线上注入氨水将冷凝水的 pH 值控制在 7.5～8.5 之间，是重要的工艺防腐方法。

6.6　结构材料选择原则

结构材料是过程装备的基础，正确、合理的选择材料是保证正常发挥设备功能的重要环节。但要真正做到正确的选材并非易事，它不仅需要弄清过程装备在具体工作条件下对材料的主要要求，又要全面掌握各种材料的基本特性，并且还应结合经济性和具体应用场合进行综合分析、评比。总的原则与处理其他工程问题一样，也是技术上可行和经济上合理。使用性能原则、加工工艺性能原则和经济性原则是选材的基本原则。

6.6.1 使用性能原则

使用性能主要指构件在使用状态下应具有的性能，包括材料的力学性能、耐腐蚀性能和物理性能。从腐蚀与防护的角度而言，要正确的选用结构材料，一方面要根据工艺条件分析对设备材料的要求，另一方面要掌握材料的基本特性。

（1）根据工艺条件分析对设备材料的要求

由于化学工业的产品种类很多，各类工艺过程进行的条件又各不相同。既有高温、高压，又有深度冷冻、高度真空；所处理的介质大多是有腐蚀性的、有毒的，或者是可燃、易爆的。因此，处于不同条件下工作的过程装备，往往对材料提出了极不相同的要求。这就需要详细了解具体工艺过程的特点，分清各种要求的主次，逐一进行分析。

① 介质特性与温度、压力　介质特性包括它的相态、组成、浓度、是氧化性还是还原性，以及变化范围和流速等。特别不能忽视如 Cl^- 等对腐蚀有加速作用的微量杂质。一般来说，介质的性质对设备材料的主要要求是耐腐蚀。

设备的操作温度以及温度的变化范围对材料性能的影响往往是多方面的。一般随温度升高，材料的腐蚀速率增加，强度降低而塑性和冲击韧性增高。高温下使用的材料必须具有足够的蠕变极限和抗氧化性能，低温下使用的材料则应具有足够的冲击韧性，需要特别注意材料的冷脆问题。

对设备的操作压力不只是弄清常压、中压、高压还是负压，并且要了解压力分布、变化范围和变化方式，尤其是内应力状况如加上残余应力、温差应力等。通常压力越高，对材料强度和耐蚀性能要求也越高，设备衬里要考虑负压的影响。

② 工艺条件对材料的限制　在医药、食品以及石油化工三大合成材料生产等某些过程中，对产品纯度有严格要求。因此，选材时必须注意防止某些金属离子对产品的污染，例如铅有毒，绝对禁止用于食品工业生产装置。

有时材料的腐蚀产物或材料被磨蚀下来的微粒，会引起化工过程不允许的副反应，或者造成某些催化反应的触媒中毒，那么这种材料就不能选用。

有些生产过程，往往会在设备内表面产生结疤而严重影响生产，因此对物料有强烈附着和黏结作用的材料，使用就受到限制。

③ 设备的功能与结构　各种过程装备具有不同的功能与结构，对材料的要求必然亦不相同。例如，换热器除要求材料具有良好的耐蚀性外，还应有良好的导热性能；烧碱生产中的熬碱锅，要求材料既能承受高温的直接火加热，又要抗高温浓碱（达约 $500℃$ 的 $97\%\sim99\%NaOH$）的强烈腐蚀，同时还要求有好的导热性。制氧生产中的精馏塔，则要求设备材料在 $-93℃$ 的低温下工作仍有足够的韧性而不致产生脆性破裂。又如往复式压缩机中的活塞环，要求材料耐磨，同时又要有足够的弹性，以保证活塞环在工作过程中能够很好地与气缸壁贴合。输送腐蚀液的泵要求材料具有良好的耐磨蚀性能和铸造性能，而泵轴则既要耐磨蚀，又要有较高的疲劳极限等。

④ 运转及开停车的条件　操作条件、开停车速度、频率及安全措施等对过程装备的材料也有要求，如开停车频繁、升降温等温度波动大的设备，对材料还要求有良好的抗热冲击性能等。

显然，对于简单的工艺条件，比较容易找出对设备材料的要求，而工艺条件复杂的场合往往很难判断，这就需要深入了解工艺过程，有时还必须辅以某些实验测试，才能找准对材料的主要要求。

（2）掌握材料的基本耐腐蚀特性

结构材料种类很多，仅仅不锈钢就有上百种，而材料的性能又包括了力学性能、物理性能、耐蚀性以及加工性能等，如果孤立地去记忆每种材料的性能是非常困难的。因此必须首先了解各种材料的共性。然后分析某些材料的特殊性质，那么就不难全面掌握各种材料的基本特性了。前面已经讨论过，金属及合金耐蚀性的规律有三类情况，即依靠材料本身的热力学稳定性而耐蚀；依靠钝化而耐蚀；腐蚀产物稳定而耐蚀。

因此对于一种材料只要了解它属于哪一类，就能粗略地判断它在不同介质中的腐蚀规律。这样，在针对具体工艺条件选材时，便能迅速地缩小供选材料的范围。然后再结合供选材料的特殊性能和工艺过程对设备材料的主要要求进行综合分析评比，最终选出比较合适的材料。

本书讨论了一些重要金属材料的耐蚀性，这远不能满足实际需要。为此要查阅耐蚀材料手册和腐蚀数据图册等，以得到各种材料在不同环境下耐蚀程度定量或定性的资料。

6.6.2 加工工艺性能原则

材料选定后，都要经过各种加工、成型或焊接等工艺才能制成具有一定的形状、尺寸、精度、表面粗糙度等要求的过程装备及零部件。铸、锻、压、机加工、焊接、热处理等性能是材料最主要的加工成型工艺性能。它们对机器设备的结构和功能有着重要影响，同时还影响材料的力学性能、耐蚀性能以及制造成本。有时其他各种性能都符合要求，但加工困难，仍然不能成为一个良好的选择方案。

6.6.3 经济性原则

过程装备成本的很大一部分属于材料的成本，然而，采用价廉的材料不一定就是经济合理的，因为价贵的材料往往具有较好的性能，而价廉的材料有时加工费用很高或者使用寿命较短。所以对于价格，既要看材料本身的价格，同时也要把材料费用同设备加工制造、使用、维修、拆换以及寿命等结合起来考虑，进行总费用的经济分析、权衡。

材料的各种性质和特性是相互联系而又相互矛盾的，各种材料都具有优点和缺点，没有一种绝对好的、万能的材料，选材时，应充分发挥材料的优势、扬长避短，使所选材料与工艺条件得到最佳匹配。在考虑各项影响材料选择的因素时，必须全面的综合考虑。同时又必须明确所有这些因素并非同等重要的，在每一具体场合下，总有主导的起决定作用的因素，应根据工艺条件分析并尽量满足对设备材料主要的、最基本的要求，适当地照顾其余的要求。在选定材料后，还应考虑最符合这种材料特性的结构形状和施工方法。

第7章
典型化工装置的腐蚀与防护分析

7.1 氯碱生产装置

工业上用电解饱和 NaCl 溶液的方法来制取 NaOH、Cl₂ 和 H₂，并以它们为原料生产一系列化工产品，称为氯碱工业。氯碱的电解生产工艺通常有隔膜法、水银法和离子膜法等，虽然生产方法有所不同，但所处理的原料介质和产品基本相同，本节主要以离子膜法生产氯碱工艺为例，介绍氯碱生产装置的腐蚀与防护。氯碱的生产按流程可分为盐水、电解、氯处理和碱浓缩四大工艺系统。图 7-1 为离子膜法电解制氯碱工艺流程示意图。

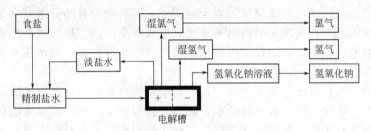

图 7-1　离子膜法电解制氯碱工艺流程示意图

盐水系统主要是以原盐氯化钠为原料，经过原盐溶解、精制与澄清、盐水过滤、pH调节等工序制成精制食盐溶液供离子膜电解槽进行电解。该系统中的腐蚀介质为氯化钠溶液。

电解系统主要是电解精制的食盐水，产品为氯气、氢气和氢氧化钠稀溶液。该系统中的腐蚀介质主要为湿氯（实质为盐酸和次氯酸）、氢氧化钠溶液及杂散电流。

氯处理系统主要是采用硫酸作为干燥剂，将湿氯脱水成为干氯，该系统中的腐蚀介质主要为湿氯和硫酸。

碱浓缩系统：主要是将低浓度的电解液浓缩为高浓度的电解液（约含 NaOH50%），同时去除电解液中未电解的 NaCl 及杂质 Na₂SO₄ 等，获得高质量的烧碱溶液或固碱。该系统主要包括蒸发、精制、固碱这三大操作单元，腐蚀介质主要为高浓度烧碱溶液。

7.1.1 介质的腐蚀特性

（1）氯化钠溶液

金属在氯化钠盐水系统中的腐蚀实质是氧去极化腐蚀。在含氧的盐水溶液中，由于氧去极化的阴极反应使铁作为阳极发生腐蚀不断溶解，即

$$\frac{1}{2}O_2 + H_2O + 2e \longrightarrow 2OH^-$$

$$Fe-2e \longrightarrow Fe^{2+}$$

上述反应生成的氢氧化亚铁 $Fe(OH)_2$ 沉淀又进一步氧化成为三价铁盐，即铁锈，所以钢铁材料不能直接用作盐水系统的装备。

金属在氯化钠盐水中，常常由于金属的不均匀性或者介质的不均匀性而形成腐蚀电池导致金属的腐蚀。如盐水碳钢储罐因为氧分布不均而发生水线腐蚀，腐蚀最重的部位发生在盐水与空气接触的弯曲形水面的器壁下方。设备在弯月面中只有很薄的一层盐水，由于接触空气很容易被溶解氧所饱和，氧被消耗后也能容易地得到补充，故氧的浓度很高，形成富氧区。但在弯月面的较深部位的盐水，由于受到氧的扩散速度的影响，在这里氧不易达到也不易补充，氧的浓度较低形成贫氧区。因此，在弯月面和它较深的部位就成了氧的浓差电池。弯月面成为阴极区，产物为 OH^-；弯月面的较深部位为阳极区，腐蚀产物为 Fe^{2+}。铁锈在两个区域的中间部位形成。

钛在各种含氯溶液中的耐腐蚀性能优异，其全面腐蚀速率通常不超过 0.05mm/a。在没有食盐水溶液自由循环的缝隙部位出现缝隙腐蚀倾向，一般认为在温度不超过 130℃、pH>8 时，工业纯钛具有优越的耐缝隙腐蚀性能；而当食盐水溶液的温度大于 130℃、pH<8 时，钛会发生缝隙腐蚀。但是，钛钯合金（含 0.2% 钯）具有很好的耐缝隙腐蚀性能。

（2）杂散电流

电解槽在工作的时候，电流应从阳极流向阴极，但可能会有部分电流从电解槽内泄漏出来，流出电解系统之外，最终又返回电解系统，形成漏电回路。这种泄漏出来的电流称之为杂散电流。在氯碱装置中，它的存在可使盐水管路、电解液管路、盐水预热器、电解槽等设备发生腐蚀。

杂散电流的产生是由于在食盐电解过程中，电解槽总系列与整流器构成了直流电路，在这个直流回路中，任何一点或者通过盐水、碱液、管路或金属构件而与地面接触，当两者存在电位差时，都可能漏电，有的通过连续喷注的盐水喷嘴，或电解槽内液位偏高，槽内电流经盐水漏出槽外；有的通过盐水电解后具有导电性的电解液，由于断电效果不好，槽内电流经电解液漏出槽外；有的通过集气管内表面凝聚水膜进入集气管的金属管壁中，从一台电解槽流向另一台电解槽，当杂散电流流到集气管的接头部位时，由于管路的垫片或焊缝阻碍，杂散电流会从管壁流到液膜中，在管接头的另一端再流入管壁；还可通过绝缘不良的电解槽支架，导致输电母线经支架或支座构成漏电回路。

以上漏电回路可以同时存在，从而构成复杂的杂散电流回路。如电解槽间漏电回路、整流器-设备-大地回路、溶液-管内壁-管外壁-大地-电解槽回路等。

当漏电发生后，在形成的回路中，杂散电流的方向可由漏电部位对地电位来确定。在电解系统中的设备、管件等对地电位则是由它在电解系统电路中的位置来确定的。直流母线的来路为正电位区，回路为负电位区，中间为零电位。在正电位区的杂散电流是经过设备、管件等导入大地的，腐蚀部位多发生在物料的出口或接近地面的地方，如盐水支管的根部焊接处腐蚀。在负电位区的杂散电流是由大地经过设备、管件等导入电路系统，因此，腐蚀部位多在物料的入口接近电路的地方，如盐水支管的顶部腐蚀，电解液管路的腐蚀多发生在漏斗流碱处的支管界面和焊接处。

总之，处于正电位区的设备及管道腐蚀较轻。而在负电位区的腐蚀较严重，其腐蚀形貌通常为蚀孔呈圆形，多集中在一处，腐蚀速率较快。具有局部电化学特征。

（3）干氯和湿氯

氯对金属的腐蚀作用与含水量和温度因素有密切的关系（表 7-1）。

表 7-1　金属在不同含水量的氯中允许使用的温度极限　　　　　　　℃

金　属	氯中含水量/%				
	0.007(干氯)	0.04	0.4	4	36
铝及其合金	100	—	120～150	150～450	160～450
铜	100	—	—	不稳定	不稳定
镍	550	20～550	50～550	100～500	150～500
H70M27φ	500	20～550	—	100～500	150～500
XH78T	550	20～550	50～550	100～500	150～500
X15H55M16B	500	20～550	50～550	100～500	150～500
QX23H28M3д3T	400	20～400	100～400	160～550	160～550
碳钢	150	100～250	130～300	180～400	170～550

氯的化学性质非常活泼，常温干燥的氯对大多数金属的腐蚀都很轻，但当温度升高时腐蚀则加剧，这是由于干氯与金属作用所生成的金属氯化物具有较高的蒸气压或较易熔化的缘故。然而，镍、高镍铬不锈钢、哈氏合金等的金属氯化物具有较低的蒸气压，这些金属与氯在高温下反应时放出的热量很少，因此这些金属能耐高温干氯的腐蚀。

但是，潮湿的氯具有强烈的氧化作用，所以在150℃的湿氯中金属会呈现不同的化学稳定性。一般易钝化的金属如铝、不锈钢和镍等，其腐蚀并不显著，钽是完全稳定的，碳钢和铸铁则遭受严重腐蚀。在温度不超过120℃时，由于冷凝的缘故，水分能加强氯对大多数金属的腐蚀作用。当氯中含水量小于150μg/g时，普通的钢结构材料才被认为没有腐蚀效应。

（4）次氯酸盐

在含有水分的氯气中，氯与水反应生成腐蚀性很强的次氯酸和盐酸，即

$$Cl_2 + H_2O \longrightarrow HOCl + HCl$$

次氯酸是一种弱酸，具有强氧化性和漂白性质，它极不稳定，遇光分解为盐酸和氧。次氯酸盐类如次氯酸钠和次氯酸钙等，在中性或弱酸性时是不稳定的，其腐蚀性特别强，特别是在高温处于不稳定状态时更甚。所以，在室温、稀的次氯酸盐溶液中，大多数金属的腐蚀率是较低的。但在温度升高时，由于次氯酸盐离子的强腐蚀性，许多金属均会遭到腐蚀，往往还将引起孔蚀和缝隙腐蚀。

（5）盐酸

在氯碱装置中，含有水分的湿氯会有相当部分转化为盐酸。盐酸是一种典型的非氧化性酸，金属在盐酸中的腐蚀特点是：金属腐蚀的速率随盐酸浓度和温度的增加而上升。

对于碳钢而言，随着盐酸浓度的增加，其腐蚀速率按指数关系增大，见图 7-2。这主要是因为由于氢离子浓度的增加，氢的平衡电位往正的方向移动，在超电压不变时，因腐蚀的动力增加了，故腐蚀加剧。

氢的超电压愈大，腐蚀电流就越小，腐蚀过程的进行就愈慢。而氢的超电压随着温度的升高而减小。一般来说温度升高一度，超电压减小 2mV。化学反应速度也随温度升高而加快。所以，温度升高，氢去极化腐蚀速率加剧。

在正常情况下，在金属电动序中比氢更负的金

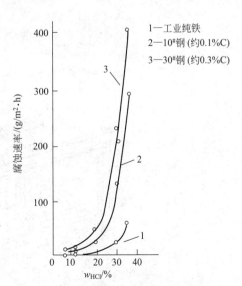

图 7-2　碳钢腐蚀速率与盐酸浓度的关系

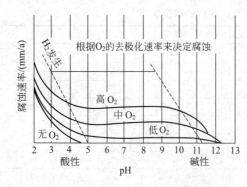

图 7-3 铁的腐蚀速率与 pH 的关系

属都能从非氧化性酸中释放出氢，发生析氢腐蚀。

（6）硫酸

在氯碱装置中，氯处理系统通常是用浓硫酸作为干燥剂处理湿氯，使其干燥。硫酸本身具有一定的腐蚀性，所以也会对系统中的设备造成腐蚀。关于硫酸的腐蚀性见 7.3 节。

（7）烧碱

大多数金属在碱溶液中的腐蚀是氧去极化腐蚀。常温时，碳钢和铸铁在碱中是十分稳定的。从图 7-3 中铁的腐蚀速率与溶液 pH 值的关系可知，当 pH 值很低时，由于氢的析出放电和析出的效率增加了，同时腐蚀产物也变得可溶了，因而腐蚀加剧。但当 pH 值在 4～9 之间时，由于处在氧的扩散控制阶段，而氧的溶解度及其扩散速度与 pH 值关系并不大，所以这时铁的腐蚀速率与 pH 值无关。当 pH 值为 9～14 时，铁的腐蚀速率大为降低，这主要是由于腐蚀产物在碱中的溶解度很小，并能牢固地覆盖在金属的表面，从而阻滞阳极的溶解，也影响了氧的去极化作用。当碱的浓度高于 pH 值 14 时，铁将会重新发生腐蚀，这是由于氢氧化铁膜转变为可溶性的铁酸钠（Na_2FeO_2）所致。若氢氧化钠浓度大于 30％时，铁表面的氧化膜的保护性随碱浓度的升高而降低。当温度升高并超过 80℃时，普通碳钢就会发生明显腐蚀，而镍及高镍铬合金、蒙乃尔合金和含镍铸铁等甚至在 135℃、73％碱中仍是耐蚀的。

此外，碳钢在碱液中还会发生应力腐蚀开裂现象。常用的碳钢、18-8 铬钼钢、铬镍钼钢、镍、镍铜合金（蒙乃尔 400）、镍铬铁合金（因科镍）合金等材料均会在一定条件的烧碱中产生应力腐蚀破裂。如烧碱蒸发器换热管与管板焊接区内大量裂纹，碱罐及碱管路的碱脆，酸水槽的筒体脆化，氨液分离器接管焊缝处经常泄漏等。这些现象都是由应力腐蚀裂纹所致。

7.1.2　典型装置腐蚀与防护

（1）电解槽的防护

① 腐蚀概况　图 7-4 为旭硝子 AZEC-F$_2$ 离子膜电解槽结构示意图。电解槽的腐蚀多发生在

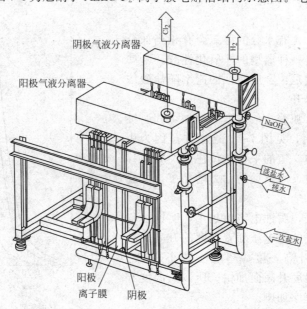

图 7-4　旭硝子 AZEC-F$_2$ 离子膜电解槽结构示意图

阳极极片的导电涂层、钛铜复合棒、钛底板、钢底板及电解槽盖，而阴极箱的腐蚀则比较轻。

金属阳极极片的腐蚀主要表现为钛钌活性涂层被腐蚀脱落，槽电压上升，氧超电压下降。

钛铜复合棒的腐蚀，一般多发生在铜螺栓根部被腐蚀而影响导电，严重时，钛铜复合棒铜质部分全部被腐蚀溶解掉。

电解槽盖的腐蚀主要是衬胶鼓泡、龟裂、钢外壳腐蚀穿孔。

② 腐蚀原因分析　导电活性涂层的脱落主要与涂层的配方、涂制工艺、电解槽直流电荷不稳定、槽温、阳极液 pH 值频繁变化等因素有关。同时，直流停电后没有有效的保护也是涂层严重腐蚀的重要原因，因为此时由于停电后引起逆向电流改变电极原来的极性，致使极片上的活性涂层被电化学腐蚀而溶解脱落。

钛铜复合板的腐蚀主要是阳极液沿阳极根部密封不严处而发生的化学腐蚀。阳极液中的酸性介质特别是含氯酸盐类如次氯酸与铜螺栓反应生成铜盐，严重时会发生极片根断裂，甚至发生复合棒内铜质部分全被溶解。

钛板的腐蚀主要是缝隙腐蚀。这是因为在阳极片根部法兰胶垫与钛板之间的缝隙存在着不易流动的液体酸性介质，为钛与非金属之间形成缝隙腐蚀创造了条件。此外，钛底板与钢底板之间的电极孔由于制造工艺的缘故很难同心重合，致使法兰胶垫难以压紧垫片，造成阳极液泄漏及其底板腐蚀。

目前国内氯碱厂家多采用的仍是钢衬橡胶槽盖，槽盖的腐蚀首先是衬胶的破损，进而受酸性气、液介质的腐蚀使钢外壳变薄，穿孔。

③ 防腐措施　对于导电涂层而言，平时要注意加强电解槽工艺管理，稳定工艺参数，避免大幅度升、降电流，停电时可在电解槽首尾两端加以不大于理论分解电压正向电动势，以抑制逆向电流的产生。

钛铜复合板的防腐蚀应主要从防止阳极液从极片根部泄漏入手。因此，电解槽生产厂家应在生产电解槽时，要注意胶垫与钛板之间压紧，避免缝隙腐蚀的发生。

真正解决电解槽盖的腐蚀问题，应该从材质上加以解决。从生产实际来看，使用非金属硬质衬胶是一种较为经济的方法，然而衬胶的配方也是比较重要的，实践证明，含硫量约为 30 份的硬质胶的防腐效果较好。此外，采用钛板与钢制槽盖爆炸复合成型工艺制造钛钢复合槽盖，虽然成本与衬胶相比略高，但其使用寿命要远高于后者。

(2) 盐水预热器的杂散电流腐蚀的防护

精制盐水由盐水预热器将其加热到 80～85℃，然后进入电解槽。盐水预热器主要为列管式换热器。

碳钢盐水预热器的主要腐蚀是杂散电流腐蚀。对于碳钢盐水预热器的杂散电流腐蚀，到目前为止，采用综合防护技术是较为理想的措施，这种技术措施综合起来有如下几点。

① 采用绝缘装置　为了增大系统中漏电电路的电阻，减少漏电，采用绝缘装置是行之有效的措施之一。具体做法：一是在电解槽与地面基础接触部位装置绝缘瓷瓶；二是在盐水预热器出口至电槽入口之间的盐水总管上安装一段（或全部）非金属绝缘管道（如氟塑料、聚乙烯管或钢衬胶管），以此来阻止或减少电流泄漏。

② 采用强漏电断电装置　在盐水进入电槽的入口处安装一盐水断电器，保证盐水以雾状进入电槽，减弱盐水的导电能力以达到减少漏电的目的。

③ 采用排流接地装置　在盐水预热器出口至电槽入口之间的非金属管内插入一根电极，使之与盐水接触，当电极的另一端与大地相接时，盐水中的部分杂散电流将被导入大地。

④ 采用等电位保护装置　在采用排流接地装置的基础上，还可采用等电位保护装置。即在碳钢盐水预热器进口与出口的盐水管道上分别安装一对电极，使之分别与电路并联连接，这样可有效地防止杂散电流对碳钢盐水预热器的腐蚀。

上述电法综合防护技术经有关氯碱厂的使用，证明是行之有效的，且技术成熟，性能稳定可靠，便于实施管理，同时也比较经济。

（3）其他设备的防护

氯碱生产装置由于介质的强腐蚀性，所以设备的防腐基本上以选择材料和衬里为主。

对氯碱装置的容器设备如化盐槽、沉降器、盐水储罐等，常见的防腐措施是采用非金属材料做衬里，如衬胶、衬瓷板、衬玻璃钢等；同时也有采用涂料防腐，如用玻璃鳞片涂层内衬防腐。

工艺管路通常采用非金属材质，部分内衬非金属，如输送热、湿氯气的管道一般由玻璃纤维增强塑料制成。其他高分子材料如聚氯乙烯塑料、聚丙烯塑料等也常用来制造工艺管道。同时，氯碱装置中还有一部分管路采用内衬橡胶防腐。

对于一些特定功能设备及部件如泵、阀、湿氯冷却器等，则采用钛材。

在碱浓缩单元中，碳钢和铸铁是最为常用的材料，但是由于在此介质环境中，碳钢和铸铁容易发生应力腐蚀破裂，所以近年来高纯高铬铁素体不锈钢得以广泛应用，如在碱液中常用的 26Cr-1Mo（E-Brite26-1）和 30Cr-2Mo 不锈钢等。这些材料用来制造碱浓缩系统中的关键设备，如Ⅰ、Ⅱ、Ⅲ、Ⅳ效碱液蒸发器等。

7.2 尿素生产装置

7.2.1 介质的腐蚀特性

目前尿素工业生产均以氨基甲酸铵脱水法为基础，其反应分两步进行。

第一步，液氨与二氧化碳气体作用生成氨基甲酸铵（简称甲铵）

$$2NH_3 + CO_2 \Longrightarrow NH_4COONH_2 + Q_1$$
（液）　（气）　　　（甲铵液）

第二步，甲铵脱水转变成尿素

$$NH_4COONH_2 \Longrightarrow CO(NH_2)_2 + H_2O - Q_2$$
（甲铵液）　　　　（尿素溶液）　（水）

第一步为放热反应，速度快，在平衡状态下，CO_2 转化成甲铵液的程度高。第二步反应是个微吸热的反应，速度较慢，平衡状态下甲铵液也不能全部转化为尿素，一般转化率为 60%～70%，未转化的甲酸铵必须从已转化的尿素中分离出来加以回收利用，如果将未转化的甲酸铵全部回收用以制造尿素，其方法成为全循环法，现在工业中采用的基本上都是全循环法流程。进而按照回收未转化甲酸铵的方法不同，世界上又发展了许多流程。我国大部分尿素厂采用的是水溶液全循环流程、溶液全循环改良 C 法流程和二氧化碳汽提法流程。其中以二氧化碳汽提法应用最为广泛，图 7-5 为尿素生产工艺流程。

除了上述主反应外，尿素合成塔内还存在副反应。在有水存在的条件下，NH_3 与 CO_2 会形成铵的各种碳酸盐。尿素可以发生水解生成甲铵，甲铵进一步与水反应生成碳酸氢铵，反应如下

$$CO(NH_2)_2 + H_2O \Longrightarrow NH_4COONH_2$$

$$NH_4COONH_2 + H_2O \Longrightarrow (NH_4)_2CO_3$$

尿素水溶液在 150～160℃高温条件下会发生缩合反应，生成缩二脲和氨

$$2CO(NH_2)_2 \Longrightarrow NH_2CONHCONH_2 + NH_3$$
（缩二脲）

在一定温度下，尿素还可以进行同分异构化反应，生成中间产物氰酸铵和氰酸，氰酸再与尿素缩合可生成缩二脲

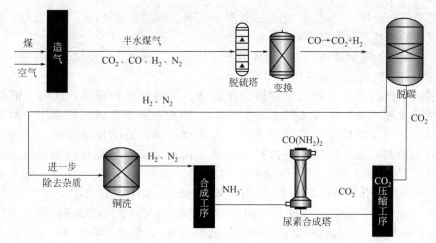

图 7-5　尿素生产工艺流程示意图

$$CO（NH_2）_2 \Longrightarrow \underset{\text{（氰酸铵）}}{NH_4CNO} \Longrightarrow \underset{\text{（氰酸）}}{HCNO} + NH_3$$

$$HCNO + CO(NH_2)_2 \Longrightarrow NH_2CONHCONH_2$$

由上述可知，合成塔所处理介质有主反应生成的尿素、氨基甲酸铵、水，副反应产物氰酸铵、氰酸、碳酸铵、缩二脲，过剩的反应物氨和二氧化碳，在高温高压条件下这些物料的混合物统称为尿素熔融物。在这些介质中，对设备材料腐蚀最严重的是氨基甲酸铵液和尿素同分异构化反应产物氰酸铵、氰酸。因为氨基甲酸铵离解出的氨基甲酸根是一种强还原剂，能阻止钝化型金属（如不锈钢、钛）表面氧化膜生成，而氰酸铵在有水存在时，氰酸铵离解成氰酸根（CNO^-），氰酸根具有强还原性，使钝化型金属不易形成钝化膜，对已生成的氧化膜也有很强的破坏作用。溶液中加氧能降低不锈钢、钛的腐蚀。在加氧的条件下，碳钢和低合金钢仍遭活化腐蚀。

在尿素生产流程中，遭受腐蚀最突出的是处理这些介质的高压设备，如二氧化碳汽提流程的四大高压设备（尿素合成塔、汽提塔、高压甲铵冷凝器、高压洗涤器），水溶液全循环流程的尿素合成塔、高压混合器、高压甲铵泵，溶液全循环改良 C 法流程中的尿素合成塔、高压分解塔、高压甲铵泵等。下面仅以尿素合成塔和高压甲铵泵为例进行腐蚀分析。

7.2.2　典型装置腐蚀与防护

7.2.2.1　尿素合成塔的腐蚀与防护

（1）尿素合成塔结构简述

由于尿素合成反应是在高压下完成，而且反应需要一定时间，塔内需要物料停留的足够空间，所以尿素合成塔为高径比较大的立式圆筒形高压设备。如图 7-6 所示，合成塔由壳体、内件及附件组成。

尿素合成反应不需要外加触媒和换热装置，故塔为空

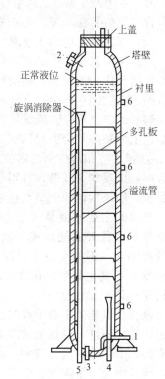

图 7-6　衬里式尿素合成塔结构示意图
1—来自高压甲铵冷凝器的气体进口；
2—合成塔气体出口；
3—高压甲铵冷凝器来的液体进口；
4—去高压喷射泵的甲铵液出口；
5—尿液出口至气提塔；
6—塔壁温度指示孔

筒形式，但为了防止物料反混，一般塔内设计有塔板。有的合成塔内装有混合器，使二氧化碳、氨与回收的氨基甲酸铵混合均匀。

生产中塔内基本充满液体，由于液体的不可压缩性，压力不易控制，有可能发生超压现象，为此，在塔的出口处留有气相缓冲空间。

由于塔内处理的介质中氨基甲酸铵、氰酸铵、氰酸腐蚀性很强，碳钢、低合金钢在其中的腐蚀速率相当大（年腐蚀率达几百毫米），因此在碳钢壳体内壁采用了耐腐蚀材料作衬里，衬里材料主要满足介质腐蚀要求，壳体材料满足力学性能要求。合成塔的主体材料大致分为两类：与介质接触的内衬和合成塔内件均采用易钝化的金属材料如 316L、316L$_{U.G.}$ Ti、Thermanit 21/17E、0Cr17Mn13Mo2N（A4）等，不与介质接触的承压壳体及零件材料一般用碳钢或低合金钢，如国外的 BH54M、BH47W、K-TEN62M、JISSB49SR、MnNiV（BA72-21-06/SA455）、A52C2、16MnCu、18MnMoNb。其衬里方式有爆炸衬里、机械松衬、包扎衬里、撑焊（焊缝加盖板）、热套、堆焊等。合成塔具体采用的衬里材料与衬里方式随工艺流程不同而不同。

为检查衬里是否发生腐蚀泄漏，每节筒体上下均装有多个检漏孔，采用蒸汽检漏。

尿素合成塔是在较高的温度下操作的，通常 180～200℃，为防止热量散失，外壳需要保温。

为了严格监测合成塔内溶液和塔壁的温度，合成塔上、中、下均有温度检测孔。

对于水溶液全循环法尿素合成塔，二氧化碳、氨、氨基甲酸铵液进料管均设在下封头上，出料管安装在上盖。CO_2 汽提法尿素合成塔物料的进、出口管全部安装在塔的下封头上。

（2）尿素合成塔的主要腐蚀形态及分析

为解决尿素生产中的腐蚀问题，工业生产中采用在介质中加氧和采用钝化型金属铬镍不锈钢、钛等作衬里材料，利用钝化型金属在介质中的钝化特性，促使钝化金属钝化达到耐蚀的目的。在实际生产中，已经证实不锈钢与钛在介质不加氧的条件下要产生活化腐蚀，只有加足够氧的条件下，才能维持钝化状态，腐蚀速率才能降到工程允许的程度。如果操作不当或制造上的缺陷都会引起以下各种形态的腐蚀。

① 衬里液相部位全面腐蚀　在尿素熔融物中，不锈钢衬里与内件可能会发生全面腐蚀，导致厚度出现均匀减薄，特别是合成塔中下部较为突出。腐蚀严重时，可能导致腐蚀产物污染尿素，使尿素的颜色呈红色或黑色。

腐蚀的主要原因是氧量不足。在正常的操作条件（氧含量充足）下，尿素合成塔衬里内壁与内件表面能形成一层完整、致密、稳定的氧化膜，衬里的腐蚀速率较低，在允许的范围内。但如果缺氧，即氧含量小于材料钝化所必需的临界氧含量，造成氧化膜生成速度小于氧化膜溶解速度，使衬里与内件实际处于活化溶解状态，所以生产中都要求严格保证通氧量。

氨和二氧化碳生成甲铵的反应主要集中在合成塔的中、下部完成，甲铵的浓度较高、温度也较高。而这一区域氧的溶解还未完全达到平衡，液相中氧的含量偏低。再加上进料口均在下部，下部物料流速较大，对金属表面有一附加的剪切作用，更不利于衬里与内件金属钝化，所以中、下部腐蚀就更严重。

尿素合成塔在运行中，碰到生产系统其他设备故障或动力事故等情况时，可作封塔处理，如果封塔时间过长，又未在封塔前提高 CO_2 中的氧含量，就会造成液相介质中的氧含量降低。因为封塔时间长了，氧会解析出来。压力越低、温度越高，解析速度越快，这样就会导致介质对衬里与内件的腐蚀加快。

硫化氢含量超标也是一个重要原因。因为硫化氢的存在，它既消耗尿素熔融物中的氧，又生成破坏衬里表面钝化膜的硫酸根 SO_4^{2-}，造成衬里材料腐蚀加剧。

此外，合成塔超温、NH_3/CO_2 比降低、H_2O/CO_2 比升高，也会增加尿素合成塔的腐蚀。例如试验表明，合成介质的温度从 160℃ 提高到 200℃ 时，1Cr18Ni12Mo2Ti 的腐蚀速率增加三倍。NH_3/CO_2 比减少，会使金属钝化电位变正，材料的钝化变得困难。而 H_2O/CO_2 比增大会促进氰酸铵离解产生腐蚀性很强的氰酸根，降低了介质的 pH 值，亦使钝化状态建立困难。

② 衬里鼓包　产生衬里鼓包的原因主要是衬里与筒体之间间隙处的压力大于塔内压力所至。当衬里因腐蚀或焊接缺陷出现穿透性小孔或裂纹，塔内介质会泄漏到衬里与筒体夹缝处，如果检漏通道被结晶（甲铵、尿素、碳酸盐、缩二脲）和腐蚀产物堵塞，检漏孔不能顺利检出泄漏并泄压，衬里夹缝会产生较高的压力，当塔内液体排放过快，夹缝内用力短时间高于塔内压力时，衬里就会出现鼓包。有时即使没有泄漏，塔内排液过快，引起塔内负压，也会出现类似情况。

③ 气相冷凝液腐蚀　尿素合成塔顶部有一缓冲空间，在使用中发现有的尿素合成塔顶部出现气相冷凝液腐蚀。

在正常工艺操作时，合成塔顶部缓冲空间是过热蒸气状态，混合气体中无液态水存在。但如果合成塔顶部气相处不锈钢衬里和堆焊层壁面温度＜151℃，蒸气要冷凝，导致含甲铵的冷凝液腐蚀。引起塔顶气相不锈钢内壁温度降低的原因，主要是设备外壳保温不良（加外壁保温层遭破坏或减薄、铝皮漏水等）。

气相不锈钢衬里内壁一旦形成冷凝液膜，由于其液膜厚度较薄，通常仅为几十微米，氧容易通过扩散达到其衬里表面，氧含量较高，当氧含量超过一定限度，不锈钢如 316L 有可能发生过钝化腐蚀。

④ 应力腐蚀破裂　不锈钢衬里的应力腐蚀破裂是尿素合成塔常见的腐蚀破坏形式之一。腐蚀裂纹多在焊缝两侧，距离焊缝 80～200mm 范围内。绝大部分为纵向，少数为横向。衬里裂纹是从衬里外表向内发展的。往往裂纹与蚀点连在一起。

导致应力腐蚀的拉应力主要来源有焊接残余应力、热应力以及工作应力。

在焊接时，垂直于焊缝的两侧金属被加热，且加热程度不一样。焊后冷却时要收缩，收缩的程度也不同，再加上由于焊缝处的垫板点焊在外壳上，限制了衬里焊后的收缩，导致衬里承受拉应力。

不锈钢衬里与壳体是两种不同的材料，其热膨胀系数不同，在设备升、降温过程中，如果速度过快，不锈钢不可避免地存在热应力。

有的合成塔由于不锈钢衬里与壳体贴合不好，存在间隙（如某厂的合成塔衬里与壳体的间隙达 2～3mm），在高温高压介质条件下工作始终处于拉应力状态。

引起不锈钢衬里应力腐蚀的介质是含氯离子的尿素熔融物。在不锈钢衬里与壳体的夹层中，有检漏蒸气（含有 Cl^-），正常情况下塔内温度高于夹层温度，可能导致蒸气冷凝液中 Cl^- 浓缩。如果因某种原因发生衬里泄漏，夹层中还有难于清除的尿素熔融物。

因此，不锈钢衬里在拉应力和含氯离子的尿素熔融物的联合作用下会导致产生应力腐蚀破裂。

⑤ 电偶腐蚀　衬里焊缝的焊接缺陷如气孔、夹杂或漏焊等，在尿素熔融物中，容易造成衬里穿透性腐蚀小孔，含氧的尿素熔融物会经过小孔泄漏到衬里与壳体的夹缝中，若未及时检出，由此会引起衬里与壳体二者的电偶腐蚀。不锈钢衬里为阴极受到保护，碳钢壳体为阳极遭到腐蚀。

⑥ 晶间腐蚀　高温高压的尿素熔融物对不锈钢可能引起强烈的晶间腐蚀。

尿素甲铵熔融物对不锈钢引起的晶间腐蚀主要是敏化态所产生的晶间腐蚀。不锈钢在敏化态时在晶间析出了高铬碳化物 $Cr_{23}C_6$，导致产生贫铬区，贫铬区的优先腐蚀致使产生晶间腐蚀。

国内有的研究还认为，在尿素熔融物中，不锈钢会由于晶间硅、磷等元素的偏析富集而产生非敏化态的晶间腐蚀。

⑦ 复相不锈钢的选择腐蚀　尿素熔融物对具有铁素体和奥氏体双相不锈钢及其焊缝具有很强的选择腐蚀能力，在较多的情况下容易产生铁素体选择腐蚀。在合成塔正常通氧时，介质的氧化性能较强，容易产生铁素体选择腐蚀，如 NC36L（00Cr17Ni14Mo2）、0Cr17Mn13Mo2N 焊缝在水溶液全循环法尿素合成塔中的腐蚀就属于这种腐蚀。其原因并不是铁素体本身不耐蚀，而是由于 δ 铁素体从高温缓慢冷却时，会产生分解，生成高铬碳化物 $Cr_{23}C_6$、σ 和 γ（γ'），在 $Cr_{23}C_6$ 与 σ 相的周围的奥氏体或亚奥氏体会形成了贫铬区，由此引起了铁素体的选择腐蚀，$Cr_{23}C_6$ 形成引起的贫铬程度最严重。

⑧ 氢脆　改良 C 法尿素流程的尿素合成塔必须采用钛衬里，钛的最大缺点是容易吸氢而脆化。

钛所吸收的氢不是分子氢，而是腐蚀的阴极过程产生的原子氢。合成塔在正常工作情况下，随着使用时间增长，衬钛层的含氢量会增加，但对钛的使用性能没有明显影响。但是，如果衬钛层穿孔，钛与壳体构成宏观腐蚀电池，衬层与壳体之间氧消耗很快又得不到补充，钛阴极上主要是析氢反应，产生的原子态氢活性强，容易进入钛中，造成钛氢脆。

（3）防腐措施

目前生产中已采用的防护措施归纳起来有合理防腐蚀结构设计、严格控制操作参数、保证焊缝的焊接质量等方面。

① 防腐蚀结构设计　衬里及内件的材料的选择需根据相应的尿素生产工艺。过去我国制造的 11 万吨/年和 16 万吨/年水溶液全循环法尿素合成塔大多数是以 316L 型不锈钢作为衬里与塔板材料，1975 年引进的 13 套大化肥装置中，荷兰 Stamicarbon 尿素专利商采用 316 L Modified（改良型，为尿素级 316L$_{U.G.}$）不锈钢，日本三井东洋改良 C 法采用钛作为衬里材料。美荷型、法型 CO_2 汽提法大化肥装置的尿素合成塔均采用 316L$_{U.G.}$ 衬里材料。

就水溶液全循环法尿素工艺而言，针对 316L 型不锈钢作为衬里与塔板材料使用中出现的不少腐蚀问题，可采用 316L$_{U.G.}$ 取代 316L 型不锈钢。荷兰的尿素级 316L$_{U.G.}$ 钢的化学成分比一般 316L 提高了镍含量，并加入了氮，以使奥氏体更加稳定，避免出现铁素体。我国研制、生产的 00Cr17Ni14Mo2（316L$_{U.G.}$）不锈钢板，00Cr25Ni22Mo2N（2RE69）不锈钢管、板、棒，已成功用于几台尿素合成塔中。

对于焊缝材料，国内过去小型尿素设备主要采用 Avesta P5，焊缝耐蚀性较好，但长期使用仍会产生一些铁素体的选择腐蚀；国内 20 世纪 70 年代引进的大型尿素装置的焊接材料大多采用 Thermanit 19/15H，焊缝有较好的耐蚀性，但容易产生热裂纹，工艺性能也较差。20 世纪 80 年代引进装置的都以采用超低碳的 25Cr-22Ni-2Mo 型焊接材料，使用良好。国内研制的 00Cr17Ni14Mo2 衬里不锈钢配套焊接材料 H00Cr25Ni22Mn4Mo2N（2RM69），焊后的耐蚀性能和力学性能良好。

对于改良 C 法，其合成塔的温度很高，高达 200℃，只能使用钛作衬里，不能用 316L$_{U.G.}$，因为钛耐全面腐蚀比不锈钢高一个数量级，且不易产生晶间腐蚀、应力腐蚀等局部腐蚀，使用温度也比 316L$_{U.G.}$ 高。

美国 CPI-ALLied 法尿素合成塔操作温度高达 230℃，钛和不锈钢都不能满足要求，因而采用了锆。在＜200℃以下，锆的耐蚀性要比钛好约一个数量级，但由于锆的价格高，在其他尿素生产方法的尿素合成塔还未得到应用。

② 控制腐蚀介质

ⅰ. 保证操作过程中对介质正常通氧量，促使衬里金属处于稳定钝化状态。

ⅱ．适当提高介质的氨碳比、降低水碳比，可抑制氰酸根（CNO⁻）的生成。

ⅲ．严格防止原料气中的 H_2S、Cl^- 含量超标，有利于稳定钝化膜，防止局部腐蚀产生。

ⅳ．严格控制合成塔塔内操作温度，防止超过衬里材料的极限使用温度。

ⅴ．严格控制合成塔升、降温速度，对减小温差应力、防止应力腐蚀有利。

ⅵ．严格控制封塔时间，防止氧含量降到小于稳定钝化需要的最低氧含量，保证钝化膜稳定。

ⅶ．加强合成塔的壳体保温，防止热量损失。一是可以稳定塔内操作温度，保证生成尿素的反应正常进行，二是可以避免顶部气相部位衬里发生冷凝液腐蚀。

③ 提高焊接质量　晶间腐蚀、应力腐蚀、选择腐蚀等腐蚀多发生在焊缝部位。因此严格遵守焊接工艺，确保焊接质量十分重要。焊缝处不容许有气孔、夹渣、飞溅、咬边现象，焊后应作探伤检查，表面应作钝化处理。

为了减轻焊接接头的敏化程度，焊接中应尽量减小线能量的输入。一般氩弧焊的输入线能量低，因而焊接和补焊应当采用氩弧焊。

7.2.2.2　高压甲铵泵的腐蚀与防护

高压甲铵泵是尿素生产流程的关键设备之一。高压甲铵泵所处理的介质是高温高压的具有强腐蚀的氨基甲酸铵溶液，泵的作用是将甲铵液从 1.8MPa 左右加压至 20MPa 以上送入尿素合成塔。

在尿素生产中，绝大多数厂都采用往复式甲铵泵。往复式高压甲铵泵有卧式和立式柱塞泵。一般采用卧式三联柱塞泵，也有采用立式五联柱塞泵。

三联高压柱塞泵在使用中存在的主要问题是，往复泵缸体在交变应力与甲铵液腐蚀的联合作用下发生腐蚀疲劳开裂。四通型与三通型缸体交叉内腔的交角处受较大的应力集中，如图 7-7 所示，缸体的腐蚀疲劳开裂由此产生。

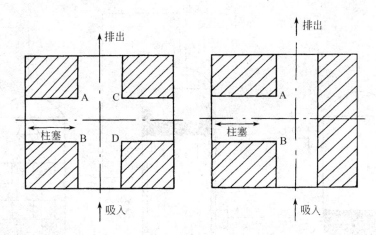

图 7-7　往复式甲铵泵三通和四通缸体截面示意图（A、B、C、D 为应力集中点）

防止甲铵泵缸体腐蚀疲劳的措施主要是防腐蚀结构设计，一是最大限度降低应力集中，二是选择耐腐蚀疲劳的材料。

降低应力集中可从以下几方面采取措施：

ⅰ．采用进排液组合阀可使缸体内腔的应力集中部位避免应力交变，存在交变应力的部位只有较小的应力集中，这样就大大提高了缸体的腐蚀疲劳寿命；

ⅱ．采用组合阀式的液缸结构，使两个内腔的轴线错开，不在同一平面，也可减小最大应力集中；

ⅲ．内腔交角处尽量圆滑过渡，降低应力集中系数；

ⅳ. 提高缸体内表面粗糙度，降低微观的应力集中。

往复甲铵泵缸体材料应耐腐蚀疲劳，应满足以下要求：

ⅰ. 有足够的铬、钼含量，以具备足够的耐蚀性能；

ⅱ. 由于碳化物、σ相等析出相是腐蚀疲劳的裂纹源，因此应当尽量降低钢中的碳含量，一般采用超低碳不锈钢；

ⅲ. 采用夹杂物尽量少的不锈钢，因为夹杂物是腐蚀疲劳的裂纹源；

ⅳ. 控制锻造流线方向使夹杂物分布方向和开裂方向垂直，减少夹杂物的影响。

从实验室试验与生产实践均证实，E-Brite26-1（00Cr26Mo）、Sandvik3RE60（00Cr18Ni15Mo3Si2）及 316LN（00Cr17Ni14Mo2N）是抗甲铵液腐蚀疲劳较好的材料。现在国内大型尿素厂使用 316LN、中型尿素厂使用 3RE60，寿命均可达数万小时。而原来国内一般采用 1Cr18Ni12Mo3Ti 或 Cr18Mn10Ni5Mo3 含钼不锈钢制作缸体，其结构为三通形式，该材料对应力腐蚀的敏感性较强。

7.3 硫酸生产装置

工业上硫酸的生产方法有接触法和硝化法，在硝化法中因采用设备不同分为铅室法和塔室法。我国硫酸生产主要以硫铁矿、冶炼气或硫磺为原料，采用接触法（也有塔室法）水洗、酸洗（稀酸洗和浓酸洗）等流程，图 7-8 是硫酸生产工艺流程示意图。无论何种生产流程，涉及硫酸腐蚀的设备都有塔器、储槽、容器、冷却器、泵、管子及阀门等。在生产实际中，各种浓度的高、中温硫酸以及室温的中等浓度硫酸对金属材料的腐蚀都比较严重，在高速、高压条件下更为苛刻。

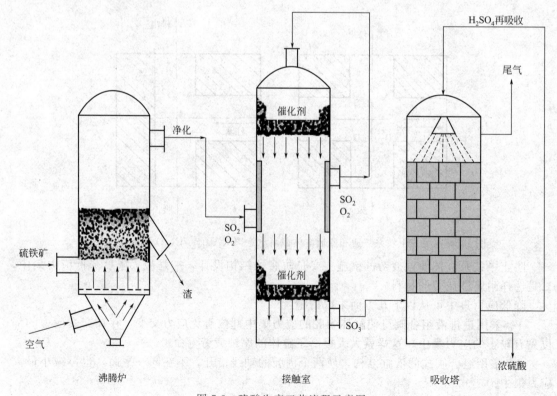

图 7-8 硫酸生产工艺流程示意图

7.3.1　硫酸的腐蚀特性

硫酸是一种含氧酸，具有独特的腐蚀行为，其腐蚀性能与硫酸的浓度、温度、流速、酸中的氧或氧化剂以及杂质关系很大。

① 浓度　硫酸有稀硫酸、浓硫酸与发烟硫酸之分。稀硫酸与浓硫酸是硫酸的水溶液，生产上习惯把 90%～99% 范围的硫酸称为浓硫酸，把 <78% 的硫酸称为稀硫酸，SO_3 溶解在 100% 硫酸中得到的硫酸称为发烟硫酸。硫酸的腐蚀不是浓度越高，腐蚀越苛刻，而是中等浓度时有一个凸峰。

硫酸浓度不同，对不同金属显示出的腐蚀特性差异很大。稀硫酸的氧化性很弱，属非氧化性酸类，对金属的腐蚀主要是氢去极化，在此浓度范围内随浓度增大对金属的腐蚀增强；浓硫酸则具有很强的氧化性，属于氧化性酸类，金属发生腐蚀时，主要是硫酸根作去极剂，对于具有钝化特性的金属，此浓度范围内室温下硫酸有可能使金属钝化。对于可钝化的金属（如碳钢）的腐蚀，在 20℃ 条件下，含量大约在 50% H_2SO_4 有一个极大值，当含量<50% H_2SO_4 时，随酸的含量增大、氢离子的含量也增大，所以腐蚀速率加快；但含量>50% H_2SO_4 时，随酸浓度增大腐蚀速率急剧降低，>70% H_2SO_4 含量时，碳钢表面生成一层致密的难溶于硫酸的钝化膜，能阻止硫酸对金属继续的腐蚀作用，使碳钢实际的腐蚀速率较低，这就是室温浓硫酸储槽和槽车常用碳钢制造的原因。但是，由于浓硫酸是一种强吸水剂，暴露在潮湿的空气中很容易吸水而使酸的浓度逐渐降低，硫酸的这种自身稀释现象是硫酸储罐制造中的一个"头痛"问题。对于金属铅，稀硫酸能与铅反应生成难溶、与铅基体结合力很强、溶解度很小的硫酸铅 $PbSO_4$，这层腐蚀产物能阻止硫酸对铅的继续腐蚀，因而铅的腐蚀速率很小，而且稀硫酸的浓度对铅的腐蚀速率影响不大。但浓硫酸能与铅生成可溶性的 $PbHSO_4$，使铅随硫酸浓度的增大腐蚀率迅速增大。对于标准电位较正的铜，在稀硫酸（无氧或氧化剂）中，由于铜的电位高于氢的电极电位，不会发生析氢腐蚀；而在浓硫酸中，由于强氧化性的硫酸根的还原，使铜氧化而遭腐蚀。

② 温度　对于任何浓度的纯净硫酸溶液来说，溶液的温度升高，都会加速金属的腐蚀

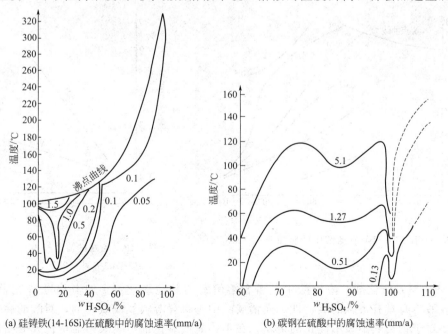

(a) 硅铸铁(14-16Si)在硫酸中的腐蚀速率(mm/a)　　(b) 碳钢在硫酸中的腐蚀速率(mm/a)

图 7-9　硅铸铁和碳钢在硫酸中的等腐蚀图

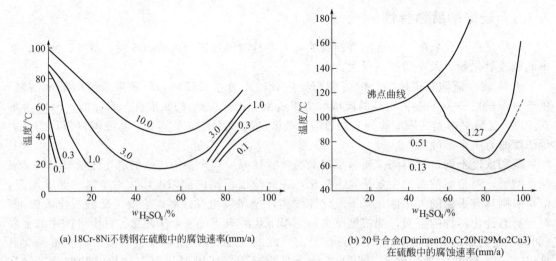

(a) 18Cr-8Ni不锈钢在硫酸中的腐蚀速率(mm/a)

(b) 20号合金(Duriment20,Cr20Ni29Mo2Cu3)
在硫酸中的腐蚀速率(mm/a)

图 7-10　不锈钢在硫酸中的等腐蚀图

作用，而且腐蚀率增大得十分迅速。硅铁和几种钢在硫酸中的等腐蚀区见图 7-9、图 7-10，图 7-11 为硬铅在硫酸中的等腐蚀区图。

③ 流速　酸的流动速度对硫酸的腐蚀特性在不同场合影响不同。对于已经具有保护膜的金属，酸的流速较小时，对硫酸腐蚀性能几乎无影响；但是酸的流速如果达到并超过某一临界流速，酸对金属表面附加的机械作用力很大，足以破坏金属的保护膜时，则金属腐蚀速率急剧上升。图 7-12 表示碳钢在 98％ H_2SO_4 中的腐蚀速率与酸的流速的关系。由图表明，在低温（38℃）下，酸的流速增大对碳钢的腐蚀速率几乎无影响，但酸的温度升高，流速对碳钢的腐蚀速率影响明显增大。Cr18Ni8 不锈钢在不含氧空气的稀硫酸中不能钝化，酸的流速增大，会加速其腐蚀。但是，如果在稀硫酸中含有足够的氧或氧化剂时，酸的流速提高，有利于不锈钢钝化，使腐蚀速率降低。

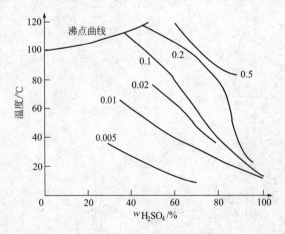

图 7-11　硬铅（Pb-Sb）在硫酸中的腐蚀速率（mm/a）

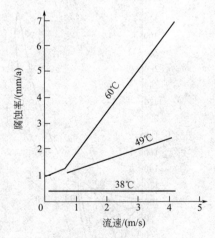

图 7-12　硫酸的流动速度与碳钢腐
蚀率的关系（98％ H_2SO_4）

④ 酸中氧及氧化剂　浓硫酸中是否含溶解氧与其他氧化剂，对其腐蚀特性影响不大，因为浓硫酸本身具有很强的氧化性。而稀硫酸中是否含溶解氧或氧化剂，对酸的腐蚀特性影响很大。对于铜类的不显示钝化的金属，在不含氧或氧化剂稀硫酸中显示优异的耐蚀性，在含氧或氧化剂的稀硫酸中会遭到严重的腐蚀。与此相反，对于 Cr18Ni8 不锈钢等活化-钝化

金属，在含氧或氧化剂稀硫酸中，氧及氧化剂的存在，有利于不锈钢进入钝化状态，但是氧或氧化剂的含量必须足够。

⑤ 酸中的杂质　工业生产的硫酸中，通常都不是单纯的硫酸，其中含有多种杂质，不同种类的杂质和含量对于硫酸腐蚀性能的影响是各不相同的。如果硫酸中含有 Cl^-，既不利于钝化膜形成，对已形成的钝化膜还有破坏作用。如果硫酸中含有二氧化硫和氟化物，则酸对材料的腐蚀性增强，氟化物会使耐硫酸腐蚀的陶瓷材料遭到严重腐蚀。

7.3.2　典型装置的腐蚀与防护

7.3.2.1　管壳式酸冷却器

（1）腐蚀情况及分析

管壳式酸冷却器有带阳极保护和不带阳极保护两种。下面主要分析带阳极保护的管壳式浓硫酸酸冷却器的腐蚀情况，见图 7-13 带阳极保护的硫酸管壳式冷却器。

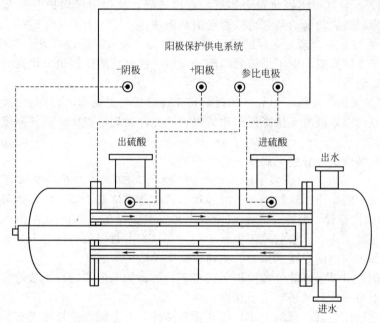

图 7-13　带阳极保护的硫酸管壳式冷却器示意图

为了提高浓硫酸冷却器的冷却效率，延长冷却器的寿命，加拿大 1969 年将阳极保护应用于不锈钢浓硫酸冷却器并获得成功。在我国，浓硫酸酸冷却器的阳极保护技术从 1984 年至今已经得到了较广泛应用。

管壳式浓硫酸酸冷却器，是管内通水、管间通硫酸，用水作冷却介质降低浓硫酸的温度。其管子和管板材质多为 316L 不锈钢，管壳材质为 304L 或 316L 不锈钢。由于 304L 或 316L 不锈钢在高温浓硫酸中可以钝化，但不能自动钝化，因此未进行阳极保护时会遭受高温浓硫酸的腐蚀。采用阳极保护，将管子、管板、管壳作为阳极，通以足够大的阳极电流，使阳极表面致钝，进入钝化状态，则可以减轻酸冷却器（阳极）的腐蚀。采用的阴极材质有哈氏合金 B2、哈氏合金 C276、NSW、1Cr18Ni9Ti、Pt 合金等。带阳极保护的管壳式浓硫酸酸冷器一般使用情况较好，但有的厂由于以下各种原因而腐蚀破坏。

① 列管穿孔、漏酸　有两个厂从加拿大引进的浓硫酸酸冷却器在使用中曾发生列管漏酸的现象，其原因是管程冷却水进口温度超出原规定的 35℃；冷却水未经净化处理，管中淤泥沉积，或冷却水进入端有大量杂物（循环水冷却塔塑料填料碎片和管道法兰垫

圈碎片）造成部分列管内部堵塞，水流不畅。这几种原因都可能使换热管的局部壁温升高、酸冷却器换热效果大大降低，导致酸的温度也偏高。据资料介绍，硫酸浓度为93％、98％时，管壳式允许最高酸温分别为70℃、120℃。由316L不锈钢在浓硫酸中的阳极保护效果与硫酸浓度和温度的关系可知，硫酸浓度98％、温度100℃时，管壳式处于安全操作区，能安全运行。浓硫酸的温度和浓度对阳极保护电流、电位影响较大，酸浓度一定，保护电流随酸温升高而升高；酸温一定，保护电流随酸浓度降低而升高。如果硫酸温度超过304L、316L不锈钢的允许最高酸温度，或硫酸浓度降到一定值以下，必然会加速列管的腐蚀，以致穿孔。

② 电位指示发生故障、参比电极电位无法监控　阳极保护系统中的参比电极密封结构复杂，导线易受酸腐蚀。如果参比电极受到污染或本身开始腐蚀时，参比电极的电位会发生漂移，如果参比电极电位指示出现故障、无法监控，这样就不能真实反应被保护的阳极金属的实际电位，不知道被保护设备是否处于钝化状态，可能造成阳极保护失效，这是很危险的。

③ 阴极布置不合理　阴极布置太靠近酸进出口处，使得阳极保护电流沿管子方向由近及远地迅速递降，造成较远的局部地区遭受活化腐蚀。

④ 酸进口管布置不合理　某厂的管壳式酸冷却器为卧式，酸进口设在酸冷却器的下侧，使酸进口的管子难以布置，由于进口处硫酸的湍流、冲刷使酸冷器第一排列管根本不存在钝化膜而受到严重磨损腐蚀。

⑤ 壳程酸泥沉积　长期使用酸冷却器，其壳程必有酸泥沉积，而管壳式结构很难清洗。这样会降低换热效率，硫酸无法降低到阳极保护所允许的规定温度。致使阳极保护失效。

（2）防腐措施

针对上述腐蚀现象可分别采用以下防腐措施。

① 介质处理　在生产中应采用经净化处理的水作冷却水，并在冷却水管道上安装过滤器，防止循环水中的杂质、异物进入酸冷却器水管中造成堵塞，提高传热效果。

② 防腐蚀结构设计　酸冷却器上增设一个校正参比电极电位的插座孔，可以定期检测参比电极是否正常工作。严格监控阳极保护的三个基本参数以及与这三个参数密切相关的各项技术指标（如水与酸的温度、压力、流速以及酸的浓度等）。

合理布置阴极可以尽可能使被保护的设备各处的保护电流均匀，不致造成一些区域已处于钝化状态，而另一些区域还处于活化区。

合理布置酸进出口管　把酸进出口管布置在酸冷却器上侧，这样便于安装。在酸进口处设置挡板，防止硫酸对列管的磨损腐蚀。

国产阳极保护管壳式硫酸冷却器由于考虑了我国硫酸生产的实际情况，适当调整了温度、浓度等工艺参数，增加了操作裕度，设备的使用寿命得到延长。

7.3.2.2　稀硫酸泵

（1）腐蚀形态与分析

稀硫酸泵为净化气工序专用泵，所输送介质为 $H_2SO_4 \leqslant 40\%$、温度 $\leqslant 75℃$，硫酸中含 F^-、Cl^-、砷、硒和一定量的细小颗粒矿尘，介质密度 $\leqslant 1400kg/m^3$。介质具有强腐蚀性和磨蚀性，工艺要求泵扬程一般 35m 左右，且具有平缓的 Q-H 曲线，以适应生产过程中工艺参数的波动。

国内外的稀硫酸泵大体分为非金属泵和金属泵两类，结构均为卧式。国内非金属泵使用最多的是衬胶泵和陶瓷泵，金属泵有高硅铸铁泵和硬铅泵。

衬胶泵使用寿命不长，主要原因是由于衬胶泵的衬胶质量不好，如某厂使用后发现胶块膨胀脱落，造成使用寿命不长。另外，轴套容易磨损。

陶瓷泵腐蚀，据某厂报道，陶瓷泵在酸浓度30％、含氟 3g/L，64～67℃时，一只叶轮只能使用三个月，酸温到 80℃ 只能使用一个月。这是因为，一般的耐酸陶瓷尽管耐硫酸腐蚀性能好，但由于硫酸中含有氟离子，陶瓷中的二氧化硅能与氟生成气态的四氟化硅，所以不耐蚀。

高硅铸铁泵容易炸裂，从腐蚀角度看，可以说高硅铸铁是很耐硫酸磨蚀的材料，完全能胜任硫酸的工况。逐趋淘汰的主要原因是它属脆性材料，抗热冲击性能差，安装与使用中稍有不慎，容易炸裂。

硬铅泵耐磨蚀不理想，从耐腐蚀角度铅能广泛用于低浓度范围的硫酸。但是，铅强度与硬度都很低，不耐磨蚀。硬铅的强度和硬度较纯铅高，在低流速条件下硬铅耐磨蚀性能还可以，但温度升高或流速提高到足以破坏保护膜时，则磨蚀率急剧增大，因此硬铅泵也趋于淘汰。

轴封处泄漏，由于稀硫酸泵结构形式为卧式，旋转轴与泵壳的间隙处泄漏是各种稀硫酸泵的一个共同问题。稀酸中含氟、氯离子与固体颗粒的同时存在，给密封材料的选择带来较大的难度，造成轴封处容易泄漏。

（2）防护措施

选用耐腐蚀材料或者衬里，国内某研究院设计研制的 IHP 型耐磨耐腐蚀稀硫酸泵过流部件材料选用超高分子聚乙烯（UHMW-PE），其分子量一般都在 300 万以上。超高分子量聚乙烯，在耐磨损、耐冲击、自润滑、耐化学腐蚀方面的性能是目前工程塑料中最优良的。IHP 型稀硫酸泵已在 160kt/a 和 25kt/a 等硫酸生产装置中运行，运行情况良好，密封寿命均在 8000h 以上。某研究所开发的 F518 不锈钢（采用 Cr、Ni、Mo、Cu 合金化，加氮、钛以及稀土等元素进行微合金化改性的钢）泵。在 65℃、20% H_2SO_4 中耐蚀性能与 904L 相同，优于工业纯钛，在稀硫酸中耐冲蚀-磨损性能优于 904L。某单位开发研制的 100LFB-32 稀酸净化循环泵。其衬里所选的聚全氟乙丙烯和聚四氟乙烯的复合物。这种材料与聚四氟乙烯有同样的耐腐蚀性能，加上性能有所改善，能耐各种浓度的无机酸、碱、盐（除极强的氧化性酸），能耐高浓度的 HF，对有机溶剂也有抵抗能力，使用温度 -80~200℃，耐磨性能不低于常用塑料，较 PVC、PE 和 ABS 性能都优良。结构形式为单级单吸立式离心泵，无下轴承和轴封，避免了酸的泄漏和下轴承磨损而影响泵的运行。泵效率>50%。工艺性能试验，连续运行 3000h 以上。改进衬胶施工工艺、提高衬胶泵的质量，仍不失为可供选择的稀硫酸泵。

国外稀酸泵，常用的非金属泵以衬胶泵和塑料泵为多，橡胶为丁基和氯磺化橡胶，如日本太平洋公司的瓦曼泵，德国的高密度聚乙烯泵。金属泵有美国路易斯公司的高镍铬合金（Lewmet）泵，日本三和特殊钢公司的 Hastelloy C 合金泵等，耐腐蚀较好，但价格太昂贵。

7.3.2.3　浓硫酸泵

（1）腐蚀形态与分析

浓硫酸泵主要为干燥酸和吸收酸用泵。干燥酸浓度一般为 93%，通常温度<70℃，黏度为 9×10^{-3} Pa·s 左右，密度为 1800kg/m³ 左右；吸收酸浓度一般为 98%，温度<120℃，黏度为 5×10^{-3} Pa·s 左右，密度为 1700kg/m³。干燥与吸收酸均为浓硫酸，具有强氧化性和腐蚀性。工艺要求泵扬程一般 30m 左右，且有平缓的 Q-H 曲线，以适应生产过程中工艺参数的波动。浓硫酸泵一般都是单级单吸立式离心泵。

国内浓硫酸泵存在的问题是浓硫酸泵所输送的介质温度较高、密度大、具有强腐蚀性和强氧化性，有时还含有少量的瓷碎片等固体杂质。国内以前的浓硫酸泵使用寿命较短，这是由于材料与结构方面的原因。例如我国中小型硫酸生产，干吸工序使用的酸泵大多是铸铁泵或不锈钢泵。在常温下，它们在浓硫酸中的腐蚀速率较小，这是因为表面形成了一层稳定的钝化膜。但在硫酸生产中，干吸循环工序的酸温都超过了 40℃，甚至更高，这时候的浓硫

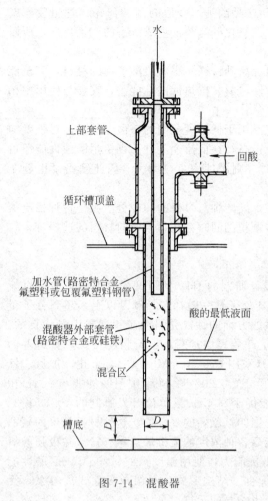

图 7-14　混酸器

酸对金属材料具有较强的腐蚀作用。由于立式浓硫酸泵工作时完全浸泡在酸液中，泵的各部位处于温度较高的酸中，而轴衬与轴套之间还有相对运转的摩擦发热，温度比槽内温度高一些，因此轴衬和轴套的腐蚀比其他部位要大。因此国内原生产的浓硫酸液下泵仅适宜于温度较低的泵前冷却流程中使用，不适用于温度较高的泵后流程。

美国的路易斯公司生产的浓硫酸泵，耐腐蚀性能好，质量可靠，工作温度可达 120℃，正常情况下可以运行 4～6 年。自 1986 年以来，我国已有多家硫酸厂使用了路易斯浓硫酸泵。但许多使用厂发现路易斯泵运行中存在以下问题：泵出口酸管腐蚀损坏，特别是靠近槽内酸液面的部分首先腐蚀并开裂，断口非常整齐（路易斯泵的酸出口管为耐蚀性能较好的铸铁和 L-14 低合金铸铁）。其腐蚀的主要原因是循环槽加水管的配置不当，在酸液面处产生稀硫酸，造成腐蚀。

（2）防护方法

对于路易斯泵存在的问题，关键是防止稀硫酸的生成。该泵公司建议制作小型混酸器代替加水管，混酸器见图 7-14，加水管从顶部伸入混酸器的中部。一部分循环酸从混酸器的上部进入混酸器的外管与加水管之间的环形空间。水与循环酸在混酸器中混合后，再从混酸器的底部流入循环槽内，这样就可以避免在酸液面上产生稀硫酸。加水管的材质可采用路易斯泵公司的路密特（Lewmd）合金，外部套管可采用价格较低的其他材料，例如搪瓷管等。

针对国内硫酸泵存在的问题，需要研制开发新的耐冷、热硫酸的材料及酸泵，十几年来已经取得了显著的成果。我国耐硫酸装置专用泵主要材料如表 7-2 所示。

表 7-2　浓硫酸专用泵主要材料

零件名称	材　料	零件名称	材　料
叶轮	FS-5、ES-5、SNW-1	蜗壳密封环	FS-5、RS-5、SNW-1
蜗壳	合金铸铁、RS-2、LSB-2	泵轴	FS-2、RS-2、LSB-1 等外包 F46
叶轮密封环	FS-5、RS-5、SNW-1	轴套	S-5、RS-5、SNW-1

上海钢铁研究所、北京染料厂等联合开发的 LRSP-150 立式泵关键部件选用 RS-2、RS-5 耐酸不锈钢制作，在 100℃、（93%～98%）H_2SO_4 中耐腐蚀性能良好，完全可以代替进口泵。

中国科学院上海冶金研究所、旅顺长城不锈钢厂、大连化学工业公司化肥厂联合试制的 LSB200-22 型浓硫酸液下泵连续运行 9 个月，工作平稳、效率高、工作参数正常。在材料方面开发成功了 SNW 和 LSB 两种系列合金，在泵不同部位应用，既提高了耐蚀性，又降低了成本。LSB200-22 高温浓硫酸泵，泵轴采用 LSB-1 合金铸铁制作，其他采用 SNW-1 合金制造。

浙江温州市东南泵阀厂，研制成功的 ND1518、ND1418、ND307 特种合金钢，以及 DNLB 系列浓硫酸液下泵，应用于硫酸生产中取得良好效果。

7.4　磷酸生产装置

磷酸生产方法有湿法和热法两种，我国的湿法生产以二水法流程最为普遍，主要化学反应式如下：

$$Ca_5F(PO_4)_3 + 5H_2SO_4 + 10H_2O \longrightarrow 5CaSO_4 \cdot 2H_2O + 3H_3PO_4 + HF$$

二水法流程有多种，主要区别在于反应槽的结构不同。反应槽主要有串联多槽、单槽多桨和单槽单桨。移去反应热的方法有两种：鼓入空气冷却和料浆真空冷却。目前，我国广泛采用空气冷却单槽多桨（有中心小圆槽）流程。典型的二水法生产流程见图 7-15，浓缩磷酸生产流程见图 7-16。

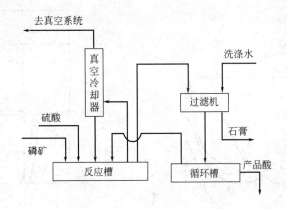

图 7-15　二水法磷酸生产工艺

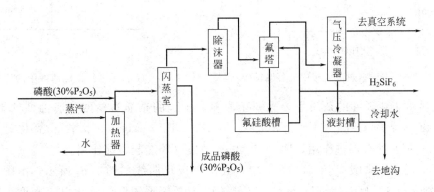

图 7-16　浓缩磷酸生产流程

流程说明：磷矿粉、回流磷酸和硫酸加入到萃取反应槽，槽内反应温度为 70～80℃，磷酸浓度为 26%～32%P_2O_5，制得含二水硫酸钙的反应料浆，经过滤即得产品酸。低浓度的磷酸要进行浓缩处理，以便更经济合理。主要设备为萃取反应槽、过滤机、料浆泵、闪蒸室等。

7.4.1 介质的腐蚀特性

与硫酸、盐酸相比，磷酸对金属的腐蚀相对较弱。其腐蚀性能与磷酸的浓度、温度、杂质、含固量、流速、生产方法等有关。

① 温度与浓度　热法、湿法磷酸对 316L 不锈钢的腐蚀与磷酸温度、浓度的关系分别见图 7-17 和图 7-18。由图可知，在磷酸浓度相同的情况下，磷酸温度升高可大大加速不锈钢的腐蚀，达到沸点时腐蚀速率很大；由两图的比较可知，磷酸温度与浓度相同的条件下，在湿法磷酸中 316L 不锈钢腐蚀速率更大，因为湿法磷酸比热法磷酸含有较多的杂质，如硫酸根离子、氯离子和氟离子等。在磷酸温度相同时，磷酸对 316L 不锈钢的腐蚀速率在某一浓度下达到最大值，低于或高于此浓度，不锈钢的腐蚀速率都降低。热法磷酸浓度超过 100%H_3PO_4 达到过磷酸的范围时，腐蚀速率大为减弱。

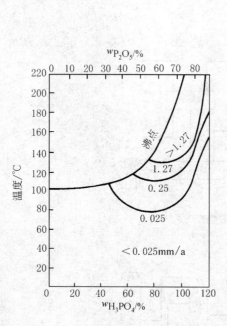

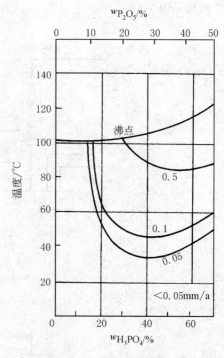

图 7-17　316L 不锈钢热法磷酸中的等腐蚀图　　　图 7-18　316L 不锈钢湿法磷酸中的等腐蚀图

② 杂质　工业磷酸的杂质主要来源于原料，不同的杂质对磷酸的腐蚀性的影响不同。磷酸中常见的杂质有 F^-、Cl^-、SO_4^{2-}、Fe^{3+}、Al^{3+}、Mg^{2+}、活性二氧化硅等。F^-、Cl^-、SO_4^{2-} 对腐蚀有促进作用，Fe^{3+}、Al^{3+}、Mg^{2+} 等能起缓蚀作用。

317L 不锈钢在磷酸（50%P_2O_5）中，其阳极极化曲线如图 7-19 所示，由图可知，在磷酸中分别含有 1%HF、4%H_2SO_4、0.1%Cl^-，会使不锈钢的钝化电流密度、维钝电流密度升高，稳定钝化电位区缩小，使腐蚀速率加大，尤以 F^- 的加速腐蚀作用为最大，当磷酸中同时含有 1%HF、4% H_2SO_4、0.1%Cl^- 时，三者的联合作用对腐蚀的影响更大。

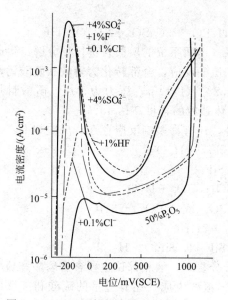

图 7-19　317L 不锈钢在磷酸（50％P$_2$O$_5$）中的阳极极化曲线及其受阴离子的影响（F$^-$、SO$_4^{2-}$、Cl$^-$ 的影响，40℃）

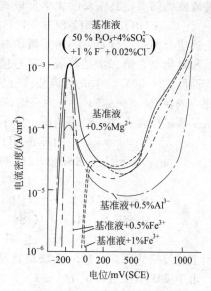

图 7-20　317L 不锈钢在磷酸基准液中的阳极极化曲线及其受阳离子的影响（Fe^{3+}、Al^{3+}、Mg^{2+}，40℃）

磷酸中含有的 Fe^{3+}、Al^{3+}、Mg^{2+} 对钢的腐蚀有缓蚀作用，其缓蚀作用可从图 7-20 得知。在基准液（50％P$_2$O$_5$＋4％H$_2$SO$_4$＋1％F$^-$＋0.02％Cl$^-$）中，分别添加 0.5％Fe^{3+}、1％Fe^{3+}、0.5％Al^{3+}、0.5％Mg^{2+} 时会使钝化电流密度减少，作用最大的是 Fe^{3+}。但是 Fe^{3+} 是危险缓蚀剂，Fe^{3+} 必须添加足够的量才能起缓蚀作用，如果 Fe^{3+} 含量不足，反而会加速不锈钢的腐蚀，如图 7-21 所示，在基准液（50％P$_2$O$_5$＋4％H$_2$SO$_4$＋1％F$^-$＋0.02％Cl）中，需添加 1％Fe^{3+} 才能促使不锈钢钝化，而大大降低腐蚀速率。

湿法磷酸中存在活性二氧化硅杂质可使腐蚀减弱，因为活性二氧化硅与氟化氢形成氟硅酸盐，降低了磷酸中的游离氟化物。但是，湿法磷酸浓缩时 H$_2$SiF$_6$ 分解成 HF 和 SiF$_4$，在 40％P$_2$O$_5$ 左右 SiF$_4$ 首先逸出，溶液中 HF 浓度加大，使液相磷酸的腐蚀变得十分苛刻。当磷酸浓度达到 54％P$_2$O$_5$ 左右时，HF 才大量逸出。

③ 含固物　湿法磷酸生产的磷酸料浆含未反应的磷矿颗粒和大量反应产物硫酸钙结晶，固体颗粒的粒径、硬度、数量都对磷酸的磨损腐蚀性能有影响，一般颗粒愈多、粒径愈大、硬度愈硬，磷酸对材料的磨蚀性愈强。

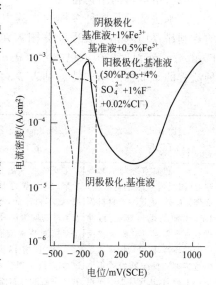

图 7-21　317L 不锈钢在磷酸基准液中的阴极极化曲线及其受 Fe^{3+} 离子的影响 40℃

7.4.2　典型装置腐蚀与防护

7.4.2.1　磷酸萃取槽的腐蚀与防护

（1）萃取槽处理的介质特点

湿法磷酸生产过程中，硫酸分解磷矿的反应是在萃取槽内完成的。反应生成磷酸溶液和

难溶性硫酸钙结晶，其主要的化学反应式为

$$Ca_5F(PO_4)_3 + 5H_2SO_4 + 10H_2O = 3H_3PO_4 + 5CaSO_4 \cdot 2H_2O + HF$$

主反应分两步进行，第一步是磷矿与循环料浆（返回系统的磷酸）进行预分解，生成磷酸一钙和氟化氢，第二步是磷酸一钙与稍微过量的硫酸反应，全部转化为磷酸和硫酸钙，槽内反应温度 70～80℃，生成的磷酸浓度为 26%～32%（P_2O_5），压力为常压，磷酸料浆的液固比一般在（2.5～3.5）：1 的范围，但有时固体颗粒的含量高达 40%。

由于磷矿中含有铁、铝等杂质，除了主反应外，还有许多副反应存在，反应如下：

$$6HF + SiO_2 = H_2SiF_6 + 2H_2O$$

$$3SiF_4 + 2H_2O = 2H_2SiF_6 + SiO_2$$

$$CaCO_3 + H_2SO_4 = CaSO_4 + CO_2 + H_2O$$

$$Fe_2O_3(Al_2O_3) + 2H_3PO_4 = 2FePO_4(或 AlPO_4) + 3HO$$

$$H_2SiF_6(+Heat+H_2SO_4) = HF_4 + 2HF$$

$$Na_2O(K_2O) + H_2SiF_6 = Na_2SiF_6(K_2SiF_6) + H_2SiF_6$$

由上述反应式可知，磷酸萃取槽处理的介质十分复杂，液相部位主要含有磷酸和硫酸钙结晶。由于磷矿中一般含氟 1%～3%，反应中有氢氟酸生成。还有过量的硫酸和未反应完的磷矿颗粒以及副反应产物如氟硅酸钠、氟硅酸、磷酸铁、磷酸铝等。此外含有少量随磷矿和硫酸原料带入的 Cl^-（随矿石种类不同其含量不同，最高可达 3800mg/L）。在某萃取槽的气相部位，有含氟并夹带有磷酸料浆液滴的气体。

由于反应物是在固体磷矿粉与液体硫酸之间进行，为了提高反应率、必须使固液充分接触，萃取槽内都设有搅拌器，所以槽内的物料相对于槽体内壁与搅拌器有较高的流速。

（2）萃取槽的结构特点

二水法流程是多种多样的，其主要区别在于反应槽的结构形式不同。目前主要有比利时的普利昂（Prayon）流程、美国多尔-奥利瓦（Dorr-Oliver）流程、法国的隆布列（Rhone Poulenc）流程、美国的巴杰尔（Badge）流程、我国小磷铵采用空气冷却单槽多桨流程。几种流程的萃取槽的结构特点见表 7-3。

表 7-3　几种萃取槽的结构特点

美国 Badger 二水工艺反应器	法国 Spechim 公司 R-P 二水工艺反应器	比利时 Prayon 二水工艺反应器	小磷铵磷酸萃取槽（空气冷却、真空过滤得二水法）
主要特色真空冷却单槽多桨(等温反应)，碳钢衬橡胶、底部衬碳砖，内设一个材料为 Jessop700 的敞口导流筒，并设有一个单层三叶螺旋式反应器循环器，使得从反应器底部直接加到反应器的矿浆由下往上翻动，从反应器不同点加入的返酸和硫酸也迅速分散，使得反应器顶部料浆与底部料浆的温差很小，仅为 0.5℃	主要特点为空气冷却、单槽单桨，反应槽为混凝土衬橡胶、底部衬碳砖，槽盖内侧涂有耐酸防腐涂层，槽内设有一个双层四叶轴流推进式搅拌桨。防止槽内局部形成 P_2O_5。设有四个表面冷却器和四个硫酸分布器，使得料浆中硫酸分布均匀，防止了局部过热同时打破料浆表面形成的泡沫，不需设打泡桨，也不需加入消泡剂	主要特点真空冷却、多格方槽、各室设有一个搅拌桨，反应槽为混凝土衬橡胶，壁和槽底衬碳砖，反应室隔墙设有特殊的开孔，防止了料浆短路。反应隔室有四个拐角，促使料浆得到最好搅拌。搅拌器为四叶三层；第一层桨叶打破反应产生的泡沫；中间桨叶将顶部来的料浆往下压，保证料浆均匀；底部的桨叶紧靠槽底，确保槽底无石膏沉淀	主要特点空气冷却单槽多桨（有中心小圆槽）。萃取槽由基体、防腐层与搅拌器三部分组成。萃取槽的基体由两个现浇铸的钢筋混凝土直立式同心圆筒，回浆挡板、底板、顶梁及走道板组成；萃取槽的防腐层由三层酚醛树脂泥粘贴两层不透性石墨板；有 9 台搅拌装置，每台由二层开启折叶涡轮搅拌器和一层 82cm 除沫浆组成

由表 7-3 可知，二水法磷酸生产其关键设备是磷酸萃取槽，尽管工艺路线不同，萃取槽的结构有所不同，但基本结构大体一致。萃取槽主要由槽体、搅拌器、槽盖等组成。

萃取槽体为物料提供反应场所，属大型常压静止设备，为防止介质的磨损腐蚀，一般采用钢筋混凝土或钢制成壳体，在其内表面上采用非金属材料防腐，与介质直接接触的材料大多采用碳（石墨）砖板衬砌，有的还在碳（石墨）砖板表面均涂酚醛胶泥，在石墨衬层与槽基体之间加有橡胶或铅防渗层。萃取槽的几种典型的防腐结构为：碳钢/橡胶/耐酸砖/石墨板；碳钢/橡胶/石墨板；混凝土/铅/耐酸砖/石墨板；混凝土/石墨板/酚醛胶泥等。

搅拌轴和搅拌桨是将能量传递给物料的元件，要承受扭矩和弯矩，一般采用不锈钢或合金制造，也有采用碳钢外包橡胶或外包不锈钢防腐层。

萃取槽盖主要是对槽内的含氟气相介质起密封作用，由于操作压力为常压，一般是采用耐腐蚀的聚丙烯塑料或玻璃钢制作。

（3）腐蚀形态与分析

① 萃取槽体　萃取槽体内壁碳（石墨）砖板衬里局部脱落，如发生胶泥、石墨砖脱落，甚至腐蚀瓷砖现象。石墨砖脱落引起原因之一是施工质量缺陷。某厂萃取槽过去采用钢筋混凝土外壳内预埋搪铅扁钢/衬铅/涂辉绿岩胶泥/砌瓷砖/刷底漆/衬石墨砖的防腐结构。造成破坏的原因主要是萃取槽腐蚀施工层次较多，石墨砖的砖缝是薄弱环节，只要施工中的某一个环节施工质量未保证，如某一道勾缝出现质量问题，就会引起石墨板脱落。石墨板一旦脱落，瓷砖及混凝土壳体不耐含氟磷酸的腐蚀，由此造成防腐衬里破坏。

机械损伤引起石墨砖板脱落。由于搅拌轴或搅拌器的脱落、搅拌叶片断裂，掉入槽中对萃取槽内壁产生机械冲击力，可能撞坏萃取槽底部和内壁的防腐层，引起石墨砖、板脱落。

槽底防腐层损坏。某厂 60kt/a 萃取槽搅拌桨正下方槽底部出现深浅不同的坑洞，有的如拳头大、有的比脸盆大，进而使钢筋混凝土多次遭受腐蚀，一般有萃取槽底防腐衬层比侧面衬层磨损严重。

碳（石墨）砖板在磷酸中的耐蚀性能良好，破坏的原因主要是槽中的固体颗粒磨损的结果。由于被搅拌物料为液、固混合物料，搅拌时，必须有足够的搅拌强度，既要使物料产生向下的轴向推力，又要产生径向分力，才能使固体均匀悬浮，液固充分混合，使萃取反应完全。但是搅拌桨对料浆的向下的轴向推力，使磷酸料浆对萃取槽底产生一个很大的机械冲击力，使槽底的防腐衬里遭受严重的冲刷磨损。另外，实际生产中很难达到槽内各处搅拌强度一样，固体颗粒不能均匀悬浮在液相中，使得槽底物料含固量偏大，也会造成槽底磨损较槽壁严重。

一些小磷铵厂槽外筒壁与防腐层出现裂缝。其原因是设计不合理，萃取槽基体外筒壁抗裂性不足。萃取槽在 85℃磷酸料浆的作用下，使槽体产生热变形和压力变形，由于外筒壁顶部的 16 根混凝土梁及走道板、根部的底板对筒体的变形有约束，造成萃取槽如图 7-22 的变形，整个外筒壁变形呈鼓形。当变形的附加弯矩大于筒壁的抗裂弯矩时，则筒体外筒壁会产生裂缝。外筒壁变形的同时，使内壁的衬里承受拉应力，由此会造成防护层被撕裂。防护层一旦破坏，磷酸料浆中的磷酸、氢氟酸等介质就会使外筒壁腐蚀，以致造成渗漏。

② 搅拌器　搅拌轴脱落。搅拌轴和减速机之间的联轴器是用碳钢螺栓连接，轴头和联轴器用键、锁紧螺母连接。湿法磷酸生产中，萃取槽上部气相空间有含氟气体（四氯化硅、氟化氢气体）与飞溅磷酸，碳钢连接螺栓、锁紧螺母不耐含氟气体、磷酸的腐

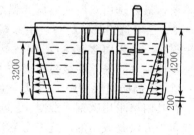

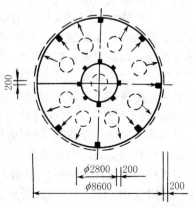

图 7-22　小磷铵厂萃取槽变形情况

蚀，当其被介质腐蚀破坏后，会造成搅拌轴脱落坠入萃取槽内。

搅拌桨叶片断裂、脱落。搅拌器工作时，是通过高速回转的叶片将能量传给磷酸料浆，同时磷酸料浆对搅拌桨叶有一个反作用力，从而使桨叶产生弯矩，桨叶根部是最大弯矩处，即是危险截面，在料浆腐蚀与弯矩的共同作用下，造成搅拌桨叶根部断裂。如果搅拌桨叶片为螺栓连接，与上述同样的原因也会造成螺栓断裂。另外，搅拌桨叶脱落还有可能因为腐蚀，破坏了螺栓与螺母的螺纹，使螺母松脱而造成叶片脱落。

搅拌桨叶与搅拌轴磨蚀。某厂 R—P 二水法工艺萃取槽搅拌器的下搅拌桨叶，材质为 UB6［法］（00Cr20Ni25Mo4.5Cu），运行约 4570 小时检查发现桨叶叶尖有严重磨损腐蚀现象，叶片厚度减薄，局部近乎穿孔，减薄量不均匀，有凹坑，叶片前缘锐如刀锋。叶片端部磨蚀严重，主要是桨叶端部直径大、线速度大，与含石膏的磷酸料浆的相对运动速度大，磨损与腐蚀的联合作用强。模拟搅拌桨的工况实验结果表明，其磨损腐蚀的速度是搅拌桨运动速度的指数函数。搅拌桨叶、搅拌轴的磨蚀与料浆中氯离子含量关系极大。氯离子愈多，二者遭受的磨损腐蚀愈严重。氯离子的含量与矿源有关，国内的磷矿氯离子含量相对较少，国外某些磷矿的氯离子则含量较多（Cl^- 质量分数达 0.42%），对搅拌桨叶与搅拌轴的磨损腐蚀较严重。某厂湿法磷酸萃取槽，原搅拌桨轴采用 45 号钢外包 3mmCr19Ni12Mo2Ti，桨叶为 Mo2Ti，轮毂为 K 合金，使用摩洛哥矿生产，多年仅稍有腐蚀；但使用阿尔及利亚磷矿仅用 28 天，9 台搅拌桨的 Mo2Ti 桨叶和轴的外包层均遭严重腐蚀，只有 K 合金的轮毂腐蚀不明显。桨叶若采用 Cr18Ni12Mo2Ti，用于国内矿种，情况良好，腐蚀不明显。

（4）防腐措施

① 萃取槽体的防腐措施　主要有以下几种。

ⅰ. 防腐蚀结构设计。当采用复合衬里时，碳（石墨）砖板总厚度应从抵抗磷酸料浆介质的腐蚀、满足隔离层的容许最高使用温度、降低壳体的壁温、避免衬里层处于拉应力状态等综合考虑。从防渗角度考虑，碳（石墨）砖板需作防渗处理。碳（石墨）砖板层数不宜采用单层，最好选用双层或三层，错缝排列，槽底应比槽壁多衬一层。

ⅱ. 正确选用胶结材料。由于磷酸料浆中含有氟硅酸和氢氟酸，碳（石墨）砖板衬层的胶结材料不能采用含有 SiO_2 的石英粉、瓷粉作填料，应以石墨粉作填料的酚醛耐酸胶泥。槽体碳（石墨）砖板衬里必须考虑防振。

ⅲ. 提高防腐层的施工质量。生产厂的实践证明，磷酸萃取槽槽体以碳钢或混凝土为壳体，在其内壁采用碳钢或混凝土/防渗层/（耐酸瓷砖）/衬碳（石墨）砖板/均涂耐酸酚醛胶泥复合防护方法是成功的。这充分利用了碳（石墨）砖板、酚醛胶泥耐磷酸料浆磨损腐蚀的特点，避免了基体材料碳钢或混凝土不耐含氟磷酸腐蚀的弱点；采用多层碳（石墨）砖板衬层对隔离层起到隔热降温的作用；多层碳（石墨）砖板错缝排列，增长了磷酸渗漏到达壳体内表面的路径；表面均涂一层耐磷酸腐蚀的耐酸酚醛胶泥，对碳（石墨）砖板磨损能起到一定缓冲作用，采用铅或橡胶作隔离层能切断磷酸向壳体的泄漏通道。但是，砖板衬里只能采用手工施工，防腐施工的质量问题是影响防腐效果的关键，特别是转角处（平底与侧壁的转角处）。碳（石墨）砖板衬里属脆性材料，在施工和运转中应避免机械损伤。

② 搅拌器的防腐措施　根据搅拌桨的工作特点，最好的防腐措施是采用耐磷酸料浆磨蚀的金属材料。为此国内外曾作过大量的实验研究。

实际使用的搅拌桨材料应根据矿源和生产方法选定。对于二水法生产装置，以佛罗里达矿为原料时使用 316L、以摩洛哥矿为原料时选 UB6、以科拉矿为原料、温度<100℃时可用 ЗИ943。腐蚀试验和长期的生产实践经验都证明，我国开发的 K 合金在湿法磷酸中具有优良的耐蚀性，即使是在长期使用高氯磷矿为原料时，装置也能正常运行。

7.4.2.2　磷酸料浆泵的腐蚀与防腐

(1) 磷酸料浆泵的腐蚀形态及分析

磷酸泵、磷酸料浆泵是湿法磷酸生产的重要流体输送设备，处理的介质与萃取反应槽相同。磷酸料浆泵在运行中工作条件十分恶劣，磨损腐蚀较严重，是工程上的一个老大难问题。磷酸料浆泵的腐蚀破坏主要体现在过流元件叶轮和蜗壳，特别是叶轮。

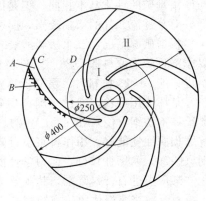

叶轮面向介质侧出现不均匀磨损腐蚀，某厂料浆泵叶轮腐蚀如图 7-23 所示，在直径＜250mm 处磨损腐蚀很小，在直径＞250mm A 区产生严重坑蚀，B 区（叶片与底板交界处迎流面一侧）有明显蚀沟，D 区出现明显的涟波状腐蚀，C 区与叶轮背面为较均匀的磨损腐蚀。叶片厚度减薄，外边缘缺损，重量明显减轻。叶轮在湿法磷酸料浆中运行 1500h、浸泡 1500h 的叶轮，原重量

图 7-23　料浆泵叶轮腐蚀区示意图

为 12.5kg，失重为 5kg。叶轮边缘的减薄量 8.5mm，已成刀口状。

实际磷酸生产中，在泵的运行工况下，磷酸料浆是一种含固的两相流，不仅具有含氟磷酸的强腐蚀性而且有大量硫酸钙固体颗粒的磨损，还有流体的高速运动，因此，泵的过流元件叶轮和蜗壳处于动态腐蚀与高速流动磨损二者的联合作用。

叶轮受固体粒子高速冲击使叶轮表面产生局部变形形成蚀坑。而叶轮迎流面各处料浆的流速与流动状况不同，对叶轮的机械作用力大小与方向也不同，导致表面不均匀的磨损腐蚀形态。

图 7-23 中 II 区比 I 区磨损严重，其原因有：一是高速运转的叶轮将料浆中的固体颗粒抛向叶轮边缘（II 区），造成叶轮边缘的固体颗粒浓度大于平均浓度；二是叶轮边缘的线速度比 I 区大，大于临界线速度，因此造成含大量固体颗粒的高速的料浆对叶轮边缘的磨损腐蚀。

(2) 防腐措施

磷酸料浆泵的防腐蚀措施主要从改进泵的结构形式、选择稍低的转速、降低泵的表面粗糙度、选择耐磨损耐腐蚀的材料等几方面考虑。

① 防腐蚀结构设计　选用卧式泵代替立式泵。有些磷铵厂，原设计的料浆泵为立式泵，由于立式泵其下部轴承浸泡在料浆中，因轴承经常磨损腐蚀而损坏，检修时部件的装、拆也麻烦。选用卧式泵，运行比立式泵可靠，维修也比较方便。

降低转速。从理论上讲，在介质、泵的材料相同的情况下转速越高，流速越大，介质对过流元件冲刷磨损越严重，泵的使用时间越短。因此，磷酸料浆泵选用偏低的转速，可以限制叶轮入口与出口速度、减轻叶轮蜗壳的磨损腐蚀、延长其使用寿命。尽管这种方法，会使泵的效率降低、泵的体积增大、一次性投资增高，但从长远来看，好处会更多一些。某化肥厂引进法国的 J-S 磷酸泵就采用了偏低的泵转速。

减小过流元件表面粗糙度。叶轮流道及泵腔内粗糙度大小，对磨损腐蚀影响较大，过流元件表面粗糙度愈小，表面愈光洁，有利于减小磨损腐蚀。因此，将泵过流元件经砂轮打磨或铁丸抛光处理，可减小泵运转时产生的磨损腐蚀。

选择耐腐蚀耐磨损的材料。关于料浆泵过流元件的材质，必须选择有足够机械强度、耐腐蚀耐磨损的材料。国内国外都做了大量的实验室试验与生产运行考核。材料的选择与萃取槽搅拌桨一样，与矿源关系密切，应针对磷矿的特点。

世界三大磷矿是佛罗里达矿、摩洛哥矿和科拉矿。摩洛哥矿酸和科拉矿酸的腐蚀性属于

中等，而佛罗里达矿酸的腐蚀性低于其他两种矿酸。以开阳矿和昆阳矿为代表的我国磷矿，具有含硅量高、含氯量低的特点，矿酸的腐蚀性属于中等强度。从腐蚀观点来看我国的磷矿与摩洛哥矿的性质基本相同。但是国内磷矿中含二氧化硅量比国外的高，含氯离子量相对较低，对泵过流元件的磨损较强，腐蚀相对较弱。

根据矿源情况，二水法磷酸装置的磷酸料浆泵选择：以佛罗里达矿为原料选 20 号合金、以摩洛哥矿为原料选 UB6、以科拉矿为原料可选 ЗИ943，以我国的昆阳矿为原料时，从日本进口的 A-725 材料料浆泵显示良好的耐蚀性。

某厂使用经验，通过对国产耐磷酸不锈钢（如 K、J-1、904）、铁素体不锈钢（Cr30）、奥氏体不锈钢（CD4MCu、CW-2）的试用，发现从各方面综合比较，双相不锈钢（CW-2）抗磨损腐蚀性能好，用作料浆泵过流元件，使用寿命较长，且价格相对较便宜。铁素体不锈钢（Cr30）耐磨性较好，但力学性能差、脆性大、装拆时易碎裂。

某厂引进石膏料浆泵，其主要过流部件材质为 CD4MCu 双相不锈钢，经过两年多运行，二级石膏料浆泵壳体由于磨蚀穿孔，改用国产的仿 CD4MCu 材料铸造，效果较好。

② 介质处理　由于磷酸生产中有多种矿源，其腐蚀性又不同，有的进口矿的 Cl^- 质量分数超过 0.2%，致使设备发生严重腐蚀，因此在生产工艺上应进行合理配矿，使 F^-、Cl^- 的质量分数保持在容许的范围内，可有效的减慢磨损腐蚀的速率。

第8章
典型石油工业装置的腐蚀与防护

石油、天然气在当今国民经济结构中起着重要的作用，但是石油工业是最受金属腐蚀困扰的工业之一，其装置服役工况复杂、使用材料种类广泛，随着石油和天然气的深度开采，腐蚀问题越来越受到重视。

8.1 钻井工程装置

石油、天然气开采中介质对金属装置的腐蚀十分严重，钻井的腐蚀问题越来越受到人们的关注。有关资料介绍某油田 1988～1993 年的五年时间中，钻井总进尺 900000m，损失钻杆 1800t，平均消耗为 2.0 kg/m，其中因腐蚀报废 30%，因此，钻井工程的防腐具有重要意义。

8.1.1 介质的腐蚀特性

钻井过程中的腐蚀性介质主要有钻井液、氧气、硫化氢、二氧化碳等，又由于环境因素的不同，其腐蚀的过程和行为有很大的差异。

① 钻井液 钻井液主要由液相水（淡水、盐水）、油（原油、柴油）或乳状液（混油乳化液和反相乳化液）、固相（膨润土、加重材料）、化学处理剂（无机、有机及高分子化合物）组成。因其开采的地质结构的不同，使用的钻井液也各不相同，钻井液的腐蚀性因其种类的不同而存在很大差异。

② 氧气 钻井液中或多或少的存在溶解的氧气，它来源于大气、水和处理剂，溶解氧是引起钻具腐蚀的主要因素，甚至含氧量少于 1×10^{-6} 也能引起钻具的严重腐蚀。氧的存在也加速了钻具的裂纹扩展。

③ 酸化压裂技术 油井酸化就是借助于酸化压裂设备把盐酸、土酸（HCl-HF）或其他酸注入地层，通过酸对岩石的溶蚀作用以及向地层压酸时水力的作用扩大油层岩石的渗透通道，使油气通道畅通，以达到增产的目的。然而盐酸和氢氟酸也必然会对金属器材发生腐蚀作用。

④ 硫化氢 硫化氢对钻具及其他钻井设备具有强烈的腐蚀性。在钻井过程中，硫化氢的主要来源有：ⅰ含硫化氢的底层流体；ⅱ钻井液中含硫添加剂的分解；ⅲ细菌对钻井液中硫酸盐的作用。

⑤ 二氧化碳 二氧化碳是非含硫气田的主要腐蚀介质。在没有水时二氧化碳对钢材不发生腐蚀作用；当有水存在时生成 H_2CO_3，电离出 H^+，HCO_3^- 和 CO_3^{2-}，从而降低钻井液的 pH 值，加速钻具的腐蚀。在钻探过程中，二氧化碳的主要来源为：ⅰ含二氧化碳的底层流体；ⅱ采用二氧化碳混相驱技术提高原油采收率而向地层注入的二氧化碳；ⅲ钻井过程中的补水进气。

⑥ 温度 温度随着钻井的纵深发展而不断增加。研究发现，随着温度的升高，碳钢的自腐蚀电位负移。另外，随着温度的增加，氧的扩散作用增大，从而导致阴极过程加速，阳

极金属原子活化,阳极溶解。

8.1.2 主要腐蚀形式

油、气田开发过程中在各种腐蚀介质的作用下金属装置受到严重的腐蚀。不同腐蚀介质和环境因素下的腐蚀过程和行为有很大的差异。

(1)均匀腐蚀

由于油、气田处于强腐蚀环境,均匀腐蚀是主要腐蚀形式,是选择装置材料和缓蚀剂必须考虑的一个重要因素。

① 盐腐蚀 钻井液中的盐腐蚀是导致腐蚀的重要因素。表 8-1 中列出了一些未经处理的钻井液的腐蚀速率。在钻井液中含有的一些主要的盐在不同浓度下的腐蚀速率及其腐蚀特征见表 8-2。

表 8-1 未经防腐蚀处理的钻井液的腐蚀速率

钻井液类型	腐蚀速率/(mm/a)	钻井液类型	腐蚀速率/(mm/a)
新鲜水	1.85~9.26	KCl 聚合物	9.26
非分散低固相	1.85~9.26	饱和 NaCl	1.23~3.09
海水	9.26	油基泥浆	<1.23

表 8-2 无固相盐水体系的腐蚀速率

腐蚀介质	温度/℃	实验方法	腐蚀速率/[g/(m²·h)]	腐蚀描述
15% NaCl	20	静态挂片	0.0736	均匀腐蚀
36% NaCl	20	静态挂片	0.0416	均匀腐蚀
15% NaCl+10% Na₂SO₄	20	静态挂片	0.0342	均匀腐蚀
47% CaCl₂	130	动态扰动	1.3920	疏松腐蚀物
25% ZnBr₂	20	静态挂片	0.0385	均匀腐蚀
25% ZnBr₂	170	静态挂片	161.7460	腐蚀严重

从表 8-2 中可看出,不同类型的腐蚀介质对钢的腐蚀速率不同。其中,36% NaCl 溶液在 20℃下的腐蚀速率大于 15% NaCl+10% Na₂SO₄ 溶液的腐蚀速率,说明 NaCl 的腐蚀性要强于 Na₂SO₄。而 15% NaCl 的腐蚀速率大于 36% NaCl 的腐蚀速率,是由于盐效应所导致的溶液中溶解氧浓度的变化与盐对腐蚀的影响相互作用所导致的。

不同温度下,钢片的腐蚀速率也不同,高温下的钢片在盐水介质中腐蚀速率明显增加,是常温下腐蚀速率的几十倍甚至上千倍。因此必须注意钻井液在高温下的腐蚀与防护问题。

随着油田的成熟,孔隙压力与破裂压力之间的差不断下降,使钻井越来越困难。保持页岩稳定所需的钻井液密度非常接近于油藏的破裂压力,更换加重材料是解决这种问题的一种主要方法。不同密度加重钻井液的腐蚀速率也各不同。钻井液的加重材料是重晶石,在 120℃下,不同密度的钻井液进行动态扰动实验 37h,钢片的腐蚀速率见表 8-3。

表 8-3 不同密度加重钻井液的腐蚀速率

重晶石加量/%	密度/(g/cm²)	腐蚀速率/[g/(m²·h)]	腐蚀描述
50	1.54	0.0539	有点蚀
100	1.70	0.1891	局部腐蚀,面积小
160	1.96	0.2888	局部腐蚀,面积大

从表 8-3 中可知,重晶石的加量从 50% 增加到 160%,钢片腐蚀速率从 0.0539 g/(m²·h) 增大到 0.2888 g/(m²·h),增大了 5 倍,说明钻井液中的固相颗粒对钻杆腐蚀影响较大,固相颗粒含量越高,对金属表面的腐蚀越大。所以在钻砂岩和砂质地层时,必须控制钻井液中磨砂性砂粒在最低限度。

钻井液的 pH 值对腐蚀会产生较大的影响。表 8-4 是某油田泥浆在不同 pH 值条件下,采用静态挂片法以钻杆钢片为测试对象的钢片腐蚀数据。

表 8-4　pH 值对钻井液腐蚀速率的影响

流体构成	NaCl 含量/ %	pH 值	腐蚀速率 /(mm/a)
某种类泥浆	24.5	5.0	0.43
		8.0	0.33
		10.0	0.07

从表 8-4 中可知，钻井液体系 pH 值越高，钻井液对钻杆的腐蚀就越小，如 pH＝10 时，相对于 pH＝8.0 的条件，缓蚀率可达 79%。可见 pH 值的调节对钻井液腐蚀的控制有重要作用。

② 酸腐蚀　在钻井过程中，酸化压裂设备把盐酸、土酸（HCl-HF）或其他酸注入底层。

由于强腐蚀性的酸的引进加速了钢铁的腐蚀速率。在钻井环境中，除了油井酸化技术引入的酸之外，地下的硫化氢和二氧化碳同样能导致酸腐蚀。

硫化氢极易与钻具基体中的 Fe 反应，生成黑色的 FeS 覆盖在钻具表面上。当硫化氢浓度较高时，容易形成致密完整的 FeS 膜，将金属基体和介质隔开，从而降低腐蚀速率；当硫化氢浓度较低时，形成的 FeS 膜不完整，出现大阴极小阳极情况，就会加速阳极溶解速度。同时，FeS 膜在交变应力作用下，容易破裂，也会产生大阴极小阳极的情况。

二氧化碳在钻井液中易生成碳酸，降低钻井液的 pH 值，加速钻具的腐蚀。Fe 与 H^+ 反应生成 Fe^{2+} 和 H_2，而 Fe^{2+} 会进行二次反应，生成腐蚀产物 $FeO \cdot FeCO_3$（Fe^{2+} 浓度较低时）或 $FeCO_3$（Fe^{2+} 浓度较高时）。而腐蚀产物可在钻具表面形成致密的保护层，减缓钻具内部金属的腐蚀速率，起到一定的保护作用，但是一旦保护层被破坏，将会加速钻具的腐蚀。

③ 溶氧腐蚀　钻井液中溶解氧是钻杆腐蚀的主要原因之一。钻井过程中，由于钻井液循环系统是非密闭的，大气中的氧通过振动筛、泥浆罐、泥浆泵等设备在钻井液循环过程中混入钻井液，成为游离氧，部分氧溶解在钻井液中，直到饱和状态。水中的氧达到饱和时可含 8～12mg/L，而氧在相当低的含量下（少于 1mg/L）就能引起严重腐蚀。表 8-2 中钢片在 15% NaCl 介质中的腐蚀速率大于在 36% NaCl 介质中的腐蚀速率，主要原因是氧作用的结果。

（2）局部腐蚀

对钻井专用管材、井下工具、井口装置等金属常见的局部腐蚀类型有：应力腐蚀、疲劳腐蚀、硫化物应力开裂、坑点腐蚀、冲蚀等。

在各种环境因素中，硫化氢和二氧化碳是导致局部腐蚀的重要因素。硫化氢电离生成的 HS^- 促使阴极放氢加速，同时 HS^- 和 H_2S 能阻止原子氢在电极表面结合生成分子氢。因此，氢原子被促使聚集在钢材表面，加速了氢渗入钢内部的速度。HS^- 可使氢向钢内部扩散速度增加 10～20 倍，引起钢材的氢脆和硫化物的应力腐蚀开裂。

二氧化碳是导致设备孔蚀的重要因素之一。对含硫气井来说，二氧化碳会加速硫化氢对金属的腐蚀。

除了硫化氢和二氧化碳等腐蚀因素之外，钻杆在使用过程中长期经受拉、扭、弯曲等交变应力的作用下，很容易造成钻杆的腐蚀疲劳，同时，钻杆外壁要受到套管和井壁的摩擦，井内介质的腐蚀及泥浆循环时对钻杆内外表面冲刷而产生的腐蚀。钻杆失效原因和常见问题见表 8-5。

表 8-5　钻杆失效原因统计结果　　　　　　　　　　　　%

时间	材质不良	操作不当	井况异常	疲劳腐蚀	疲　劳	其　他
1991 年	0	2.0	0	76.4	13.7	7.9
1992 年	3.3	5.0	0	85.0	6.7	0
1994 年	1.8	12.3	1.8	68.4	8.8	6.9
1995 年	2.6	5.2	1.5	54.1	11.3	25.3

8.1.3 防腐蚀方法

（1）介质处理

钻井过程中各种来源的钻井液杂质会使钻杆因腐蚀而损坏。抑制钻井液的腐蚀性，国内外常用的措施如下。

① 控制 pH 值　通常将钻井液泥浆 pH 值提高到 10 以上，是抑制钻井液对钻具及井下设备腐蚀最简单、最有效、成本最低的一种处理方法。

② 正确选择缓蚀剂　钻井液中使用较多的缓蚀剂为有机类缓蚀剂。现场应用缓蚀剂时一般从钻井液循环系统的首端投入，使之既能在钻杆表面形成保护膜，又能使井下套管得到保护。

③ 添加除氧剂　大气中氧的吸入加剧了钻井液的腐蚀性。国内外广泛使用的除氧剂为亚硫酸盐。据有关资料介绍，亚硫酸盐在水基钻井液中的最小含量保持在 100mg/L，当水中钙盐含量高时，除氧剂的最小含量保持在 300mg/L。

④ 选择性添加除硫剂　即使大多数钻井作业中遇到的 CO_2 和 H_2S 浓度很低，它们的对钻具的危害性也很大。除掉钻井液中的硫化氢的常用办法是加除硫剂，它的作用原理是通过化学反应将钻井液中的可溶性硫化物等转化成一种稳定的、不与钢材起反应的惰性物质，从而降低对钻具的腐蚀。常用的除硫剂是海绵铁和微孔碱式碳酸锌。

表 8-6 列出了钻井液中有害组分来源，推荐了常用的减缓腐蚀处理方法，值得在钻井实际过程中考虑。

表 8-6　钻井液中有害组分来源与防治措施

有害因素	来　源	减　缓　腐　蚀　方　法
氧	充气	采用潜水枪或下部装料斗等来减少充气量；使泥浆 pH 值大于或等于 10；采用除氧剂
硫化氢	地层侵入	使泥浆 pH 值大于或等于 10；采用有机缓蚀剂或除硫剂以及油基泥浆；保持足够静水压以防地层流体侵入
硫化氢	细菌对泥浆成分的热降解	保持泥浆 pH 值大于或等于 10；对细菌进行处理，选择使用温度下保持热稳定性的泥浆系统
二氧化碳	细菌作用地层侵入	使泥浆 pH 值大于或等于 10；使用缓蚀剂和保持足够的静水压以防地层流体侵入

⑤ 控制含砂量　在钻井装置上配备适当的除砂设备，控制钻井液含砂量，以减少磨蚀。

（2）添加缓蚀剂

① 含氮化合物　包括单胺、二胺、酰胺、炔氧甲基胺、曼尼期碱及其衍生物等。其中以曼尼期碱、季铵盐和杂环芳香含氮化合物效果最好，是油田高温酸化缓蚀剂的基础组分。

② 醛类　甲醛是常用低浓度盐酸酸化缓蚀剂，使用温度低于 80℃，但不能用于含 H_2S 气井。肉桂醛应用在酸化作业中，低毒缓蚀效果好。若和其他表面活性剂复配，对 28%HCl 具有很好的缓蚀效果，见表 8-7。

表 8-7　肉桂醛在盐酸中对 J55 N 钢的缓蚀效果

HCl 含量/ %	表面活性剂	肉桂醛/表面活性剂/(mg/100mL)	缓蚀率/%
15	三甲基-1-庚醇和 6mol 环氧乙烷加合物	200/50	98.0
15	正十二烷基溴化吡啶	200/50	99.2
28	三甲基-1 庚醇和 6mol 环氧乙烷加合物	400/100	81.7
28	正十二烷基溴化吡啶	400/100	98.2

③ 炔醇　脂肪族炔醇如丙炔醇、丁炔醇、己炔醇、辛炔醇是油气田酸化作用盐酸缓蚀剂的关键成分。它们在高浓度盐酸及 $50\sim100℃$ 温度下具有良好的防蚀性能，可以有效地防止碳钢在盐酸中的腐蚀和氢渗透。

（3）非金属覆盖层

国内外长期的钻井实践表明，钻杆的内壁腐蚀较其外壁腐蚀更为严重，因此在钻杆内壁表面涂敷防腐涂料是防止钻杆腐蚀最有效的方法，并且也使钻杆内壁表面摩阻减少，泥浆泵压降低等。

8.2　采油和集输装置

采油及集输装置的腐蚀是指原油及其采出液、伴生气在采油井、计配站、集输管线、集中处理和回注系统的金属管线、设备、容器内产生的内腐蚀以及与土壤、大气接触所造成的外腐蚀。

8.2.1　主要腐蚀形式

（1）油井的腐蚀

油井下的腐蚀主要有井下工具及抽油杆的腐蚀，油管、套管的内腐蚀和套管外的腐蚀等，习惯称之为油井的腐蚀。油井腐蚀一般受采出液及伴生气组成的影响较大，产生腐蚀的主要影响因素有 CO_2、H_2S 和采出水组成。

CO_2 腐蚀最典型的特征是呈现局部的点蚀、轮癣状腐蚀和台面状坑蚀。其中，台面状坑蚀是腐蚀过程最严重的一种情况，这种腐蚀的穿孔率很高。根据二氧化碳分压的大小，一般可确定是否存在腐蚀：分压超过 $0.2MPa$，有腐蚀；分压在 $0.05\sim0.2MPa$，可能有腐蚀；分压小于 $0.05MPa$，无腐蚀。

当油井采出液及伴生气中含有硫化氢或硫酸盐还原菌时，就有可能存在硫化氢腐蚀。根据 NACE 标准规定硫化氢分压超过 $3\times10^{-4}MPa$ 时，敏感材料将会发生硫化物应力开裂。

在绝大多数油井的腐蚀中，原油含水量及其组成的影响起着决定性作用。油田开发初期含水率较低，油井的腐蚀并不严重。但随着含水率的升高，油井井下采油工具，井下管柱的腐蚀日益严重。

（2）集输系统的腐蚀

油气集输系统指的是油井采出液从井口经单井管线进入计量间，再经计量支、干线进入汇管，最后进入油气集中联合处理站，处理后的原油进入原油外输管道，长距离外输。有些原油还要经中转站加热、加压，再进入汇管。该系统中的油田建设设施主要包括原油集输管线，加热炉，伴热水或掺水管线，阀门、泵以及小型原油储罐等。

① 集输管线的外腐蚀　集输站外埋地管线，沿线土壤的腐蚀性及管线防腐保温结构的施工质量差、老化破损等导致管线外腐蚀。管线外腐蚀的原因有：ⅰ由于土壤含盐、含水、孔隙度、pH 值等因素引起土壤腐蚀性的不同，是造成管道外壁腐蚀的重要原因之一；ⅱ因土壤性质的差异形成的土壤宏腐蚀电池，管线穿过不同性质土壤的交界处形成的宏腐蚀电池等；ⅲ在管线保温层破损处，泡沫夹层进水，导致管线发生氧浓差电池腐蚀危险增加；ⅳ防腐层质量较差，阴极保护不足；ⅴ杂散电流干扰腐蚀；ⅵ硫酸盐还原菌对腐蚀的促进作用；ⅶ温度影响。

② 集输管线的内腐蚀　集输管线的内腐蚀与原油含水率、含砂、产出水的性质、工艺流程、流速、温度等有密切关系。

ⅰ. 集输管线的管底部腐蚀。这种腐蚀与管道内输送介质含水率有关，含水率大于 60%

时，出现游离水，管底部接触水腐蚀必然严重。

ⅱ．输量不够的管线腐蚀。在管线设计规格过大、输液量小、含水高、输送距离远的情况下管线多发生腐蚀穿孔、使用周期缩短的问题。含水超过70％腐蚀更为严重。

ⅲ．油井出砂量大的区块的管线腐蚀。油井出砂量大的区块腐蚀非常明显，在流速低的情况下，砂沉积于管线的底部；随着油气压力的脉动，不停地冲刷管线的底部，加剧管线的腐蚀穿孔。

ⅳ．渗水工艺的集输管线腐蚀。集输过程中渗入清水后，由溶解氧引起的腐蚀非常严重，一般情况下，集输管线污水中不含有溶解氧。

ⅴ．含二氧化碳产出水的腐蚀。

ⅵ．流速的影响。流速较慢时，细菌腐蚀和结垢或沉积物下的腐蚀就更加突出，加快了腐蚀速率。

（3）加热炉的腐蚀

在原油集输系统中，加热炉的腐蚀也是一个不容忽视的问题。大多数加热炉以原油作为燃料，燃烧后绝大部分燃烧物以气态形式通过烟囱排出炉外，只有少部分灰垢残留在炉内。引起加热炉腐蚀的原因有三个方面。

ⅰ．当原油中含有硫化物时，燃烧后会生成二氧化硫或三氧化硫，氧化硫与烟气中的水蒸气作用生成酸蒸气均是强腐蚀剂。

ⅱ．水蒸气的露点一般在35～65℃之间，酸蒸气的露点比水蒸气的高，通常在100℃以上。

ⅲ．当金属管壁的温度低于酸露点时，在壁面上会形成较多的稀硫酸、亚硫酸盐溶液，加速金属管壁的腐蚀。

（4）联合站设备的腐蚀

联合站是进行油、气、水三相分离及处理的场所，一般分为油区和水区两大部分。水区腐蚀比较严重，油区腐蚀常发生在水相部或气相部分，如三相分离器底部、罐底部、罐顶部以及放水管线、加热盘管等。

① 原油罐的腐蚀　联合站内原油罐的腐蚀包括外腐蚀和内腐蚀。外腐蚀主要是底板外壁的土壤腐蚀和罐外壁的潮湿的大气腐蚀。内腐蚀情况比较复杂，在油罐的不同部位腐蚀因素和腐蚀程度都有所不同。罐内腐蚀特征为：

ⅰ．罐底腐蚀，罐底腐蚀情况在油罐内腐蚀中较为严重，造成腐蚀的原因是罐底沉积水和沉积物较多；

ⅱ．罐壁腐蚀，油罐壁腐蚀较轻，为均匀腐蚀，腐蚀严重的区域主要发生在油水界面或油与空气交界处；

ⅲ．罐顶腐蚀，罐顶腐蚀较罐壁严重，常伴有点蚀等局部腐蚀，属气相腐蚀，气相中的腐蚀因素主要是氧气、水蒸气、硫化氢、二氧化碳及温度的影响，其中耗氧腐蚀仍然起主导作用。

② 三相分离器的腐蚀　三相分离器的腐蚀穿孔往往发生在焊缝及其附近，原因有以下两点。

ⅰ．焊条材质选择或使用不当时，焊缝区域成为阳极，基体成为阴极。由于焊缝区相对面积小，这样就构成了大阴极小阳极的腐蚀电池，焊缝可很快溶解穿孔。

ⅱ．焊缝附近的热影响区，其金相组织不均匀，电化学行为活泼，易遭受腐蚀。

③ 污水罐及污水处理设备的腐蚀　污水罐及污水站处理设备的腐蚀与含油污水水质、处理量以及不同工艺流程有关。国内各油田中，污水腐蚀比较有代表性的要数中原油田。下面列出了中原油田某注水罐及缓冲罐内挂片结果（表8-8）。

从表中数据可以看出，缓冲罐内腐蚀从罐底到罐顶逐渐下降，而注水罐内腐蚀的数据恰好相反，这反映了罐内腐蚀的两种不同机理。对缓冲罐而言，从腐蚀产物等现象看，介质的腐蚀性的变化主要受氧气扩散控制的影响，罐顶部位含氧量较高，而罐底含氧量低，所以造成罐顶的高腐蚀，对注水罐而言，经调查由于油区来水含 CO_2 较高，造成罐底 CO_2 的分压较高，而且罐底为 CO_2、O_2、细菌等共有，也是造成注水罐罐底高腐蚀的原因。

表 8-8　注水罐及缓冲罐内分层挂片试验结果

罐 类	介 质	平均腐蚀速率/(mm/a)	腐 蚀 形 态
缓冲罐	灌顶气体	0.25	棕色腐蚀产物，麻点坑蚀，最大 0.62mm
	污水(6m)	0.15	黑色腐蚀产物，局部坑蚀
	污水(3m)	0.09	黑色腐蚀产物，局部坑蚀
	污水(1m)	0.02	黑色腐蚀产物，基本均匀，个别坑蚀
	水底污泥	0.01	黑色腐蚀产物，基本均匀腐蚀
注水罐	灌顶污泥	0.18	局部黄锈，圆形坑蚀
	罐中污泥	0.44	两端及边缘腐蚀，无腐蚀产物
	灌底污泥	0.63	严重腐蚀穿孔，无腐蚀产物，表面光亮

④ 注水系统的腐蚀　注水开发是保持地层压力和油田稳产的重要措施，其腐蚀与注入水水质密切相关。

ⅰ. 注水管线的腐蚀，经过污水处理的油田注入水，杂质含量较低，管线承受较高压力。除了同集油管线一样存在外腐蚀之外，管内腐蚀主要受水腐蚀性影响和管道焊接施工质量、注水工艺等影响。

ⅱ. 注水井油套管的腐蚀，污水中硫酸盐还原菌、二氧化碳和氯化物的共同侵蚀作用造成的局部腐蚀穿孔、丝扣连接处的缝隙。

ⅲ. 回水管线的腐蚀，回水管线是将注水井中洗井水回收输送到联合站进行处理的管线，输送的水质较差，含有大量的悬浮物、污油、砂粒、垢物等，大量的硫酸盐还原菌繁殖并产生硫化氢，造成细菌腐蚀和沉积物垢下腐蚀。

ⅳ. 注水泵腐蚀，油田供注水的离心泵叶轮是用硅黄铜制作，在水的冲刷作用下，含锌较高的部位处于阳极区，锌与铜一起被溶解。溶液中的铜又被沉积到周围附近阴极区，进而加速阳极腐蚀。

中国石油规划总院针对中原油田腐蚀与防护问题较严重的某计量站的地面生产系统，进行了系统全面的调查，结果见表 8-9。

8.2.2　防腐蚀方法

采油及集输系统腐蚀控制的基本原则为：因地制宜实行联合保护。在采油、储油、输油的过程中，对各个环节的材料运用、安装等实施一系列的保护措施，主要采用以下防腐蚀方法。

（1）防腐蚀结构设计

合理选材是有效抑制金属腐蚀的手段之一，在石油行业中主要是防腐层的选择、金属材料的选择和玻璃钢材料的选择。在油田采油和集输系统中，出于经济性的考虑，在一般情况下油田通常采用普通钢，辅以其他防腐手段（如采用防腐层）。

油田中不少的腐蚀问题是与生产工艺流程分不开的，油田中常用的工艺防腐措施主要有以下几种：

ⅰ. 除去介质中的水分以降低腐蚀性，常温干燥的原油、天然气对金属腐蚀很小，而带了水分时则腐蚀加重，在工艺过程中应尽量降低原油、天然气的含水量；

ⅱ. 采用密闭流程，坚持密闭隔氧技术，使水中氧的含量降低至 $0.02\sim0.05$mg/L，以降低油田污水的氧腐蚀；

ⅲ. 严格清污分注，减少垢的形成，避免垢下腐蚀；

ⅳ. 缩短流程，减少污水在站内停留的时间；

ⅴ. 对管线进行清洗，清除管线内的沉积物，以减少管线的腐蚀，清洗主要有化学清洗和物理清洗两种方式，化学清洗主要使用与污垢发生化学反应的清洗剂（酸）进行清洗，物理清洗主要有清管器机械清洗和高压水射流清洗，刮削管壁污垢，将堆积在管线内的污垢及杂质推出管外。

表 8-9 计量站腐蚀调查

分类	调查内容	项目	结论
管道外壁腐蚀与防护调查	管道宏腐蚀电池及直流干扰测定	管道纵向自然电位梯度等	①管道宏腐蚀电池作用小 ②无电干扰腐蚀的迹象和特征
	土壤腐蚀性	①土壤腐蚀电流密度 ②试片失重 ③土壤理化性质	三条干线所处土壤的腐蚀性均不强。除个别点因地面积水，腐蚀性有所增高
	管道外防腐层状况	①防腐层绝缘电阻 ②防腐层地面检漏 ③局部探坑检查	①三条干线防腐层电阻值属劣级 ②三条干线防腐层漏点均严重超标 ③三条干线防腐层局部破损严重，涂敷层质量差
	管道外壁金属腐蚀状况	探坑检查	①埋地管线外壁腐蚀均较轻 ②半埋地、出入土端管线外壁腐蚀严重
管道及储罐内壁腐蚀与防护状况	水分析	①结垢倾向 ②水质分析，进行了24项参数测试	①该水质为微结垢型水，温度、压力、清污水混注时易结垢 ②该介质含盐高，为 O_2、CO_2、H_2S、细菌共有体系 ③过滤后水质有二次污染 ④注水罐污染严重，斜板沉降罐作用不明显
	介质及气体腐蚀性	①试片失重 ②介质瞬时腐蚀速率 ③大气及灌顶气体腐蚀性监测 ④室内极化曲线测定	①管道内介质：濮-联油区来水、洗井回水是强腐蚀性机制。过滤后介质腐蚀性下降，注水罐到井口介质腐蚀性升高 ②注水罐与缓冲罐的腐蚀规律体现两种机理 ③灌顶气体腐蚀性强，罐外大气腐蚀性弱并有昼夜变化规律
	水处理剂有效性	对现场在用的杀菌剂、缓蚀剂、净水剂等进行配伍性试验	①杀菌剂作用较好，且与缓蚀剂配伍好，但与净水剂配伍不理想 ②缓蚀剂有一定作用，净水剂性能较差
	管、罐内防护层及金属腐蚀状况	清罐及截取管段检查	①回水干线环氧粉末防腐层保护效果不理想、未补口，补口处金属腐蚀严重 ②注水管线内壁无防腐层，形成保护性锈层，存在着局部垢下腐蚀 ③从注水罐及缓冲罐现状可见，玻璃钢衬里的施工质量直接影响储罐寿命
管道外壁腐蚀与防护状况	①罐外壁防腐层测试 ②罐外壁金属腐蚀测试等		管外壁是调和漆，虽有多处脱落，但金属腐蚀不严重

（2）金属或非金属覆盖层

① 外防护层 储罐、容器及架空管道外防腐层。外防腐材料可根据大气腐蚀性选择。在比较苛刻的环境条件下，如比较湿热或海洋大气条件下，外防腐层通常选用底层为热喷锌、喷铝或无机、有机富锌涂料。埋地管道用外防腐层。油气田所有埋地金属管道必须做外防腐层，外防腐层一般分为普通级和加强级。对于长输管线及集油干线一般应采用防腐层与阴极保护联合的保护。通常在非石方地区及土壤腐蚀性不高的地区，管道设计寿命在 10~20 年时，可选用石油沥青类防腐层。对于土壤腐蚀性等条件恶劣的地区，管道可选用煤焦油沥青、环氧煤沥青涂料、两层聚乙烯、熔结环氧粉末、聚乙烯胶粘带、三层聚乙烯等防腐层。

② 内防腐层 根据储存或输送介质的品种、腐蚀性和介质的温度选择防腐层，防腐层

必须有较强的耐蚀性，并与工程寿命相一致，施工工艺简单，便于掌握，质量容易保证，经济性好，维修方便。油田常用的内防腐层及结构见表8-10。

表 8-10　内防腐措施及防腐层结构

储 存 介 质	温 度/℃	推 荐 措 施	推 荐 结 构
清水	常温	①水泥砂浆衬里 ②涂料防腐	厚度 1.2～1.5cm 二道底漆，二道面漆
回注污水	55～65	①涂料衬里 ②玻璃钢衬里	二道底漆，四道面漆 一底四布四胶二面
含水原油	55～65	①导静电涂料防腐 ②玻璃钢衬里	二道底漆，三道面漆 一底三布三胶二面
成品油	常温	导静电涂料防腐	二道底漆，二道面漆

（3）电化学保护

油田区域阴极保护系统的结构形式有两种。

ⅰ. 以油、水井套管为中心，分井定量给套管提供保护电流，各井间电位的差异用阴极链（即均压线）来平衡。这种系统比较节约电能，容易实现自动控制。缺点是投资大，易产生电位不平衡而造成干扰。

ⅱ. 把所保护区域地下的金属构筑物当一个阴极整体，整个区域是一个统一的保护系统。阴极通电点一般设在保护站就近的管道上，各类管道既是被保护对象，又起传送电流的作用，油井套管是保护系统的末端。这种保护系统的优点是避免了干扰的产生，投资少。缺点是保护电流分配不均匀，对阳极的布置要求较严格，电能消耗较多。

（4）介质处理

① 缓蚀剂　缓蚀剂是油田中应用比较广泛的一种抑制腐蚀方法。

② 杀菌剂　对于微生物所导致的腐蚀来说，油田系统中通常采取添加合适的杀菌剂来控制细菌产生的破坏。油田中采用的杀菌剂主要有：季铵盐类化合物（氯化十二烷基二甲苄基铵、HCB-1、HCB-2）、氯酚及其衍生物（NL-4）、二硫氰基甲烷（SQ_8、S-15）及其他类型杀菌剂。

③ 阻垢剂　在采油系统、油田水处理系统和注水系统等部位均可结垢，在水中添加合适的阻垢剂，抑制水垢的形成，从而减轻结垢而导致的腐蚀。油田中常用的阻垢剂要有EDTMPS（乙二胺四亚甲基膦酸钠）、改性聚丙烯酸、CW-1901缓蚀阻垢剂等。

8.3　特殊油气田生产装置

8.3.1　酸性油气田的腐蚀与防护

含 H_2S 或/和 CO_2 的油气通称作酸性油气，酸性油气是油气田腐蚀的重要因素之一。在我国的天然气资源中，大部分含有 H_2S 或/和 CO_2。例如四川气田的天然气中的80％系酸性天然气，天然气中的 H_2S 含量多数为1‰～13‰（体积分数），最高达35.11‰（体积分数）。在考虑酸性气体引发的腐蚀时，也不能低估矿化水的腐蚀作用。油气田这个特定的环境中，水是金属材料腐蚀的主导因素。H_2S 或/和 CO_2 只有溶于水才具有腐蚀性。大量的研究表明，溶有盐类、酸类的 H_2S 或/和 CO_2 的水溶液往往比单一的 H_2S 或/和 CO_2 水溶液腐蚀要严重得很多，腐蚀速率要高几十倍，甚至几百倍。

8.3.1.1　硫化氢的腐蚀与防护

硫化氢引发的腐蚀主要有电化学腐蚀和SSC（硫化物导致的应力开裂）（见第3章），其控制方法主要有两种。

(1) 电化学腐蚀的控制方法

① 介质处理　在油气井开采过程中油气从井下、井口、到进入处理厂的开采过程中，温度、压力、流速都发生了很大变化，通常随着油气井产水量的增加，腐蚀破坏将加重。由于 H_2S、CO_2 的腐蚀是以氢去极化为主，金属表面原有的氧化膜易被溶解，采用氧化性（钝化型）缓蚀剂非但起不到缓蚀作用，而且还会加速腐蚀。因此，通常采用含有 N、O、S、P 和极性基团的吸附型有机缓蚀剂。在添加缓蚀剂的系统中，必须设置在线腐蚀监测系统，可采用腐蚀挂片或者用线性极化电阻探针和电阻探针监测液相的腐蚀性变化；用电阻探针和氢探针监测气相的腐蚀性变化。

含 H_2S 天然气经深度脱水处理后，无水则不发生电化学反应，使腐蚀终止。

② 非金属覆盖层　防腐层和衬里为钢材与含 H_2S 酸性油气之间提供一个隔离层，可供含 H_2S 酸性油气田选用的内防护的防腐层和衬里有环氧树脂，聚氨酯以及环氧粉末等。由于防腐层不易做到百分之百无针孔，通常需添加适量的缓蚀剂。

③ 防腐蚀结构设计　根据设备、管道等运行的条件经济合理地选用耐蚀材料。如环氧型、工程塑料型的管材及其配件，很适合用于腐蚀性强的系统。

井下封隔器。油管外壁和套管内壁环形空间的腐蚀防护通常采用井下封隔器。封隔器下至油管下端，将油管与套管环形空间密封，阻止来自气层的含 H_2S 酸性天然气及地层水进入，并在环形空间注满用于平衡压差，添加缓蚀剂的液体。

清管。可选用装有弹簧加载的钢刀片，钢丝刷、研磨砂石等结构的清管器。也可选用半刚性的非金属球体。为能通过变径管线和小曲率半径的弯头，可选用易变形的橡胶、塑料等材料的清管器。

(2) SSC 的控制方法

① 介质处理　脱水是防止 SSC 的一种有效方法。对油气田现场而言，经脱水干燥的 H_2S 可视为无腐蚀性，因此，经脱水使含 H_2S 天然气水露点低于系统的运行温度，就不会导致 SSC。

脱硫是防止 SSC 广泛应用的有效方法。脱除油气中的 H_2S，使其含量低于发生 SSC 的临界 H_2S 分压值。

控制 pH 值。第 3 章已经介绍，提高含 H_2S 油气环境的 pH 值，可有效地降低环境的 SSC 敏感性。因此，对有条件的系统，采取控制环境 pH 值可达到减缓或防止 SSC 的目的。但必须保证生产环境始终处于被控制的状态下。

添加缓蚀剂。从理论而言，缓蚀剂可通过防止氢的形成来阻止 SSC。但现场实践表明，要准确无误地控制缓蚀剂的添加，保证生产环境的腐蚀处于受控的状态下，是十分困难的。因此，缓蚀剂不能单独用作防止 SSC，它只能作为一种减缓腐蚀的措施。

② 防腐蚀结构设计　在进行含 H_2S 酸性油气田开发设计时，为防止 SSC，需对控制环境或控制用材等不同保护方式进行选择。脱硫、脱水只能对脱硫厂和脱水厂下游的设备、管线起作用。采用添加缓蚀剂和控制 pH 值在理论上可行，但在实际生产中不是绝对可靠的。因此，采用抗 SSC 材料和工艺将是防止 SSC 最有效的方法。

8.3.1.2　二氧化碳的腐蚀与防护

在油气田开发的过程中，有 H_2S 和 CO_2 相互伴随的油气井，也有只含 H_2S 或 CO_2 的油气井。对 H_2S 和 CO_2 共存的系统，往往着重从 H_2S 腐蚀破坏着手考虑防护措施。当 CO_2 和 H_2S 分压之比小于 500 时，FeS 仍将是腐蚀产物膜的主要成分，腐蚀过程仍受 H_2S 控制。

CO_2 溶于水对钢铁具有腐蚀性，这早已被人们所认识。在含 CO_2 油气田上观察到的腐蚀破坏，主要由腐蚀产物膜局部破损处的点蚀，引发环状或台面的蚀坑或蚀孔。这种局部腐蚀由于阳极面积小，则往往穿孔的速度很高。有研究表明在 CO_2-H_2O 体系中，发现有阳极型的应力腐蚀开裂。

（1）影响 CO_2 腐蚀的因素

① CO_2 分压的影响　CO_2 分压是影响腐蚀速率的主要因素。研究结果发现，当 CO_2 分压低于 0.021MPa 时腐蚀可以忽略；当 CO_2 分压为 0.021MPa 时，腐蚀将要发生；当 CO_2 分压为 0.021～0.21MPa 时，腐蚀可能发生。也有学者在研究现场低合金钢点蚀的过程中发现当 CO_2 分压低于 0.05MPa 时，观察不到任何因点蚀而造成的破坏。

② 温度的影响　温度是影响 CO_2 腐蚀的重要因素。温度在 60℃ 附近，CO_2 的腐蚀机理有质的变化。当温度低于 60℃ 时，由于不能形成保护性的腐蚀产物膜，腐蚀速率是由 CO_2 水解生成碳酸的速度和 CO_2 扩散至金属表面的速度共同决定，以均匀腐蚀为主；当温度高于 60℃ 时，金属表面有碳酸亚铁生成，腐蚀速率由穿过阻挡层传质过程决定，即垢的渗透率、垢本身固有的溶解度和介质流速的联合作用而定。由于温度在 60～110℃ 范围时，腐蚀产物厚而松，结晶粗大，不均匀，易破损，则局部孔蚀严重。而当温度高于 150℃ 时，腐蚀产物细致、紧密、附着力强，于是有一定的保护性，腐蚀率下降。所以含 CO_2 油气井的局部腐蚀由于温度的影响常常选择性地发生在井的某一深处。

③ 腐蚀产物膜的影响　钢表面腐蚀产物膜的组成、结构、形态是受介质的组成、CO_2 分压、温度、流速等因素的影响。当钢表面生成的是无保护性的腐蚀产物膜时，以很快的腐蚀速率被均匀腐蚀；当钢表面的腐蚀产物膜不完整或被损坏、脱落时，会诱发局部点蚀而导致严重穿孔破坏；当钢表面生成的是完整、致密、附着力强的稳定性腐蚀产物时，可降低均匀腐蚀速率。

④ 流速的影响　高流速的冲刷作用易破坏腐蚀产物膜或妨碍腐蚀产物膜的形成，使钢表面处于裸露的初始腐蚀状态，高流速将影响缓蚀剂作用的发挥。研究认为，当流速高于 10m/s 时，缓蚀剂不再起作用。因此，通常是流速增加，腐蚀率提高。而流速过低易导致点蚀速率的增加。因此对具体控制含 CO_2，油气系统腐蚀，如何确定其流速使之腐蚀速率处于最佳状态将十分重要。

（2）防止 CO_2 腐蚀的方法

① 防腐蚀结构设计　在含 CO_2 油气中，含 Cr 的不锈钢有较好的耐蚀性能。9Cr-1Mo、13Cr 和 Cr 的双相不锈钢等均已成功地用于含 CO_2，油气井外下管柱。但当油气中还含有硫化氢和氯化物时，应注意这些钢对 SSC 和氯化物应力腐蚀的敏感性。

9Cr-1Mo 和 13Cr 型不锈钢，在高温或高含 Cl^- 的环境中，耐蚀性将会劣化。当温度超过 100℃ 时，9Cr-1Mo 的腐蚀速率加快；当温度超过 150 时，13Cr 钢易发生点蚀，且对含量在 10% 以上的氯化物很敏感。9Cr-1Mo 和 13Cr 钢均对 SSC 敏感，不能用于含 H_2S 的油气环境。

含铬 22%～25% 的双相不锈钢和高含镍的奥氏体不锈钢，在 250℃ 以上和高氯化物环境中仍表现出良好的耐蚀性能，并抗 SSC。对于碳钢和低合金钢，金相组织均匀化将会提高其耐蚀性能。

对于集输管线，定期清管也是防止 CO_2 腐蚀的一种有效方法。

② 介质处理　脱除油气中的水是降低或防止 CO_2 腐蚀的一种有效措施。原油和油品中的水可在储罐中沉降或用水分离器、凝结器等予以脱除；天然气中的水可以用水分离器脱除，或采用各种类型干燥剂的脱水装置，控制含 CO_2 天然气水露点低于系统的运行温度，防止输送过程水解析出来。

③ 添加缓蚀剂　一般对含 H_2S 油气环境具有良好缓蚀效果的缓蚀剂，通常对含 CO_2 油气环境也具良好的缓蚀效果。

④ 采用非金属覆盖层　是目前广泛采用的防止 CO_2 腐蚀的措施，它们相对各种耐 CO_2 腐蚀的含 Cr 钢，特别是高 Cr 双相不锈钢价格要低廉得多。虽然其保护效果不如含 Cr 钢好，但可以满足某些含 CO_2 油气系统的防护要求。

8.3.2　海洋及滩涂油气田的腐蚀与防护

海洋及滩涂中蕴藏着极其丰富的资源，开发海洋及滩涂石油的难题，主要是战胜海洋环境所造成的困难。图 8-1、图 8-2 分别为半海半陆式开发设施、固定平台式与浮式石油开发设施。

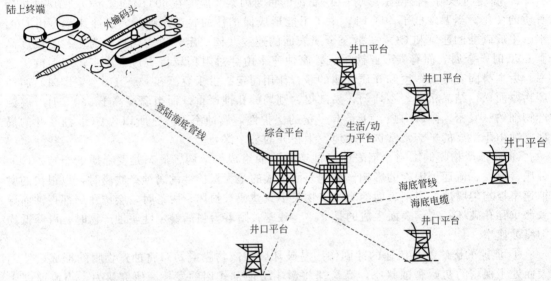

图 8-1　半海半陆式石油开发设施

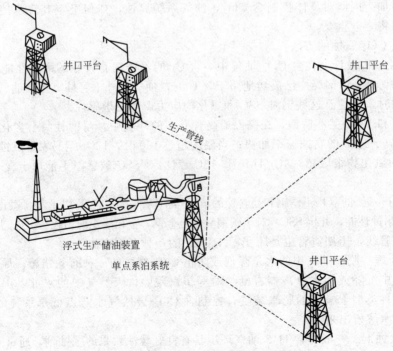

图 8-2　固定平台式与浮式石油开发设施

8.3.2.1　介质的腐蚀特性

建造海洋及滩涂石油开发设施的材料绝大多数是钢铁。研究钢铁在海洋及滩涂环境中的腐蚀行为，对采取有效的防腐蚀措施，预防开发设施遭受意外破坏，具有重要的意义。影响海水腐蚀的主要因素如下。

① 氧含量　海水的波浪作用和海洋植物的光合作用均能提高氧含量，海水的氧含量提高，腐蚀速率也提高。

② 流速　海水中碳钢的腐蚀速率随流速的增加而增加，但增加到一定值后便基本不变。而钝化金属则不同，在一定流速下能促进高铬不锈钢等的钝化提高耐蚀性。当流速过高时，金属腐蚀将急剧增加。

③ 温度　温度增加，腐蚀速率将增加。

④ 生物　生物的作用是复杂的，有的生物可形成保护性覆盖层，但多数生物是增加金属腐蚀速率。

根据环境介质的差异以及钢铁在这些介质中受到的腐蚀作用的不同，一般将海洋腐蚀环境划分为海洋大气区、飞溅区、潮差区、全浸区和海泥区五个区域。滩涂一般指高潮时淹没，低潮时露出的海陆交界地带。

（1）海洋环境中碳钢的腐蚀

① 海洋大气区　海洋大气与内陆大气有显著的不同，它不仅湿度大，容易在物体表面形成水膜，而且其中含有一定数量的盐分，使钢铁表面凝结的水膜和溶解在其中的盐分组成导电性良好的液膜，提供了电化学腐蚀的条件。日晒雨淋和微生物活动也是影响腐蚀的重要因素，在很大程度上可以影响腐蚀。因此，海洋大气中钢铁的腐蚀速率，比内陆大气中要高4～5倍。由于不同海区的气温不同、风浪而导致大气含盐量也不一样，因而腐蚀会有较大差异。我国南海的石油平台，其大气腐蚀比渤海要严重得多。

② 飞溅区　飞溅区也叫浪花飞溅区，位于高潮位上方，因经常受海浪溅泼而得名。飞溅区中钢铁构件的表面经常是潮湿的，而且它又与空气接触，供氧充足，因此成为海洋石油开发设施腐蚀最严重的区域。碳钢在飞溅区的腐蚀速率可以达到甚至超过 0.5mm/a，并且其腐蚀表面极不均匀。

③ 潮差区　高潮位和低潮位之间的区域称为潮差区。位于潮差区的海上结构物构件，经常出没于潮水，和饱和了空气的海水接触，会受到严重的腐蚀。碳钢在潮差区的腐蚀速率还受海生物附着和气温等因素影响，海上固定式钢质石油平台在潮差区的腐蚀速率反而要比全浸区小。这是由于在连续的钢表面上，潮差区的水膜富氧，全浸区相对缺氧，因此形成氧的浓差电池，潮差区电位较正为阴极，腐蚀较轻。

④ 全浸区　长期浸没在海水中的钢铁，比在淡水中受到的腐蚀要严重，其腐蚀速率在0.07～0.18mm/a。海水中的溶解氧、盐度、pH 以及温度、流速、海生物等因素，对全浸区的腐蚀都有影响，其中尤以溶解氧和盐度影响程度最大。值得注意的是，开发滩涂和极浅海石油时，往往会遇到河口。淡水和海水混合的区域使腐蚀环境变得复杂化。在进行工程设计之前，应当进行水质调查。了解盐度、溶解氧、生物活动、污染情况等，以便确定防腐蚀对策。专家们的试验结果已经证明，长期使用时，低合金钢在潮差区和全浸区的耐蚀性并不优于普通碳钢。

⑤ 海泥区　目前，对海泥中钢铁腐蚀的研究远不如其他海洋腐蚀环境，还没有找到公认的评价和预测海泥腐蚀性的方法。一般认为，由于缺少氧气和电阻率较大等原因，海泥中钢铁的腐蚀速率要比海水中低一些，在深层泥土中更是如此。影响海泥对钢铁腐蚀的因素有微生物、电阻率、沉积物、温度等。海泥中的硫酸盐还原菌（SRB）对腐蚀起着极其重要的作用。一些研究结果表明，在 SRB 大量繁殖的海泥中，钢的腐蚀速率比无菌海泥要高出数倍到 10 多倍，甚至比海水中高 2～3 倍。与陆地土壤相比较，是特强腐蚀环境。电阻率的差

异，对宏观腐蚀也起重要的作用。沉积物颗粒越粗，越有利于透水和氧的扩散，腐蚀性越强。温度对海泥的腐蚀性也有相当重大的作用，其影响程度和海水中相似。

（2）滩涂环境中碳钢的腐蚀

始终覆盖着海水的海泥和周期地露出水面的滩涂泥沙的腐蚀性是不一样的。从工程防腐蚀考虑，应当注意以下影响因素。

ⅰ．滩涂泥含水率较低，电阻率较高。

ⅱ．充气较充分，微生物种类和活动性会有不同。

ⅲ．易受污染和淡水影响。

ⅳ．有植物生长，它们的根会破坏结构的防腐层。

（3）海洋及滩涂环境中不锈钢的腐蚀

不锈钢通常指含 Cr12％以上在大气条件下具有耐腐蚀性能的铁基合金。一般的说，对马氏体、铁素体和奥氏体，三种不锈钢在海洋大气中都有极好的耐蚀性。即使在对碳钢有很强腐蚀性的飞溅区，不锈钢也表现出很好的耐蚀性能，这是由于虽然经常接触海水，但充气良好，使不锈钢表面得以保持钝态。无论在大气区或飞溅区，如果表面有污物沉积，特别是在缝隙处沉积，便会发生局部腐蚀，并且要比内陆大气中严重得多，因为沉积中含有盐分（Cl⁻），对钝化膜有破坏作用。

在潮差区，虽然潮水充气良好，但此区域的一些因素却妨碍了不锈钢表面保持钝态，例如生物附着和沉积物覆盖，都会使表面产生严重的局部腐蚀。在附着生物与钢表面之间的缝隙和结构物接缝等处，当潮水浸没时，缝隙以外较大的面积成为阴极，加速了缝隙腐蚀的发生和发展。

在全浸区，当流速低于 1.5m/s 时，扩散到钢表面的氧不足以保持钝化膜的稳定，而且，此时海洋生物仍能附着，不锈钢的局部腐蚀是不可避免的，即使按失重计量的腐蚀速率非常小，它们也不能在海水中得到使用。增加海水流速和施加阴极保护可以维持不锈钢在海水中的钝态，但是，对于马氏体和铁素体不锈钢，这两种措施都没有太好的效果，而且阴极保护还可能使它们发生氢的破坏。只有某些奥氏体不锈钢在海水中有好的使用效果。提高 Cr 的含量和添加 Mo，及某些其他合金成分可以提高不锈钢在海水中的耐局部腐蚀性能。

泥中缺氧，不锈钢表面钝态一旦受到破坏，便难以弥合，局部腐蚀是可以想象的。况且，碳钢在海泥中腐蚀率很低，还可以用阴极保护措施来保护，因此，在海泥中的结构，没有必要使用不锈钢。

8.3.2.2 石油平台的腐蚀防护

（1）防护措施的选用原则

用于钻探和开采海洋及滩涂石油的平台，绝大多数是用钢铁建造的庞然大物，具体防护措施的确定，要遵循一些共同的原则，这些原则大体归纳如下：

ⅰ．可靠性和长效性，在此基础上同时考虑技术的先进性和经济的合理性；

ⅱ．防腐蚀设计应当由具有腐蚀与防护专业知识的技术人员来完成，设计前，应当掌握平台所处海域的环境条件，了解平台的钻构形式，建造材料的性能，平台的使用功能和设计寿命以及平台建造场地和施工条件等；

ⅲ．要准确掌握和使用标准、规范；

ⅳ．结构设计应当有利于防腐蚀措施的实现；

Ⅴ．在确定防腐蚀措施时，应进行必要的技术经济论证。

（2）具体的防护措施

① 飞溅区保护　增加结构壁厚或附加"防腐蚀钢板"是飞溅区有效的防护措施。为了预防措施失效，有关的规范仍然要求飞溅区结构要有防腐蚀钢板保护，厚度达 13～19mm，并且要用防腐层或包覆层保护。虽然在平台大气区使用效果不错的涂料，在飞溅区虽也有好

的效果，但它们仍不能作为飞溅区长期保护的主要措施。比较经典的飞溅区防护措施是使用包覆层。用箍扎或焊接的方法把耐蚀合金包覆在飞溅区的平台构件上，有很好的防腐蚀作用。然而，由于它们怕受冲击破坏，并且材料和施工费用很高，已经越来越少被采用。包覆6~13mm 的硫化氯丁橡胶效果也很好，但是它不能在施工现场涂覆，因而使用受到一定的限制。热喷涂层在海洋大气中有很好的保护效果，这已经为国内外许多实践所证明。

　　② 其他区域的保护　其他区域的防护海洋和滩涂石油平台的大气区，都采用涂层保护。对一些形状复杂的结构，如格栅等，也采用浸镀锌加涂层。近年来，喷涂铝、锌等金属层加涂层已获得日益广泛的应用。

　　对平台的潮差区，一般也采用涂层保护。涂层的范围通常深入低潮位 2~3m。全浸区的构件可以只采用阴极保护。对于设计使用年限较短的平台，也可以考虑采用防腐层和阴极保护联合保护。平台在泥中的钢桩和油井套管，仅采用阴极保护。各区域海洋阴极保护设计电流密度如表 8-11 所示。

表 8-11　阴极保护设计电流密度

生产区域	环境因素				典型设计电流密度 /(mA/m^2)(mA/ft^2)		
	海水电阻率 /(Ω·cm)	水温/℃	紊流(波浪作用)	横向水流	初期	平均	末期
墨西哥湾	20	22	中度	中度	110(10)	55(5)	75(7)
美国西海岸	24	15	中度	中度	150(14)	90(8)	100(9)
库克湾	50	2	低度	高度	430(40)	380(35)	380(35)
北海北部	26~33	0~12	高度	中度	180(17)	90(8)	120(11)
北海南部	26~33	0~12	高度	中度	150(17)	90(8)	100(9)
阿拉伯湾	15	30	中度	低度	130(12)	65(6)	90(8)
澳大利亚	23~30	12~18	高度	中度	130(12)	90(8)	90(8)
巴西	20	15~20	中度	高度	180(17)	65(6)	90(8)
西非	20~30	5~21	中度	中度	130(12)	65(6)	90(8)
印度尼西亚	19	24	中度	中度	110(10)	55(5)	75(7)

8.3.2.3　钢筋混凝土设施防护

　　用钢筋混凝土建造海洋和滩涂石油开采设施已屡见不鲜。钢筋混凝土的防护和钢结构的防护同样重要。钢筋混凝土的防护包括对混凝土的防护和对混凝土包裹的钢筋的腐蚀防护。

　　(1) 混凝土的腐蚀

　　海水中的 SO_4^{2-}、Mg^{2+} 和 Cl^- 是损坏混凝土的主要有害离子。SO_4^{2-} 与水泥形成混凝土时的部分生成物反应，其产物的体积显著增大，使混凝土结构受到破坏。Mg^{2+} 和 Cl^- 会与混凝土中的 $Ca(OH)_2$ 反应，生成可溶性的 $Mg(OH)_2$ 和 $CaCl_2$，破坏混凝土的组织结构。SO_4^{2-} 和 Mg^{2+} 对混凝土的侵蚀一般只发生在表面，而 Cl^- 渗透力强，会渗入到混凝土的深部。

　　干湿交替、海水冲刷、反复冻融等会加剧海洋环境中混凝土的腐蚀破坏。

　　(2) 钢筋的腐蚀

　　混凝土具有很强的抗压性能，但却不耐高强度的张拉。用混凝土构筑海洋工程设施，要在混凝土中加配钢筋。混凝土凝结硬化所生成的 $Ca(OH)_2$ 可使钢筋周边的 pH 值达到 13。在这种高碱性环境中，钢筋表面会产生钝化，受到保护。混凝土在长期的使用中，会受海洋环境中有害物质的侵蚀和诸如海浪袭击、冲刷、腐蚀产物胀裂等物理作用，使其中的钢筋不能与外界完全隔离。有害的气体和离子（盐分）会通过裂缝和混凝土中的许多微孔侵入到钢筋表面，使钢筋腐蚀。

　　(3) 防腐蚀方法

用于海洋及滩涂石油开发的钢筋混凝土设施的技术源于海港工程。交通部在 20 世纪 80 年代发布了《海港钢筋混凝土结构防腐蚀》(JTJ 228～87)。海港工程的防护经验可以普遍地应用于石油工程中。对钢筋混凝土的防护主要有以下措施。

① 提高混凝土的密实性和抗渗性能　为了保证钢筋混凝土使用寿命内的安全，有关的规范都规定了确保混凝土密实性的措施，并以确保混凝土质量作为钢筋防腐蚀的主要方法。保证混凝土密实性的措施有以下几点。

ⅰ. 使用符合要求的水泥品种和标号；

ⅱ. 骨料坚固，有一定级配，并且含盐量不能超标；

ⅲ. 拌和及养护用水不能含有有碍于混凝土凝结和硬化的杂质，尤其是 SO_4^{2-}、Cl^- 和 pH 不能超过限度；

ⅳ. 用于不同海洋环境区域的混凝土，其水灰比和水泥用量应符合规范的要求，推荐值见表 8-12；

ⅴ. 混凝土构件如出现超过规定宽度的裂缝，应采用枪喷水泥砂浆、环氧砂浆或水泥乳胶砂浆进行修补。

表 8-12　混凝土的水泥用量及水灰比

环境区域	海洋火气区	飞溅区	潮差区	全浸区
水泥用量/(kg/m³)	360～500	400～500	360～500	325～500
水灰比	≤0.50	≤0.45	≤0.50	≤0.60

② 施加防腐层　在混凝土表面施加防腐层可以有效地保护钢筋混凝土免遭侵蚀。所用的涂料与混凝土要有良好的黏结力，具有抵御海浪冲击的强度，其耐候性应当满足海上钢质石油平台防腐层的要求。涂装前对混凝土表面要进行适当的处理，满足所用涂料对基底表面的要求。混凝土防腐层有表面涂装型和渗透型。表面涂装型附着于混凝土表面，使用的涂料有厚浆型环氧涂料，聚氨酯涂料、氯化橡胶涂料等。渗透型的涂料可以渗入混凝土数毫米，填充封闭混凝土的孔隙，提高防渗能力，这类涂料有硅烷、氯乙烯-乙酸乙烯共聚物涂料等。

③ 添加缓蚀剂　拌制混凝土时加入适量的缓蚀剂对钢筋能起缓蚀作用。使用的缓蚀剂对混凝土不能有不利影响。

④ 对钢筋进行防腐蚀处理　采用镀锌或涂装环氧树脂层也是混凝土中钢筋防腐蚀的有效措施。热固化环氧粉末防腐层有很好的结合力和防护效果，但它不能在现场涂装，而且费用较高。

⑤ 阴极保护　此种方法目前仍处于研究中。对防腐层完好的新混凝土结构，很少使用阴极保护。只有其他维护和修补方法不适用或不经济时，阴极保护才得以应用。除了全浸的钢筋混凝土，通常不采用牺牲阳极法而采用外加电流法。

8.4　炼油装置

石油主要成分是由各种烷烃、环烷烃和芳香烃组成的混合物（水分、盐分等杂质）。炼油之前石油需先除水、脱盐。炼油的流程示意图见图 8-3。

① 石油的分馏　利用原油中各组分的沸点不同，将复杂混合物分离成较简单混合物。常压蒸馏塔：汽油、煤油和柴油等。减压蒸馏塔：重油、沥青等。

② 石油的催化裂化　在催化剂的作用下将含碳原子较多、沸点较高的重油断裂成碳原子较少、沸点较低的汽油的过程，提高轻质液体燃料（汽油、煤油、柴油等）的产量。

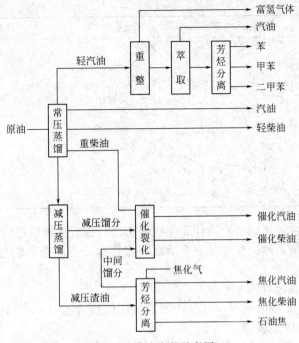

图 8-3 炼油流程示意图

8.4.1 介质的腐蚀特性

（1）硫化物

原油中都含有一定量的硫化物，通常将含硫量在 0.1%～0.5% 的原油叫做低硫原油；含硫量大于 0.5% 者为高硫原油。原油中的主要硫化合物见表 8-13。

表 8-13 原油中的主要硫化合物

硫化合物名称	典型代表（分子式）	硫化合物名称	典型代表（分子式）
元素硫	S	多环状—	（见图）
硫化氢	H_2S		
硫醇类：	（R—SH）	二硫化物	（R—S—S—R'）
烷基—	C_4H_9—SH	烷基—	CH_2—S—S—C_2H_5
环状—	（见图）—SH	噻吩类	（见图）—C_2H_5
芳香族—	（见图）—SH		
硫醚类：	（R—S—R'）	苯并噻吩类	（见图）
烷基—	C_2H_5—S—C_3H_7		
环状—	（见图）—CH_3		

硫化合物名称	典型代表(分子式)	硫化合物名称	典型代表(分子式)
烷基—环状—		沥青质 —芳香族环 —环烷环	
环烷—环烷—			

硫化物可分为活性硫化物和非活性硫化物两类。活性硫化物是它们能与金属直接发生反应的硫化物。如硫化氢、硫、硫醇等。非活性硫化物则是不能直接同金属反应的，如硫醚、多硫醚、噻吩等。

硫化物对设备的腐蚀与温度 t 有关。

ⅰ. $t \leqslant 120℃$ ，在无水情况下，对设备无腐蚀；但当含水时，则形成炼厂各装置中轻油部位的各种 $H_2S—H_2O$ 型腐蚀。

ⅱ. $120℃ \leqslant t \leqslant 240℃$ ，因为在该温度下原油中活性硫化物未分解， $H_2S—H_2O$ 体系不存在，对设备无腐蚀。

ⅲ. $240℃ < t \leqslant 340℃$ ，硫化物开始分解，开始对设备腐蚀，并随着温度升高腐蚀加重。

ⅳ. $340℃ < t \leqslant 400℃$ ， H_2S 开始分解为 H_2 和 S ，此时对设备的腐蚀反应式为：

$$H_2S \longrightarrow H_2 + S$$

$$Fe + S \longrightarrow FeS$$

$$R—S—H（硫醇）+ Fe \longrightarrow FeS + 不饱和烃$$

所生成的 FeS 膜具有防止进一步腐蚀的作用。但有酸存在时该保护膜被破坏，使腐蚀进一步发生，加重了硫化物的腐蚀。

ⅴ. $420℃ < t \leqslant 430℃$ ，高温硫对设备腐蚀最快。

ⅵ. $t > 480℃$ ，硫化物近于完全分解，腐蚀率下降。

ⅶ. $t > 500℃$ ，不属于硫化物腐蚀范围，此时主要为高温氧化腐蚀。

（2）无机盐

开采的原油会带一部分油田水并含有盐类。盐类的主要成分中 70% 是氯化钠，30% 是氯化镁和氯化钙。在原油加工时，氯化镁和氯化钙受热水解，产生具有强烈腐蚀性的氯化氢（HCl）：

$$MgCl_2 + 2H_2O \xrightarrow{约120℃} Mg(OH)_2 + 2HCl$$

$$CaCl_2 + 2H_2O \xrightarrow{约175℃} Ca(OH)_2 + 2HCl$$

在随后的蒸馏过程中 HCl 随同原油中的轻馏分及水分一起挥发冷凝，形成低 pH 值的、具有强烈腐蚀性的富含盐酸冷凝液。因此易造成常减压装置塔顶部、冷凝冷却器、空冷器及塔顶管线的严重腐蚀。如常压塔顶碳钢空冷器的最大腐蚀穿孔速度可达 $5.5mm/a$ ，管壳式冷凝器的管束腐蚀穿孔还有高达 $15mm/a$ 的。

原油蒸馏过程中生产的 HCl 量随原油含盐量的高低而变化，因此为了减少 HCl 的生成，要尽量做好原油的脱盐工作，使得盐量越低越好。

（3）环烷酸

环烷酸（RCOOH，R 为环烷基）是石油中一些有机酸的总称，主要是指饱和环状结构的酸及其同系物。环烷酸在常温下对金属没有腐蚀性，但在高温下能与铁等反应生成环烷酸盐，引起剧烈的腐蚀。环烷酸的腐蚀起始于 220℃，随温度上升而腐蚀逐渐增加，在 270～280℃时腐蚀最大。温度再提高，腐蚀又下降，可是到 350℃附近又急骤增加，400℃以上就没有腐蚀。环烷酸腐蚀生成特有的锐边蚀坑或蚀槽，是它与其他腐蚀相区别的一个重要标志。一般以原油中的酸值来判断环烷酸的含量。

8.4.2　主要腐蚀形式

8.4.2.1　含硫、高酸值腐蚀环境分类

在加工含硫、酸值较高的原油时炼油设备的腐蚀极为严重，其腐蚀程度除了与酸、硫含量有关之外，还与腐蚀环境有关。其腐蚀环境可分为高温及低温（低于 120℃）两大类。每一类型又因其他介质如 HCl、HCN 及 RCOOH（环烷酸）等的加入，而有其不同类型的腐蚀环境。

ⅰ. 低温（$t < 120℃$）轻油 H_2S—H_2O 型腐蚀环境有 HCl—H_2S—H_2O 型；HCN—H_2S—H_2O 型；CO_2—H_2S—H_2O 型；RNH_2（乙醇胺）—CO_2—H_2S—H_2O 型及 H_2S—H_2O 型。

ⅱ. 高温（240～500℃）重油 H_2S 型腐蚀环境有 S—H_2S—RSH（硫醇）型；S—H_2S—RSH—RCOOH（环烷酸）型及 $H_2 + H_2S$ 型。

ⅲ. 高温硫化在硫黄回收装置中，燃烧后的高温含硫过程气中，气流组成为 H_2S、SO_2、硫蒸气、CS_2、COS、CO_2、H_2O 及氮气等。这些介质常以复合形式产生腐蚀，当金属设备处于 310℃上以高温时，碳钢设备就会发生高温硫化腐蚀。

8.4.2.2　主要腐蚀形式

（1）H_2S—H_2O 的腐蚀环境

炼油厂所产液化石油气，根据原油不同液化石油气中含硫量可到 0.118%～2.5%，若脱硫不好，则在液化石油气的碳钢球形储罐及相应的容器中产生低温 H_2S—H_2O 的腐蚀。其腐蚀形态为均匀腐蚀，内壁氢鼓泡及焊缝处的硫化物应力开裂。

钢在 H_2S 水溶液中，不只是由于阳极反应生成 FeS 而引起一般腐蚀。由于阴极反应生成的氢还能向钢中渗透并扩散，可能引起钢的氢鼓泡（HB）、氢诱发裂纹（HIC）、应力导向氢诱发裂纹（SOHIC）及硫化物应力开裂（SSC），其主要机理以及影响因素在第 3 章中已经讨论过了。

（2）HCN—H_2S—H_2O 的腐蚀环境

催化原料油中硫化物在加热和催化裂解中分解产生硫化氢。同时原料油中的氮化物也裂解，其中约有 10%～15%转化成氨，有 1%～2%转化成氰化氢。在有水存在的吸收/解吸系统构成 HCN—H_2S—H_2O 的腐蚀环境。当催化原料中氮含量大于 0.1%会引起严重腐蚀。

腐蚀部位、形态及机理如下。

① 均匀腐蚀　H_2S 和钢生成的 FeS，在 pH 值大于 6 时，钢的表面为 FeS 所覆盖，有较好的保护性能，腐蚀率也有所下降。但 CN^- 能溶解 FeS 保护膜，产生络合离子 $Fe(CN)_6^{4-}$ 加速了腐蚀反应。

$$FeS + 6CN^- \longrightarrow Fe(CN)_6^{4-} + S^{2-}$$

络合离子 $Fe(CN)_6^{4-}$ 继续与 Fe 反应生成亚铁氰化亚铁 $Fe_2[Fe(CN)_6]$（在水中为白色沉淀）。

$$2Fe + Fe(CN)_6^{4-} \longrightarrow Fe_2[Fe(CN)_6] \downarrow$$

停工时亚铁氰化亚铁又氧化而生成亚铁氰化铁 $Fe_4[Fe(CN)_6]_3$ 呈普鲁氏蓝色。

$$6\,Fe_2[Fe(CN)_6] + 6H_2O + 3O_2 \longrightarrow Fe_4[Fe(CN)_6]_3 + 4Fe(OH)_3$$

因此造成停工时腐蚀速率也会加快。

② 氢渗透 H_2S—H_2O 反应生成的氢原子向钢中的渗透，造成氢鼓泡或鼓泡开裂。当 pH 值大于 7.5 且有 CN^- 存在时，随着 CN^- 浓度的增加，氢渗透率迅速上升，主要原因是氰化物在碱性溶液中有如下作用：

ⅰ. 氰化物溶解保护膜，产生有利于氢渗透的表面；

ⅱ. 阻碍了原子氢结合为分子氢的过程，促进了氢渗透；

ⅲ. 氰化物能清除掉溶液中的缓蚀剂（多硫化物），所以氰化物对设备腐蚀起促进作用。

硫化物应力开裂。无氰化物存在时，当 pH ≥ 7 时不易产生硫化物应力开裂，但是在有 CN^- 存在时，可在高 pH 值上产生硫化物应力开裂。

（3）CO_2—H_2S—H_2O 的腐蚀环境

腐蚀部位发生在脱硫装置再生塔的冷凝冷却系统（管线、冷凝冷却器及回流罐）的酸性气部位。塔顶酸性气的组成为 H_2S（50%～60%）、CO_2（40%～30%）及水分，温度 40℃，压力约 0.2MPa。

此部位主要腐蚀影响因素是 H_2S—H_2O，但在某些炼油厂，由于原料气中带有 HCN，而在此部位形成 HCN—CO_2—H_2S—H_2O 的腐蚀介质，由于 HCN 的存在，加速了 H_2S—H_2O 的均匀腐蚀及硫化应力开裂。

其腐蚀形态对碳钢为氢鼓泡及硫化物应力开裂，对 Cr5Mo，1Cr13 及低合金钢使用奥氏体焊条则为焊缝处的硫化物的应力开裂。

（4）HCl—H_2S—H_2O 的腐蚀环境

这种腐蚀环境存在的主要设备为：常压塔顶部五层塔盘、塔体，常压塔顶冷凝冷却系统，以及减压塔部分挥发线和冷凝冷却系统。

一般气相部位腐蚀较轻微，液相部位腐蚀严重，尤以气液两相转变部位即"露点"部位最为严重。因此不论原油含硫及酸值的高低，只要含盐就会引起此部位的腐蚀。

在这种腐蚀环境下其腐蚀形态为碳钢部件的均匀腐蚀减薄，Cr13 钢的点蚀以及 1Cr18Ni9Ti 的氯化物应力腐蚀开裂。在这种腐蚀环境中，HCl 和 H_2S 相互促进构成循环腐蚀，反应如下：

$$Fe + 2HCl \longrightarrow FeCl_2 + H_2$$
$$FeCl_2 + H_2S \longrightarrow FeS\downarrow + HCl$$
$$Fe + H_2S \longrightarrow FeS + H_2$$
$$FeS + HCl \longrightarrow FeCl_2 + H_2S$$

腐蚀影响因素主要有以下几种。

① Cl^- 浓度 原油经一次脱盐后，不易水解的 NaCl 占含盐量的 35%～40%，此部位 HCl—H_2S—H_2O 腐蚀介质中，HCl 的腐蚀是主要的。其关键因素为 Cl^- 含量，HCl 含量低腐蚀轻微，HCl 含量高则腐蚀加重。HCl 来源于原油中的氯盐。原油虽经脱盐处理。而易水解的 $MgCl_2$、$CaCl_2$ 仍占 65%～60%。这些镁盐、钙盐就是系统的 Cl^- 的主要来源。

② H_2S 浓度 H_2S 浓度对常压塔顶设备腐蚀的影响不甚显著。

③ pH 值 原油脱盐后，常压塔顶部位的 pH 值为 2～3（酸性）。但经注氨后可使溶液呈碱性。此时 pH 值可等于 7。国内炼油厂在经一脱四注后，控制 pH 值为 7.5～8.5，这样可控制氢去极化作用，以减少设备的腐蚀。

④ 原油酸值 不同原油，其酸值是不同的。石油酸可促进无机氯化物水解。因此，凡酸值高的原油就更容易发生氯化物水解反应。

（5）RNH_2（乙醇胺）—CO_2—H_2S—H_2O 的腐蚀环境

腐蚀主要发生在干气脱硫或液化石油气脱硫的再生塔底部、再生塔底重沸器及富液（吸

收了 CO_2、H_2S 的乙醇胺溶液）管线系统，温度 90～120℃，压力约 0.2MPa。腐蚀形态为在碱性介质下（pH8～10.5）由碳酸盐及胺引起的应力腐蚀开裂和均匀减薄。腐蚀关键因素为 CO_2 及胺，即腐蚀随着原料气中二氧化碳的增加而增加。当酸性气中不含 H_2S 而仅为 CO_2 同样可产生应力腐蚀裂纹，二氧化碳为主要腐蚀因素。

（6）S—H_2S—RSH 的腐蚀环境

腐蚀主要发生在焦化装置、减压装置、催化裂化装置的加热炉、分馏塔底部及相应的管线、换热器。腐蚀机理为高温化学腐蚀，腐蚀形态为均匀减薄。高温硫（240～500℃）的腐蚀出现在装置中与其接触的各部位。其腐蚀过程可分为活性硫及非活性硫两部分。

活性硫化物（如硫化氢、硫醇和单质硫）的腐蚀成分大约在 350～400℃ 都能与金属直接发生化学作用，分解出来的元素硫，比硫化氢有更强的活性，使腐蚀更为激烈。在活性硫的腐蚀过程中，还出现一种递减的倾向。即开始时腐蚀速率很快，一定时间以后腐蚀速率才恒定下来，这是由于生成的硫化铁膜阻滞了腐蚀反应的进行。

非活性硫化物（包括硫醚、二硫醚、环硫醚、噻吩等）的腐蚀。这些成分不能直接和金属发生作用，但在高温下它们能够分解生成硫、硫化氢等活性硫化物。

（7）S—H_2S—ROOH 的腐蚀环境

环烷酸常集中在柴油和轻质润滑油馏分中，其他馏分含量较少。腐蚀部位以减压炉出口转油线、减压塔进料段以下部位为重。常压炉出口转油线及常压塔进料段次之。焦化分馏塔集油箱部位又次之。遭受环烷酸腐蚀的钢材表面光滑无垢，位于介质流速低的部位的腐蚀仅留下尖锐的孔洞；高流速部位的腐蚀则出现带有锐边的坑蚀或蚀槽。

高温环烷酸腐蚀发生于液相，如气相中无凝液产生，无雾沫夹带、气相腐蚀较小。但在气液混相，亦即气相、液相交变部位、有流速冲刷区及产生涡流区则腐蚀加剧。减压塔系统若有空气流入则环烷酸腐蚀加重。

环烷酸在低温时腐蚀不强烈。一旦沸腾，特别是在高温无水环境中，腐蚀最激烈。腐蚀反应如下：

$$2RCOOH + Fe \longrightarrow Fe(RCOO)_2 + H_2 \uparrow$$

$$FeS + 2RCOOH \longrightarrow Fe(COO)_2 + H_2S \uparrow$$

由于 $Fe(RCOO)_2$ 是油溶性腐蚀产物，能被油流所带走，因此不易在金属表面形成硫化亚铁保护膜，完全暴露出新的金属表面，使腐蚀继续进行。

8.4.3　防腐蚀方法

（1）H_2S—H_2O 的腐蚀防护

降低钢材的含硫量。当钢材的硫含量为 0.005%～0.006%，可耐硫化物应力开裂。增加 0.2%～0.3%铜，可以减少氢向钢中的扩散量。钢中增加氮，可细化非金属夹杂物，以减少产生氢诱发裂纹的长度。焊后热处理，并控制焊缝硬度。保持焊缝硬度（强度）在合格范围（HB=200）。进行焊后热处理，清除残余应力。在最低温度 620℃ 下，进行焊后热处理到硬度不超过 HB200。

（2）HCN—H_2S—H_2O 的腐蚀防护

HCN—H_2S—H_2O 的腐蚀可采用水洗方法，将氰化物脱除，但用此法必然引起排水受到氰化物的污染，我国氰化物排水允许浓度为 0.5×10^{-6} 因而增加污水处理难度。资料介绍也可注入多硫化物有机缓蚀剂，将氰化物消除。材料选用方面可采用铬钼钢（12Cr2AlMo）满足此部位要求，或采用 20R+0Cr13 复合板。但在 HCN—H_2S—H_2O 部位需选用奥氏体不锈钢焊条焊接碳钢或铬钼钢，则焊缝区极易产生硫化物应力腐蚀开裂。

（3）CO_2—H_2S—H_2O 的腐蚀防护

CO_2—H_2S—H_2O 的腐蚀主要为 H_2S—H_2O 等的腐蚀，其腐蚀及反应及防护措施如前。但为防止冷凝冷却器的浮头螺栓硫化物应力开裂，可控制螺栓应力不超过屈服限的75％。且螺栓硬度低于布氏硬度 HB235。

(4) HCl—H_2S—H_2O 的腐蚀防护

低温 HCl—H_2S—H_2O 环境防腐应以工艺防腐为主，材料防腐为辅。工艺防腐采用"一脱四注"即原油深度脱盐，脱盐后原油注碱、塔顶馏出线注氨（或注胺）、注缓蚀剂（也有在顶回线注缓蚀剂的）、注水。该项防腐蚀措施的原理是除去原油中的杂质，中和已生成的酸性腐蚀介质，改变腐蚀环境和在设备表面形成防护屏障。

(5) RNH_2（乙醇胺）—CO_2—H_2S—H_2O 的腐蚀防护

操作温度高于90℃的碳钢设备（如胺再生塔、胺重沸器等）和管线要进行焊后消除应力热处理，控制焊缝和热影响区的硬度小于 HB200。优先选用带蒸发空间的胺重沸器，以降低金属表面温度。在单乙醇胺（MEA）和二乙醇胺（DEA）系统，重沸器管束采用1Cr18Ni9Ti 钢管。对贫富液换热器可选用碳钢无缝钢管。但当管子表面温度大于120℃时，则选用 1Cr18Ni9Ti 钢管。控制再生塔底温度。对 MEA 温度控制在120℃，对 DEA 温度控制在115℃。重沸器使用温度应低于140℃，高于此温度易引起胺的分解。在单乙醇胺的系统中注入缓蚀剂。为防止胺液污染，胺储罐和缓冲罐应使用惰性气体覆盖，以保证空气不进入胺系统。

(6) S—H_2S—RSH 的腐蚀防护

高温硫的腐蚀防护措施主要是选择耐蚀钢材。如 Cr5Mo、Cr9Mo 的炉管、1Cr18Ni9Ti 的换热器管及 20R+0Cr13 复合板等。这些材料抵抗此部位腐蚀是有效的。国内研制的一些无铬钢种如 12AlMoV 及 12SiMoVNbAl 也有一定效果。高温重油部位（S—H_2S—RSH）的允许腐蚀率，原石油工业部曾规定可到 0.5mm/a。

(7) S—H_2S—ROOH 的腐蚀防护

环烷酸腐蚀的防护措施主要是选用耐蚀钢材。而碳钢 Cr5Mo、Cr9Mo 及 0Cr13 不耐环烷酸高温腐蚀。此种腐蚀部位需选用 00Cr17Ni12MO$_2$（316L）钢，且 Mo 含量大于 2.3％。在无冲蚀的情况下，亦可选用固熔退火的 1Cr18Ni9Mn。设备、管道以及炉管弯头内壁焊缝应磨平。以保护内壁光滑，防止涡流而加剧腐蚀。适当加大炉出口转油线管径，降低流速。

8.4.4 典型设备防腐蚀分析

8.4.4.1 常压塔的防护

(1) 腐蚀概况

常压塔的腐蚀主要是塔壁及塔内构件的腐蚀。

以某炼厂常压塔为例，该塔自1975年开工运行后，一直较为平稳，较少发生腐蚀事故。1990年4月停工检修时，对该塔进行了全面检查，未发现局部腐蚀现象。塔顶封头、塔壁厚度普遍在10mm左右（原封头厚14mm，塔壁厚12mm）。但自1990年4月15日开工后至5月4日，常压塔第46层塔盘受液槽处塔壁腐蚀穿孔，临时采取贴板补焊措施。至6月28日，第46层塔盘支持圈处（距支持圈约6mm）塔壁又腐蚀穿孔，汽油外漏，沿塔壁流至高温部位时，引起着火，装置被迫紧急停工处理。

该塔塔内构件腐蚀，主要是塔底 0Cr13 衬里多次鼓包和焊缝开裂（因为原衬里施工质量不佳）。塔底液相部位碳钢构件腐蚀率小于 0.5mm/a，第4层 12AlMoV 钢塔盘腐蚀率为1.6mm/a。塔内切向进料处的塔壁冲蚀率为 0.5mm/a，增加防冲板面积即可缓解冲蚀。进料段破沫网由于结焦和冲蚀，曾多次进行更换。塔顶第43～46层塔盘板，由于阀孔增大和腐蚀，曾多次进行更新。

（2）腐蚀原因分析

通过对原料、产品、工艺操作条件和设备状况的调查，认为造成塔顶塔壁腐蚀穿孔的原因如下。

① 常压塔顶温度控制过低，造成"露点"腐蚀　常压塔塔体材质为 Q235R，全塔装 46 层浮阀塔盘。1990 年 4 月开工后根据计划安排，常压塔顶给催化重整装置提供宽馏分重整原料。其干点控制在（140±5）℃，塔顶温度控制在 85～94℃，顶回流 67～70℃。由于塔顶温度和回流温度控制过低，使初期冷凝区移至塔内，也即"露点"温度移至塔内。在此，极少量的凝结水中溶解了多量的氯化氢，使局部区域变成了高浓度的氯化氢水溶液而产生腐蚀。据多年观察掌握的腐蚀规律，在低温轻油部位，汽相腐蚀轻微，液相部位腐蚀较重，汽、液两相交界的"露点"部位腐蚀更严重。5 月 4 日常压塔顶第 46 层塔盘受液槽内塔壁穿孔，且穿孔处是汽液交界区，说明受液槽内有水，此时凝结水的 pH 值很低，这是由于最初冷凝的水是少量的且饱和了多量的氯化氢，Cl^- 的局部富集，使得在局部形成强酸，导致塔壁在很短的时间内腐蚀穿孔。

② 原油带水扰乱正常操作，导致常压塔顶温度进一步降低　由于原油供应地进入 5 月下旬以来，所供炼油厂的原油含水量高，原油进罐后停留时间短，水未完全脱除（含水 1.8%～10.0%）就要送入装置。发生严重带水，打乱了正常操作，迫使进装置的原油大幅度降量，炉出口温度大幅度降低，以某日为例，原油含水 10%，炉出口温度只能控制在 160℃，比正常操作指标低 200℃。常压塔顶温度＜80℃，顶回流温度只有 60℃，其结果原油中的水分全部汽化上升到塔顶，并在塔顶冷凝，造成该部位的严重腐蚀。此外，原油严重带水使电脱盐装置失去作用（电极板发生短路），原油含盐脱前与脱后没有变化，进入常压塔顶的氯化氢被冷凝下来。当原油含水在 2.4% 左右时，电脱盐装置仍不能很好地发挥作用，脱盐率很低。尽管"三注"措施仍按工艺指标执行，也只能保护常压塔顶馏出线以后的空冷、水冷设备。化验分析结果表明在 pH 值很高的情况下，冷凝水中的 Cl^- 和 Fe^{2+}、Fe^{3+} 仍然很高，因此足以证明，常压塔顶内部的腐蚀是严重的。从常压塔顶第 46 层塔盘板上、下塔壁测厚结果看，短短两个月的时间，塔壁厚度普遍减薄 1.5～2.5mm。由此判断，常压塔顶第 46 层塔盘支持圈处塔壁穿孔仍然是处在汽液交界的相变部位。原油带水时，46 层塔盘和受液槽内是积水的。而支持圈处相变区造成氯化氢局部富集，产生蚀坑，使蚀坑内的 pH 值急骤下降，对碳钢塔壁加速了酸性腐蚀，使塔壁在较短的时间内被蚀穿。

（3）防腐措施

① 介质处理　包括：适当提高塔顶回流温度和回流比，以提高塔顶温度，而又不提高重整原料干点；尽可能减少汽提蒸汽量，以降低塔顶水汽分压，使塔顶温度控制在水汽露点以上，并保持一定温差，使相变区移至馏出线内。

恢复常压塔顶馏出线注水措施。常压塔顶回流注缓蚀剂，以保护塔顶部位塔壁及其内构件。

加强塔顶保温，避免"露点"的形成。

② 防腐结构设计　鉴于常压塔顶腐蚀穿孔及其底部 0Cr13 衬里鼓包、焊缝开裂等原因，在停工检修时，将常压塔整体更新，采用材质如下：

ⅰ. 塔筒体材质，塔底封头至 12.705m 处采用 SB42＋SUS316L（14mm＋3mm），12.705m 以上至塔顶采用 16MnR（14mm/16mm）；

ⅱ. 塔盘板及构件，除塔盘板为 Q235-AF，螺栓、螺母、垫片为 1Cr18Ni9Ti 和 0Cr18Ni9 外，其余材质均为 Q235-AF；

1 号塔盘板受液盘材质为 00Cr17Ni14Mo2；

塔内切向进料的下斜板、上斜板、平板为 0Cr19Ni9，接管为 0Cr18Ni9Ti，其余均

为 20g;

破沫网格栅材质为 SUS321TP，钢丝网材质为 1Cr18Ni9Ti，余为 SUS316L;

5 号塔盘降液板用 SUS316L/0Cr18Ni9Ti 的材质;

四线集油箱支承梁除螺栓、螺母材质为 0Cr18Ni9Ti 外，其余材质均为 SUS316L，升气管筒体等材质也均为 SUS316L;

第 24 层塔盘以上筒体、接管材质为 20 号钢、16MnR，第 24 层塔盘以下接管为 SUS321TP。

8.4.4.2 常压塔顶空冷器的防护

(1) 腐蚀概况

常压塔顶空冷器腐蚀最严重的部位是入口段。由于 $HCl—H_2S—H_2O$ 类型的腐蚀与高速流体冲蚀和环境介质温度的综合作用，引起坑蚀、沟槽、穿孔等现象。

(2) 腐蚀原因分析

① 含有液滴的高速流体引起的冲刷腐蚀 在生产过程中常压塔顶空冷器的使用寿命除与构件的材质及厚度有关外，还与介质流速的大小有关。空冷器管束顺液体流动的方向出现沟槽腐蚀是高速流体冲蚀而成，当油气夹带有腐蚀液滴进入空冷器时，被携带的液滴具有很高的动能，它与空冷器管束碰撞时呈现非弹性碰撞，液滴撞击局部形成的油气冲击使局部压力增大，液滴越大引起局部的油气压强越大，这些液滴就像无数小弹头一样连续打击在金属表面上，金属表面很快会疲劳剥蚀甚至穿孔。

② $HCl—H_2S—H_2O$ 的腐蚀 原油从蒸馏塔到常压塔顶空冷器时，当塔顶馏出系统温度降低到水的露点温度时，HCl 溶解水中形成盐酸与 H_2S 相互促进，构成了循环腐蚀。

在管束中下部内表面也有点蚀坑和轻微的 FeS 锈，这是由于介质中的氯离子作用，破坏了金属钝化膜。在酸性条件下 H_2S 的腐蚀作用产生的 FeS 附着在金属表面，使带液滴的油气流动受到阻碍，电解质扩散受到限制被阻塞在空腔内。而馏分中腐蚀介质的化学成分与整体管线馏分油存在较大差异，造成空腔内电位降低为阳极，整体表面为阴极，产生电化学腐蚀，形成了点蚀坑。同时在水解反应的作用下，FeS 膜脱落在空腔内又促进了酸性反应。如此循环构成 $HCl—H_2S—H_2O$ 的强烈腐蚀，造成空冷器管束穿孔。

(3) 防腐措施

① 防腐结构设计 由于空冷器的腐蚀主要是冲蚀，所以不宜采用"U"形管式，最好采用单管程空冷器，以减少冲蚀。

温度高于 250℃，加工含环烷酸原油的设备和管线，在制造时应避免内壁出现突起和凹陷，以防止出现涡流而加速腐蚀。

常压塔顶空冷器"露点"部位加保护套。一般空冷器"露点"位于距入口端约 200mm 处。此处冲蚀最为严重，因此宜采用耐蚀耐磨材质的管束，通常采用在空冷器入口端插入厚 0.7mm 的翻边钛套管。为防止缝隙腐蚀，应刷涂胶黏剂（耐腐蚀、耐温）。

采用双相不锈钢整体制造空冷器，实践证明效果较好，目前已经在许多炼厂安全运行。目前用于制造空冷器的双相不锈钢多为 00Cr18Ni5Mo3、00Cr18Ni5Mo3Si，在冲蚀严重的情况下也可以用 00Cr25Ni7Mo3N 及 00Cr25Ni6Mo3CuN 等钢种。

② 介质处理 "一脱四注"工艺防腐也是控制常压塔顶空冷器腐蚀的有效手段。"一脱四注"系指原油深度脱盐、脱后原油注碱、塔顶馏出线注氨（或胺）、注缓蚀剂、注水。该防腐措施的原理是尽可能降低原油中盐含量，抑制氯化氢的发生，中和已生成的酸性腐蚀介质，改变腐蚀环境和在设备表面形成防护屏障。空冷器的腐蚀环境主要为低温 $HCl—H_2S—H_2O$ ，由于常压塔顶空冷介质中的 HCl 大部分来源于原油中的盐类水解，因此在生产中必须严格控制原油脱盐后的盐含量在 3mg（NaCl）/L 以下，以降低塔顶油气

中的 HCl 含量；同时在常压塔顶挥发线上注入 3%～5% 的氨水，将冷凝水的 pH 值控制在 7.5～8.5 之间，但应注意氨水的浓度及注氨量，若 pH 值过低达不到防护效果，pH 值过高则易发生结盐；塔顶挥发线注中和剂也是重要的工艺防腐环节。

8.4.4.3　催化分馏塔顶循环换热器的防护

(1) 腐蚀概况

催化分馏塔顶循环回流换热器采用塔顶循环抽出层抽出的 135℃ 左右的顶循环油与低温除盐水（45℃ 和 90℃）换热，顶循环油走壳程，除盐水走管程。腐蚀主要发生在壳程，腐蚀形态为腐蚀穿孔。

在某些炼油厂，虽然采用碳钢管束外涂 TH—847 及 TH—901 防腐蚀涂料防腐，但是效果不理想，大多数在使用一个周期后，涂料存在脱落、鼓泡现象，鼓泡处有明显的孔蚀。

(2) 腐蚀原因分析

随着原油性质的变化，催化分馏塔结盐的频率愈来愈高，因此在生产中不得不多次洗塔。虽然也采取了对重油脱盐的措施，使分馏塔结盐有所缓解，但是由于原油中有机氯的增加，致使电脱盐除氯不彻底。

通过对结盐成分分析，发现结盐的主要组成为 NH_4Cl，因此大量的 Cl^- 便成为腐蚀的根源。

Cl^- 的存在为孔蚀创造了条件，这是因为大量的 NH_4Cl 盐垢进入顶循环换热器并沉积下来，与油气中的少量冷凝水形成局部高浓度的 NH_4Cl 水溶液，并发生水解反应

$$NH_4Cl + H_2O \Longrightarrow NH_4OH + HCl$$

在 $HCl—H_2O$ 溶液中，金属腐蚀为氢去极化反应，其反应式为

$$阳极反应\quad Fe \longrightarrow Fe^{2+} + 2e$$
$$阴极反应\quad 2H^+ + 2e \Longrightarrow H_2\uparrow$$

由于腐蚀发生在盐垢沉积的局部，随着腐蚀反应的进行，局部产生过多的正电荷，需要 Cl^- 迁移进来以保持电荷平衡（OH^- 也从外部迁入，但它的迁移速度比 Cl^- 慢得多），结果，使垢下的 $FeCl_2$ 浓度增加，又产生水解

$$FeCl_2 + H_2O \Longrightarrow Fe(OH)_2 + 2HCl$$

由于迁移和水解的结果，使金属的腐蚀速率增加。

对于碳钢管束，腐蚀发生在垢下，产生严重的垢下腐蚀；对于不锈钢管束，腐蚀发生在钝化膜破坏的活性点处，产生点腐蚀，由于面积较小，因此穿孔的几率较高。

(3) 防腐措施

① 介质处理　油田为降凝增产，注入清蜡剂、解堵剂、稳定剂、固沙剂等各种化学药剂。药剂中含有四氯化碳、二氯甲烷等含氯化合物，使原油中含氯量急剧升高，而加速催化分馏塔结盐和顶循环换热器腐蚀。因此，研制和使用不含氯和硫的化学药剂，是减缓包括顶循环换热器等下游设备腐蚀的有效手段。

采用水洗加注缓蚀剂既可防止催化分馏塔结盐，又可控制顶循环换热器的腐蚀，生产实践证明，这是一个非常经济和有效的防腐措施。

② 采用涂层和阴极保护联合防腐措施　TH—847 和 TH—901 涂料在顶循环换热器虽然已经得以应用，但是由于停开工高温蒸汽扫线，TH—847 涂层几乎全部脱落或发黑，TH—901 涂层也有脱落鼓泡现象。采用化学稳定性高且有较强防腐蚀、耐温、耐油性能的非晶态 Ni-P 化学镀层，可提高设备的耐 Cl^- 性能。但是无论采用涂料还是化学镀层防护都不可避免产生针孔，从而形成小阳极大阴极，反而可能使孔蚀强度增加，因此有必要采用涂镀层和阴极保护联合防腐措施。

第9章 腐蚀监控与分析

考虑到环境影响、安全、职业健康及管理成本等方面的因素，适合腐蚀体系的管理措施至关重要，这就涉及对腐蚀的监控与分析。腐蚀管理策略包括腐蚀预防措施（防蚀结构设计、耐蚀材料选择、介质处理、覆盖层保护等），定期维护（检测、维修、保持）和腐蚀控制措施（因地制宜选择可靠的技术方案）。

腐蚀监控就是对设备的腐蚀速率和某些与腐蚀状态有密切关系的参数进行测量，同时根据测量结果对生产过程的相关条件进行调控的一种技术。腐蚀监控的主要要求和任务如下。

① 诊断腐蚀 进行不停车的腐蚀监测可以提供设备腐蚀状态的信息，了解腐蚀速率和腐蚀类型，寻求腐蚀的诱发条件，为研究人员和操作人员提供其他方法难以得到的信息。

② 监测防腐蚀措施的效果 通过对原始状态和采用防腐蚀措施后的设备状态监测，可以了解和确定腐蚀问题的解决效果。为了保证腐蚀监测的长期有效，往往需要建立常设的监测装置来增强监测效果。

③ 提供管理和操作信息 对腐蚀隐患进行预警，日常的管理和操作除了保证正常生产外，还应当使设备的腐蚀行为维持在允许的范围内。生产和试车中任何工艺的变化都会影响生产装置的腐蚀，这些影响虽然常常难以预测或者模拟，但是通过腐蚀监测技术提供的信息，常常能保障生产装置在危害最小的状态下进行满负荷试车或者生产。另外，腐蚀监测提供的连续信息和积累的原始腐蚀数据对管理日常的检修和每年大修都是非常有用的。

④ 控制腐蚀作为控制系统的一部分，将监测的腐蚀信息反馈到控制生产装置的某些部分，达到控制腐蚀的目的。例如利用电位监测控制阳极保护或者阴极保护系统，利用电阻探针控制缓蚀剂的加入等，但是这都限于比较简单的情况。相信随着计算机和网络在腐蚀监控中的应用，将会加速这方面的进展。

腐蚀分析就是根据监控的结果，基于腐蚀发生的过程和特点进行全面分析，找出腐蚀失效的原因与关键影响因素，为事故的预防和腐蚀防护提供支持。

9.1 工业腐蚀监测技术

9.1.1 表观检查法

表观检查法是最基本的腐蚀检测方法。是一种定性的监测评价，需要技术人员具有一定的经验，一般在停车和打开设备时，采用肉眼或者借助工具观察设备表面的腐蚀状况。对于许多大型设备（如塔、容器、锅炉）是定期例行检查的项目之一。

① 现场检测工具 放大镜、内窥镜、千分尺、孔蚀深度仪、照相机和摄像机；还有下面要讲授的磁粉法和渗透法。

② 现场检测记录 蚀孔、裂纹、锈斑、鼓泡、腐蚀产物等，特别注意焊缝、接口和弯头部位的变化情况。

③ 现场检测主要目的 检测设备是否遭受严重腐蚀，观察腐蚀的程度和位置，初步分

析腐蚀的类型和原因；确定防腐蚀的基本措施。

在发现设备腐蚀时，为了查明腐蚀破坏原因和研究腐蚀机理，在条件许可时，应该对设备的腐蚀部位和腐蚀产物取样，通过实验室对设备材料和腐蚀产物的化学分析、金相分析、电子显微镜的微区观察，获取有关腐蚀的详细信息，并进一步分析。常用的分析手段及方法见表 9-1。

表 9-1　腐蚀科学常用材料分析仪器

仪器(英文缩写)	性能和分析项目	应 用 举 例
金相显微镜	放大倍数近千倍	腐蚀形貌和裂纹分析
扫描电子显微镜(SEM)	放大倍数 10 万，分辨率约 3nm，形貌观察	腐蚀形貌，断口和裂纹分析
透射电子显微镜(TEM)	放大倍数 20 万，分辨率 0.01nm，形貌观察	金属表面膜成分，金相组织
原子力显微镜(AFM)	纳米尺度形貌观察	腐蚀界面结构、局部腐蚀
电子探针仪(EMA)	分析 Be～U 的元素，配合电镜进行微区元素分析	腐蚀产物成分，金属夹杂物分布，蚀孔源
X 射线衍射仪	晶体物质的结构分析和相分析	腐蚀产物的物相
俄歇电子能谱仪(AES)	元素分析(O 和 H 除外)，表面微区 2～3 原子层厚的成分分析	金属表面膜，腐蚀产物分布
离子探针仪(IMA)	分析 H～U 的元素，微区元素分析	元素在表层沿厚度方向的分布
X 射线光电子能谱仪(XPS)	(H 除外)表层元素分析和价态分析	表面腐蚀产物分析，缓蚀剂膜分析

9.1.2　挂片法

评判一种环境对材料的腐蚀性，最直观的方式是把材料试样在该环境中暴露一定时间之后，测量材料发生的变化，这就是挂片法的基础。尽管已经有测量金属腐蚀的快速响应仪器，但挂片法仍然是过程装备腐蚀检测中使用广泛的方法之一。

挂片法的优点是对于许多不同材料可以同时进行对比试验和平行试验，可以根据试样获得确切的腐蚀类型。挂片法的局限性在于只能确定试验周期内的平均腐蚀速率，难以代表设备工艺参数短时间变化时的腐蚀状况；另外，对局部腐蚀效应不能很好地重现（例如孔蚀、磨蚀、水线腐蚀等）。挂片方法如下。

① 挂片试样　试样的加工状态、表面状态和组织状态应当尽量与设备材料的状态相同；试样的形状和尺寸没有具体规定，可以采用圆片、板、管和棒，但是一般要求试样的比表面积尽可能地大，以得到较大的腐蚀失重，提高测量失重的灵敏度。另外，通过设计和改变挂片的结构还可以模拟某些特殊条件，例如有应力条件的试样、有缝隙条件的试片等。

② 挂片试样架　挂片一般是安装固定在试样架上再放入设备的介质中，试样架的构型和尺寸一般是根据设备的实际情况、试样尺寸和生产工艺进行设计。现场挂片应用广泛的是图 9-1 所示的滑入型试样架，试样架的一端通过法兰与闸阀连接，另一端结构是填料密封。闸阀开启时，试样可以推入设备内部。因此，可以在设备运行时进行装拆。金属试片安装在试样架上，为了防上电偶腐蚀效应，试片之间必须相互绝缘。

③ 挂片检测　放入设备的试样，在设备运行一定时间后，取出支架和试样。首先观察腐蚀产物状态，然后清洗，再进行表面观察、测定失重和分析腐蚀原因。表 9-1 的方法都可以用于挂片试样的观察和分析。

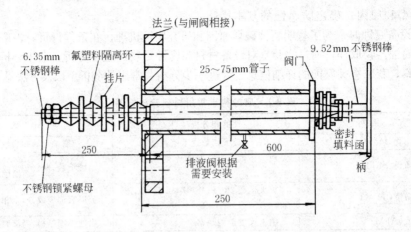

图 9-1　滑入型挂片试样架

9.1.3　探针法

（1）电阻探针

① 基本原理　将制作为丝、片或者管状的金属元件暴露在环境中，遭受腐蚀时金属元件截面积减小导致电阻增大，通过仪器测量该元件遭受腐蚀时的电阻变化，如果腐蚀基本上是均匀的，那么元件电阻的增加就与腐蚀量成正比，由此可计算出该金属在试验环境中的腐蚀速率。因此，这种金属元件称为电阻探针，可用于液相和气相条件下对设备金属作腐蚀监测。

② 探针设计　由于环境温度的变化使电阻发生改变，导致测量误差，因此制作电阻探针的关键是温度补偿。在探针内部安装了与测试电极的形状、尺寸和材料完全相同的温度补偿片用作参考电极，温度补偿片被树脂或陶瓷严密防护不受介质腐蚀。测量时，温度补偿片与暴露在环境中的测试元件构成电桥相邻的两臂，进行平衡测量。选择测试元件时需要综合考虑其工作寿命和灵敏度。元件越薄，灵敏度越高，但寿命较短；反之寿命较长而灵敏度低。最灵敏的元件为箔片状，可用于测量大气腐蚀。图 9-2 是电阻探针示意图。

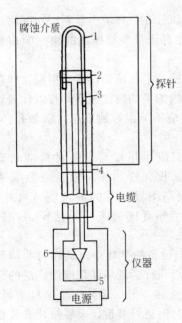

图 9-2　电阻探针示意图
1—测量电极；2—电极密封；
3—参比电极；4—探针密封；
5—表盘指示；6—放大器

③ 测量仪器　电阻探针的测量仪器是基于凯尔文（Kelvin）电桥或者惠斯登（Wheatstone）电桥制作的，电阻探针作为电桥的一个臂，可以方便地测量电阻变化。商品仪器如美国 Magna 公司生产的 corrosometer 牌号电阻探针腐蚀速率测量仪有 12 个通道进行自动测量，可以测出 $0.0254\mu m$ 以下的腐蚀量。因为电阻探针是经典的物理方法，因此既可用于溶液，也可用于气相条件。

（2）电位探针

① 基本原理　金属的腐蚀电位与其腐蚀状态有特定的关联。腐蚀电化学原理表明，由极化曲线和电位-pH图可得到电位与所对应材料的腐蚀状态；活化/钝化转变体系具有特定电位；孔蚀、缝隙腐蚀、应力腐蚀开裂和选择性腐蚀都存在各自的临界电位或敏感电位区间。所以，电位监测可作为是否发生某种类型腐蚀的诊断依据。

另外，在阳极保护和阴极保护的应用中需要监测电位，确定保护的效果和操作参数。因此电位探针能从生产设备本身得到腐蚀状态的快速响应，其测量结果在工厂的控制室可以方便地显示和记录。但是，电位测量结果的分析常常需要腐蚀学科的许多专门知识。

② 探针设计　电位探针的关键部件就是参比电极，即选择一种在测试介质中自身电位非常稳定而又坚固耐用的参比电极。其中应用广泛的是 Ag/AgCl 参比电极，它适合许多允许含有少量氯化物的介质体系。另外还有铜/硫酸铜电极、铅/硫酸铅电极、碱液中使用的汞/氧化汞电极等。铂丝由于非常耐腐蚀也可以作为参比电极，不锈钢在其耐腐蚀的介质中也常常用作参比电极。

③ 测量仪器　通常的测量仪表是市售的电子电压表，该仪表是一个高阻（输入阻抗大于 10 兆欧）直流电压表，输入阻抗过低将在电位测量回路中引入较大电流，致使参比电极极化，导致测量误差。由于电位探针是电化学方法，因此只能用于溶液介质，不能用于气相条件。现在，一系列电位探针测量的电位连续信号可以通过多通道的 A/D（模/数）转换器存入计算机并进行分析比较。

（3）极化电阻探针（线性极化探针）

① 基本原理　从第 1 章知道，在腐蚀电位附近极化 $\pm 5 \sim \pm 10 \mathrm{mV}$ 时，电极处于线性极化状态。此时，工作电极的电流与电位（过电位）呈线性关系

$$R_F = \eta_a / i \tag{9-1}$$

另外，腐蚀电化学的理论推导表明，虽然不同腐蚀体系的腐蚀机理不同，但是极化阻力方程式是相同的，差别仅在于常数项 B 不同，可用下式表示

$$i_{corr} = B / R_F \tag{9-2}$$

式中　i_{corr}——腐蚀电流，A/m^2；

　　　　B——极化阻力常数，V；$B = \dfrac{b_a b_c}{2.3(b_a + b_c)}$。

腐蚀体系的 B 值可以由电极的极化曲线求得或者根据不同的反应机理计算。

显然，如果知道腐蚀体系的 B 值，只要通过极化电阻探针测量获得体系的 R_F，代入式（9-2）得到腐蚀电流，就可以算出腐蚀速率。

② 探针设计　极化电阻探针分为二电极和三电极两种类型。二电极型探针通常采用相同的待测金属作为电极，极化电压施加在两极之间。二电极体系结构简单、测量仪器价廉，但是在电导较小的介质中可能产生显著的 IR 降，适应于溶液电阻率小于 $1 k\Omega m$ 的介质。三电极型探针有两种，一种是三个电极（工作电极、辅助电极、参比电极）都采用相同尺寸的金属制备；另一种的工作电极和辅助电极采用待测金属，而参比电极常常使用不锈钢、Ag/AgCl 电极以及铂等。三电极可以用于溶液电阻率更大的介质（小于 $10 k\Omega m$），但三电极体系的测量仪器较贵。

③ 测量仪器　测量 R_F 可采用恒电流或恒电位方法。恒电流方法给定电流 i，测量电位 E；恒电位方法给定电位 E，测量电流 i；再代入线性关系式（9-1）就得到 R_F。由于极化电阻测量是电化学方法，因此只能应用在溶液介质，不能用于气相条件。现在已经有一些利用极化探针原理测量腐蚀速率的商品仪器（包括探针和测量系统）。

（4）氢探针

① 基本原理　如果腐蚀电池的阴极反应是析氢过程，那么就可以利用氢气的析出量与金属腐蚀速率呈正比的关系来测量腐蚀。在酸性条件下，腐蚀反应在金属表面产生的氢以原子状态渗透扩散进入金属内部，最终将导致金属发生氢脆、开裂和氢鼓泡。

氢探针测量的是渗氢速率的连续变化，定性表征了金属全面腐蚀的情况，可以确定氢损伤的相对严重程度，可以有效评价生产工艺和环境变化对设备材料氢损伤的影响。

② 探针类型　有压力型氢探针和电化学氢探针。

ⅰ．压力型氢探针：探针由厚度为 1~2mm 的薄壁钢壳和内部环形叠片组成，腐蚀产生的氢原子（$H^+ + e = H$）扩散通过钢壳进入内部容积很小的环形间隙，结合形成氢气（$H + H = H_2$），H_2 产生的压力直接由压力表指示。

ⅱ．电化学氢探针：探针前部的细小钢管内充满 0.1mol/L 的 NaOH 溶液，用 Ni/NiO 电极使钢管内壁的电位保持在氢原子离子化的电位范围。探针前端是金属试样，试样的内壁与 NaOH 接触，外表面接触环境介质。腐蚀生成的氢原子扩散通过金属试样进入探针内部，在钢管内壁/(Ni/NiO)组成的原电池内被氧化成为氢离子，采用零电阻电流计测量该原电池的电流，就可以计算试样外表面腐蚀反应的析氢量，从而知道金属腐蚀速率。

（5）电偶探针（电流探针）

① 基本原理　电偶探针就是利用电化学的电偶电池原理，采用零电阻电流计测量浸入同一环境溶液的偶接金属之间的电偶电流，计算电位较负的阳极性金属的腐蚀速率。

② 探针设计　电偶探针的目的常常是反映和显示与设备、生产工艺相关的腐蚀信息，因此电偶的双金属探针可能与监测设备材料完全不同，也可能采用相同材质。例如测量高速流体的磨蚀，可在流体不同部位放置相同的金属试样，再用零电阻电流表把它们相互连接，测量电偶电流，既反映磨蚀条件下金属表面膜破坏后金属活化与钝化差异导致的电偶效应，又反映磨蚀部位的破坏情况。与之类似的工作可以用于反映介质腐蚀性成分（如氧含量）、保护性成分（如缓蚀剂含量）、水质等的变化。电偶探针还可以埋置在设备内衬的绝缘层、包覆层中，通过测量电偶电流可监测内衬是否损伤，如果有介质溶液或者潮湿气氛渗透，将即刻使电偶电流增大。同样，电偶探针可以用于监测非导体介质（如非水溶剂）中的痕量水分及其腐蚀，用于监测大气腐蚀等。

③ 测量仪器　测量电偶电流必须保证测量仪表对电偶行为的干扰非常小，即测量仪器仪表的内阻极小（称为零阻电流表）。测量方法有手动调零的零电阻电流表、自动瞬时调零的零电阻电流表、运算放大器组成的零电阻电流表等，一些商品恒电位仪也可兼作零电阻电流表使用。

（6）介质分析探针（离子选择探针）

① 基本原理　实质上就是将化学分析方法应用在腐蚀监测。通过分析工艺物料或者泄漏点中的腐蚀性成分、分析由于腐蚀而进入物料的金属离子浓度和种类、分析缓蚀剂浓度等，掌握腐蚀状况。但是，如果发生的是局部腐蚀，那么采用金属离子估算腐蚀速率的方法，就难以作出正确判断。

② 探针和仪器　采用离子选择性电极作为探针，可以方便地检测腐蚀性离子如氯离子、硫离子、氢离子等；液相腐蚀的重要因素是物料的酸碱度，采用 pH 电极可以方便地进行检测；另外，其他的仪器分析方法如色谱、光谱等可以定性和定量地检测各种化学物质。

例如，尿素合成塔的衬里就设置有这种检测系统。在合成塔的每两节衬里之间环焊缝处（外壳筒体的 0 度和 180 度方位上）都设有检漏孔，其进口在环焊缝衬垫的上方，出口在衬垫的下方，每一个检漏孔都通过接管分别连通到合成塔下部。生产中通入蒸汽，定期检测每一根出口管的冷凝液，当分析发现哪一节焊缝出口管的冷凝液中带有氨或者二氧化碳，就表明该节焊缝已经腐蚀穿孔，发生泄漏。

（7）电化学阻抗探针

由于电极反应包含电阻性和电容性成分，所以利用上述的极化阻力测量仅考虑电阻而造成误差，需要测量和分析电极反应的电阻和电容。交流阻抗（目前常称电化学阻抗，electrochemical impedance spectroscopy，简称 EIS）技术从较宽的频率范围内检测电极反应及其表面行为，将复杂的阻抗分解成相应的单个分量，可以计算分析电极反应的极化阻力 R_p、溶液欧姆阻抗 R_s、扩散阻力与容抗等电极过程动力学和传质参数，有利于对腐蚀过程进行全面监控，弥补了单一频率下测量的不足，是线性极化技术的延续和发展。与其他暂态技术相比，电化学阻抗技术只需对处于稳态的体系施加一个无限小的正弦波扰动，对电极表面状态几乎没有破坏，对于研究电极上的薄膜（如钝化膜）十分重要，不会导致膜结构发生大的变化，广泛应用于不同腐蚀体系的监测与分析。金属电极/溶液界面的阻抗曲线通常包括阻抗实部与虚部组成的 Nyquist 图和阻抗绝对值或相位角与频率组成的 Bode 图，$R \rightarrow \infty$ 的高频区阻抗 R_∞ 对应着溶液欧姆阻抗 R_s，而 $R \rightarrow 0$ 的低频区阻抗 R_0 对应着溶液欧姆阻抗 R_s 与电极反应的极化阻抗 R_p 之和。与阻抗绝对值变化相对应，电流和电位之间的相位角在高频区或低频区趋近于 0，在中频区增大为 $90°$，可以利用 $45°$ 对应的两个拐点频率计算 R_s、R_p 和界面电容 C_d，公式如下。

高频拐点处频率
$$f_b^h = \frac{1}{2\pi R_s C_d}$$

低频拐点处频率
$$f_b^l = \frac{1}{2\pi (R_s + R_p) C_d}$$

另外，由于复数平面中典型金属电极/溶液界面的 Nyquist 图为一个半圆，半圆的起始点对应着高频区的 R_s，终止点对应着低频区的 R_s 与 R_p 之和，也可以利用半圆的直径确定上述参数。实际测试过程中，电化学阻抗的影响因素较多，加上频率不能是无限大或 0，Nyquist 曲线多偏离标准半圆，所以对结果进行正确分析至关重要。结果分析需要基于测试结果，结合电极反应过程和特点，根据各个分量的物理意义选择合适的模型进行解析，尽量与实际体系情况吻合，不能脱离实际腐蚀体系盲目解析。

然而，在较宽的频率范围内测量交流阻抗需要时间很长，尤其低频时耗时太多，这样很难实时监测腐蚀速率，不适合于实际的现场腐蚀监测。为了克服这个缺点，针对大多数腐蚀体系的阻抗特点，通过适当选择两个频率来监测金属的腐蚀速率（两个交流信号频率的选择与体系的溶液电阻、腐蚀速率、界面电容等有关，两个频率条件适当的情况下，电位和电流之间相移为零），设计和制造了自动腐蚀监控器——电化学阻抗探针。因此，电化学阻抗探针就是利用交流阻抗技术测量原理能自动测量记录金属瞬间腐蚀速率的腐蚀监测装置，由振荡器、混频器、滤波器、记录仪等组成，应用领域较广，包括导电性较差的腐蚀体系（如蒸馏水、土壤）。为了消除测量回路中的高阻抗，电化学阻抗探针选用两电极体系，施加交流信号给相对放置的面积相等电极，测出一系列两个相同阻抗的组合，从而用交流方法得到两个电极的平均腐蚀速率，包括均匀腐蚀和局部腐蚀的速率。根据需要，该探针可以制成多通道或遥测的形式，同时监测多个装置或试样。测量过程中，当体系中出现 Warburg 阻抗时，可以通过调节低频区阻抗拐点出现的频率而使相位角减小至 $45°$ 以下来监测腐蚀速率。电化学阻抗探针的测量范围较广，测量结果不包括溶液阻抗的误差，溶液的电阻率可以比较大（如电阻率为 0.66 kΩ·m 的蒸馏水）。

9.1.4　腐蚀裕量监测

腐蚀裕量监测又称为警戒孔监测。在设备的腐蚀敏感部位如接管、焊缝、弯头、异型件、法兰等处，从设备外壁方向钻直径为 $1.6 \sim 6.5$mm（视设备的不同情况而定）的小孔，钻孔深度等于原有设计的最小允许壁厚度，使剩余壁厚等于腐蚀裕量。

在介质的腐蚀作用下，剩余壁厚逐步减少，一旦监测到腐蚀裕量被腐蚀减薄至产生小的泄漏，应当立即用锥形金属堵头封闭泄漏的警戒孔，保证设备继续运行，然后用无损探伤方法检查设备的其余部分，在此基础上决定是否需要对设备进行停车或者不停车的检修，防止设备出现更大的损坏。

腐蚀裕度监测不需要复杂仪器，监测的是设备和管道本身的材料，具有一定的可靠性，比其他监测方法有其优点，在石油工业应用比较广泛。

但是对于易燃易爆和有毒的介质，少量的泄漏可能造成较大危害，限制该方法的使用。由于工业腐蚀检测过程中大量使用无损检测技术，下面单独对其进行详细介绍。

9.2 无损检测技术

无损检测技术种类很多，对检测对象没有破坏，方便快捷，应用广泛，也是今后发展的一类重要检测手段。

9.2.1 渗透检测法

作为一种简单经济的无损表面检测方法，渗透检测法（也称为 PT 检测）可以灵敏检测出任何材料的表面开口缺陷，广泛应用于表面状态检查，如检测转化炉管、法兰、不锈钢等表面裂纹、气孔、疏松、分层、未焊透及未熔合等缺陷。渗透检测法的原理是利用毛细现象将着色剂渗透到损伤部位，根据显像剂作用而使裂缝变得明显，主要操作步骤如下：将需探伤的工件表面清洗干净并干燥，涂上荧光渗透液或染色渗透液，放置一段时间待渗透液渗入损伤部位后冲洗掉表面的着色剂，涂上显像剂进行观察，如图 9-3 所示。观察显示迹痕时可用肉眼或 5～10 倍放大镜，根据显示迹痕的大小和色泽浓淡来判断缺陷的大小和严重程度，不能分辨真假缺陷迹痕时，应对该部位进行复试。测试结束后按要求撰写探伤报告，内容一般包括：受检件的代号、名称、材质、表面状态、数量；委托单位、依据技术文件及探伤要求；着色探伤剂的型号、类别；检测灵敏度（注明对比试块种类）、探伤结果；探伤人员、审核人员签署；申请日期、报告日期。具体实施和评价依据国家相关系列标准 GB/T 18851.1—2012《无损检测　渗透检测　第 1 部分：总则》、GB/T 18851.2—2008《无损检测　渗透检测　第 2 部分：渗透材料的检验》、GB/T 18851.3—2008《无损检测　渗透检测　第 3 部分：参考试块》、GB/T 18851.4—2005《无损检测　渗透检测　第 4 部分：设备》、GB/T 18851.5—2014《无损检测　渗透检测　第 5 部分：温度高于 50℃ 的渗透检测》、GB/T 18851.6—2014《无损检测　渗透检测　第 6 部分：温度低于 10℃ 的渗透检测》。

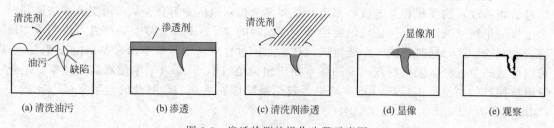

$$(a) 清洗油污 \qquad (b) 渗透 \qquad (c) 清洗剂渗透 \qquad (d) 显像 \qquad (e) 观察$$

图 9-3　渗透检测的操作步骤示意图

该技术虽然能快速确定裂纹长度，但是实施必须接近腐蚀工件表面，要求清除表面腐蚀物且保持清洁干燥，不可避免的将试件与腐蚀环境隔开，同时不能客观评价裂纹深度，与其他技术联合使用能够更好评价腐蚀行为。

9.2.2 声技术

（1）超声检测

超声检测是利用超声波在金属中的响应关系来检测设备的孔蚀、裂纹、金属厚度的方法。分为超声脉冲回波法（反射法）和共振法。

超声脉冲回波法就是通过传感器把压电晶体发出的声脉冲向待测材料发射，声脉冲会受到材料前面和背面的反射，还会受到两个面之间缺陷的反射。其反射波被压电晶体接受，经过信号放大后在示波器显示或由记录仪记录相关信号。材料厚度以及缺陷位置在信号图形的时间坐标轴上确定，缺陷的尺寸可由缺陷信号的波幅得到。

超声检测已广泛用于检测设备的缺陷、腐蚀磨蚀、测量设备及管道的壁厚。使用该技术的优点是可以在设备的一侧进行检查，基本不受设备形状限制，检测速度快。对缺陷的检测能力较强，操作方便安全。但是对操作人员的技术和经验要求较高，检测结果往往受操作人员主观因素的影响，现场检测厚度的结果常常带有统计性质。

（2）声发射技术

受力状态下的材料在发生变形、断裂过程中伴随着声能的释放，如应力腐蚀破裂、腐蚀疲劳、空泡腐蚀、摩擦腐蚀、微振腐蚀等都将释放声能。声发射技术就是通过合适的转换器记录这些声能的信号来监测设备材料的腐蚀损伤的发生和发展过程，确定损伤位置。

这种技术测量的信号幅度与腐蚀速率的关系不大，但是，能说明腐蚀是否正在发生，说明用于腐蚀防护的措施是否发挥作用，可以比较准确地确定腐蚀裂纹开始的时间和受力条件下可能出现的破坏。

声发射技术监测使用的转换器既有非常简单的压电转换器，也有较为复杂的缺陷定位系统。如一个带有电子频率滤波器的压电转换器，配置带有灯光显示的放大器，就组成了简单的空泡发生监测器。又如，一套多路转换器配置微机数据处理系统的三角技术，就构成了复杂的缺陷定位系统。

使用声发射技术监测应当注意了解背景噪声，因为设备的形状和尺寸、材料种类和加工处理、设备运转的受力状态和材料破坏的类型都会影响声发射信号的特征。甚至液体泄漏可能产生的空化或气体释放也会产生脉冲信号。所以必须从大量的信号中正确地区分和识别出腐蚀破裂相关的声发射信号。材料变形和破裂产生的声发射信号具有上升时间极短的特征，随着裂纹破坏过程的不断发展，会释放出不同强度的信号，声发射频率也不相同。

声发射技术监测可用于设备的在线实时检测和报警。不受设备形状、尺寸和位置的限制，可发现萌发状态的微小裂纹，并可实施远距离的检测。采用多个转换器可以对裂纹和泄漏位置进行定位。检测灵敏度和准确性优于超声法、电磁法和着色法。

例如，合成氨装置中换热器的裂纹监测，脱硫装置（操作温度 400℃）反应塔的监测，制氢装置转化炉出口（操作温度700℃）开车阶段的监测，直径 16m 的液氨储罐的监测，高度 15m 的乙醛反应塔的腐蚀监测等。

9.2.3　光技术

常用的光技术是热像显示，也称为红外成像检测技术。

任何材料在绝对零度以上都会释放一定量的红外线，材料在受力变形、裂纹、滑移等释放能量过程中都会引起材料表面温度和温度场的变化。热像显示方法就是利用物体释放的红外线，检测温度或等温图的改变，从中了解引起这种改变的材料缺陷和腐蚀等的原因。

热像显示技术有各种手段，采用热敏笔可以在设备上简单地标注温度变化，采用红外线照相机或摄像机可以拍摄显示出不同温度部位，采用专门的热像显示记录仪可以绘出设备的等温图等。

热像显示方法的优点是可以非接触的和在线的进行检测，只要设备存在自发的或者诱发的温度场就可检测。但是该技术适合检测腐蚀分布而不是腐蚀速率。如检查设备的泄漏情况，检查管道或阀门的堵塞，检查加热反应器内表面的温度分布，确定衬里的脱落状况。

例如，架空电缆被腐蚀后直径减少，导致电阻增大，使该处电缆温度升高，采用红外线照相机就可以由此确定腐蚀位置。

例如，电解工业中的铜电极和石墨电极连接处由于腐蚀，造成接触不良，使发热导致温度升高，用红外线测温笔就可以显示出腐蚀位置。

9.2.4 电磁技术

① 磁粉法 用于检测磁性材料上由于腐蚀产生的微裂纹。采用永磁铁或者电磁铁使磁场穿过待测设备，用在液体中分散良好的磁粉涂敷在待测表面。存在裂纹的地点由于磁场不连续，使磁粉聚集形成一条线，显示出了裂纹位置。

这种方法作为现场检测的手段之一，必须在停车时进行。同时，还要求待测材料表面清洁、腐蚀产物清除干净、表面干燥。

这种技术还有其他方法，如采用荧光磁粉；另外，在非磁性材料上可采用渗透性染料显示裂纹。

磁粉探伤现在已发展到不用磁粉，而直接通过检测磁漏来判断腐蚀造成的缺陷或裂纹。

② 涡流技术 处于交流磁场中的金属会感应出涡流，这个涡流的分布和强弱除了与激励交流电的频率、检查线圈的形状、尺寸和位置有关外，还与受检金属的材料、尺寸、形状、缺陷有关，金属材料的裂纹和蚀孔对涡流都有干扰。由此，通过检测线圈测量激励线圈造成的金属涡流强度和分布的变化，就可以了解材料表面的缺陷和腐蚀状况，例如蚀孔、晶间腐蚀、腐蚀裂纹、选择性腐蚀等。

涡流技术的检测仪器包括一个发射电磁波的激励线圈，一个感应待测材料涡流变化的检测线圈，一个记录和指示这些涡流变化值的显示器。

涡流技术使用中常常需要标定或校正仪器，即用一个已知缺陷的样板来进行校正。如图9-4是在一根 $\phi25.4\text{mm}\times2.6\text{mm}$ 的不锈钢管上各种人造缺陷的涡流检测记录，现场检测的结果都应该与基准值作比较。

涡流技术检测腐蚀缺陷的灵敏度与待测金属的电阻率、磁导率以及激励线圈的交流电频率有关。铁磁材料的涡流穿透能力很弱，因此涡流技术此时只能检测腐蚀表面，这一般都必须在停车条件下进行测量；而非磁性材料在适当的激励频率下，可以在设备外壁检测内壁各部位的腐蚀状况，实现在线测量。

如果腐蚀产物中形成有磁性垢层或氧化物，就可能对涡流检测结果带来误差；另外，存在应力腐蚀破裂和孔蚀现象时，因为各种细小裂纹往往伴随有大缺陷，因此对检测结果的解释需要丰富的经验。

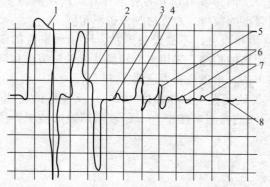

图 9-4 不锈钢人造缺陷的涡流响应

1—壁厚减薄 50%；2—壁厚减薄 10%；3—宽 0.25mm、长 12.7mm、深度为 50%壁厚的环向槽；4—宽 0.25mm、长 12.7mm、深度为 50%壁厚的纵向槽；5—直径 1.59mm 的通孔；6—直径 1.59mm、深度为 50%壁厚的孔；7—直径 0.78mm 的通孔；8—直径 0.78mm、深度为 50%壁厚的孔

9.2.5 放射照相技术

X 射线和 γ 射线对材料具有穿透性，射线穿透设备部件后在照相底片或荧光屏上产生相应的图像，该图像的密度与待测材料的厚度和密度有关。因此放射照相技术可以检测设备的局部腐蚀状态；使用图像特征显示仪还可以测量材料的壁厚。

X 和 γ 射线技术各有优缺点。X 射线源需要配套的电源和水冷，而 γ 射线只需要从一个小剂量的射线源材料就可以获得，因此 γ 射线技术更适合现场使用。另外，γ 射线的穿透性高于 X 射线，而 X 射线因为可以聚集，其分辨率高于 γ 射线技术。

但是 X 和 γ 射线对人体都有害，使用受到许多限制，实际使用过程中必须保证健康安全措施。使用的单位和操作人员都必须遵守国家关于放射性物质的安全规范。

使用射线照相技术检测焊缝质量是工业常用方法。射线照相技术对体积损耗十分敏感，因此很容易识别腐蚀的蚀孔，可以判断深度差别为 1%～2% 壁厚的蚀孔，其方法是将射线照片上蚀孔的不透明度与材料厚度已知图像进行比较。但是对于裂纹就很难检测出来。对于高温高压设备可以采用射线测厚仪在线监测壁厚，随时了解关键部位的腐蚀减薄状态，这是保证设备安全运行的比较实用的监测技术。

另外，一种较新的检测腐蚀的技术是中子射线照相技术。中子射线穿透技术的能力很强，它可以用于测量大型设备中不容易接触部位的腐蚀，当金属表面存在某些氢氧化物类型的腐蚀产物时，在射线底片上可以清楚的显示。

9.3　腐蚀监测方法选择与计算机应用

9.3.1　腐蚀监测方法的选择

选择监测方法与解释监测结果一样，都需要腐蚀专家协助，同时需要熟悉生产设备和工艺的技术人员的共同参与。

选择腐蚀监控的基本判据是：可以获得什么类型的数据和信息，对于腐蚀变化响应速度的快慢，每次时间间隔测量的灵敏度，探针对设备腐蚀行为的对应关系，可能监控的腐蚀类型，对检测结果解释的难易，是否需要复杂技术和先进仪器。

（1）监测方法的选择

实际选择监控方法时，一般有如下两种情况。

① 监控一个新的生产系统或者一种新的状态　这种监测首先是诊断性的，此时对该腐蚀过程的行为和影响因素往往不了解，要希望采用最为适当的监控技术是相当难的。为此，一方面是在前期就开展实验室的腐蚀试验，确定出重要参数和相关信息，用于决定在生产设备上采用何种检测方法，同时有助于解释生产设备上取得的监测结果。另一方面是直接在生产设备上进行监测；当然采用一种以上的监测方法最为有利，特别是为诊断目的采用多种监测技术，可以比较容易确定哪些因素具有实际重要价值。

② 监控一个已知的生产系统或者已知的腐蚀状态　此时所监测的状况与已经获得成功的其他监测案例是类似的，参考前人的资料，对比过去的经验就可以选择适合的监控方法；而且，在解释监测结果时往往不需要专家协助，除非出现特殊状况。

举例：蒸馏塔的应力腐蚀破裂的监测和防腐蚀措施。

这是一个合成有机化合物的工厂，物料用硫酸处理后，通过去离子树脂进入蒸馏塔分离低沸点组分。需要选择蒸馏塔的材料，在试验性单元装置上的腐蚀试验表明，碳钢寿命有限，奥氏体不锈钢、高镍合金、钛是可行的。在预计的低氯化物含量条件下没有出现应力腐蚀，因此采用奥氏体不锈钢制作蒸馏塔，高 45m，直径 2.44m。运行几个月后蒸馏塔下部出现大范围应力腐蚀破裂，厂方考虑更换。在随后进行的腐蚀监测内容包括：安置极化电阻探针和电位探针；安置不加应力和施加应力的挂片试样（材质包括碳钢、奥氏体不锈钢、高镍合金和钛）。

介质分析：监测蒸馏塔中物料的氯化物含量和酸度。

监测发现：原来的操作使物料中的 $(30\sim100)\mu g/g$ 氯化物被浓缩到 $3000\mu g/g$ 以上，这是 SCC 的根源。因此必须减少氯化物，但是要把物料中的氯化物降低到 $(10\sim20)\mu g/g$，需要对物料和设备作出昂贵的调整。但是，仔细分析如图 9-5 所示的监测数据，发现如果氯化物含量低，只有在较高酸度才会发生 SCC；而在较高氯化物浓度下，发生 SCC 的酸度就很低。在 $20\mu g/g$ 氯化物以下，控制酸度可以在长时间内避免 SCC。图 9-5 的监测数据还表明，通过控制酸度，碳钢的腐蚀速率已经降低。

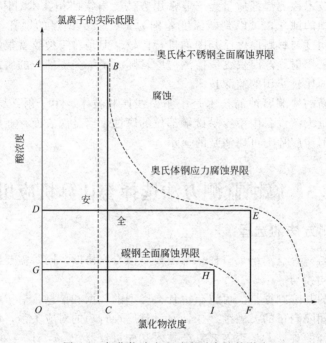

图 9-5　氯化物浓度和酸度对腐蚀的影响

结论：蒸馏塔可以采用碳钢制作，增加一个离子床并改变使用的树脂。该蒸馏塔已运行超过十年。

（2）监测位置的选择

由于整个生产设备的腐蚀状态和腐蚀速率都不尽相同，而腐蚀监测的范围往往局限在一个探针附近，因此腐蚀监控技术是否有效，就必然与监测位置有关。为此，合理选择探针监测位置是获得关键和正确的腐蚀信息的重要条件。

化工设备系统中常常存在液相、气相和三相交界区的腐蚀，各种类型的腐蚀又受到工艺条件、材料类型和受力、介质特点、温度和流速、设备形状等因素的影响，情况不相同，而且总有某些部位最容易遭受腐蚀的破坏。显然，对一个设备进行多点监测十分必要，腐蚀探针既要设置在各个相区中，又要设置在最容易遭受腐蚀破坏的部位，使监测的信息能够代表设备真实的腐蚀状况。探针位置的选择应当考虑因素见表 9-2。

表 9-2　探针位置的选择因素

探针选择位置	举　例	原　因
物料流动方向突然变化	三通管、弯头、变径管、肘管	冲刷/磨蚀腐蚀
物料静滞位置	缝隙、旁路支管、死区、障碍	缝隙腐蚀、孔蚀
受应力区	焊缝、铆接、螺纹连接、温度交替	SCC、腐蚀疲劳
异种金属接触	铁/铜、不锈钢/碳钢、铝/铜	电偶腐蚀
不同相区	液相、气相、气液交界面	腐蚀形态不同
预期腐蚀位置	最大、最小、中等的腐蚀区	了解设备总体情况

9.3.2　腐蚀监测中的计算机应用

利用计算机对大量数据信息的计算、存储和软件分析能力，可以对设备材料的腐蚀速率和状态进行自动监控。它可以通过腐蚀倾向分析，预测非正常的腐蚀行为，并采用相应的防护措施；还可以将介质的 pH 值、温度、流速和浓度等工艺参数与腐蚀数据同时记录，通过更为复杂的计算分析其关联性和影响力，有利于确定设备运行的安全操作条件。下面从腐蚀监控和腐蚀预测两个方面介绍。

9.3.2.1　腐蚀监控

（1）微机腐蚀监控的思路框图

腐蚀探针测量的信号一般是模拟量，必须通过模/数转换器（A/D）变成数字信号才能进入计算机进行处理和存储；计算机通过计算分析后，既可以输入监测和预测的结果，又可以输出控制信号，该信号通过数/模转换器（D/A）变成模拟信号后传递给控制/执行机构，执行调节参数命令可以改变生产操作条件达到减少腐蚀或者防腐蚀目的。微机腐蚀监控的设计简图见图 9-6。

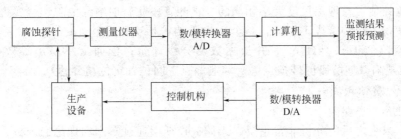

图 9-6　微机腐蚀监控简图

（2）微机腐蚀监控应用举例

① 冷却水沉积物腐蚀的微机监控　美国德州 Amoco 化工厂使用河水作为循环水，带入的沉积物和氧气使系统受到严重的沉积物腐蚀，由于系统处于低流速和高温运行，许多补救措施都收效甚微。后来采用了污垢和腐蚀联合控制器就成功地使冷却水系统安全运行。

该控制系统可以调节缓蚀剂和钝化剂的加入量，当 pH 值和氯含量超出正常值，控制器可以提供热交换器表面腐蚀状态的监测信息，调节缓蚀剂的添加量，从而达到对沉积物腐蚀的实时监控，优化化学处理程序，有效防止或减少热交换器的腐蚀程度，使之控制在允许范围内，并减少了由于维修造成的停车损失。该监控系统的设计简图见图 9-7。

② 地下管道腐蚀泄漏的微机检测　地下管道防腐与泄漏检测技术主要用于城市煤气和自来水、石油天然气等地下管道的防腐、泄漏检测和监测，不需开挖。该项技术以"金属失重"评价埋地管道腐蚀状况，以"防腐层绝缘电阻"评价防腐层性能。监测数据通过专用软件输入计算机的数据库进行动态图示和分析，并给出量化结果。可在现场通过地面无损检测手段直接对防腐层破损点精确定位，还针对煤气和其他可燃性气体泄漏问题配置了直接查定漏气位置的方法。

该技术采用美国 Zonge 工程公司 GDP-16 综合收录系统作为数据采集主体，配以特制的传感器和数据处理软件，功率大、抗干扰能力强、观测精度高；管道防腐监测评价软件（FUSHI 1.0）系统集观测数据存储、处理、分析、图示于一体，包括检测方法与工程质量、评价结论与相关图表、管（材）体物理参数。

该技术采用激励涡流衰变原理，从采集的脉冲瞬变数据体中分离、提取与被测地下管道直接相关的时变信息，计算检测点埋设管道的金属失重和防腐层绝缘电阻，根据失重和绝缘电阻的大小及其随年度的变化速率评价埋地管道腐蚀程度和状态，预测在线管道的运行寿

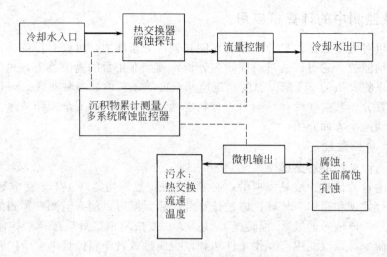

图 9-7　联合监控系统的设计简图

命。可以连续评估（与埋深尺度大小相当的）被测管段防腐层绝缘电阻和金属失重，定位准确、量化科学，不影响管线正常运行，金属失重的检出下限可达 $10\%\sim20\%$；防腐层绝缘电阻检测精度不低于 $0.1k\Omega/m^2$，并根据数据分级评价；创面最小检出等效面积不大于 $25cm^2$；管道缺陷（如防腐层破损点等）和泄漏点空间位置定位精度达 $0.5m$。

9.3.2.2　腐蚀预测

（1）腐蚀预测思路

腐蚀数据采集之后的分析非常重要，人们往往期望通过专家和理论的分析，找到具有重要作用的影响因素或者控制因素，以利控制腐蚀。但多数情况下影响金属腐蚀的许多因素之间是相互联系的，其中某一因素变化便会影响其他因素的数值，因此很难区分每个因素的单独作用。此时，就应当采用数学模型的方法研究和预测腐蚀。把采集的腐蚀数据和对应的环境条件同时输入计算机作为数据库，然后选择一种合适的数学工具对全部数据作出分析，寻求到一个数学模型。将新的相应的环境条件输入到这个数学模型中，就可以预测系统类型的腐蚀。计算机腐蚀预测框图见图 9-8。

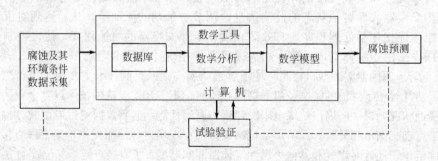

图 9-8　计算机腐蚀预测框图

（2）腐蚀预测应用举例

① 海水对金属腐蚀因素的分析及预测　海水是含有生物、悬浮泥沙、溶解气体、腐烂有机物和多种盐类的复杂溶液，在海洋环境中金属的腐蚀受到各种环境因素的影响，而影响金属腐蚀速率的因素主要有海水温度、溶解氧含量、盐度、pH 值、生物活性等。溶解氧含量是海水具有腐蚀性的重要因素，对于许多金属来说，氧含量越高，侵蚀速度越快。温度升高通常能加速化学反应，提高腐蚀速率。海水环境中许多因素之间是相互联系的，其中某一

个的变化便会影响其他因素的数值，因此很难区分每个因素的单独作用。

② 确定各因素的影响大小　对于这样一个部分信息确定、部分信息不确定的系统如何分析，以及如何确定各因素的影响大小，引进了灰色关联度理论。灰色关联度理论是一种利用数据相对较少的几何分析方法，它根据因素之间发展态势的相似程度来衡量因素间关联程度，它对样本量的多少没有过分要求，也不需要典型的分布规律，且计算量小。

以 Q235 钢作为试验样品，研究其在全浸带的腐蚀情况。以其在海域的平均腐蚀率、局部腐蚀深度为母序列，以各海域的海水环境因素即 pH 值、温度（℃）、溶解氧（mL/L）、盐度（‰）、生物附着物（％）为子序列 X。

由计算可知：

影响平均腐蚀速率的因素主次关系为溶解氧＞pH 值＞盐度＞生物附着物＞温度；

影响局部腐蚀深度的因素主次关系为生物附着物＞温度＞pH 值＞盐度＞溶解氧。

③ 海水腐蚀预测模型　使用神经网络来预测海水环境对材料的腐蚀速率是将环境因素与材料腐蚀率之间的关系视为黑箱，进而通过试验数据学习，建立输入（环境因素）与输出（材料腐蚀率）之间的作用关系。理论上已证明：任何函数都可以用 3 层 BP 人工神经网以任意程度逼近，它不需要预先给出模型，而只需要一组已知条件（输入）和结果（输出）组成的学习样本，用神经网络方法可预测某材料在某特定海水环境条件下的腐蚀结果（腐蚀速率）。

预测海水腐蚀时采用了 3 层 BP 网络模型。第 1 层为输入层，中间为隐含层，第 3 层为输出层。输入层的节点数为输入向量的分量数，这里为 5 个，即海水温度、溶解氧含量、盐度、pH 值、生物活性，输出层的节点数为输出向量的分量数，这里为 1 个，即平均腐蚀率；隐含层的节点数根据网络训练拟合情况选取，海水腐蚀模型和相应的 3 层 BP 网络模型见图 9-9。

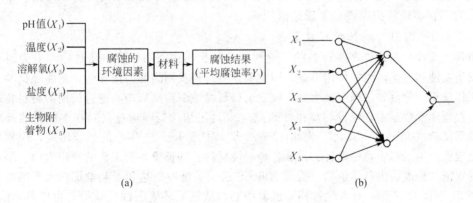

(a)　　　　　　　　　　　　　　　　(b)

图 9-9　海水腐蚀模型（a）和 3 层 BP 网络模型（b）

④ 实际预测　共测得 Q235 钢在青岛、舟山、厦门、榆林、湛江 5 个海域的腐蚀数据，将前 4 个海域的数据作为学习样本，将湛江的数据作为待测样本，系统目标误差取 $\varepsilon = 10^{-5}$，对于全浸带和潮差带条件下，经学习训练，选取 5-17-1 型网络，经不超过 5×10^3 次迭代，可使系统总误差小于 10^{-5}。采用经过学习的模型作为预测模型，将湛江海域的海水环境输入。预测结果见表 9-3。从结果看，人工神经网络在海水腐蚀预测中的应用是可行的，具有较高的预测精度。

表 9-3　湛江海域海水腐蚀预测结果

测　定　项　目	全浸带	潮差带	测　定　项　目	全浸带	潮差带
真值/mm×a⁻¹	0.190	0.230	相对误差/%	1.526	13.478
预测值/mm×a⁻¹	0.192	0.199			

9.4 腐蚀数据库与专家系统及物联网技术

目前计算机和网络技术已渗透到经济、科技、企业等的方方面面，在数据采集、传输与管理，专家系统和远程遥控等领域应用广泛，使数据库、专家系统和物联网技术得到极大的普及。

9.4.1 腐蚀数据库

腐蚀数据因为材质和环境的不同而有差异。在工程应用中，遇到特定的材料和环境，需要查阅大量的文献和数据才能了解其基本规律。如果把各种腐蚀信息做成腐蚀数据库，不仅方便查询和满足实际需求，而且可以显著提高效率和工作质量。为腐蚀机理研究、腐蚀失效分析、防腐蚀设计、腐蚀管理服务。

9.4.1.1 腐蚀数据库的数据与功能

腐蚀数据库中的数据应根据其所需要完成的功能进行选定。一般应包括材料种类和型号、使用环境条件、耐腐蚀性能评价等工程参数。数据之间关系的构成，一般是一种材料为一个组，或者是一种环境条件为一个组。每一组对应其相关的参数值，构成一个典型的关系型数据库。

特别针对石化、化工等工业关键设备的腐蚀与防护监控，预测设备的使用寿命，评估防腐技术的合理和经济性；对金属和非金属材料、大气腐蚀、土壤腐蚀、工业介质及海水腐蚀的腐蚀数据进行存储和利用；并可理论分析和对比实验室与数据库内的腐蚀数据，建立数学模型，为工程腐蚀防护提供必要理论依据。

9.4.1.2 国内外腐蚀数据库简介

世界上每年生产许许多多种类的工业材料及制品，在使用环境中受自然和人为因素的影响，发生腐蚀和老化，缩短使用寿命。因此要预测材料及制品的使用寿命，耐腐蚀试验及数据积累工作显得十分重要。国内外上先后成立了材料腐蚀试验研究中心进行长期的材料腐蚀数据积累、数据库及数据中心建设与规律性研究。20世纪初，美国通过材料在本国自然环境中的长期暴露试验（大气25～35年，海水20～25年，土壤40～45年）的系统研究，积累了大量的腐蚀数据，为工程防腐蚀设计、发展各种耐蚀材料、延长设备和工程的使用寿命、制定材料防护的规范和标准提供科学依据。美国ATLAS公司的佛罗里达和亚利桑那两大曝晒场分别始建于1931年和1948年；日本气候环境试验中心和欧洲的环境腐蚀试验中心也已有30多年的历史。这些曝晒场配备有室内模拟各种自然环境、加速腐蚀试验设备。美国的国际腐蚀工程师协会（National Association of Corrosion Engineers，NACE）和国家标准技术研究所（National Institute of Standards and Technology，NIST[1]）合作建立了Corrosion Data Program，德国的DECHEMA建立了类似的数据库。NACE开发了许多相应的应用软件，COR. SUB™是25种常用金属材料在1000种介质中处于不同温度和浓度下的腐蚀数据库，COR. SUB2™是36种非金属材料在850种化学介质中的腐蚀数据库，COR. SUB™包括了《corrosion abstracts》杂志1962年创办以来的全部内容。我国材料自然环境腐蚀试验研究工作开始于20世纪50年代，作为国家第二个五年计划期间的重要科技任务之一列入计划。1958年分别建立了全国大气、海水、土壤腐蚀试验网站，1959年组织有关企业提供材料制备试件、投入试验，经"六五"到"九五"的共同努力，进行了大量的工作。"六五"期间投入腐蚀试验六大类（黑色金属、

---

[1] 1993年之前称为国家标准局（National Bureau of Standards，NBS）。

有色金属、混凝土、高分子材料、保护层、电缆光缆）353 种，九百多个试件，通过 4 个周期的试验，现已积累材料大气、海水腐蚀 8～16 年数据；中碱性土壤腐蚀 30～35 年的腐蚀数据和自然环境因素测定数据 40 多万个；建立材料环境腐蚀数据库和子库共 20 个，其中的主体数据库共 9 个。随着计算机与网络技术的快速发展，腐蚀数据库不断更新完善，在全球范围内形成了以 NACE international 为主的数据库网络。

9.4.1.3　查询腐蚀数据库的网址

随着 Internet 技术的迅速发展，世界各国开发了可在网络上直接进行查询的腐蚀数据库和相关的材料数据库，极大地拓宽了腐蚀数据的传播和应用途径，对于腐蚀与防护的发展意义重大。

我国原来的材料腐蚀数据（http：// material. nsdc. cn/SDB/material/web/index. asp）：包括"中文腐蚀文献库"、"土壤腐蚀数据库"和"大气腐蚀数据库"、"海水腐蚀数据库"、"腐蚀图像库"和"化工环境腐蚀数据库"等子库。其中土壤腐蚀数据库中包括各种碳钢、低合金钢、铜合金、铝合金、电缆、光缆、混凝土、高分子材料等地下常用材料在全国各地的土壤耐腐蚀数据，还包括环境数据和材料性能数据；大气腐蚀数据库包括各种低合金钢、不锈钢、铜合金、铝合金、锌合金、热浸金属、电镀、橡胶/塑料/黏结剂在全国各地的大气腐蚀数据，还包括了大气环境数据和材料性能数据。目前，我国的材料学科基础科学数据库（http://material. nsdc. cn）中的金属材料数据库（http://www. matsci. csdb. cn：8080/ ）包含材料腐蚀与失效分析；国家材料环境腐蚀平台（http://www. ecorr. org/ecorr/data-share-search. html）包含腐蚀数据（大气腐蚀、土壤腐蚀、水腐蚀、工业腐蚀）、材料数据（黑色金属、有色金属、高分子涂层、建筑材料）、环境数据（大气环境、土壤环境、水环境、工业环境）、实验数据（电化学、环境加速、腐蚀评价）、图谱数据（腐蚀图谱、金相图谱、失效图谱）等内容。建库的目的包括系统积累已取得的数据、进行数据标准化处理、对我国环境腐蚀分级分类、研究腐蚀与环境、材料及时间的规律，提供设计参数选材依据。

cambridge scientific abstracts（CSA）建立的 corrosion abstracts 数据库，内容主要有：大气腐蚀，阴极防护，油、气腐蚀，腐蚀破裂，蠕变，阴极防护设计，腐蚀控制设计，金属疲劳，浸蚀，海洋腐蚀，微生物腐蚀，氧化，管道腐蚀，剥蚀，防护涂层等。

美国国际腐蚀工程师协会（NACE internationa）成立于 1943 年，由最初的致力于制订预防与控制腐蚀方面的标准发展到目前的技术培训和认证项目、会议、工业标准、报告、印刷、技术杂志、政府公关等多项业务，在 130 个国家和地区有 35000 多个会员，已成为全球腐蚀研究领域中影响力最大的、权威性最强的组织。NACE 下设 300 多个技术委员会，制订检验规则、推荐方法以及材料要求等行业标准，其制定的腐蚀标准和颁发的专业技术资质证书被国际上广泛认可和采用。其制定的腐蚀标准和颁发的专业技术资质证书被国际上广泛认可和采用。

腐蚀数据库的查询网址见表 9-4。

表 9-4　腐蚀数据库简介

数据库名称	网址	备　　注
中国腐蚀与防护网腐蚀数据	http://ecorr. org/datashare	国家材料环境腐蚀平台
金属材料数据库	http://www. matsci. csdb. cn：8080/	中国科学院金属所、中国科学院上海硅酸盐研究所
NACE 预防与控制腐蚀标准	http://www. nace. org/stand-ards/	美国国际腐蚀工程师协会（NACE International），原来的 NACE（National Association of Corrosion Engineers）

续表

数据库名称	网址	备注
Corrosion Abstracts	http://www.proquest.com	作为 CSA Materials Research Database 的一部分,目前升级为 ProQuest CSA。另外,NACE International 和 Cambridge Scientific Abstracts 合作推出 Corrosion Abstracts Database 网络版(http://events.nace.org/Publications/CorrosionAbstracts.asp)。
Corrosion Analysis Network	http://www.corrosionanalysisnetwork.org/	由美国国际腐蚀工程师协会 NACE International 和美国国际金属材料会 ASM International 共同建立,美国材料与试验协会 ASTM 参与
NIST Standard Reference Database	http://www.nist.gov/srd/	美国国家标准研究所(NIST)标准参考数据库
Corrosion Data Sheet	http://smds.nims.go.jp/corrosion/index_en.html	日本国立材料科学研究所(NIMS)腐蚀数据库

9.4.2 腐蚀专家系统

9.4.2.1 专家系统组成和功能

专家系统是指在各个专门领域中,把专家的经验知识和解决问题的方法、措施,编制成特定程序输入计算机中,使之成为具有专家智能的软件系统。专家系统的结构涉及知识的获取、知识库、推理机、数据库、智能人机界面。现有专家系统可分为诊断型、设计型和控制型三大类。

(1) 专家系统的组成

① 知识库　由人类共有的事实知识和专家具有的知识组成。关键是知识表现,就是指针对某一专门领域,把教科书上记载的事实知识和特定的、只有专家才能具备的经验知识,通过计算机变成可能利用的形式。

② 推理机　是利用知识库完成解决既定课题任务的控制部分。关键是知识利用,就是指在某一数据结构的基础上,为了使已经形式化了的知识用于解决既定的课题,如何加以利用的问题。知识表现和知识利用,像数据与算法那样具有表里一体的关系。

③ 数据库　指来自外界的输入和推理结果等被存储在计算机的部分。

④ 智能人机界面　是用户在系统中存取窗口的部分,它由自然语言接口或图形、说明模块等部分组成。

(2) 专家系统的功能

① 解释功能　从数据中归纳和整理出系统的特征,并分成特定的类别。

② 诊断功能　对于系统的异常现象,采用建立在数据基础上的因果关系,找出异常现象的成果。

③ 监视和控制功能　对系统的状态进行监视,控制该系统,以便使该系统的状态按照事先确定的方案进行变化。

④ 规划和设计功能　为了实现既定的系统目标,应使一系列的行动系列化;为了达到输入和输出的要求标准,应对组成因素的组合或内部的标准做出规定。

9.4.2.2 腐蚀专家系统简介

目前,大多数腐蚀问题的解决主要依靠具有实践经验和理论知识的专家决策,常常是试验结果、实践经验、专家个人判断等三部分的结合。与此类似建立的腐蚀专家系统,已用于耐蚀材料选择、腐蚀失效分析、防腐蚀施工指导等方面。例如,N.R.Smart 等建立的ACHILES 腐蚀专家系统内容非常广泛,其中包括了九个子系统:海水应用材料、涂料材料、腐蚀监测、用于250℃以下的金属和非金属涂层、大气腐蚀、生物腐蚀、阴极保护、石油天然气产品中的 CO_2/H_2S 腐蚀、应力腐蚀等。每一个子系统都采用该领域公认的专家作为知识源为系统准备知识库。该系统已经成为腐蚀防护技术人员一种十分有用的工具，针对给定环境和材料提供专家意见。

现在，有许多腐蚀专家系统则是以腐蚀防护某一专门知识为基础建立的。例如，针对大量的桥梁构件面临各种不同的环境、防护涂层和维护费用等因素，Z. Zacharia 建立的桥梁涂层维护专家系统，能为不同的桥梁选择合适的涂层，并确定在适当的时机进行预防性维护，从而最大限度地利用涂层寿命、降低维护费用。又例如，V. L. Nan Blaricum 等建立的阴极保护专家系统是针对地下结构如管道、储罐的保护而开发的，在阴极保护的设计、维护和分析运行数据方面提供帮助，最大限度地保障阴极保护系统及其保护的设备运行可靠。

9.4.3　物联网技术

作为信息化技术中最前沿、最核心的一项技术，物联网（internet of things，简称 IOT）技术将腐蚀数据库、腐蚀专家系统和腐蚀现场数据采集通过射频识别等信息传感设备与互联网连接起来，实现现场目标对象智能化识别与监控、数据远程采集与输送及在线分析、快速反馈信息、恶劣条件或偏远地区的无人化操作，提高腐蚀数据和防护措施的管理水平，它们之间的关系如图 9-10 所示。物联网的技术构架可以分为三层：第一层是感知层，也称为传感网络，由无线射频识别 RFID、传感器和二维码等各种传感器和传感器网关组成，相当于人的眼耳鼻喉和皮肤等器官的感觉神经末梢，用于识别物体和过程，采集所需信息；第二层是网络层，也称为传输网络，由现有的各种网络载体（包括互联网、局域网、有线与无线网络、网络管理系统、云计算平台等）组成，相当于人的神经中枢和大脑，用于传递和处理感知层获取的信息；第三层是应用层，由输入输出的控制终端组成，与行业具体需求结合，实现物联网在感知层与网络层基础上的智能应用。物联网技术中的核心技术是：对物品信息采集的 RFID 识别技术和传感技术，实现信息采集广泛化的纳米嵌入技术，对采集到的信息进行释义、判断和决策的智能运算技术。腐蚀管理系统中，感知层负责腐蚀现场数据的采集，网络层将采集的数据与腐蚀数据库和腐蚀专家系统关联起来并进行数据分析，应用层对腐蚀数据分析结果进行信息反馈、决策、遥控指挥现场作业等。

图 9-10　腐蚀数据库、腐蚀专家系统和腐蚀现场数据采集与物联网间的关联

RFID 射频识别是一种非接触式的自动识别技术，通过射频信号自动识别目标对象并获取相关数据，识别工作不需要人工干预，操作快捷方便，可以识别高速运动物体并可同时识别多个标签，在高温、高压、电磁、振动、表面污物等恶劣腐蚀环境有很大的应用空间。根据腐蚀现场作业的实际需求，将芯片植入待监控试件内作为独一无二的电子身份证，利用 RFID 技术的非接触式信息采集方式和电子标签充当移动的信息载体的特点进行现场数据实时采集。将采集的数据通过传输网络同步传给腐蚀监控中心，同时与腐蚀数据库和专家系统关联，经过数据处理和分析后得出结论，通过应用网络进行信息反馈和遥控操作等智能管理。

随着物联网技术的不断完善，尤其互联网技术解决了信息共享、信息传输的标准问题和成本问题后，腐蚀管理将进一步需要与信息产业紧密结合，加快腐蚀现场的数据采集与分析，根据腐蚀数据库和腐蚀专家系统制定合理的防腐措施，同时利用分析结果丰富腐蚀数据库和腐蚀专家系统，为腐蚀控制与决策提供依据和基础，提高腐蚀防护效率，降低腐蚀管理成本。因此，充分利用物联网的信息技术将是今后提高腐蚀管理水平的一个重要途径，在腐蚀数据采集现场、腐蚀控制、跟踪和追溯、腐蚀管理等方面都有重要应用，具有非常广阔的应用前景。

9.5 腐蚀失效分析基本过程

腐蚀失效分析是通过对发生腐蚀破坏的设备或构件进行剖析，找出失效的原因，为设备或构件的防护、结构设计的改进、设备性能的提高、操作工艺和规程的完善和事故的预防等提供依据，发现和发展防腐蚀新理论、新材料和新技术。作为一个系统工程，腐蚀失效分析需要根据基本原则（对系统进行完整的分析研究、对现场和周围环境及产生腐蚀的背景与过程进行调查研究、根据获得的资料和数据进行分析验证），采取"四 M"（man 人、machine 机器设备、media 环境介质和 management 管理）的分析思路，从服役环境、材质加工与处理及使用、结构设计、加工制造、操作使用等方面进行分析，全面考虑失效设备或构件的设计、制造、使用的全过程及环境介质等的影响因素，得出符合实际工况的正确结论。

腐蚀失效分析的程序和步骤如下。

（1）腐蚀事故现场调查

腐蚀事故发生后保护好现场，尽快记录下现场的各种情况（可以拍照记录，记录内容包括时间、地点、温度、压力、设备运行情况等），收集失效构件，对于破碎构件仍需要收集和拼凑残骸并加以保护，防止相互碰撞或污染而影响后面的分析结果。仔细观察和分析现场，找出破坏源点，对一些关键材料进行现场取样。另外，还需要调查设备的操作情况（查阅工艺操作记录与维修记录，弄清温度、压力、介质成分与浓度、pH 值等的变化情况）、设备或部件的结构与制造工艺及后处理和安装情况（从防腐的角度确认结构设计是否合理，是否存在应力集中或产生缝隙腐蚀的不合理结构，焊接热影响区的腐蚀情况，酸洗造成的渗氢、安装是否规范等）、设备所用材质（核对制造设备或部件的材料，考虑材料的性能复验）等。

（2）实验室分析研究

根据现场的调查结果，调研相关文献，借鉴类似或相近的事故分析方法，对收集起来的失效构件和环境介质及工艺条件进行实验室分析研究，是整个腐蚀失效分析的关键步骤。实验室分析研究通常包括以下内容：从失效设备或构件上收集下腐蚀产物并进行分析，找出腐蚀产物的来源；对制造设备的材质化学成分、组织结构、物化性能和力学性能等进行分析和复验，必要条件下需要和新的材质进行对比；破坏断口分析，找出是哪种形式的断裂，分析腐蚀失效的原因。大多数腐蚀失效分析通过实验室研究可以得出明确结论，对于部分存在不确定因素的腐蚀失效分析还需要模拟验证试验。

（3）模拟验证实验

模拟事故现场的工况条件，在实验室或现场对实验室的初步结论进行验证，必要情况下需要还原事故现场，得到可靠结论。

（4）结果讨论分析

对现场调查和实验室研究及模拟验证结果进行讨论分析，综合比较，依据专业知识和相关规范标准有理有据的分析腐蚀失效的原因，找出关键影响因素。

（5）总结并写出腐蚀失效分析报告

基于上述实验数据、足够证据、理论依据和规范标准，总结分析结果；撰写经得起推敲的腐蚀失效分析报告，包括前言、事故调查研究、失效构件分析、实验室和现场模拟实验结果、失效原因分析、事故预防技术或管理措施等。

腐蚀失效分析的基本方法依据不同的阶段而不同，主要有以下几种。

① 试样制备方法　取样要有代表性且兼顾普遍性，首先采用正确方法取那些可能是腐蚀破坏源的部位及其邻近部位，取样不要破坏断口表面（尤其不损坏断口形貌和组织状态，如：切割时注意防止过热而引起组织结构和腐蚀产物的变化，机械加工时注意避免油脂或冷却剂的污染等），记好取样位置并进行标记以便后面全面分析。对进行腐蚀产物分析的断口直接分析，不需要清洗，但是对断口形貌分析时，需要根据具体情况采用相应的方法进行清洗。另外，除了取腐蚀破坏的样品外，还应取未腐蚀破坏的部位作对比实验。

② 宏观分析方法　通过肉眼或放大镜观察、测量尺寸（裂纹长度、宽度、厚度、腐蚀坑深度等）、称重等宏观分析方法，勾勒腐蚀破坏构件的全貌以分析腐蚀破坏源的宏观位置和腐蚀状况，由断面腐蚀状态推测腐蚀类型，提供表面腐蚀产物的情况（如颜色、状态、厚度、致密性等）和裂纹状况（如大小、分布、裂纹扩展方向等），获取材料质量信息（如断裂处的疏松情况、有无分层、白点、偏析、夹杂、氧化皮夹层等宏观缺陷），初步估算腐蚀量。

③ 无损探伤方法　根据具体情况和需要，选取渗透检测法、放射照相技术、声技术、电磁技术等合适的无损探伤方法对腐蚀破坏构件进行分析，获取构件或材料的缺陷信息。

④ 物化分析方法　采用 XRD、XRF、ICP-AES、EDS、FT-IR、UV-Vis 等方法对材质或腐蚀产物成分进行分析，用金相显微镜、光学显微镜、扫描电镜、透射电镜等对材质或腐蚀产物组织结构和断口形貌及成分等进行分析。当对材质成分怀疑时，需要进行成分分析与复验。通过检验浓度、pH 值、有害元素等对腐蚀介质进行复验分析。

⑤ 电化学分析方法　将腐蚀破坏构件放入模拟腐蚀介质中作为工作电极，通过测试极化曲线、电化学阻抗曲线等电化学行为分析腐蚀的失效原因。

⑥ 力学性能测试方法　通过拉伸试验、冲击试验、断裂韧性试验、腐蚀疲劳试验、弯曲试验、硬度测定等对失效前后的材料进行力学性能测试，分析失效前后材料力学性能的变化规律与环境介质对材料力学性能的影响，判断材料质量和环境介质是否合格。

⑦ 断裂形式分析方法　根据断口的形貌与力学性能分析和不同断裂方式（韧性断裂、脆性断裂、腐蚀疲劳断裂、环境因素断裂）的特征，判断断裂的形式，分析危害性与关键影响因素。

附　录

实　验　选　编

实验一　演示实验

一、盐水滴试验

（一）实验目的

观察碳钢表面微电池和氧浓差电池形成情况，进一步加深对电化学腐蚀原理的理解。

（二）实验与准备工作

实验准备：将一块洁净的钢板表面用细砂纸打磨平整，并研磨至光亮，用去离子水冲洗，用浸丙酮或无水乙醇的棉球擦拭，再用滤纸吸干后即可使用。

配制盐水滴溶液：先配好 0.1mol/L 的 NaCl 溶液 100mL，再加入 1‰ 的酚酞酒精溶液 0.5mL 和 1‰ 的铁氰化钾溶液 3mL。

实验：将盐水溶液滴在准备好的钢板上，液滴覆盖的钢板表面很快就会出现若干蓝色的小斑点（附图-1），稍待片刻，蓝色斑点以外的表面均呈粉红色。再过几分钟，则液滴中心部分主要呈现蓝色，液滴边缘为一红色圆环，而在蓝红交界区则逐步变成棕褐色。

（三）实验现象分析

金属发生电化学腐蚀时，释放电子的阳极过程和获得电子的阴极过程，分别在彼此连通的两个独立的区域内同时进行。此盐水滴试验明显地证明了碳钢表面电化学不均一性引起的微电池腐蚀，和由于氧的浓度不同而形成的氧浓差电池的存在。

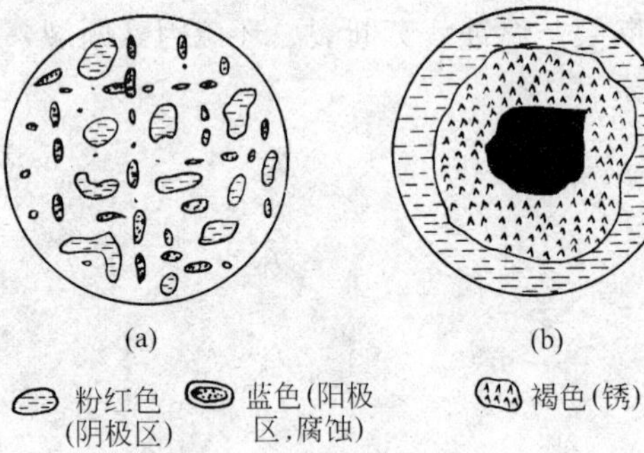

盐水滴接触钢板表面以后，出现的蓝色斑点是微电池的阳极区，发生的是金属溶解的氧化反应，即

$$Fe \longrightarrow Fe^{2+} + 2e$$

(a)　　　　　　　　　(b)

⬭ 粉红色　　⬭ 蓝色(阳极　　⬭ 褐色(锈)
　（阴极区）　　　区,腐蚀)

附图-1　盐水滴实验现象

产生的 Fe^{2+} 与 NaCl 溶液中事先加入的铁氰化钾的 $Fe(CN)_6^{3-}$ 化合，生成滕氏蓝，故阳极区域呈现蓝色。

蓝色以外的区域是阴极区，发生氧分子获得电子的还原反应，即

$$O_2 + 2H_2O + 4e \longrightarrow 4OH^-$$

生成的产物是 OH^-，而 NaCl 溶液内事先加有酚酞指示剂，OH^- 生成后，溶液的 pH 值升高，具有碱性，所以阴极区域呈现粉红色。

如图附-1所示，这种阴、阳极相间的微电池分布情况称为初生分布，这种分布情况不会持续很久。当液滴中的氧逐渐被消耗，需要从空气中补充氧时，作为腐蚀介质的盐水滴出现了含氧不均匀的情况：液滴中心部位，由于液层较厚，氧从空气中通过扩散到达中心部位

的钢板表面路程较长，故供氧较慢，成为贫氧区域。而液滴边缘部分液膜较薄，氧容易到达，成为富氧区。这样，由于充氧不均形成了氧浓差电池。中心部位氧浓度较低，原有的阴极反应逐渐终止，红色也将消失，在这里主要进行亚铁离子溶解的阳极过程，故呈现蓝色。液滴边缘处氧浓度较高，主要进行氧分子的还原反应，形成多量的 OH^- 离子，这里原有的阳极区，由于被生成的较致密的 $Fe(OH)_2$ 所覆盖，阳极反应逐渐停止，蓝色斑点消失，所以边缘上形成粉红色圆环。

阳极区产物 Fe^{2+} 和阴极区产物 OH^-，由于扩散和电迁移，在中间区域相遇，首先生成 $Fe(OH)_2$，之后被大气中的氧进一步氧化生成棕褐色的铁锈。即

$$2Fe(OH)_2 + \frac{1}{2}O_2 + (n-2)H_2O \longrightarrow Fe_2O_3 \cdot nH_2O(铁锈)$$

故中心的蓝色区域和边缘的粉红色区域之间，存在着一棕褐色圆环。通常称 $Fe(OH)_2$、$Fe_2O_3 \cdot nH_2O$ 为次生产物。

如果上述解释是正确的，则阳极将放出电子，阴极将吸收电子，随着腐蚀过程的进行，腐蚀电池中将产生净电流。在铁板内，电子从阳极流向阴极，即电流从阴极流向阳极；在液滴内，主要由 Na^+ 和 Cl^- 迁移完成了电流从阳极向阴极的流动，即液滴内电流从中心向边缘呈辐射状流动，然后进入钢板；在钢板内部，电流则是由边缘流向中心。

为了证实此净电流的存在，可以进行以下两个试验。

(1) 将形成次生分布后的试件，置于磁场中，如附图-2（左）所示，则会观察到液滴像电动机中的转子似地转动；如果改变磁场方向，则液滴又会反方向旋转。这充分地证明了液滴内部确实有电流流动。

(2) 如附图-2（右）所示，两根细铜棒分别用导线与微安表的"＋""－"两端相连，再将与"＋"端相连的铜棒接触盐水滴的阳极区，另一铜棒接触阴极区，则微安表中将有电流流过。

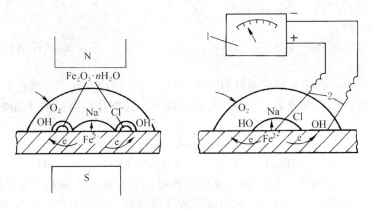

附图-2　盐水滴内电流流动情况
1—微安计；2—细铜棒

二、碳钢在硝酸中的腐蚀行为——钝化现象观察

（一）实验目的

(1) 了解可钝化金属在一定条件下能由活态转为钝态；

(2) 增强对金属钝性特征的理解。

（二）概述

碳钢属于可钝化金属，室温下在较高浓度的 HNO_3 中能够发生钝化，由活态转为钝态。HNO_3 是强氧化性酸，易分解生成活性很强的新生氧原子

$$2HNO_3 \longrightarrow H_2O + 2NO + 3O \quad （稀 HNO_3）$$

或
$$2HNO_3 \longrightarrow H_2O + 2NO_2 + O \quad （浓 HNO_3）$$

当碳钢与 HNO_3 接触后，将发生以下反应

$$Fe \longrightarrow Fe^{2+} + 2e \qquad （阳极反应）$$

$$2H^+ + 2e \longrightarrow 2H \qquad （阴极反应）$$

$$2HNO_3 \longrightarrow H_2O + 2NO + 3O \qquad （稀 HNO_3 分解）$$

$$2Fe^{2+} + 2H^+ + O \longrightarrow 2Fe^{3+} + H_2O \qquad （Fe^{2+} 氧化）$$

$$2H + O \longrightarrow H_2O \qquad （阴极析出的氢原子又被氧化）$$

总反应
$$Fe + 4HNO_3 \longrightarrow Fe(NO_3)_3 + NO + 2H_2O \quad （稀 HNO_3 中）$$

$$Fe + 6HNO_3 \longrightarrow Fe(NO_3)_3 + 3NO_2 + 3H_2O （浓 HNO_3 中）$$

碳钢在 HNO_3 中发生电化学腐蚀时，在阴极区充当去极剂的是 H^+ 和 NO_3^-。NO_3^- 中的 N 为 +5 价，它在阴极获得电子后被还原成 +2 价（生成 NO 时）或 +4 价（生成 NO_2 时）。生成的 NO、NO_2 气体从阴极表面逸出，而 H^+ 获得电子生成的氢原子，很快又被 HNO_3 分解出的新生氧原子氧化生成水分子，所以阴极表面很少有氢气逸出。

碳钢在室温下的硝酸中，其腐蚀行为随酸浓度不同而异。当 HNO_3 浓度低于 40% 时，碳钢处于活性状态，其腐蚀速率随 HNO_3 浓度增大而增高；HNO_3 浓度为 40%～50% 时，碳钢处于活性-钝性的不稳定钝化状态；当浓度达到 50%～60% 后，碳钢发生钝化，表面上出现一层银灰色的钝化膜，肉眼不再能看见有 NO、NO_2 气体逸出。

（三）实验的准备

（1）实验用品：100mL 烧杯 5 个，棒状或片状碳钢试件 5 个，100mL 量筒 1 个，试管夹 1 个，化学纯硝酸 1 瓶。

（2）配制浓度为 5%、30%、40%、50%、60% 的硝酸溶液各 50mL，分别装入 5 个 100mL 的烧杯内。

（3）将碳钢试件除锈、去油后待用。

（四）实验与分析

（1）将五个碳钢试件依次分别插入 5%、30%、40%、50%、60%HNO_3 中，逐一观察其表面发生的变化。

在 5%HNO_3 中，试件表面无明显的气泡逸出，但逐渐出现一层棕红色的产物，腐蚀产物增多后就沿试件表面向下流淌。这种棕红色的固态沉淀物是铁与低浓度硝酸作用时生成的碱式硝酸铁

$$Fe^{3+} + HNO_3 + 2H_2O \longrightarrow Fe(OH)_2NO_3 \downarrow + 3H^+$$

或
$$Fe^{3+} + 2HNO_3 + H_2O \longrightarrow Fe(OH)(NO_3)_2 \downarrow + 3H^+$$

在 30%HNO_3 中，试件一插入就发现反应剧烈，不断地有大量具有恶臭的氧化氮气体自试件周围逸出。反应一段时间后，取出试件清洗后观察，试件表面金属光泽已经消失，成为暗黑色的粗糙表面。这一现象说明在该条件下，碳钢处于活性状态（如图 1-44 的 a 点）。

在 50%HNO_3 中，发现最初反应非常强烈，但经很短的时间后，气泡的逸出突然停止，试件表面出现一层银白色的薄膜，表明碳钢已经发生了钝化。

在 40%HNO_3 中，有时能观察到碳钢试件由活态转变为钝态的钝化现象，有时这种现象又不发生，或者出现了钝态，稍一搅动又转为活态了。表明此时碳钢处于钝化过渡区（如图 1-44 中的 c 点），其钝化状态是不稳定的。

在 60%HNO_3 中，可以看到由活态转变为钝态比在 50%HNO_3 中更迅速。这是因为它有更强的氧化性。

（2）将在 50% 或 60%HNO_3 中钝化后的碳钢试件移置于 5%HNO_3 中，发现钝化状态

可以保持一定时间。

（3）如果将 50% 或 60% HNO_3 稍稍加热，则原来已经钝化了的碳钢试件，立即转为活态而被强烈地腐蚀。

三、影响腐蚀速率的外在因素

（一）实验目的

（1）观察电化学腐蚀过程中的极化现象，加深对极化作用和去极化作用的理解；

（2）观察溶液浓度、温度、搅拌速度等外界因素对金属腐蚀速率的影响。

（二）实验的准备

（1）实验用品：1000mL 烧杯 5 个，酒精灯 1 个，电动搅拌器 1 台，铂电极 5 支，碳钢试件 5 个，氯化钠 1 瓶。

（2）溶液配制，用去离子水配制 0.3% 及 30% NaCl 溶液各 1 份，3% NaCl 溶液 3 份，分别置于 5 个烧杯中，逐一将它们加热至沸腾约 5min，然后静置于空气中冷却后待用。

（3）将碳钢试件去锈、清洗、除油、干燥后备用。

（三）实验与分析

（1）极化现象的观察

将碳钢试件与铂电极浸入 3% NaCl 溶液中，并按附图-3 与微安表连成回路。合上开关 K，微安表上的指针在刚合上的瞬间，向右偏转很大，然后就明显的逐渐向左偏转。说明刚接通的瞬间流经回路的电流值很大，一旦接通后，电流就逐步减小，最后减小到一个较为稳定的数值。

腐蚀电池工作后，腐蚀电流急剧衰减是由于电化学过程中存在着极化现象，使得阳极电位升高，阴极电位降低，而电路的欧姆电阻不变，所以腐蚀电流从 I_0 降至 I_c（参见图 1-8）。

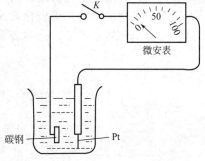

附图-3 宏观电池回路

（2）外在因素对腐蚀速率的影响

① 电解质溶液浓度的影响，将 3 套碳钢试件和铂电极组合成宏观电池，分别置于 0.3%、3%、30% NaCl 溶液中，观察稳定后其腐蚀电流 I_c 的大小，结果是碳钢在 3% NaCl 溶液中的 I_c 最大。

这是因为试验用的是敞口烧杯盛装的 NaCl 溶液，pH≈7，碳钢在其中发生的是耗氧腐蚀，为阴极控制的腐蚀体系，其腐蚀速率主要决定于溶液中的氧含量，当然也与溶液浓度变化引起的电导改变有关。本实验配置用的去离子水事先用沸腾的方法除去了氧，配成溶液后在空气中敞口静置 24h，此时溶入的氧量随溶液浓度升高而降低。在 3% NaCl 溶液中，氧量较 30% NaCl 溶液中的多，故耗氧腐蚀更迅速。而在 0.3% NaCl 溶液中，虽然氧的溶解量比 3% 中的大，但电导率较低，致使腐蚀电流也低于 3% NaCl 溶液中的数值。

② 温度的影响，将碳钢和铂电极组合成宏观电池置于另一 3% NaCl 溶液内，再用酒精灯加热溶液，观察温度升高后腐蚀电流的变化。观察到在短期加热时，随着温度升高，I_c 加大。这是因为温度升高，氧分子的扩散速度、阴极反应和阳极反应速率都随之加快的缘故。

③ 溶液流速的影响，将同样的碳钢-铂电偶对置于装有电动搅拌器的 3% NaCl 溶液内，观察有搅拌和没有搅拌时腐蚀电流的变化情况。很明显，在搅拌后腐蚀电流显著升高，这是因为对于阴极起控制作用的耗氧腐蚀，液体流动将大大加速氧向阴极的输送，从而使整个腐蚀电池的工作都被加速。

实验二 极化曲线和极化图的测定（恒电流法）

（一）实验目的

（1）通过实验初步掌握极化曲线和极化图的恒电流法测试技术；

（2）加深对极化曲线、极化图以及析氢、耗氧腐蚀机理的理解。

（二）概述

极化曲线和极化图是研究金属电化学腐蚀的重要手段，被广泛地用来研究腐蚀机理、测定腐蚀速率、判断添加剂的作用机理、评选缓蚀剂以及研究金属的钝态和钝态破坏等。此外，极化曲线的测量在电化学基础研究、化学电源、电镀、电冶金、电分析等方面也有很重要的意义。

测量腐蚀体系的极化曲线，就是测量在外加电流作用下，金属在腐蚀介质中的电极电位与外加电流密度之间的函数关系。

测定极化曲线可以采用恒电位或恒电流两种不同的方法。以电流密度为自变量，测量电极电位随电流密度变化的函数关系 $E = f(i)$，作出极化曲线的方法叫恒电流极化曲线法（简称恒电流法）；以电极电位为自变量，测量电流密度随电极电位变化的函数关系 $i = f(E)$，得出极化曲线的方法叫恒电位极化曲线法（简称恒电位法）。

在一般情况下，电极电位是电流密度的单值函数，用恒电流法和恒电位法测得的极化曲线是一致的。如果某种金属在阳极极化过程中，其电极电位和电流密度之间不是单值而是多值函数关系，即一个电流值对应两个或两个以上的电极电位值（例如可钝化金属——铁、不锈钢等在某些介质中的阳极极化曲线），那么这种金属的阳极极化过程，只能用恒电位法才能将其历程全部揭示出来。这时若采用恒电流法，则阳极过程的某些特征将被掩盖起来，就不能得到完整的阳极极化曲线。

本实验是用恒电流法测量碳钢和铂电极分别在盐酸和 NaCl 溶液中的阴、阳极极化曲线。

（三）实验内容和要求

（1）分别测出 Fe｜1mol/L HCl｜Pt 电池中，Fe 与 Pt 的电极电位随电流强度（或电流密度）变化的关系，绘出极化图；

（2）测出 Fe｜3％NaCl｜Pt 电池中 Fe 与 Pt 的电极电位与电流的关系，绘出极化图；

（3）绘制铂电极在上述两种溶液内的阴极极化曲线，进行分析比较；

（4）详细讨论实验结果，并对实验中观察到的现象进行分析讨论。

（四）实验装置

实验装置如附图-4 所示。

（五）实验前的准备工作

（1）了解实验装置的原理，并按装置示意图接好线路。

（2）了解数字电压表的工作原理和使用须知。

（3）电极处理：用细砂布打磨碳钢电极表面，除去锈层并研磨光亮，用浸丙酮的棉球除

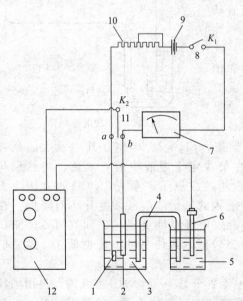

附图-4 恒电流法测定极化曲线
装置示意图

1—工作电极（Fe）；2—辅助电极（Pt）；3—电解液（1mol/L HCl 或 3％NaCl）；4—盐桥；5—饱和 KCl 溶液；6—参比电极（甘汞电极）7—毫安表；8—开关 K_1；9—电池；10—可变电阻 R1；11—双向开关 K_2；12—数字电压表

去油污，再用滤纸吸干后备用。

（4）将铂电极和处理好的碳钢电极装入极化池（盛有1mol/L HCl 或 3‰NaCl 溶液的烧杯）内，将电极的引出线接入线路。

（5）实验装置安装连接完毕，经教师检查认可后，开始实验。

（六）实验步骤

（1）在外加电源断开的情况下，测出碳钢、铂电极在 1mol/L HCl 中的初始电极电位（开路电位）。

（2）首先使电阻 R_1 的旋钮位于最大值，合上开关 K_1，逐步减小 R_1 的电阻值，将电流调到尽可能小的数值（例如 $5\sim10\mu A$）上，将开关 K_2 分别合向 a 点和 b 点，依次测出该极化电流下，碳钢和铂的电极电位。

（3）按上述步骤逐步加大电流，测出不同电流值所对应的碳钢和铂的电极电位。每次变更电流时，必须断开开关 K_2。

（4）上述测量完成后，取出电极，用清水洗净，滤纸吸干后，再用游标尺量出其工作面积。

（5）按上述相同步骤测定 Fe｜3‰NaCl｜Pt 电池中，碳钢与铂的极化曲线。

（七）注意事项

（1）本实验采用饱和甘汞电极作参比电极[$E_甘=244mV(vs. SHE)$]。

（2）改变不同电流值测定电极电位时，必须待电极电位稳定以后才读数。

（3）注意电流表量程的选择，防止发生过载现象。

（4）注意电极的正确接法，比较工作电极与辅助电极接反时的现象异同。

实验三　阳极保护特征参数的测定（恒电位法）

（一）实验目的

（1）加深和巩固对金属钝性的理解。

（2）初步掌握恒电位法测定极化曲线的方法，并通过测定的阳极极化曲线，分析判断该腐蚀系统进行阳极保护的可能性。

阳极保护方法是基于某些金属在一定的介质条件下可以由活态转变为钝态。对于一个确定的腐蚀系统，采用阳极保护是否恰当，则需事先测出欲保护金属在该介质条件下的阳极极化曲线，根据其特征参数（致钝电流密度、维钝电流密度、钝化区的电位范围等）的数值进行判断。

（二）实验内容和要求

（1）测出碳钢在 NH_4HCO_3-NH_4OH 溶液内进行阳极极化时电流密度随电极电位变化的函数值。

（2）画出阳极极化曲线，确定阳极保护的特征参数。

（3）判断碳钢在该种溶液内进行阳极保护的可能性，并论述理由。

（三）实验装置

实验装置如附图-5所示。

（四）实验前的准备工作

（1）试验用溶液的配制。在烧杯内加入 900mL 去离子水，在电炉上加热到40℃左右，停止加热，再加入 NH_4HCO_3，用玻璃棒不断搅动，直至溶液中有少量的结晶不再溶解为止。取此过饱和 NH_4HCO_3 溶液 810mL，倾入极化池内，再取浓氨水 90mL 也注入极化池，略加搅拌即可待用。

（2）电极处理。用细砂布打磨碳钢电极表面，除去锈层并研磨光亮；用丙酮除去油污，

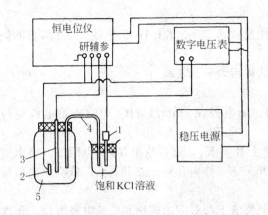

附图-5　恒电位法测定极化曲线的装置图
1—参比电极；2—研究电极；
3—辅助电极；4—盐桥；
5—盛有电解质溶液的极化池

清水洗净后再用浸无水乙醇的棉球擦拭，用滤纸吸干后待用。

（3）了解恒电位仪等的工作原理、使用方法，并按实验装置示意图接好线路。

（4）实验装置安装连接完毕，经教师检查认可后，即可开始实验。

（五）实验步骤

（1）按照"恒电位仪操作规程"的要求，完成开机测量的各项准备工作后进行测量，首先测出碳钢在试验溶液中的腐蚀电位。

（2）测出腐蚀电位后，按操作规程的指示进行阳极极化，每变化一次电位值，待电流稳定后，读出电位、电流值。在活化区和过钝化区，电流随电位变化较大，故电位的改变宜小一些（约 $50\sim50\mathrm{mV}$），进入钝化区

后，电位的变化可以加大，每次约 $50\sim100\mathrm{mV}$。当阳极极化到电位值达 $+1200\mathrm{mV}$ 后就可以停止试验。

（3）测试完毕后，取出碳钢电极清洗并用滤纸吸干后，用游标卡尺测出其工作面积。

实验四　线性极化法测定金属腐蚀速率

（一）实验目的

（1）了解线性极化技术测定腐蚀速率的原理；

（2）初步掌握线性极化技术测定腐蚀速率的方法，熟悉 FC 腐蚀快速测试仪的使用方法。

（二）概述

对于一确定的腐蚀体系，金属腐蚀的速度常常是从事化工生产设备设计、维护时必须掌握的重要数据。而已有的挂片失重法、溶液分析法、容量法等都是测量一定时间间隔中累计腐蚀量的平均值，不能快速测出腐蚀速率。线性极化技术则是一种能快速测定腐蚀速率的电化学方法，它的特点是能灵敏地反映金属的瞬时腐蚀速率和连续地指示腐蚀速率的变化，在不干扰腐蚀体系、不改变金属表面状态的情况下，迅速简便地进行测量。在生产现场应用，既不影响设备的连续运转，也不会影响产品质量，因此可用于现场连续检测、监视和控制腐蚀速率。线性极化技术还能及时反映介质条件变化对腐蚀速率的影响，因而可以用来评价缓蚀剂的性能和选择缓蚀剂的最佳用量。此外，线性极化技术不但可以测定不同条件下的均匀腐蚀速率，也是研究局部腐蚀的一种方法。

线性极化技术测定腐蚀速率的原理是：对于活化极化控制的腐蚀体系，在自腐蚀电位 E_{corr} 附近微小的极化区间（如 $\Delta E \leqslant \pm 10\mathrm{mV}$）内，电极电位的增值 ΔE 与极化电流的增值 ΔI 的比值与自腐蚀电流 i_{corr} 之间存在着反比关系，这是著名的斯特恩-盖里（Stern-Geary）方程式，即

$$R_{\mathrm{p}} = \frac{\Delta E}{\Delta I} = \frac{\beta_{\mathrm{a}}\beta_{\mathrm{c}}}{2.3(\beta_{\mathrm{a}} + \beta_{\mathrm{c}})} \frac{1}{i_{\mathrm{corr}}} \tag{附-1}$$

式中　R_{p}——极化曲线上腐蚀电位附近线性区的斜率，称为极化阻力或极化电阻，$\Omega \cdot \mathrm{cm}^2$；

ΔE——外加电流极化时工作电极的电位值 E 与自腐蚀电位 E_{corr} 的差值，V；

ΔI——外加极化电流密度，$\mu A/cm^2$；

i_{corr}——欲测金属的自腐蚀电流，$\mu A/cm^2$；

β_a、β_c——腐蚀过程中局部阳极反应和局部阴极反应的塔菲尔常数，V。

对于一定的腐蚀体系，β_a、β_c 为常数，故 $B = \dfrac{\beta_a\beta_c}{2.3(\beta_a+\beta_c)}$ 也为常数，则式（附-1）可改写成

$$R_p = \frac{\Delta E}{\Delta I} = B\,\frac{1}{i_{corr}} \tag{附-2}$$

线性极化方程式有以下两种极限情况。

（1）当局部阳极反应受活化极化控制，而阴极反应受浓差极化控制时，此时的 $\beta_c \to \infty$，则线性极化方程简化为

$$R_p = \frac{\Delta E}{\Delta I} = \frac{\beta_a}{2.3}\frac{1}{i_{corr}} \tag{附-3}$$

（2）当局部阴极反应受活化极化控制，而阳极钝化，此时 $\beta_a \to \infty$，则线性极化方程变化为

$$R_p = \frac{\Delta E}{\Delta I} = \frac{\beta_c}{2.3}\frac{1}{i_{corr}} \tag{附-4}$$

R_p 或 ΔE、ΔI 的测量，是将欲测金属制作的电极置于与该腐蚀体系相同的电解液内，利用外加电源，使工作电极在自腐蚀电位附近很小的电位区间（≤10mV）内阳极极化或阴极极化，测出相应的 ΔE、ΔI 值，如用专门的线性极化仪器测量，也可以直接读出 R_p 值。

在 R_p（或 ΔE、ΔI）已知后，若 β_a、β_c 也已知（常用 B 值见附表），则 i_{corr} 就可以由线性极化方程求出。再通过法拉第定律按照以下关系即可换算成金属的腐蚀速率

$$K = 3600\,\frac{Ai_{corr}}{nF} \quad [g/(m^2 \cdot h)] \tag{附-5}$$

或

$$K = 3.27 \times 10^{-3}\,\frac{i_{corr}A}{dn} \quad (mm/a) \tag{附-6}$$

式中 A——金属的原子量，g/mol；

F——法拉第常数，96500C/mol；

n——金属溶解成离子的价态变化数；

d——金属的密度，g/cm^3。

（三）实验内容和要求

本实验采用同种材料的三电极系统，即工作电极、参比电极、辅助电极均用 Q235 碳钢制作，三个电极的形状和尺寸完全相同。

实验用的腐蚀介质是 1mol/L HCl 溶液和 3%NaCl 溶液。

（1）分别测出碳钢试件在 1mol/L HCl 和 3%NaCl 溶液中的极化电阻 R_p 值；

（2）利用仪器直接读出 ΔE 和 ΔI 值，在直角坐标纸上作出 ΔE-ΔI 图，由直线斜率求出 R_p，与直接读出的 R_p 值比较；

（3）设已经测得碳钢在 1mol/L HCl 中腐蚀时，$\beta_c = 126mV$、$\beta_a = 87mV$，按线性极化

方程求出 i_{corr}。

（四）实验的准备

（1）熟悉实验用的仪器

本实验采用基于线性极化技本原理的 FC 腐蚀快速测试仪，它是用恒电流交流矩形波信号源作为极化源。这种极化方式有很多优点。由于工作电极连续交变地处于阳极极化和阴极极化状态，因而减少或避免了由于电极单向极化造成的电极表面状态改变给腐蚀速率测量带来的误差。同时无需像直流电源那样用改变极性的办法得到阳极极化和阴极极化的数据，所以便于进行自动记录。在使用同种材料双电极或三电极时，它还可以在一定范围内自行补偿工作电极和参比电极之间的腐蚀电位差。但是，在测量时应选择合适的频率，本实验可考虑选用 $0.1 \sim 0.01 \mathrm{Hz}$。

为了正确使用仪器，必须仔细阅读 FC 腐蚀快速测试仪使用说明书。

（2）溶液的配制

配制 $1 \mathrm{mol/L~HCl}$ 和 $3\% \mathrm{NaCl}$ 溶液各 $800 \mathrm{mL}$，分别置于 $1000 \mathrm{mL}$ 的广口瓶内。

（3）电极准备

用游标卡尺测出 6 支 Q235 钢电极的几何尺寸，计算其暴露面积；用浸无水酒精的棉球清洗试件表面，再用滤纸吸干。将电极分为 2 组，分别浸入 $1 \mathrm{mol/L~HCl}$ 和 $3\% \mathrm{NaCl}$ 溶液内。

（五）实验步骤

（1）开启 FC 腐蚀快速测试仪，指示灯亮，预热 15 分钟。

（2）仪器校零，将仪器的三电极引出线短路，"测量-补偿"旋钮 3 置于"测量"，调节"校零"旋钮，使测量表头指零。仪器板面布置如附图-6 所示。

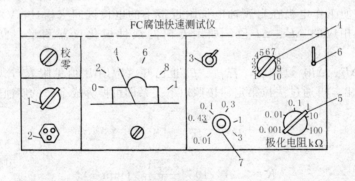

附图-6　FC 腐蚀快速测试仪面板布置

1—电位补偿旋钮；2—电极引线插座；3—测量-补偿开关；

4,5—极化电阻倍乘旋钮；6—电源开关；7—频率选择

（3）关闭仪器电源，将电极引线的三个夹头分别与测试系统的对应电极接通。

（4）将旋钮 3 旋至"补偿"，调节电位补偿旋钮 1，使表头指示为零，直至读数不再变化，即认为体系已经稳定。

（5）频率选择。将旋钮 3 旋至"测量"，调节极化电阻倍乘旋钮 5 和 4（由高倍数至低倍数），直至表头出现较小读数为止。再调节"频率选择"（由高频至低频），观察表头指示数，当继续降低频率，极化电阻读数不再增加时，即为合适的频率。

（6）极化阻力测量。在选定的频率下，调节倍乘旋钮 5 和 4，以表针指示中间部位为宜，即可读出极化电阻 R_p 值（计算 R_p 时的 B 值见附表）。

实际上旋钮 5 为极化电流旋钮粗调，倍乘 100, 10, 1, 0.1, 0.01, 0.001，六挡分别对应于电流挡 $0.1 \mu A$, $1 \mu A$, $10 \mu A$, $100 \mu A$, $1 \mathrm{mA}$, $10 \mathrm{mA}$。旋钮 4 为极化电流旋钮细调，

倍乘1～11各挡，分别对应于旋钮 5 所示电流值的 1、$\frac{1}{2}$、$\frac{1}{3}$、$\frac{1}{4}$、$\frac{1}{5}$、$\frac{1}{6}$、$\frac{1}{7}$、$\frac{1}{8}$、$\frac{1}{9}$、$\frac{1}{10}$、$\frac{1}{11}$（倍）。而表头满量程时相应于极化电位 ΔE 为 10mV。因此，由旋钮 4 和 5 可直接读出极化电流 ΔI 的数值，由表头可以读出 ΔE 的数值。

附表 极化阻力技术中常用的 **B** 值

腐 蚀 体 系	B/mV	腐 蚀 体 系	B/mV
Fe/0.5mol/L H_2SO_4	12.9～14.4	Fe/丙酮-水-乙酸钠	17.3
Fe/0.5mol/L H_2SO_4（B 随时间增大）	10～20	Fe/加缓蚀剂的 $NaClO_4$（pH2）	15.7～18.8
Fe/0.26mol/L H_2SO_4（30℃）	16.6	碳钢,不锈钢/水（pH7,250℃）	20～25
Fe/0.5mol/L H_2SO_4（加缓蚀剂）	25	碳钢,SS304/水（289℃）	20.9～24.2
Fe/10% H_2SO_4	43	加涂料钢/0.1mol/L$NaNO_3$（理论值）	26
Fe/0.5mol/L H_2SO_4（10 和 1400 分钟）	10.38	SS430/0.5mol/L H_2SO_4（30℃,H_2）	20.2
碳钢/0.5mol/L H_2SO_4	12	不锈钢/0.5mol/L H_2SO_4	约 18
Fe/1mol/L HCl	28	不锈钢/H_2SO_4	13～26
Fe/0.2mol/L HCl	30	SS304L/0.5mol/L H_2SO_4（氧饱和）	21.7
Fe/HCl+H_2SO_4（加各种缓蚀剂）	11～21	接骨材料/0.9%NaCl（等渗溶液）	35
Fe/1 mol/L HCl	18.0～23.2	Fe13Cr1Ni/3% NaCl	22
Fe/有机酸	90	Fe13Cr4Ni/3% NaCl	36
Fe/0.02mol/L 柠檬酸（pH2.6,35℃）	12	Fe14Cr5NiMo/3% NaCl	41
软钢/0.02mol/L H_3PO_4（加缓蚀剂）	16～21	Fe12Cr5NiMo/3% NaCl	36
Fe/4%NaCl（pH1.5）	17.2	SS304/稀氯化物溶液（25℃）	17.4
碳钢/海水	25	Al/海水	18.2
软钢/54%LiBr	36	市售 Al/海水	5.7
软钢/54%LiBr+LiCrO$_4$ 缓蚀剂	20	Al,Cu,软钢/海水	5.5
软钢/加缓蚀剂的 LiBr 溶液	26～52	Cu1～12Al/3%NaCl	约 20
软钢/0.5mol/L $NaSO_3$（pH6.3,30℃,H_2）	19.0	Cu-12-Al1～5Fe/3%NaCl	约 12
Fe/中性溶液	75	Cu31NiFe/人造海水	54
Cr-Ni 不锈钢/Fe^{3+}/Fe^{2+} 缓蚀剂	约 52	Cu10NiFe/人造海水	18
Cr-Ni 不锈钢/$FeCl_3$+$FeSO_4$	约 52	纯 Zn/0.5mol/L H_2SO_4	32
纯铜/0.5mol/L H_2SO_4	20	纯 Zn/1mol/L NH_4OH+0.01mol/L H_2O_2	18

实验五 缓蚀剂的评选

（一）实验目的

（1）了解缓蚀剂的评选方法。

（2）通过实验掌握极化曲线外延法测量金属腐蚀速率的方法。

（二）概述

本实验系采用极化曲线外延测定金属腐蚀速率的方法，测量碳钢在未加缓蚀剂和加有缓蚀剂的盐酸溶液内的腐蚀速率所发生的变化。算出缓蚀效率，从而判断缓蚀剂的作用效果。

极化曲线外延测量腐蚀速率的原理，是基于金属发生电化学腐蚀时，其局部阳极和局部阴极的理论极化曲线与实测的阴、阳极极化曲线之间，存在着一定关系。理论的阴、阳极极化曲线的交点，对应着腐蚀体系在稳定状态下的自腐蚀电位 E_{corr} 和自腐蚀电流 i_{corr}。这时金属溶解的氧化反应放出的电子，将全部消耗在阴极的还原反应上，即 $i_A = |i_K| = i_{corr}$。

在用外加电源极化实测极化曲线时，所外加的电流为局部阳极和局部阴极反应电流的代数和，即 $i_A + i_K$。当阳极极化到局部阴极的起始电位 E_K^0 时，$i_K = 0$，$I_a = i_A$。自此点开始实测的阳极极化曲线与理论的阳极极化曲线重合。当阴极极化到局部阳极的起始

电位 E_A° 时，$i_A = 0$，$I_K = i_K$，自此点开始实测的阴极极化曲线与理论的阴极极化曲线重合。且此后继续增大阳极极化和阴极极化，则极化电流和电极电位遵从指数规律（对活化极化控制的体系），即在 E-$\lg i$ 坐标上，极化曲线呈现线性关系，如图 1-21 所示。因此，对于活化极化起控制作用的腐蚀体系（如析氢腐蚀），只要通过实验测出其阴极极化曲线和阳极极化曲线，在 E-$\lg i$ 坐标上作图，再将两者的直线段延长相交，其交点所对应的电流密度就是要测的金属的自腐蚀电流密度 i_{corr}。因为腐蚀电位 E_{corr} 是可以实测出来的，所以也可以只延长阴极极化曲线或阳极极化曲线，使之与 E_{corr} 的横坐标相交，也可求得交点而得出 i_{corr}。

极化曲线外延法求取腐蚀速率只适用于在较宽的电流密度范围内电极过程服从指数规律的腐蚀体系（如析氢腐蚀），不适用于浓差极化较大的体系，也不宜用于溶液电阻大的情况以及当强烈极化时金属表面发生很大变化（如膜的生成和溶解）的场合。此外，外延法作图还会引进一定的人为误差，因此所得结果与失重法所得结果相比可能存在 $10\% \sim 50\%$ 的误差。但是，用来相对比较腐蚀速率的变化仍然是有意义的。

（三）实验内容和要求

（1）分别测出碳钢试件在 1mol/L 盐酸、1mol/L 盐酸＋1％乌洛托平、1mol/L 盐酸＋3％甲醛溶液中的阴、阳极极化曲线。

（2）在半对数坐标纸上绘制 E-$\lg i$ 曲线，外延求出各腐蚀系统的腐蚀电流，并比较之。

（3）计算乌洛托平、甲醛对碳钢在盐酸中的缓蚀效率

$$\eta = \frac{i_{corr}^\circ - i_{corr}}{i_{corr}^\circ} \times 100\% \tag{附-7}$$

式中　i_{corr}°——未加缓蚀剂时碳钢在 1mol/L 盐酸中的腐蚀电流密度；

i_{corr}——添加缓蚀剂后，碳钢在 1mol/L 盐酸中的腐蚀电流密度。

（四）实验装置

实验装置如附图-7 所示。

（五）实验的准备

（1）溶液配制：配制 1mol/L HCl、1mol/L HCl＋1％乌洛托平、1mol HCl＋3％甲醛溶液各 800mL，分别注入三个 1000mL 的烧杯内。

（2）将作为工作电极的碳钢试件、作为辅助电极的铂电极清洗干净后，用游标卡尺量出几何尺寸，算出其工作面积。

（3）了解实验装置的工作原理，并按装置示意图接好线路。

（4）实验装置安装连接完毕，经教师检查认可后即可开始实验。

（六）实验步骤

（1）在外接电源断开的条件下，测出碳钢在 1mol/L HCl 中的腐蚀电位。

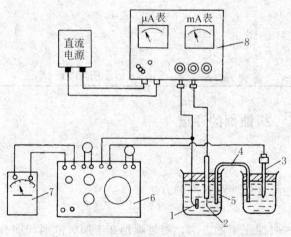

附图-7　极化曲线外延法测定腐蚀速率装置图

1—研究电极；2—辅助电极；3—参比电极；

4—盐桥；5—极化池；6—电位差计；

7—AC/15 光点反射检流计；8—恒电流源

（2）将恒电流源接入，开始阴极极化，分别测量电流为 10μA、20μA、50μA、100μA、200μA、400μA、800μA、1.2mA、1.5mA、2.0mA、3.0mA 时碳钢的电极电位。测完后断开外加电源。

（3）接通电源，对碳钢进行阳极极化，电流同样由小到大，逐一测出其电极电位。

（4）再分别用 1mol/L HCl＋1％乌洛托平和 1mol/L HCl＋3％甲醛作极化液，重复以上操作，测出碳钢在这两种溶液内的阴、阳极极化曲线。

实验六　不锈钢孔蚀击穿电位的测定

（一）实验目的

（1）了解金属耐孔蚀能力的评定方法，加深对孔蚀击穿电位、再钝化电位、环形阳极极化曲线等的理解。

（2）初步掌握用线性扫描装置进行动电位极化测量的方法，熟悉恒电位仪、电位扫描仪、X-Y 函数记录仪以及对数转换器等仪器的使用方法。

（二）概述

孔蚀是破坏性和隐患性很大的腐蚀形态之一，它使设备在失重很少的情况下，穿孔破坏，导致突发性生产事故。

金属表面产生孔蚀的条件是其腐蚀电位达到或超过某一临界电位 E_{br}——孔蚀电位。此电位比过钝化电位低，位于金属的钝化区（附图-8）。

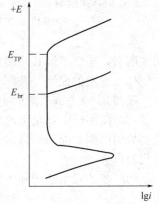

可以采用动电位极化曲线法测出可钝化金属在腐蚀介质中的环状阳极极化曲线（图 2-26），以评定金属耐孔蚀的能力。

利用线性扫描装置进行动电位阳极极化时，首先按一定的扫描速度，使电位逐步增大，当达到某一临界电位时，电流密度突然剧增，此临界电位就是孔蚀电位（又称击穿电位）E_{br}。当阳极电位越过 E_{br} 继续增加到某一数值后，令电位扫描方向反转，电位降低，电流密度也减小，最后与极化曲线的钝化区相交于 p 点（图 2-26），p 点的电位 E_p 称为再钝化电位或称保护电位。大量的实验证明，当电位高于 E_{br} 时，钝化的金属表面将发生孔蚀；电位低于 E_p 时，钝化的金属表面不会产生新的孔蚀点，原有的腐蚀小孔也会停止发展，整个金属表面重新保持钝态，这也是 E_p 称为再钝化电位的缘故；当电位处于 E_{br}

附图-8　钝化金属的孔蚀电位

和 E_p 之间时，只有原已存在的小孔继续发展，但不会产生新的孔蚀点。所以 E_{br} 和 E_p 是表征金属或合金耐孔蚀倾向的特征电位。E_{br} 反映了钝化膜破坏的难易程度，是评价钝化膜的保护性与稳定性的特征参数，E_{br} 值越正，金属耐孔蚀的性能就越强；E_p 则反映了蚀孔重新钝化的难易程度，是评价钝化膜是否容易修复的特征电位，E_p 越正（与 E_{br} 越接近），钝化膜的自修复能力越强，即再钝化能力越强。

应该说明的是，E_{br} 和 E_p 的具体数值，受实验条件的影响很大。对于同一腐蚀体系，随着扫描速度不同，以及开始反向回扫的电流值 i_e 不同，将得到不同的 E_{br} 和 E_p 值。虽然如此，此种用动电位法测出环形阳极极化曲线，从而求出 E_{br} 和 E_p 值的方法，用来相对比较不同的金属在相同的介质条件下，抵抗孔蚀的能力仍然是适宜的。

（三）实验内容和要求

用动电位法分别测出 1Cr18Ni9Ti 和 0Cr17Ni6Mn6Mo 在 3.5％NaCl 溶液内的环状阳极极化曲线，求出孔蚀电位 E_{br} 和再钝化电位 E_p，比较两种钢材耐孔蚀的能力。

线性扫描的扫描速度为 10mV/min，回扫电流密度为 $1000\mu A/cm^2$。

要求对每种钢材重复扫描四次，最后求出的 E_{br}、E_p 值应为四次环形曲线上取得的参数的平均值。

（四）实验装置示意图

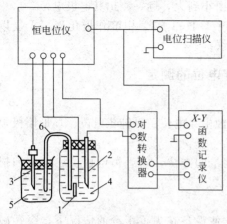

附图-9　动电位法测定极化
曲线装置示意图

1—研究电极；2—辅助电极；3—参比电极；
4—3.5%NaCl溶液；5—饱和KCl溶液；
6—盐桥

实验装置如附图-9所示。

（五）实验的准备

（1）了解动电位极化测量方法的原理及各种仪器的使用方法。

本实验系将恒电位仪、$X\text{-}Y$ 函数记录仪、自动扫描仪和对数转换器组合起来，实现自动地进行动电位极化曲线测量。即将工作电极相对参比电极呈线性变化（如三角波）的电位信号输入 $X\text{-}Y$ 函数记录仪的 X 轴；将极化电流经过标准电阻采样后转换成的电压信号输入 $X\text{-}Y$ 函数记录仪的 Y 轴。这样在 $X\text{-}Y$ 函数记录仪上得到的就是完整的动电位极化曲线。

线性扫描仪是自变量信号发生器，其输出信号可以是三角波或正负锯齿波，其波形幅度和扫描速度均可根据实验要求进行调整。

在进行实验前，必须详细阅读恒电位仪、快扫描信号发生器、$X\text{-}Y$ 函数记录仪、对数转换器的使用说明书，在已了解其使用方法和注意事项之后，才能着手进行实验。

（2）溶液的配制。

配制 3.5%NaCl 溶液两份各 900mL，分别注入 2 个 1000mL 的广口瓶内。

（3）用游标卡尺量出两种不锈钢试件的几何尺寸，再用细砂纸打磨试件工作表面，研磨光亮后用丙酮去油污，再用浸无水乙醇的棉球擦拭，滤纸吸干，即可分别作为研究电极浸入极化池内。

（4）按装置示意图和各仪器使用说明书的要求接好线路，经教师检查认可后，即可进行实验。

（六）实验步骤

（1）按照恒电位仪使用说明书的指示，首先测出研究电极的腐蚀电位。

（2）进行动电位极化，线性扫描速度为 10mV/min。

（3）当极化电流达到 $1000\mu A/cm^2$ 时，使电位扫描方向反转，回扫至与极化曲线在钝化区相交后，即可停止。

（4）同一试件重复扫描四次。

（5）用另一种不锈钢试件，在另一瓶 3.5%NaCl 溶液内，重复上述实验。

（6）由 $X\text{-}Y$ 函数记录仪所绘出的环形阳极极化曲线，求出 E_{br}、E_p，并进行分析、比较。

实验七　电偶腐蚀速率的测定

（一）实验目的

（1）了解电偶腐蚀过程中，阳极金属溶解速度与电偶电流之间的关系。

（2）了解阴、阳极面积比对电偶电流的影响，以及几种金属在同一种溶液内的电偶序。

（3）熟悉 FC-4 电偶腐蚀计的使用方法。

（二）概述

当两种不同的金属在腐蚀介质内彼此接触时，由于腐蚀电位不等，必然会构成电偶腐蚀电池。腐蚀电位较负的金属成为电偶电池的阳极，其阳极溶解速度增加，腐蚀加剧。

受到电偶腐蚀的金属，其溶解速度与电偶电流和未偶合前的自腐蚀电流均有关。对于活化极化控制的腐蚀体系，其函数关系为

$$I_g = I_d - I_{corr} \exp\left[\frac{-2.303(E_g - E_{corr})}{\beta_c}\right]$$ （附-8）

或

$$\frac{I_g}{I_d} = 1 - \exp\left[-\frac{2.303(\beta_a + \beta_c)}{\beta_a \beta_c}(E_g - E_{corr})\right]$$ （附-9）

式中　　I_g——电偶电流，A；

$\quad\quad\quad E_g$——电偶电位，V；

$\quad\quad\quad I_d$——电偶电池阳极金属的溶解电流，A；

E_{corr}，I_{corr}——阳极金属未偶合前的腐蚀电位，V；腐蚀电流，A；

$\quad\quad \beta_a$、β_c——阳极反应和阴极反应的塔菲尔斜率，V。

附图-10 表示 β_a 和 β_c 在某些数值时电偶电流和阳极溶解电流的比值 I_g/I_d 与阳极极化 $E_g - E_{corr}$ 的函数关系。

曲线Ⅰ和Ⅲ分别为低限和高限，所有其他塔菲尔系数在 30mV 和 120mV 之间的数值都将落在这两条曲线之间。曲线表示了塔菲尔斜率的影响。

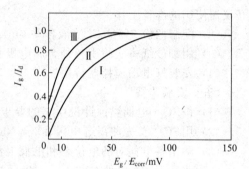

附图-10　I_g/I_d 与（$E_g - E_{corr}$）的函数关系
Ⅰ：$\beta_a = \beta_c = 120mV$；
Ⅱ：$\beta_a = 30mV$，$\beta_c = 120mV$
或 $\beta_a = 120mV$，$\beta_c = 30mV$；
Ⅲ：$\beta_a = \beta_c = 30mV$

由曲线可清楚地看出，直接用电偶电流求出阳极金属的溶解速度，将会导致不同程度的偏低，特别在（$E_g - E_{corr}$）数值小时，偏低得更为严重。当（$E_g - E_{corr}$）数值很大时，$I_g/I_d \to 1$，这时用电偶电流代替阳极金属的溶解速度，误差就很小了。下面根据以上方程式来分析两种极端情况。

（1）形成偶合电极后，极化很厉害，即 $E_g \gg E_{corr}$，此时 $I_g \approx I_d$。也就是电偶电流等于偶合后阳极的真实溶解速度，这与实验曲线所示完全一致。

（2）形成偶合电极后，极化很小，即 $E_g \approx E_{corr}$，此时式（附-8）将简化成

$$I_g = I_d - I_{corr}$$

I_g 与 I_d 的差别就相当大，这与曲线上 $E_g - E_{corr}$ 很小时的情况吻合。

在电偶腐蚀中，阴、阳极面积之比对电偶电流和阳极溶解电流也是有很明显的影响。下面分两种情况来讨论。

（1）腐蚀过程是活化极化控制的腐蚀体系　根据电化学动力学理论，可以推导出电偶电池的阴、阳极面积比与电偶电流和阳极溶解电流之间的关系为

$$\frac{I_d}{I_g} = 1 + \frac{i_{O_2(A)} S_K}{i_{O_2(K)} S_A}$$ （附-10）

式中　$i_{O_2(A)}$、$i_{O_2(K)}$——电偶电池中阳、阴极金属上氧化剂的交换电流密度，A/m^2；

$\quad\quad\quad S_A$、S_K——电偶电池阳、阴极金属的面积，m^2。

（2）腐蚀过程是由扩散控制，阴极上只有氧作为去极剂的腐蚀体系。这类体系较为普遍，例如水、海水以及其他中性介质中的电偶腐蚀。根据浓差极化原理，金属的腐蚀电流等于氧扩散的极限扩散电流密度，可以推导出偶合电极阳极金属的溶解电流与电偶电流以及阳、阴极面积之间的关系为

$$\frac{I_d}{I_g} = 1 + \frac{S_K}{S_A}$$ （附-11）

$$E_g = E_{corr} + \beta_a \lg \frac{S_K}{S_A} \qquad (\text{附-12})$$

（三）实验内容和要求

（1）分别测出 Fe、Al、Zn、Cu、Pt 在 3‰ NaCl 溶液中相对于饱和甘汞电极的腐蚀电位，排出电偶序。

（2）分别测出 Fe-Cu、Fe-Al、Fe-Zn、Zn-Al、Zn-Cu 各电偶对的电位差和电偶电流，并分析比较其电偶腐蚀状况。

（3）改变 Fe-Pt 电偶对的阳、阴极面积比，测量其电偶电流，并进行分析比较。

（4）在溶液内装入电动搅拌器，观察并记录搅拌速度对电偶电流的影响。

（四）实验的准备

（1）详细阅读 FC-4 电偶腐蚀计使用说明书，了解其工作原理和使用方法，按其指示作好仪器使用的准备工作。

（2）配制两份 3‰ NaCl 溶液各 900mL，分别注入 2 个 1000mL 的烧杯内。

（3）用细砂纸将实验用各种金属电极打磨光亮、除去油污，用蜡封控制其暴露面积。

（4）安装好电动搅拌器待用。

（五）实验步骤

（1）按 FC-4 电偶腐蚀计说明书的要求，调节好仪器，经教师检查认可后，进行实验。

（2）用 FC-4 首先测出各电极在 3‰ NaCl 中的腐蚀电位。

（3）测出各电偶对的电位差和电偶电流。

（4）改变 Fe-Pt 电偶对的阳、阴极面积比，测出其电偶电流。

（5）对溶液进行搅拌，测出搅拌对各电偶对的电偶电流的影响。

参考文献

[1] 闫康平，陈匡民．过程装备腐蚀与防护．第二版．北京：化学工业出版社，2009．

[2] 闫康平．工程材料．第二版．北京：化学工业出版社，2008．

[3] 曹楚南．腐蚀电化学原理．第三版．北京：化学工业出版社，2008．

[4] 查全性．电极过程动力学导论．第三版．北京：科学出版社，2002．

[5] 李久青，杜翠薇．腐蚀试验方法及监测技术．北京：中国石化出版社，2007．

[6] 林玉珍，杨德钧．腐蚀和腐蚀控制原理．北京：中国石化出版社，2007．

[7] 赵志农．腐蚀失效分析案例．北京：化学工业出版社，2009．

[8] 任凌波，任晓蕾．压力容器腐蚀与控制．北京：化学工业出版社，2003．

[9] 天华化工机械及自动化研究设计院．腐蚀与防护手册——腐蚀理论、试验及监测．第1卷．第二版．北京：化学工业出版社，2009．

[10] 天华化工机械及自动化研究设计院．腐蚀与防护手册——耐蚀金属材料及防蚀技术．第2卷．第二版．北京：化学工业出版社，2008．

[11] 天华化工机械及自动化研究设计院．腐蚀与防护手册——耐蚀非金属材料及防腐施工．第3卷．第二版．北京：化学工业出版社，2008．

[12] 天华化工机械及自动化研究设计院．腐蚀与防护手册——工业生产装置的腐蚀与控制．第3卷．第二版．北京：化学工业出版社，2009．

[13] 黄建中，左禹．材料的耐蚀性和腐蚀数据．北京：化学工业出版社，2003．

[14] V. S. Sastri, Challenges in Corrosion: Costs, Causes, Consequences and Control, Wiley, 2015.

[15] Pierre R. Roberge, Handbook of Corrosion Engineering (2nd edition), McGraw-Hill Professional, 2012.

[16] R. Winston Revie, Herbert H. Uhlig, Corrosion and Corrosion Control (4th edition), Wiley-Interscience, Inc., 2008.

[17] Pierre R. Roberge, R. Winston Revie, Corrosion Inspection and Monitoring, Wiley-Interscience, Inc., 2007.

[18] Einar Bardal, Corrosion and Protection, Springer-Verlag London Berlin Heidelberg, 2004.

[19] E. E. Stansbury, R. A. Buchanan, Fundamentals of Electrochemical Corrosion, ASM International, 2000.

[20] Trethewey K. R., Chamberlain J. Corrosion for science and engineering (2nd edition), 北京：世界图书出版公司北京公司，2000．

[21] ASM Handbook, Volume 11, Failure Analysis and Prevention, ASM International, 2002.

[22] John J. S. Dictionary of Engineering Materials, John Wiley & Sons, Inc., 2004.

[23] William D. Callister, Jr., Materials Science and Engineering: An Introduction (5th edition), John Wiley & Sons, Inc., 2000.

[24] William F. S., Javad H., Foundations of materials science and engineering, 原书第4版，北京：机械工业出版社，2006．

[25] 齐贵亮．塑料成型物料配制工．北京：机械工业出版社，2011．

[26] 许志远．石墨制化工设备．北京：化学工业出版社，2003．

[27] 张敬书，汪朝成．钢筋混凝土基础的腐蚀与防护措施，中国科学院研究生院学报，2010，27（2）：145-153．

[28] 汉斯·博尼（Bohni, H.）著，钢筋混凝土结构的腐蚀［Corrosion in Reinforced Concrete Structures］．蒋正武，龙广成，孙振平译．北京：机械工业出版社，2009．

[29] 葛燕，朱锡昶，李岩．桥梁钢筋混凝土结构防腐蚀：耐腐蚀钢筋及阴极保护．北京：化学工业出版社，2011．

[30] 海港工程混凝土结构防腐蚀技术规范．JTJ 275—2000．

[31] 吴荫顺，方智，何积铨等．腐蚀试验方法与防腐蚀检测技术．北京：化学工业出版社，1996．

[32] 英国工业部腐蚀委员会编．工业腐蚀监测．李挺芳译．北京：化学工业出版社，1986．

[33] 化工部化机院主编，腐蚀与防护手册，北京：化学工业出版社，1989．

[34] 刘晓方，黄淑菊，王汉功等．计算机在腐蚀与防护领域中的应用．腐蚀科学与防护技术，1998，10（4）：222．

[35] 崔红升，魏政，物联网技术在油气管道中的应用展望．油气储运，2011，30（8）：603-607．

[36] 谭继明，龙飞，熊亮，周辉辉．物联网与三维GIS技术在油田设备设施管理中的应用．测绘与空间地理信息，2013，36（sup.）：182-185．